R 활용
통계학개론

정강모 지음

자유아카데미

머리말

통계학은 인문과학, 사회과학, 경영・경제학, 교육학, 자연과학, 공학, 의학 등 전 학문 분야에서 필수불가결의 학문이다. 통계학은 대학의 전공분야에서만 사용되는 것이 아니다. 각종 여론조사, 일기예보, 실업률, 물가지수, 신약의 효능, 공정제어, 스포츠과학 등 사회 모든 분야에서 통계학이 사용되고 있다. 이처럼 통계학은 복잡한 사회현상과 미지의 자연현상에서 자료에 근거한 과학적 증거를 제시하고 있다. 현재뿐만 아니라 미래에는 통계의 활용이 더욱 박차를 가할 것이다. 인공지능과 빅 데이터 시대의 핵심은 데이터이고, 데이터를 다루는 학문이 통계학이다. 통계학은 미래 기술의 주춧돌이다.

이 책은 통계학의 기본 개념에 숨겨져 있는 아이디어를 설명하고, 통계적 성질을 활용하여 자료를 분석하는 데 초점을 두었다. 이를 위해 예제를 중심으로 결과를 도출하는 과정, 결과의 해석에 집중했다. 특히 결과를 도출하는 과정에서 통계패키지 R을 활용했다. R을 활용하여 자료만 주어지면 통계분석 결과를 얻을 수도 있고, 자료에서 중간결과를 쉽게 얻을 수도 있다. 전자의 경우 자칫 자료 해석에만 치중하여 결과를 구하는 과정이 생략될 수 있는 염려가 있는데, R의 중간결과를 활용함으로써 그 염려를 지울 수 있다. 통계패키지 R은 중간결과를 손쉽게 구할 수 있는 장점을 가지고 있으므로 가능한 일이다. 빅 데이터 처리가 가능한 것은 단단한 두 기둥인 비정형데이터 처리의 하둡과 통계패키지 R을 활용하여 통계함수 처리 및 자료의 시각화를 수행할 수 있기 때문이다. 인공지능은 방대한 분량의 데이터를 학습, 분석하여 일정한 패턴을 찾아내고 그 패턴에 따라 결과를 예측한다. 통계학의 방법론과 일치한다. 통계패키지 R은 다양한 인공지능 학습알고리즘의 설치가 가능하다. 통계패키지 R은 파이썬(python)과 함께 가장 각광받고 있는 프로그램언어 가운데 하나이다.

이 책은 통계학의 기본서로 4부로 이루어졌다. 1부에서는 통계학의 정의, R의 기본 명령어, 기술통계학에 관한 내용을 다룬다. 2부에서는 추측통계학의 기본인 확률론, 3부에서는 추측통계학의 핵심인 모수의 추정과 검정을 다룬다. 마지막으로 4부에서는 범주형 자료 분석, 분산분석, 회귀분석을 다룬다. 이 책은 한 학기 대학교재로 개발되었다. 한 학기에 모든 내용을 공부하기는 시간적으로 약간 부족할 수 있다. 4부의 내용을 간략하게 강의한다면 한 학기에 이 책의 모든 내용을 다룰 수 있을 것으로 생각된다.

출간 후 나올 수 있는 수정사항과 이 책에서 사용한 프로그램은 자유아카데미 홈페이지(www.freeaca.com)에서 얻을 수 있다. 끝으로 이 책의 출판에 도움을 주신 자유아카데미 여러분의 수고에 감사드린다.

2020년 2월

저자 씀.

차례

제1부

자료의 요약

1장

통계학이란?

사전적 의미의 통계학은 자료의 수집, 정리, 요약, 분석, 해석에 관한 학문분야이다. 21세기는 빅 데이터 시대이며, 데이터는 홍수처럼 넘친다. 수집된 자료가 의미하는 바를 정확히 알지 못하면, 자료는 정보가 아니라 숫자 또는 파일에 불과하다. 자료에서 정보를 얻기 위한 일련의 과정이 통계학의 각 절차라고 할 수 있다. 그러나 일반 사람들은 숫자 자료를 요약한 평균, 표준편차 또는 요약 그래프만을 통계학이라고 생각하고 있다. 통계부석은 자료를 정리하고 요약하는 절차뿐만 아니라 자료가 수집된 전체 집단에 대한 성질을 알고자 하는 것에 그 목적이 있다.

우리가 일상적으로 접하는 통계는 주가지수, 실업률 등의 경제통계, 정당지지율, 어떤 법안에 대한 찬성 여부 등의 사회조사통계, 새로 개발된 신약의 임상시험 결과 등의 생물통계, 생산 공정에서 발생하는 불량률과 같은 공업통계, 이미지 프로세싱(image processing)에서 사용되는 이미지의 요약된 정보와 같이 다양한 형태로 존재한다. 이를 통틀어 **통계(statistic)**라 한다. 통계는 다음과 같이 정의할 수 있다.

> **통계(statistic)**
> 어떤 집단을 대상으로 조사나 실험에서 얻어진 결과의 요약

예를 들어 정당지지도 조사를 살펴본다. [그림 1-1]은 중앙선거여론조사심의위원회(http://www.nesdc.go.kr)에 수록된 여론조사결과 가운데 하나이다. [그림 1-1]은 전국 유권자 가운데 1,000명에 대해 각 정당에 대한 지지율을 조사한 결과이다. 여론조사 발표는 여론조사 기본 사항(조사일시, 시간, 대상 등), 표본의 크기, 조사방법, 여론조사 결과 등으로

구성되어 있다. 여론조사 결과는 <표 1-1>과 같이 각 정당의 지지율이다. 이 여론조사의 궁극적인 목적은 조사대상자 1,000명에 대한 정당지지율이 아니라, 유권자 전체에 대한 각 정당의 지지율이다. <표 1-1>과 같은 통계는 조사대상자 1,000명에 국한된 자료의 요약된 표현이고, 통계학은 이러한 1,000명에 대한 정당지지율인 통계뿐만 아니라 전체 집단의 성질을 밝혀내기 위해 어떤 종류를 얼마만큼의 자료를 수집해야 하는가, 자료를 어떻게 정리하고 해석해야 하는가, 전체 집단에 대한 성질을 어떻게 찾는가, 우리가 내린 결론은 어느 정도 신뢰할 수 있는가 등의 여러 문제를 해결하는 모든 절차를 **통계학**(statistics)이라 한다.

통계학(statistics)

불확실한 현상을 대상으로 자료를 수집, 정리, 요약하고 적절한 모형을 수립하여 모집단의 성질을 추정, 검정 그리고 예측하는 학문

• 여론조사 기본

등록 글번호		6479
여론조사 명칭	선거구분	제21대 국회의원선거 정당 지지도
	지역	전국 전체
	선거명	정기(정례)조사,국회의원선거,정당지지도 (전국 정기(정례)조사 국회의원선거 정당지지도 2020년 1월 5주)
조사의뢰자		조사기관 자체 : 한국갤럽 자체조사
조사기관단체명		(주)한국갤럽조사연구소
조사지역		전국
조사일시		2020-01-28 10 시 00 분 ~ 18 시 00 분 2020-01-29 10 시 00 분 ~ 18 시 00 분 2020-01-30 10 시 00 분 ~ 18 시 00 분
조사일수		3일
조사시간		24시간 0분
조사대상		전국 만 18세 이상 남녀

• 표본의 크기

표본의 크기			
구분		조사완료 사례수(명)	목표할당 사례수(명)
전체		1000	1000
성별	남	518	496
	여	482	504

|그림 1-1| 여론조사 결과

표 1-1 정당 지지도 결과

정당지지도								
A	B	C	D	E	F	G	기타	무당층
34%	0.5%	2%	2%	0.3%	21%	6%	1%	33%

1.1 모집단과 표본

통계학의 궁극적인 목적은 자료가 수집되는 조사대상의 성질이 아니라 전체대상의 성질이다. 예를 들어 [그림 1-1]에서 조사대상인 1,000명의 정당지지율이 아니라 유권자 전체의 정당지지율이다. 여기서 조사대상 전체를 **모집단**(population)이라 한다. 모집단은 너무 규모가 커서 그 안의 모든 개체를 모두 조사하기 어려울 수 있다. 예를 들어 유권자의 정당지지율은 우리나라 유권자 약 4,200만 명을 조사하는 것은 매우 어렵고, 총선거 당일에 조사가 이루어진다고 할 수 있다. 모집단의 일부분에 해당하는 개체를 **표본**(sample)이라 하며, 표본은 실제 조사나 관측을 통해 얻은 집합이라고 할 수 있다. 이때 표본에 속하는 각 관측값은 어떤 개체, 예를 들면 사람이나 실험용 쥐 등으로부터 관측되거나 측정된 것인데, 이를 **표본추출단위**(sampling unit)라 한다.

> **모집단(population)과 표본(sample)**
> 모집단: 관심의 대상이 되는 모든 개체의 집합
> 표본: 모집단의 일부분, 실험이나 조사의 관측값

표본은 모집단의 일부분이기 때문에 모집단에 대한 대표성을 가져야 한다. [그림 1-1]의 아래쪽을 보면 1,000명을 조사대상으로 하는데, 남자는 496명, 여자는 504명 할당되었다. 그러나 실제 조사는 남자 518명, 여자 482명에 대해 실시되었다. 이는 모집단인 유권자의 성비에 따라 조사대상을 할당하였는데, 표본은 모집단의 성질을 잘 반영한 것이라 할 수 있다. 그림에는 나와 있지 않지만, 연령별 조사 할당수도 모집단의 연령 비율에 따라 비례

배분되었다. 따라서 이 표본은 모집단을 잘 대표한다고 할 수 있다. 이처럼 표본이 모집단의 성질을 잘 대표할 수 있도록 자료를 추출하는 방법을 **표본추출법**(sampling method)이라 한다. 그러나 역설적으로 추출될 표본에 대한 사전 고려가 전혀 없는 상태에서 완전 무작위 방식으로 개체를 추출할 경우에 모집단을 대표하는 표본을 얻을 가능성이 높은 것으로 알려져 있다. 예를 들어 전체 유권자의 성별 비율을 맞추거나 연령별 비율을 맞추는 등과 같은 비례 배분 표본추출법을 적용하지 않아도 된다는 것이다.

모집단 전체를 조사하는 과정을 **전수조사**(census)라 하고, 모집단의 일부분인 표본을 대상으로 그 대상 집단 전체에 대한 정보를 구하는 과정을 **표본조사**(survey)라 한다. 전수조사의 대표적인 예로 통계청에서 5년마다 실시하는 '인구 및 주택 총조사'가 있다. 그러나 전수조사가 불가능한 경우도 있다. 예를 들어 전구를 생산하는 공장에서 전구의 수명을 조사하려 한다면, 생산되는 모든 전구를 대상으로 수명조사를 하는 것은 불가능하다. 따라서 표본조사를 수행할 수밖에 없다. 또한 전수조사는 시간적·경제적으로 매우 힘든 작업이기 때문에 표본조사를 통하여 시간과 비용을 절감할 수 있을 뿐만 아니라 잘 훈련된 조사요원에 의해 조사를 실시함으로써 경우에 따라 표본조사가 전수조사보다 정확한 결과를 얻을 수 있다.

1.2 통계학 분류

주어진 자료는 숫자, 문자 등의 형태로 이루어져 있으며, 그 자체가 아무런 정보를 제공하지 않는다. 단순한 숫자의 나열은 숫자 더미일 뿐이다. 숫자가 의미하는 것이 무엇인가를 요약된 형태로 표현한 것을 통계라고 한다. 어떻게 하면 자료의 특성을 간단하면서도 한눈에 알 수 있게 요약하는 방법을 **기술통계학**(descriptive statistics)이라 한다.

기술통계에는 평균, 표준편차, 중위수, 최빈값 등과 같이 숫자로 표현하는 방법과 막대그래프, 원그래프, 히스토그램과 같이 그림으로 표현하는 방법이 있다. 요즈음 컴퓨터를 활용하여 대용량 자료의 기술통계를 손쉽게 구할 수 있다. 통계분석에 있어 많이 사용하는 통계프로그램을 모아놓은 형태를 **통계패키지**(statistical package)라고 하는데, 대표적인 통계패키지로 SAS(strategic application software), SPSS(statistical package for social science), R 등이 있다. 특히 R은 파이썬(python)과 함께 인공지능시대의 가장 각광받는 프로그램 언어이다. 본서에서는 R을 활용하여 통계분석을 수행할 것이다.

통계학의 궁극적인 목적은 모집단의 특성을 파악하는 것이다. 기술통계는 표본의 특성을 파악하는 것이다. 표본의 특성에서 모집단의 특성으로 어떻게 확장하여 연결할 수 있을까? 그 밑바탕에는 확률론이 있다. 자료가 어떤 확률분포 모형에서 추출되었다는 가정에서 모집단의 특성치를 추론하기 위해 표본을 사용하여 결론을 도출하는 과정이 **추측통계학**(inferential statistics)이다. 통계학을 통계분석 절차에 따라 기술통계학과 추측통계학으로 분류할 수 있다.

통계학은 자료를 분석한다. 분석 대상에 따라 다양한 자료 형태가 존재하는데, 자료 형태에 따라 효율적인 통계분석방법이 존재한다. 다양한 자료 형태 및 분석 목적에 따라 응용통계학을 분류하는데, 경제 및 경영분야에서 연구되는 통계분석방법을 경영·경제통계, 인구조사 및 보험연구에서 사용되는 인구통계, 생물학에서 사용되는 생물통계, 보건학에서 사용되는 보건통계, 의학분야의 의학통계, 생산공정의 공업통계 등 그 분야가 매우 많다.

1.3 이 책의 구성

이 책은 1.1절에서 이야기한 통계분석절차에 따라 구성되었다. 현대에는 컴퓨터의 활용 없이 통계처리를 수행할 수 없다. 대부분의 통계학 개론서가 자료의 수식 계산에 치중한 것을 과감히 생략하고 자료에 관한 수치 계산은 R을 활용한다. 통계패키지를 사용하여 자료의 결과만을 분석하는 경우에 수식의 의미를 간과하는 오류를 범할 수 있다. R을 이용하여 수식 계산의 중간결과를 구하는 방식으로 그 단점을 해결하고자 한다.

2장은 R의 설치 및 기본 명령어에 대해 기술하고 있다. 몇 개의 R 명령어로 통계 자료분석 결과 및 그래프를 얻을 수 있다.

3장부터 5장까지는 기술통계학 분야이다. 기술통계학은 자료를 숫자나 그림으로 요약하는 방법을 다룬다. 3장에서는 자료를 그림으로 요약하는 방법을 다루는데, R을 이용하여 자료에 대한 요약 그래프를 손쉽게 그릴 수 있다. 4장은 자료의 숫자 요약이다. 주어진 자료의 평균, 중앙값, 표준편차 등의 통계를 몇 개의 R 명령어로 구할 수 있다. 5장은 변수와 변수 사이의 관계를 파악할 수 있는 자료의 요약 방법을 다룬다.

추측통계학을 위한 예비 단계는 확률론을 공부하는 것이다. 제2부 확률론은 6장에서 9장으로 구성되어 있다. 6장에서 확률의 정의, 7장에서는 확률변수와 확률분포에 대한 성질을 다룬다. 구체적으로 이산형 자료, 연속형 자료에 대한 확률분포를 각각 8, 9장에서 살펴본다.

3부인 추정과 검정은 추측통계학 분야이다. 10장에서는 표본분포와 추정방법에 대하여, 11장에서 단일 모집단의 모평균과 모비율의 검정에 대하여 상세히 다룬다. 두 모집단의 성질을 비교하기 위한 검정은 12장에서 살펴본다.

4부는 응용통계 분야로 사회과학에서 많이 사용하는 이산형 자료의 분석방법인 범주형 자료 분석을 13장에서 살펴본다. 어떤 시스템의 인과관계를 따지는 분산분석과 회귀분석을 14장, 15장에서 각각 소개한다.

2장

R의 설치와 기본 명령어

컴퓨터 시대에는 자료 처리를 전적으로 컴퓨터 프로그램에 의존한다. 숫자 단추를 누르는 전자계산기 시대는 이미 지났다. 현재 다양한 통계 프로그램(program) 및 통계 소프트웨어(software)가 있다. 여기서 프로그램은 단일 작업을 해결하기 위한 것이고, 소프트웨어 또는 패키지(package)는 프로그램들의 모임이다. SAS, SPSS, R 등의 다양한 통계패키지 가운데 기초통계학의 실습에 적합하고, 대학의 연구실에서 손쉽게 사용하기 좋은 통계패키지는 R이다. R은 대용량의 자료를 저장하고 처리하는 데이터베이스의 함수 역할을 하고 있을 뿐만 아니라 인공지능 시대에서 각광받고 있는 프로그래밍 언어이다. 특히 R은 SAS나 SPSS와 달리 프리 소프트웨어(free software)이며, 소프트웨어의 크기도 약 500M 바이트 정도로 그 크기가 다른 통계패키지에 비해 작아 설치 및 보관이 용이하다. 이 장에서는 R의 최신 버전을 설치하는 방법과 기본 명령어를 소개한다.

2.1 R의 설치

R은 오픈소스 프로그램으로 통계, 데이터마이닝(data mining) 및 그래프를 위한 언어이다. R은 뉴질랜드 오클랜드 대학의 이하카(R. Ihaka)와 젠틀맨(R. Gentleman)에 의해 S-PLUS의 무료 버전 형태로 1993년에 발표되었다. R은 현재 공익단체의 웹사이트인 https://www.r-project.org에서 설치할 수 있다. [그림 2-1]은 웹사이트의 화면이다.

2019년 11월 기준 R의 최신 버전은 3.6.1이다. R 설치를 위해 R의 웹사이트에서 왼쪽 Download 밑의 CRAN을 클릭하면 사용 가능한 CRAN Mirrors 사이트가 나온다. 전 세계 사용자들의 R 사용 및 손쉬운 설치를 위해 CRAN(comprehensive R archive network)을

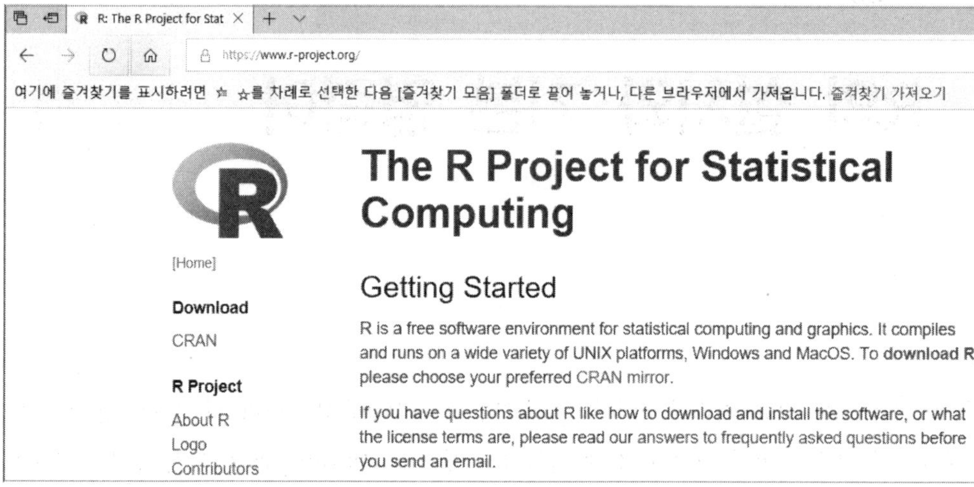

|그림 2-1| R 설치를 위한 웹사이트

통해 동일 파일을 가지는 URL(uniform resource locator)이 있다. [그림 2-2]와 같이 한국 URL은 5개가 있다. 5개 가운데 하나를 선택하면 [그림 2-3]과 같은 화면이 나온다. 일반적으로 한국에서는 윈도우 운영체제를 사용하므로 본서에서는 윈도우 버전의 R 설치에 대해서만 설명한다. [그림 2-3]에서 Download R for Windows 글자를 두 번 클릭하면 [그림 2-4]의 화면이 나온다. [그림 2-4]에서 base는 R의 기본 요소를 포함하는 설치파일을 의미하며, contrib는 기본 요소이외의 추가적인 통계처리 및 함수를 제공하는 설치파일을 의미한다. 일반적으로 기초통계학은 base에서 제공하는 기본 요소의 통계처리 함수만으로도 충분한 결과를 얻을 수 있다. 자료를 복잡한 통계모형에 적용하여 통계처리 결과를 얻기 위해서는 contrib에서 제공하는 요소를 설치하여 사용한다. Rtools는 R을 쉽게 사용할 수 있

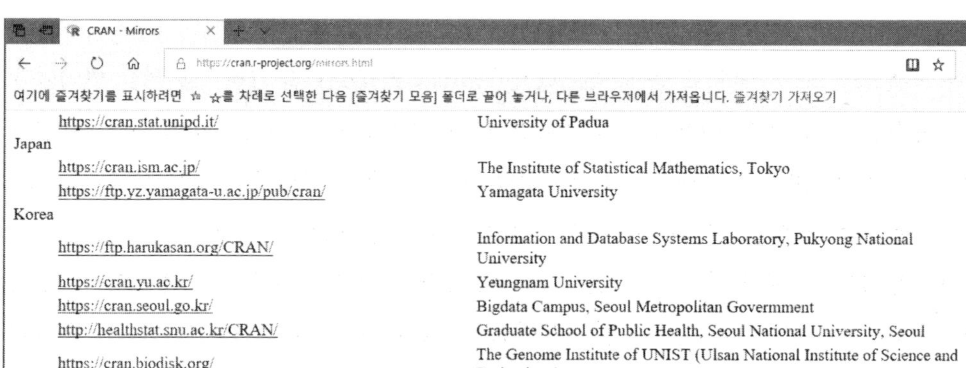

|그림 2-2| 한국의 URL

는 편집기 등을 제공하고 있으나, base에서 제공하는 프로그램을 이용해도 충분히 편리하기 때문에 본서에서는 소개하지 않는다.

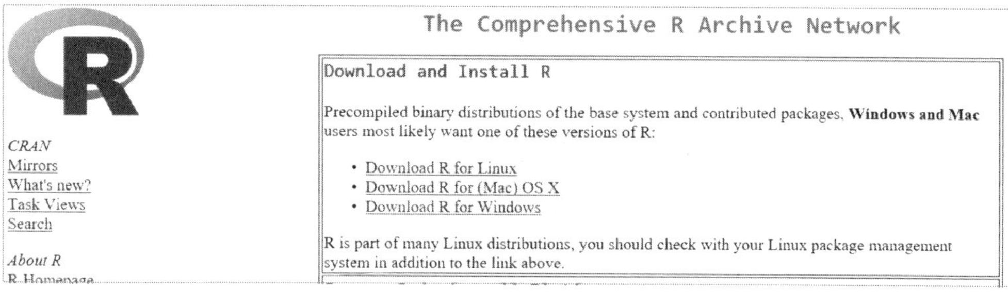

|그림 2-3| R 설치파일 다운로드

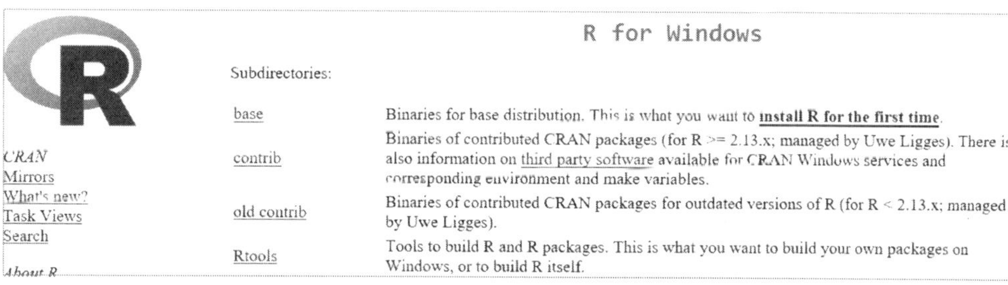

|그림 2-4| 윈도우용 R 설치파일 다운로드

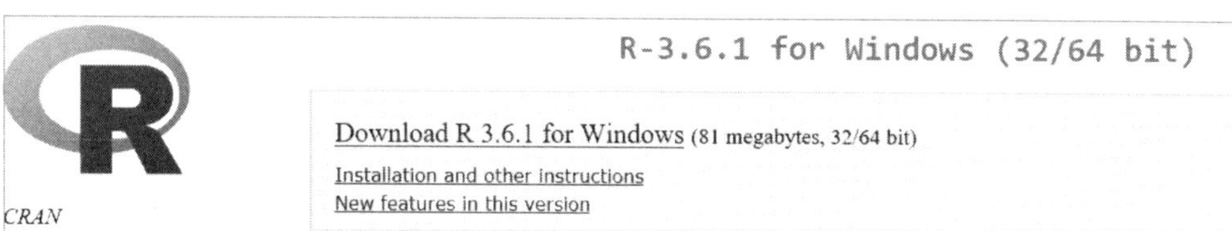

|그림 2-5| 윈도우용 R-3.6.1 설치파일 다운로드

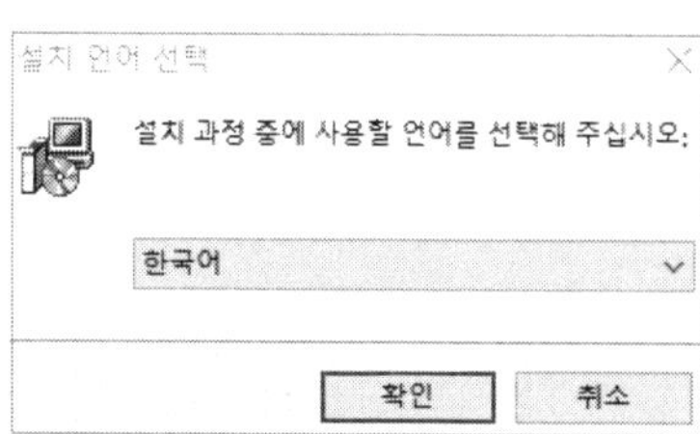

|그림 2-6| 설치 언어 선택

[그림 2-4]에서 base를 선택하면 [그림 2-5]가 나온다. [그림 2-5]에서 Download R 3.6.1 for Windows를 선택하면 아래에 “R-3.6.1-win.exe(80.8MB)(으)로 무엇을 하시겠어요?”라는 메뉴가 나오고, 그 메뉴에서 실행을 선택하면 설치 언어 선택 창이 생성된다. 계속해서 확인을 누르면 설치가 완료된다. 설치가 완료되면 64비트 PC인 경우 바탕화면에 [그림 2-7]과 같은 R 아이콘이 생성된다.

|그림 2-7| R 아이콘

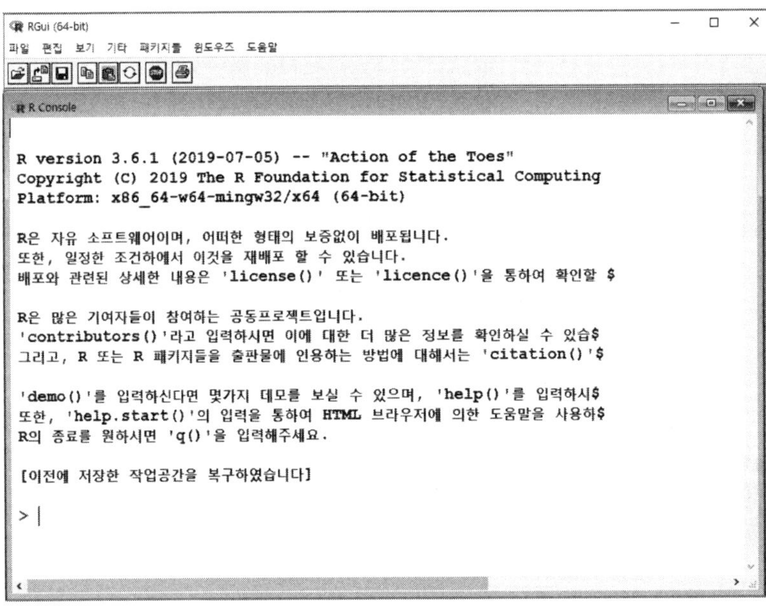

|그림 2-8| R 초기화면

이제 R 아이콘을 두 번 클릭하면 [그림 2-8]과 같은 초기화면이 생성된다. [그림 2-8] 화면에서 몇 가지 명령어로 R 설치가 완성되었는지를 확인한다.

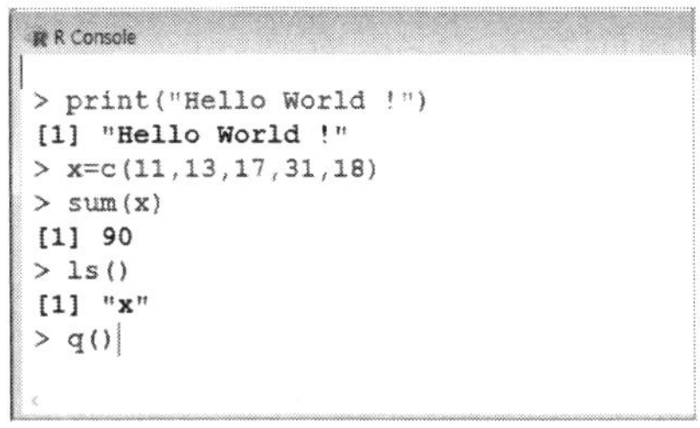

|그림 2-9| R 명령어 및 종료

[그림 2-9]와 같이 R 명령어 창은 “>” 프롬프트에서 시작한다. R 명령어는 함수 및 변수로 되어있다. 함수는 print(), c(), sum(), ls(), q()와 같이 괄호가 붙는다. print()는 문자열을 화면에 나타내는 명령어이다. 문자열임을 알려주는 기호는 “ ” 또는 ‘ ’ 이다. R 변수는 x와 같이 영어로 설정하며, 대문자와 소문자를 구분하고, 복잡하고 긴 경우 점을 붙여 작명을 하면 구분하기 쉽다. 예를 들어 위에서 지정한 변수 x에 대한 합을 구한 결과는 다음과 같다.

```
> x.sum=sum(x)
```

또한 c()는 자료의 벡터화를 의미한다. 즉, 변수 x에는 11, 13, 17, 31, 18의 벡터값이 지정되어 있다. 지정 기호는 “=” 또는 “<-”를 사용한다. 두 개의 기호로 구성되어 있는 “<-” 보다는 “=” 기호가 간단하므로 이 책에서는 “=” 기호를 지정으로 사용한다. R 명령어는 일반적으로 사용하는 영어를 함수 이름으로 사용하는 경우가 많다. 숫자의 합을 sum이라는 함수 이름을 사용하여 내장함수를 구성하였기 때문에 R 명령어에서는 sum()을 이용하며, 괄호 안에는 숫자가 입력된다. ls()함수는 현재 작업공간에서 저장되어 있는 변수 및 함수의 리스트를 나타낸다. 우리는 R 설치 후 오직 변수 x만을 생성하였으므로 저장된 변수는 x뿐이다. 종료를 나타내는 함수는 q()를 입력하면 [그림 2-10]과 같은 창이 팝업된다.

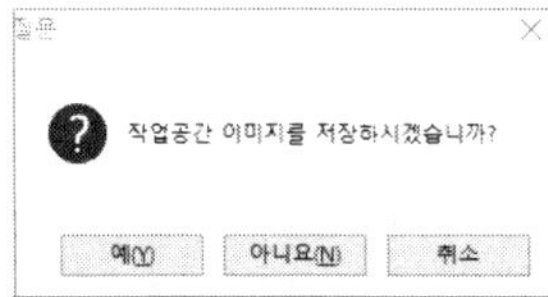

|그림 2-10| R의 종료 화면

여기서 "예(Y)" 버튼을 누르면 앞에서 지정한 변수 및 함수를 다음에도 사용할 수 있으며, "아니오(N)" 버튼을 누르면 이번 세션에서 지정한 변수 및 함수를 저장하지 않아 다음 R 세션에서 사용할 수 없다.

2.2 R의 기본 사항

R에서 제공하는 도움말을 이용하면 명령어에 대한 상세한 설명을 알 수 있다. 예를 들어 solve라는 명령어에 대한 도움말은

```
> help(solve)
```

또는

```
> ?solve
```

의 명령어를 사용하면 된다. 특별문자에 대한 도움말은 " " 또는 ' '을 사용한다. 예를 들어

```
> help("[[")
```

를 이용하면 기호 [[에 대한 도움말을 볼 수 있다.

R 명령어는 대문자와 소문자를 구분한다. A와 a는 서로 다른 변수 또는 함수를 나타낸다. R에서 이름은 .(점) 또는 알파벳으로 시작해야 하며, 점으로 시작하는 이름은 두 번째 문자는 숫자일 수 없다. 이름의 길이에는 제한이 없다.

R 명령어는 **표현**(expressions)과 **지정**(assignments)으로 구성된다. 만약 표현으로 명령어를 사용하면 그 결과가 화면에 나타나지만 그 값은 저장되지 않는다. 예를 들어 [그림 2-9]에서 sum(x)의 값은 90으로 그 결과는 화면에 나타나지만 90은 어디에도 저장되지 않는다. 지정은 표현을 계산하고 그 값을 변수에 저장하지만 그 결과는 자동으로 화면에 나타나지는 않는다.

R 명령어를 한 줄에 하나씩 수행된다. 여러 개의 명령어를 한 줄에 수행하려면 세미콜론(;)을 사용한다.

```
> x=c(11,13,17,31,18)
> sum(x);mean(x);length(x)
[1] 90
[1] 18
[1] 5
```

변수 x의 합(sum), 평균(mean), 길이(length)의 명령어를 한 줄에 입력한 결과는 90, 18, 5인데, 합은 90, 평균은 18, x라는 벡터의 길이는 5라는 것을 의미한다.

R에서 코멘트(comments)는 해시마크(hashmark, #)를 사용하는데, # 다음부터 해당 줄의 끝까지 코멘트가 된다. R 명령어 창에서 한 줄은 4,095 바이트(bytes)이다.

```
> sum(x);mean(x);length(x) # 합, 평균, 벡터의 길이
```

R 명령어는 저장되므로 바로 전의 명령어를 다시 입력하려면 키보드에서 화살표 표시(↑)를 이용하여 긴 명령어를 다시 입력할 필요가 없다.

R에서 생성되는 것은 변수(variables), 배열(arrays), 문자열(character strings), 함수(functions) 등의 다양한 형태가 있는데, 이러한 것을 다 합쳐 객체(objects)라 한다. 현재의 작업공간에서 사용 가능한 객체를 리스트 하는 함수가 ls()라고 한다. 객체의 삭제는 rm()이라는 함수를 사용한다.

```
> rm(x, y, z) # 객체 x, y, z 삭제
```

2.3 R의 기본 처리

2.3.1 벡터와 연산

R에서 기본 자료구조는 **벡터**(vector)이다. 벡터는 수 또는 문자열의 정렬된 집합이다. 만약 x라는 변수에 수 11, 13, 17, 31, 18을 지정하려면

```
> x=c(11,13,17,31,18) # 벡터의 지정
```

와 같이 지정하면 된다. 함수 c()는 숫자, 문자, 요인 등을 **연결**(concatenating)한다. 명령어 프롬프트(>)에서 x를 입력하면 숫자 벡터가 프린트된다. 1/x는 x의 각 원소의 역수를 나타낸다. 여러 벡터들의 연결을 함수 c()를 이용하여 재지정할 수 있다. 또한 숫자와 문자가 c()로 연결되어 있다면 문자열의 범위가 숫자보다 더 넓으므로 변수의 모든 원소는 문자열이 된다.

```
> x
[1] 11 13 17 31 18
> 1/x # 각 원소의 역수
[1] 0.09090909 0.07692308 0.05882353 0.03225806 0.05555556
> c(x,0,1/x) # 벡터의 확장
[1] 11.00000000 13.00000000 17.00000000 31.00000000 18.00000000
[6]  0.00000000  0.09090909  0.07692308  0.05882353  0.03225806
[11]  0.05555556
> c("abc",0,"ab",3.1) # 숫자와 문자의 혼합된 벡터
[1] "abc" "0" "ab" "3.1"
```

벡터의 연산은 벡터 원소끼리의 연산을 통해 이루어진다. 원소끼리 산술연산이 수행된다. 만약 벡터의 길이가 동일하다면 당연히 두 벡터의 해당 원소끼리 산술연산이 수행되지만, 두 벡터의 길이가 같지 않다면 길이가 작은 벡터의 처음 원소부터 나열한 후 산술연산이 수행된다. 예를 들어 두 벡터 (1, 2, 3)과 (4, 5, 6)의 원소의 합은 (5, 7, 9)이고, (1, 2, 3, 7, 8)과 (4, 5, 6)의 합은 벡터 처음 벡터의 길이가 더 크므로 길이가 작은 벡터인 (4,

5, 6)을 길이가 5인 벡터로 확장하여 (4, 5, 6, 4, 5)와 (1, 2, 3, 7, 8)의 합인 (5, 7, 9, 11, 13)이 된다. 그러나 두 벡터의 길이가 배수 관계에 있지 않으면 경고메시지가 나타난다.

```
> c(1,2,3)+c(4,5,6) # 길이가 같은 두 벡터의 연산
[1] 5 7 9
> c(1,2,3,7,8)+c(4,5,6) # 길이가 다른 두 벡터의 연산
[1]  5  7  9 11 13
경고메시지(들):
In c(1, 2, 3, 7, 8) + c(4, 5, 6) :
  두 객체의 길이가 서로 배수관계에 있지 않습니다
```

R에서 사용되는 산술연산은 사칙연산인 +, -, *, /와 ^(멱승, power)가 있다. 또한 log, exp, sin, cos, tan, sqrt 등의 함수가 있으며, 벡터의 최솟값과 최댓값을 구하는 min, max, 벡터의 길이를 구하는 length, 벡터 원소의 합을 구하는 sum, 벡터 원소의 곱을 구하는 prod 등의 함수가 있다. 벡터 x의 3번째 원소는 x[3]이고, x의 3, 5번째 원소는 x[c(3,5)]의 명령어로 구할 수 있다. 3번째 원소를 제외한 모든 원소는 x[-3]을 이용한다.

```
> x=c(1,2,3,4,5) # 벡터
> x^2 # 원소의 제곱
[1]  1  4  9 16 25
> log(x) # 원소의 로그값
[1] 0.0000000 0.6931472 1.0986123 1.3862944 1.6094379
> exp(x) # 원소의 지수값
[1]   2.718282   7.389056  20.085537  54.598150 148.413159
> sin(x) # 원소의 sine 함수값
[1]  0.8414710  0.9092974  0.1411200 -0.7568025 -0.9589243
> sqrt(x) # 원소의 제곱근 값
[1] 1.000000 1.414214 1.732051 2.000000 2.236068
> min(x) # 벡터 x의 최솟값
[1] 1
> max(x) # 벡터 x의 최댓값
[1] 5
> length(x) # 벡터 x의 길이
```

```
[1] 5
> sum(x) # 벡터 x의 모든 원소의 합
[1] 15
> prod(x) # 벡터 x의 모든 원소의 곱
[1] 120

> x[3] # 벡터 x의 3번째 원소값
[1] 3
> x[c(3,5)] # 벡터 x의 3, 5번째 원소값
[1] 3 5
> x[-3] # 벡터 x의 3번째를 제외한 모든 원소값
[1] 1 2 4 5
```

2.3.2 정렬과 수열

벡터의 정렬(sorting)에 관한 함수로 sort()와 order()가 있다. sort()는 벡터의 원소값에 대한 정렬을 나타내며, 오름차순(increasing)과 내림차순(decreasing)이 있다. order()는 벡터의 값이 아니라 벡터의 첨자에 대한 순서를 나타낸다. 예를 들어 벡터 (1, 5, 4, 8, 3)이 있다면 오름차순으로 정렬을 하면 (1, 3, 4, 5, 8)의 결과를 얻으며, 정렬된 값에 해당하는 원래 벡터에서의 첨자는 (1, 5, 3, 2, 4)이다. 즉, 오름차순으로 정렬된 두 번째 수인 3은 정렬하기 전의 벡터에서는 5번째에 있었다. 따라서 원래 벡터에서 첨자를 order의 결과를 대입하면 정렬된 벡터를 구할 수 있으므로 order는 최솟값 또는 최댓값이 되는 첨자를 구할 수 있다. 예를 들어 100명의 학생에 대한 성적 x에 대해 몇 번 학생이 최고점인가를 구하려면 명령어 order(x, decreasing=T)[1]을 사용하는데, 이는 x를 내림차순으로 정렬하였을 때 첫 번째 값인 최댓값에 해당하는 첨자가 결과로 나타난다. 내림차순 정렬은 함수의 인수(arguments) decreasing을 T(True)로 설정하는 명령어인 "decreasing=T"로 설정하고 sort()를 실행한다.

```
> x=c(1,5,4,8,3) # 벡터 x 지정
> sort(x) # 벡터 x의 오름차순 정렬
[1] 1 3 4 5 8
> order(x) # 벡터 x의 오름차순 정렬에 대한 원래 벡터 x의 첨자
```

```
[1] 1 5 3 2 4
> x[order(x)] # sort(x)와 같은 결과
[1] 1 3 4 5 8

> sort(x, decreasing=T) # 내림차순 정렬
[1] 8 5 4 3 1
> order(x, decreasing=T)[1] #최댓값을 가진 첨자
[1] 4
```

R에서 수열(sequence)을 생성하는 간단한 방법이 많이 있다. 1, 2, 3, …, 10은 단순히 1:10의 명령어를 사용하면 된다. 10:1은 10, 9, …, 1을 나타낸다. 일반적으로 seq(from, to, by, length)를 사용하여 수열을 만들 수 있다. 예를 들어 3, 8, 13, …, 183의 수열을 생성하려면 seq(from=3, to=183, by=5)로 설정하면 시작 숫자는 3, 마지막 숫자는 183, 간격은 5인 수열을 만들게 된다. seq()함수에서 length는 수열의 길이를 나타낸다. R에서 사용되는 함수에서 인수는 순서를 알고 있으면 인수 이름을 사용하지 않아도 된다. 즉, seq(3, 183, 5)라고 입력하여도 같은 수열을 생성할 수 있다. 만약 인수의 순서를 알지 못하면 인수 이름을 쓴 후 숫자를 설정하면 되고, 이 경우 인수의 순서는 중요하지 않다. 또한 rep는 반복(replication)을 나타내는 것으로 반복적으로 3을 5번 나타내려면 rep(3,5)라고 한다. 1, 2, 3을 5번 반복하려면 rep(1:3,5)라 한다.

```
> 1:10 # 1부터 10까지 1씩 증가하는 수열
 [1]  1  2  3  4  5  6  7  8  9 10
> 10:1 # 10부터 1까지 1씩 감소하는 수열
 [1] 10  9  8  7  6  5  4  3  2  1
> seq(from=3,to=183,by=5) # 수열 : 시작 3, 마지막 183, 증감 5
 [1]   3   8  13  18  23  28  33  38  43  48  53  58  63  68  73  78  83
[18]  88  93  98 103 108 113 118 123 128 133 138 143 148 153 158 163 168
[35] 173 178 183
> seq(3,183,5) # 인수의 순서를 알고 있으면 인수 이름이 불필요
 [1]   3   8  13  18  23  28  33  38  43  48  53  58  63  68  73  78  83
[18]  88  93  98 103 108 113 118 123 128 133 138 143 148 153 158 163 168
[35] 173 178 183
> rep(3,5) # 반복 : 3을 5번 반복
```

```
[1] 3 3 3 3 3
> rep(1:3,5) # 반복 : 1, 2, 3을 5번 반복
 [1] 1 2 3 1 2 3 1 2 3 1 2 3 1 2 3
```

2.4 논리값 및 객체

2.4.1 논리값

R에서 숫자 이외의 자료값은 논리값(logical value)인 TRUE, FALSE이다. 비교 연산자는 <, <=, >, >=, ==, !=가 있으며 비교연산자의 결과는 논리값(TRUE, FALSE)으로 나오며, 논리값 연산은 &(AND), |(OR), !(NOT EQUAL)이 있다. 예를 들어 1 < 2는 참이므로 그 결과는 TRUE가 나오며, 1 > 2는 거짓이므로 FALSE가 나온다. 따라서 1<2 & 1>2는 TRUE and FALSE이므로 FALSE가 나오며, 1<2 | 1>2는 TRUE or FALSE이므로 TRUE가 나온다. 또한 논리값을 숫자로 변환하면 TRUE는 1이고, FALSE는 0이다.

```
> 1<2  # 비교연산자의 결과는 논리값 (T, F)
[1] TRUE
> 1>2
[1] FALSE
> 1<2 & 1>2 # 논리값 연산
[1] FALSE
> 1<2 | 1>2
[1] TRUE
> TRUE + TRUE # 논리값의 연산에서 T=1, F=0
[1] 2
> TRUE + FALSE
[1] 1
```

2.4.2 행렬

R에서 벡터 이외의 중요한 객체로 모든 원소들이 숫자만으로 이루어진(또는 문자만으로

이루어진) **행렬**(matrices, 좀 더 일반적으로는 **배열**(arrays)), 범주형 자료를 다루는데 필수적인 **요인**(factors), 벡터의 일반적인 형태인 **리스트**(lists), 행렬구조와 비슷하지만 다른 형태(type)를 허용하는 **데이터프레임**(data frames) 등이 있다.

행렬은 같은 형태의 원소만 허용하고, 행(row)과 열(column)의 크기가 정해져야 한다. 예를 들어 행렬 A가 크기가 2×3이고 원소는 1, 2, 3, 4, 5, 6이라 할 때, 행렬 A를 다음과 같이 정의한다. 행렬 A의 원소 입력순서는 열 우선이라는 사실을 알 수 있다. 즉, 열을 고정하고 각 행을 움직이면서 원소를 채우고 열을 변화시킨다. 행렬 B가 크기가 2×3이고 원소는 7, 8, 9, 10, 11, 12라 할 때, 행렬의 크기 2, 3을 지정하는 matrix에서의 인수가 nrow, ncol인데, 각각 number of rows와 number of columns를 나타낸다. 행렬에서 연산은 두 행렬의 크기가 일치할 때 각 원소의 합, 차, 곱, 나누기를 한 것과 같다. 특별히 행렬의 곱 AB의 원소는 %*% 기호를 사용한다. 이때 행렬 A의 열의 크기와 행렬 B의 행의 크기가 일치해야 한다. 만약 행렬의 크기가 일치하지 않으면 연산 오류가 발생한다. 행렬 A의 행과 열을 바꾼 전치행렬(transpose of A)은 t(A)를 이용한다.

```
> A=matrix(c(1,2,3,4,5,6),2,3) # 행렬 지정하기
> A
     [,1] [,2] [,3]
[1,]    1    3    5
[2,]    2    4    6
> B=matrix(7:12,nrow=2,ncol=3) # 행렬 지정하기
> B
     [,1] [,2] [,3]
[1,]    7    9   11
[2,]    8   10   12

> A+B # 각 원소끼리 더하기
     [,1] [,2] [,3]
[1,]    8   12   16
[2,]   10   14   18
> A*B # 각 원소끼리 곱하기
     [,1] [,2] [,3]
[1,]    7   27   55
[2,]   16   40   72
```

```
> A/B # 각 원소끼리 나누기
          [,1]      [,2]      [,3]
[1,] 0.1428571 0.3333333 0.4545455
[2,] 0.2500000 0.4000000 0.5000000
> t(A) # 전치행렬
     [,1] [,2]
[1,]    1    2
[2,]    3    4
[3,]    5    6
> A%*%t(B) # 행렬의 곱
     [,1]  [,2]
[1,]   89   98
[2,]  116  128
> A%*%B  # 행렬의 곱 : 오류
Error in A %*% B : 적합한 인자들이 아닙니다.
```

2.4.3 요인

factor는 범주형 자료를 나타내는 벡터 객체이다. 예를 들어 학생들의 학년은 범주형 자료이다. 따라서 1, 2, 3, 4라고 하면 숫자이지만 factor를 이용하면 범주 1, 2, 3, 4로 바뀐다. 다음의 예를 학생이 10명 있는데, 10명의 학생이 1, 2, 1, 1, 2, 3, 4, 1, 1, 1 학년이라면 factor를 grade라는 변수에 저장하면 된다. 이렇게 결과에 Levels(계급)가 있으면 요인을 나타낸다. grade가 factor일 때, 요인변수의 계급 이름을 알려면 levels() 함수를 이용한다. 순서 범주형 자료인 경우 factor() 대신에 ordered() 함수를 이용하여 정의하고 그 이외에는 factor()와 동일하다.

```
> grade=c(1,2,1,1,2,3,4,1,1,1) # 숫자 벡터
> grade
 [1] 1 2 1 1 2 3 4 1 1 1
> grade=factor(c(1,2,1,1,2,3,4,1,1,1)) # 요인 벡터
> grade
 [1] 1 2 1 1 2 3 4 1 1 1
Levels: 1 2 3 4  # 요인의 계급이름
```

```
> levels(grade) # 요인의 수준(계급)
[1] "1" "2" "3" "4"
> ordered(c(1,2,1,1,2,3,4,1,1,1))  # 순서 범주형 자료
 [1] 1 2 1 1 2 3 4 1 1 1
Levels: 1 < 2 < 3 < 4
```

2.4.4 리스트

R에서 가장 형식의 제한이 없는 자료구조는 리스트이다. 리스트는 성분이라는 객체의 순서 집합으로 구성된 객체이다. 성분은 같은 모드(mode)일 필요가 없이 숫자 벡터, 논리값, 행렬, 문자열 등이 뒤섞여있어도 괜찮다. 다음 예를 살펴보자.

```
> Lst=list(name="Fred",wife="Mary",no.children=3,child.age=c(4,7,9)) # 리스트 생성
> mode(Lst$wife)  # mode 알아내기
[1] "character"
> mode(Lst$no.children)
[1] "numeric“
> Lst  # 리스트 보기
$name
[1] "Fred“

$wife
[1] "Mary"

$no.children
[1] 3

$child.age
[1] 4 7 9
> Lst$name  # 리스트의 성분 나타내기
[1] "Fred"
> Lst[[1]]  # 리스트의 성분 나타내기
[1] "Fred"
> Lst$child.age
```

```
[1] 4 7 9
> Lst[[4]]
[1] 4 7 9
```

Lst 변수에는 name, wife, no.children, child.age라는 성분으로 구성되어 있는데, name, wife는 문자열이고, no.children, child.age는 숫자이다. 리스트의 성분은 $ 표시를 이용하여 나타낼 수 있다. Lst$name, Lst$child.age 또는 Lst[[1]], Lst[[4]]로 각각 표현할 수 있다.

2.4.5 데이터프레임과 파일에서 자료 읽기

통계 자료에서 가장 많이 쓰이는 자료 형태는 테이블 모양의 자료로 엑셀에서 많이 사용하는 스프레드시트(spread sheet)이다. 테이블에서 열은 변수를 나타내고, 행이 각 자료를 나타내는 형식이다. 이러한 스프레드시트의 자료구조를 R에서는 데이터프레임(data frame)이라 한다. 데이터프레임은 리스트인데, 각 성분은 벡터, 요인, 행렬, 리스트, 다른 데이터프레임이 될 수 있지만, 각 벡터의 길이는 동일하며, 행렬의 행의 크기도 동일해야 한다. 데이터프레임의 생성은 리스트와 마찬가지로 data.frame() 함수를 이용하며, 각 변수의 이름을 지정할 수 있다. 데이터프레임의 내용을 보는 방법은 리스트 경우와 동일하다.

```
> score=data.frame(name=c("Kim","Lee","Park"),Math=c(80,85,90),Korean=c(90,93,88))
> score  # 데이터프레임의 생성
  name Math Korean
1  Kim   80     90
2  Lee   85     93
3 Park   90     88
> score$Math #데이터프레임의 성분 보기
[1] 80 85 90
> score[[2]]  # score$math와 동일
[1] 80 85 90
> sum(score[[3]]) #데이터프레임의 성분에 대한 함수 적용
[1] 271
```

자료의 크기가 큰 경우 자료를 직접 입력하는 데는 한계가 있다. 따라서 파일 형태로 자료가 저장되어 있을 때, 그 자료를 R에서 읽어야 한다. read.table() 함수를 이용하여 손쉽

게 R에 데이터를 저장할 수 있다. 예를 들어 텍스트 파일에 있는 자료가 다음과 같다.

Name	Mid	Final	HW1	HW2	HW3	HW4
Kim	87	83	10	9	9	8
Park	63	82	10	9	8	9
Lee	97	89	9	9	9	10
Jung	78	91	9	10	8	9

첫 번째 줄의 Name, Mid, ..., HW4는 변수이름이고, 두 번째 줄부터 실제 자료이다. 첫 번째 변수 Name은 문자열이고, 나머지 변수는 숫자이다. R에서 문자열은 factor로 읽으며, 숫자는 숫자로 읽는다. 만약 위의 자료가 "score.txt"라는 파일에 저장되어 있다고 하면, R에서 다음과 같이 읽어 변수에 저장하면 된다. 여기서 인수 header는 첫 번째 줄이 변수이름을 나타내고 있는지를 알려주는 인수이다. header의 인수 설정은 T 또는 F이다. 여기서 "score.txt"라는 파일이 R의 환경에서 PATH의 디렉토리에 있어야 한다. 그렇지 않은 경우 R 메뉴 "파일"에서 "작업 디렉토리 변경"을 통해 "score.txt" 파일이 있는 디렉토리를 설정해야 한다.

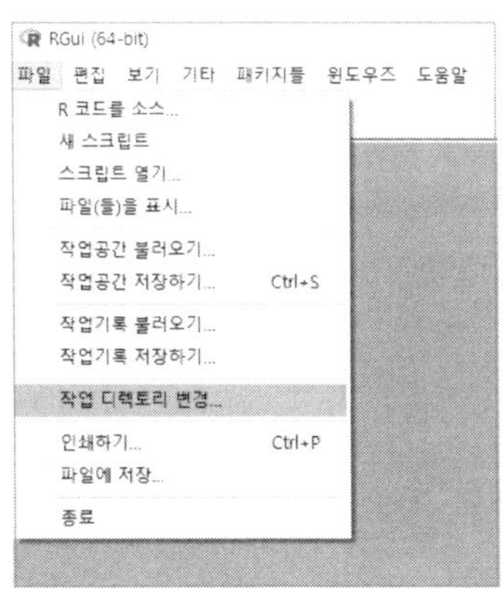

|그림 2-11| 작업 디렉토리 변경

```
> score=read.table("score.txt",header=T) # 파일에서 자료 읽기
> score
  Name Mid Final HW1 HW2 HW3 HW4
1  Kim  87    83  10   9   9   8
```

```
2 Park    63   82   10    9    8    9
3  Lee    97   89    9    9    9   10
4 Jung    78   91    9   10    8    9
```

저장된 변수 score의 모드는 data.frame이다. 이것을 확인하기 위한 함수가 str()이라는 함수가 있는데, structure라는 뜻이다. 다음에서 알 수 있듯이 score는 data.frame이고 7개의 변수와 4개의 관측치가 있다. score$Name은 score에서 Name이라는 변수를 나타내고 있다. Name을 알기 위해서는 score$Name을 입력해야 한다. 그런데 Name, Mid, Final 등의 변수를 여러 번 사용할 때 매번 변수 앞에 score$를 입력하는 것은 불편하므로 score$ 없이 직접 Name, Mid 등의 변수에 직접 접근할 수 있도록 attach()라는 함수를 이용한다.

```
> str(score)  # score의 구조
'data.frame':   4 obs. of  7 variables:
 $ Name : Factor w/ 4 levels "Jung","Kim","Lee",..: 2 4 3 1
 $ Mid  : int  87 63 97 78
 $ Final: int  83 82 89 91
 $ HW1  : int  10 10 9 9
 $ HW2  : int  9 9 9 10
 $ HW3  : int  9 8 9 8
 $ HW4  : int  8 9 10 9
> score$Name  # score의 성분인 Name을 아는 방법
[1] Kim  Park Lee  Jung
Levels: Jung Kim Lee Park
> score$Mid
[1] 87 63 97 78
>> attach(score)  # $ 없이 성분요소 사용하기
> Name
[1] Kim  Park Lee  Jung
Levels: Jung Kim Lee Park
> Mid
[1] 87 63 97 78
```

apply() 함수는 데이터프레임 자료 처리에서 유용한 함수이다. apply()의 이용법은 apply(X, MARGIN, FUN, ...)으로, X는 배열 또는 행렬이고, MARGIN은 함수를 적용할

방향으로 X가 행렬일 때 1은 행, 2는 열을 의미하며, FUN은 적용할 함수이다. 예를 들어 위의 변수 score에서 열별(즉, 변수별) 평균을 구하려면 apply(score, 2, mean) 명령어를 실행하면 된다. 여기서 주의해야 할 점은 score의 첫 번째 변수는 name으로 문자열이기 때문에 mean을 적용할 수 없다. 따라서 X는 score[,-1]이어야 한다. 첨자에서 음수는 제외를 나타내므로 -1은 첫 번째 열을 제외한다는 것이다. 그 결과 Mid의 평균은 81.25, Final의 평균은 86.25이다. 만약 학생별 평균을 구하려면 어떤 명령어를 사용해야 할까?

```
> apply(score[,-1],2,mean) # 열별 평균
  Mid    Final   HW1    HW2    HW3    HW4
  81.25  86.25   9.50   9.25   8.50   9.00
```

2.5 제어와 루프

R에서 조건문의 형태는 다음과 같다.

```
> if (expr_1) expr_2 else expr_3
```

여기서 expr_1의 결과는 논리값이다. 예를 들어 변수 a가 1 이상이면 “good”을 프린트하고, 그렇지 않으면 “not good”을 프린트하는 명령어는 다음과 같다.

```
> if(a>=1) print("good") else print("not good")
```

만약 변수 a가 1이상이면 “good”을 프린트하고, 그렇지 않고 만약 a가 −1이상이면 “not bad”를 프린트하고, −1보다 작으면 “not good”을 프린트하는 프로그램은 다음과 같다.

```
> if(a>=1) print("good") else if (a>= -1) print("not bad") else print("not good")
```

그러나 한 줄에 조건문을 사용하면 프로그램의 가독성이 떨어지므로 R에서 제공하고 있는 스크립트(script) 편집기를 사용하면 편리하다. [그림 2-12]와 같이 “파일” 메뉴에서 “새 스크립

트"를 선택하면 스크립트 편집기가 RGUI(R graphical user interface)에 생성된다. 생성된 스크립트에서 명령어를 사용하여 [그림 2-13]과 같이 프로그램을 작성하면 프로그램의 가독성이 좋다. 스크립트에서 작성한 프로그램은 [그림 2-14]와 같이 블록을 잡아 복사(ctrl+c)를 하고, R console 창에서 붙여넣기(ctrl+v)를 하여 긴 명령어를 수행시킨다. a=2를 설정하고 R console 창에서 실행시킨 결과는 [그림 2-15]와 같다.

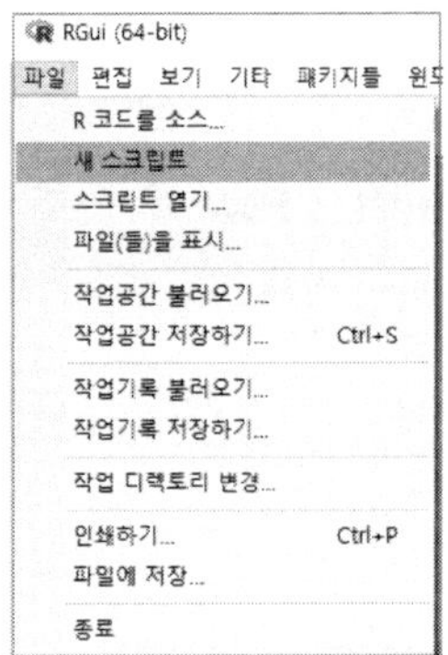

|그림 2-12| 새 스크립트 메뉴

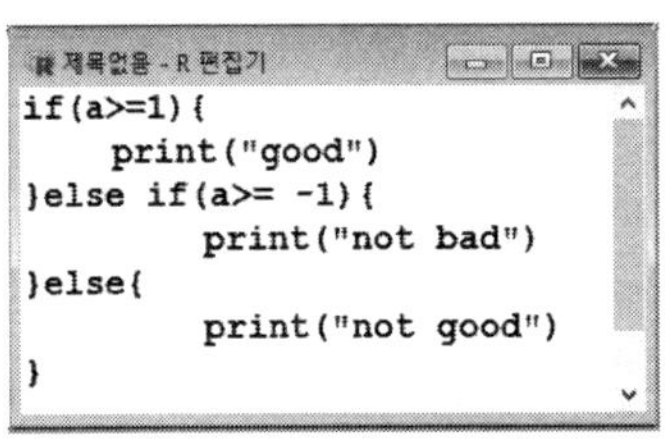

|그림 2-13| 편집기 사용한 조건문

|그림 2-14| 편집기 블록 설정

|그림 2-15| R console에서 실행

반복 작업을 진행할 때는 for문을 사용하면 편리하다. 예를 들어 1부터 100까지를 더하

는 프로그램을 작성한다면

```
> for( name in expr_1 ) expr_2
```

를 이용한다. name은 루프 변수를 나타내며 expr_1은 조건을, expr_2는 반복적인 일을 나타낸다. 예를 들어 루프 변수를 i라고 한다면, i는 1부터 100까지를 나타내고 더한 결과를 s라고 한다. 그리고 더하기 전에 s=0으로 초기화를 설정하고 for문을 사용한다.

```
> s=0  # 초기화
> for(i in 1:100) s=s+i  # 반복
> s
[1] 5050
```

만약 1부터 100까지 더한 값을 s, 곱한 값을 p라고 한다면, expr_2가 2가지 작업을 수행하므로 중괄호를 이용하여 프로그램의 가독성을 좋게 할 수 있다.

```
> s=0;p=1  # 초기화
> for(i in 1:100){
+   s = s+i   # 합
+   p = p*i   # 곱
+ }
> s
[1] 5050
> p
[1] 9.332622e+157
```

위의 프로그램은 sum(), prod() 함수를 통해 간단히 구할 수 있다.

```
> sum(1:100) # 수열의 합
[1] 5050
> prod(1:100) # 수열의 곱
[1] 9.332622e+157
```

이 책에서는 R 함수를 이용하여 여러 문제를 쉽게 풀이하는 방법을 알 수 있다.

2.6 그래프

R에서 그래프 함수는 다음의 세 가지 그룹으로 나눌 수 있다.

- 고수준 그래프 함수(high level graphic functions)는 자료를 입력하면 그래프를 생성한다. 이 그래프에는 축, 축이름, 제목 등은 인수를 조정하여 삽입한다.
- 저수준 그래프 함수(low level graphic functions)는 위의 고급 그래프 함수로부터 생성된 그래프 위에 새로운 점, 선, 문자열 등을 추가할 수 있는 함수이다.
- 대화형 그래프 함수는 이미 존재하는 그래프에서 마우스(mouse)를 통해 위치 정보 등을 알 수 있는 함수이다.

2.6.1 고수준 그래프 함수

R에서 그래프를 생성하기 위한 고수준 그래프 함수에는 다음과 같은 함수가 있다.

표 2-1 R의 고수준 그래프 함수

함수	기능
plot(x,y)	평면상에서 벡터 x, y의 값에 점을 나타내는 그림
plot(x)	가로축은 첨자가 세로축은 x의 값이 점으로 나타내는 그림
pairs(X)	행렬 X의 열 사이의 조합에 대한 산점도 그림
hist(x)	벡터 x에 대한 히스토그램
barplot(x)	벡터 x에 대한 막대그래프
pie(x)	벡터 x에 대한 원형그래프

예를 들어 2.4.5절의 score 자료의 중간고사와 기말고사 성적을 그래프로 나타내려면 다음과 같은 명령어를 사용한다. score 변수에서 중간고사와 기말고사의 성적은 2번째와 3번째 변수이므로 score[,2:3]을 사용한다. 그 결과는 [그림 2-16]과 같다. 그림을 그리기 위해서 그림 창을 만들고, 축과 축이름 등의 여러 가지 작업을 해야 하지만 R에서 고수준 그래프

함수는 이러한 작업을 기본값을 가지고 수행하기 때문에 사용자는 자료만 지정하면 충분하다. [그림 2-16]의 plot() 함수의 기본값은 자료를 점으로 나타내는 것이며, 점이 'o'와 비슷하여 그래프에서 자료를 확실히 찾을 수 없는 단점이 있다. 그래서 o 안에 검은색이 칠해진 점으로 표시하고 싶다면 인수 pch의 설정을 변경하면 된다. 결과는 [그림 2-17]과 같다.

```
> plot(score[,2:3]) # [그림 2-16]
> plot(score[,2:3],pch=16) # [그림 2-17]
```

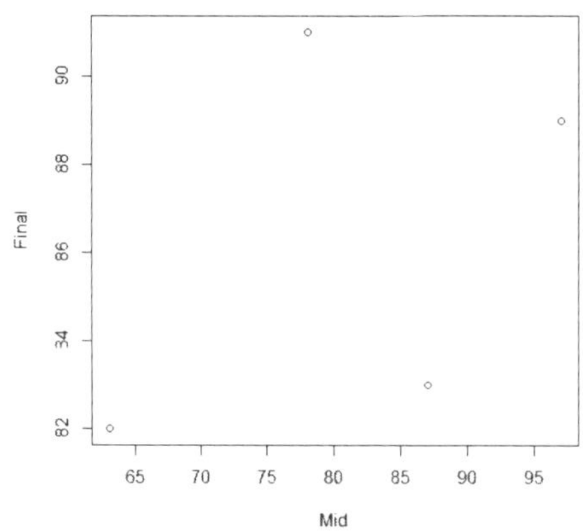

|그림 2-16| plot(x) 결과

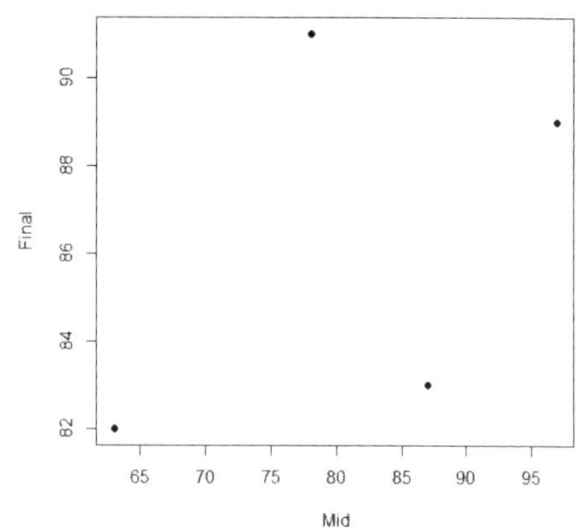

|그림 2-17| plot(x,pch=16) 결과

고수준 그래프 함수인 plot의 인자를 설정함으로써 여러 가지 형태의 그래프를 그릴 수 있다.

(1) 축이름 지정

plot() 함수의 인수 가운데 lab은 label을 의미한다.

표 2-2 plot() 함수의 인수

인수 설정	기능
xlab="string"	가로축의 이름을 설정
ylab="string"	세로축의 이름을 설정
main="string"	그래프 상단 중앙에 큰 글씨의 제목
sub="string"	가로축 밑 중앙에 작은 글씨의 부제목

```
>plot(score[,2:3],pch=16,xlab="중간고사",ylab="기말고사",main="성적",sub="시험성적") # [그림 2-18]
```

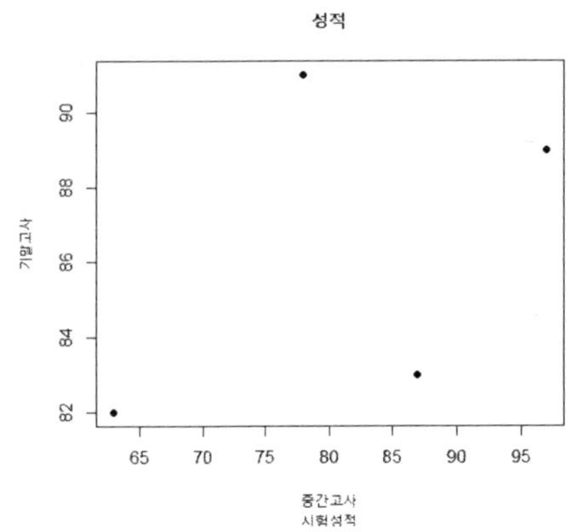

|그림 2-18| plot() 함수의 축이름

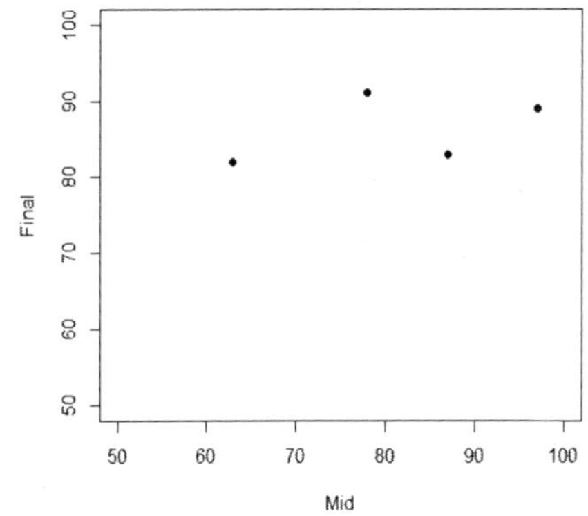

|그림 2-19| plot()함수의 축범위

(2) 축범위 지정

plot() 함수의 인수 가운데 lim은 limit를 의미하며, 길이가 2인 벡터로 최솟값과 최댓값을 나타낸다. xlim=c(lo, hi)는 x축 구간이 (lo, hi)에 있음을 의미한다. 마찬가지로 ylim=c(lo, hi)는 y축의 구간 범위를 지정한다. 예를 들어 score 자료의 x, y축의 범위를 50에서 100으로 설정하려면 다음과 같은 명령어를 사용한다.

```
>plot(score[,2:3],pch=16, xlim=c(50,100), ylim=c(50,100)) # [그림 2-19]
```

(3) 그래프 형태

plot() 함수를 사용하면 기본적으로 자료가 점으로 표시되었다. 이 점의 형태를 type이라는 인수 설정을 통해 여러 가지 형태의 그래프로 표현할 수 있다. score 자료의 중간고사 성적을 다양한 type으로 그리면 [그림 2-20]과 같다.

표 2-3 plot() 함수에서 type의 종류

인수 설정	기능
type="p"	자료값을 점으로 그린다(기본값). points
type="l"	자료값을 선으로 그린다. lines
type="b"	자료값을 점과 선으로 그린다. both
type="o"	자료값을 점과 선으로 겹쳐 그린다. overplotted
type="h"	자료값을 세로선으로 그린다. high-density 또는 histogram
type="n"	아무 그림도 없다. 축과 좌표는 설정된다. No plotting

```
> par(mfrow=c(2,3)) # 그림 화면을 6분할 [그림 2-20] ; multi-frames in row
> plot(score$Mid,type="p") # 점
> plot(score$Mid,type="l") # 선
> plot(score$Mid,type="b") # 점, 선
> plot(score$Mid,type="o") # 점, 선 overplotted
> plot(score$Mid,type="h") # 세로선
> plot(score$Mid,type="n") # 아무 그림도 없다
```

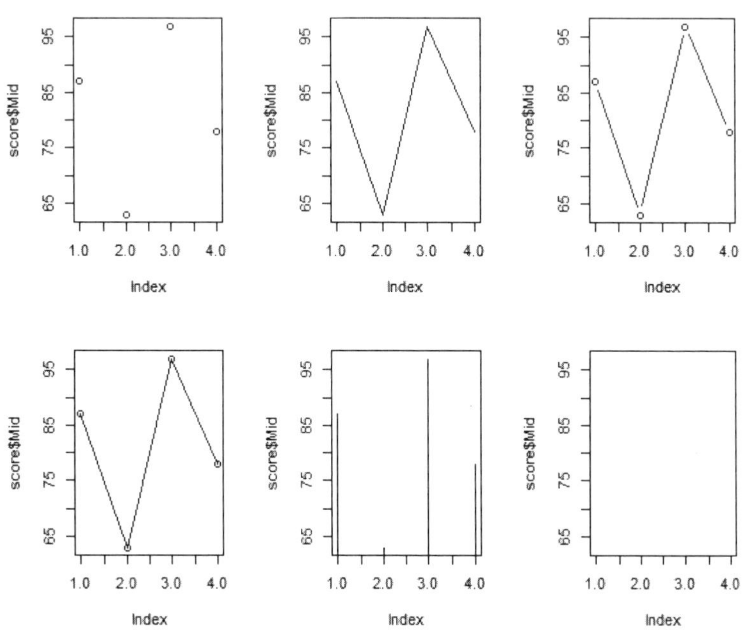

|그림 2-20| plot()함수의 type별 그림

(4) 선의 종류

plot() 함수에서 type="l"로 설정하여 선으로 자료를 표시할 때, 선의 종류는 5가지가 있다. 인수 이름은 lty=number이며, number에 따라 선의 종류가 달라지는 그림이 [그림 2-21]에 있다. 여기서 number는 1에서 5까지를 선택할 수 있다. [그림 2-22]는 score 자료의 중간고사 성적을 선으로 그릴 때, number=3인 plot() 함수의 결과이다.

```
> plot(score$Mid,type="l",lty=3) # [그림 2-22]
```

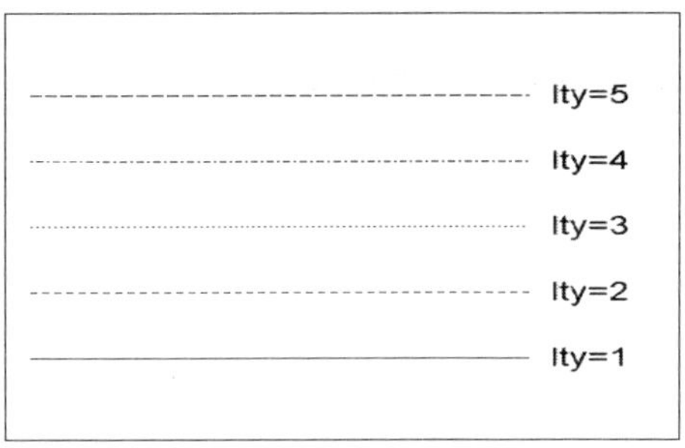

|그림 2-21| 선의 종류

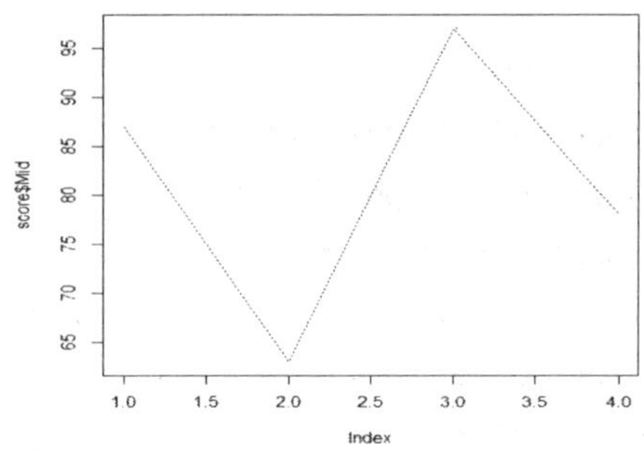

|그림 2-22| score 자료의 선 그림

선의 두께는 lwd 인수로 조정할 수 있는데, 여기서 lwd는 line width를 의미한다.

(5) 점의 종류

함수 plot에서 자료를 나타낼 때 기본 표현은 점인데, 점의 형태는 인수 pch=number로 조정할 수 있다. [그림 2-23]은 number에 따른 점의 형태를 나타낸다.

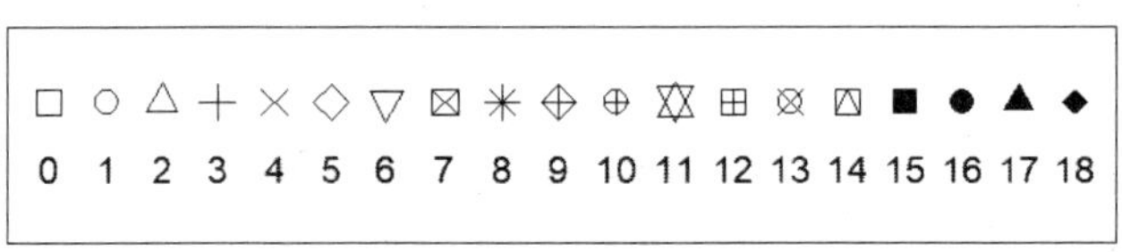

|그림 2-23| 점의 종류

2.6.2 저수준 그래프 함수

고수준 그래프 함수는 편리하지만 때때로 사용자가 원하는 그래프를 모두 제공하지 않는다. 고수준 그래프 함수를 이용한 그림의 자세한 수정은 저수준 그래프 함수를 통하여 이루어진다. 점, 선, 문자열 등의 정보를 기존 그림에 추가할 수 있다. 사용법은 <표 2-4>와 같다.

(1) 점과 선의 추가

현재의 그래프 위에 점 추가는 points() 함수, 선 추가는 lines()를 이용한다.

(2) 문자열의 추가

문자열을 삽입할 때는 text() 함수를 이용하며, 그 사용법은 <표 2-4>와 같다.

(3) 직선의 추가

직선을 추가할 때는 abline() 함수를 이용하며, 그 사용법은 <표 2-4>와 같다.

표 2-4 점, 선, 문자열, 직선 추가

함수	기능
points(x,y)	(x,y) 좌표에 점을 추가한다.
points(c(x1,x2),c(y1,y2))	(x1,y1), (x2,y2) 좌표에 점을 추가한다.
lines(c(x1,x2),c(y1,y2))	점 (x1,y1), (x2,y2)을 잇는 선을 추가한다.
text(x,y,labels,...)	점 (x,y)에 문자열 labels를 삽입한다.
abline(a,b)	직선 y=a+bx를 추가한다.
abline(h=a)	수평선(horizontal line) 즉, 직선 y=a를 추가한다.
abline(v=a)	수직선(vertical line) 즉, 직선 x=a를 추가한다.

score 중간고사 자료의 기본 그래프 위에 직선 형태가 점선인 평균 직선을 추가하고, 최고점의 위치에 "최고점"이라 쓰고, 직선 y=50+15x를 추가하는 그림을 그리는 프로그램은 다음과 같으며, 그 결과는 [그림 2-24] 이다.

```
> plot(score$Mid) # 고수준 그래프 함수
> mean(score$Mid) # 중간고사 성적의 평균
[1] 81.25
> lines(c(1,4),c(81.25,81.25),lty=3) # 평균선
> text(3,score$Mid[3],"최고점") # 최고점 표시
> abline(50,15) # 직선 y=50+15x 추가
```

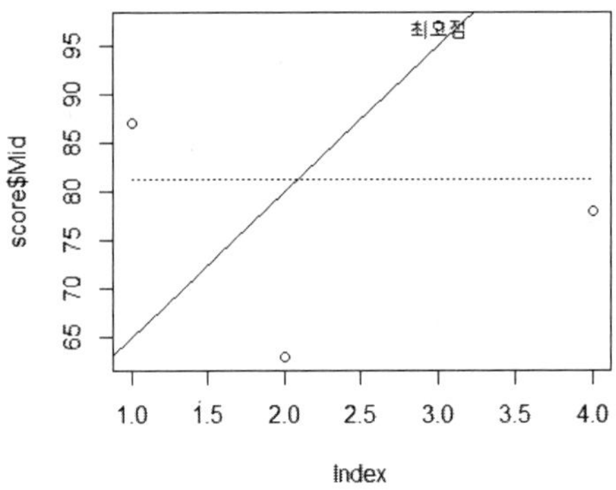

|그림 2-24| 저수준 그래프 함수의 이용

3장

자료의 시각화

통계학은 자료로부터 정보를 만들어내는 과학이다. 자료는 일반적으로 숫자나 문자로 구성되어 있는데, 수많은 자료가 요약되지 않으면 자료는 숫자 또는 문자의 나열에 불과하다. 자료가 그 특징을 잘 파악할 수 있는 요약된 형태일 때 비로소 정보가 된다.

<표 3-1>은 통계학 수강생 20명에 대한 자료이다. 자료를 데이터 집합(data set) 또는

표 3-1 통계학 과목 수강생의 자료

번호	성별	학년	중간	기말
1	1	2	99	99
2	0	3	97	92
3	0	1	84	84
4	1	1	82	75
5	1	4	76	99
6	0	1	78	88
7	0	2	91	88
8	1	3	81	91
9	0	1	74	71
10	0	1	75	97
11	0	1	74	70
12	1	1	89	78
13	0	1	86	89
14	1	2	74	89
15	1	2	82	88
16	0	1	95	79
17	1	1	82	72
18	0	4	89	71
19	1	1	92	88
20	0	1	91	89

*성별에서 0은 남자, 1은 여자를 나타냄.

데이터라고 한다. 번호, 성별, 학년 등의 각 열은 **변수**(variable)이고, 각 행은 **개체**(case)이다. 각 변수 또는 각 개체의 구체적인 값이 **자료값**(data value) 또는 **관측값**(observation)이다. 개체인 1번 학생의 자료값 1, 2, 99, 99는 1번 학생의 관측값이다. 본 장에서는 변수가 1개인 경우(일변량 자료, univariate data)에 한하여 자료를 표나 그래프로 요약하여 자료의 특징을 파악하고자 한다. 변수의 개수가 2개 이상인 경우를 다변량 자료(multivariate data)라 하는데, 기초통계학에서는 일변량 자료의 분석에 중점을 둔다. 세상에는 수많은 자료가 존재하며, 자료의 종류도 매우 다양하다. 따라서 자료를 표나 그래프로 요약하는 방법도 다양하다. 자료를 몇 가지로 분류하고, 그 분류에 따라 자료를 요약하는 방법을 살펴본다.

3.1 자료의 종류

수집된 자료를 그 특징에 따라 분류할 때, <표 3-1>에서 성별, 학년과 같은 변수를 **범주형 자료**(categorical data)라고 하고, 중간고사, 기말고사 성적과 같은 자료를 **수치 자료**(numerical data)라 한다. 이 두 가지를 분류하는 기준은 숫자 자체가 의미가 있느냐 없느냐이다. 예를 들어 성별은 0 또는 1로 표현되어 있는데, 이는 남녀를 구별하기 위한 편의수단에 불과하고 숫자의 0 또는 1은 아무런 의미가 없다. 숫자 0 또는 1 대신 100 또는 200이라 해도 아무런 문제가 발생하지 않는다. 이처럼 숫자가 단순히 자료의 구분을 위한 편의에 불과한 자료를 범주형 자료 중에서도 **명목형 자료**(nominal data)라고 한다. 학년은 숫자에 큰 의미를 부여할 수 없으며, 숫자로서 연산도 불가능하다. 하지만 숫자가 순서관계를 나타내고 있는데, 이러한 자료를 **순서형 자료**(ordinal data)라고 한다. 2학년은 1학년을 마치고 진급했다는 것을 의미한다. 여론조사에서 만족도의 측도로 사용하는 "매우 불만", "불만", "보통", "만족", "매우 만족"의 척도가 순서형 자료의 예이다. 범주형 자료를 **질적 자료**(qualitative data)라고도 한다.

수치 자료는 숫자가 가지는 특징이 있다. 예를 들어 사칙연산이 가능하다. 중간고사 성적을 모두 더한다거나 평균을 구하는 것이 가능한 변수를 수치 자료라 한다. 수치 자료에는 각 가정에서 보유한 자동차 대수와 같이 셀 수 있는 자료를 **이산형 자료**(discrete data) 또는 **계수 자료**(counting data)라고 하고, <표 3-1>의 성적과 같이 실숫값 자료를 **연속형 자료**(continuous data)라고 한다. 키 자료는 일반적으로 센티미터로 측정하기 때문에 173,

180 등으로 표현하지만, 이는 측정 단위의 문제이지 키의 특징이 이산형으로 변하지 않는다. 따라서 키 자료는 이산형 자료가 아니라 연속형 자료이다. 수치 자료는 질적 자료에 대응하여 **양적 자료**(quantitative data)라고 한다.

범주형 자료는 각각의 범주에 몇 개의 개체가 있는가가 매우 중요하다. 즉, 각 범주의 **도수**(frequency)가 가장 핵심적인 요약 요소이다. 각 범주가 차지하는 비율도 자료의 특징을 나타낸다. 이에 반하여 연속형 자료는 어느 하나의 자료값에 해당하는 도수가 중요한 것이 아니라 자료의 전체 분포가 중요하다. 예를 들어 <표 3-1>에서 중간고사 성적이 78점인 도수가 중요한 것이 아니라 성적이 어떤 형태로 분포되어 있는지가 자료의 특징을 파악하는 중요한 요소이다. 이처럼 범주형 자료와 연속형 자료의 특징이 다르기 때문에 자료를 요약하는 방법도 다르다. 범주형 자료 요약의 기본 도구는 도수분포표이고, 연속형 자료 요약의 기본 요소는 자료 분포를 구하기 위한 도수분포표이다. 범주형 자료의 도수분포표에서 범주는 고정되어 있으나 연속형 자료의 범주는 자료 분석자의 주관이 개입될 수 있다. 범주를 어떻게 정하느냐에 따라 분포의 모양이 달라진다. 가능하면 여러 가지 방법으로 연속형 자료의 범주를 정하여 도수분포표를 작성하는 것이 연속형 자료를 바르게 분석하는 길이다. 자료를 요약하는 방법이 단 하나라고 할 수 없으므로 다양한 시도가 필요하다.

3.2 범주형 자료의 표와 그래프

3.2.1 도수분포표

범주형 자료를 표로 요약하는 방법이 **도수분포표**(frequency table)이다. 범주형 자료는 범주가 정해져 있으므로 도수분포표는 해당 범주와 도수를 표로 만든다. 예를 들어 <표 3-1>의 자료가 "score1.txt"라는 텍스트 파일에 저장되어 있고, 그 파일을 R에서 읽어 score 변수에 저장되어 있다고 하자. 이때 변수 이름이 한글이므로 자료를 읽을 때 인코딩을 UTF-8로 설정해야 한다. head()는 자료의 처음 6개 케이스를 보여주는 함수이다.

```
> score=read.table("score1.txt",header=T,encoding="UTF-8") # 파일에서 자료 읽기
> head(score) # score의 처음 6개 자료 보기
```

```
  번호 성별 학년 중간 기말
1 1 1   2  99  99
2 2 0   3  97  92
3 3 0   1  84  84
4 4 1   1  82  75
5 5 1   4  76  99
6 6 0   1  78  88
```

성별에 대한 남성(0)과 여성(1)의 도수를 구하기 위한 함수는 table()이다.

```
> table(score$성별)
 0 1
11 9
```

학년에 대한 도수분포표는 어떻게 구해야 할까?

상대도수(relative frequency)는 해당 범주의 도수를 전체 도수로 나눈 값으로 각 범주의 도수가 전체에서 몇 퍼센트를 차지하고 있는가를 나타내는 값이다. 일반적으로 도수분포표는 범주, 도수, 상대도수를 하나의 표로 작성한 것이다. <표 3-1>에서 성별의 상대도수는 다음과 같이 구할 수 있다.

```
> table(score$성별)/length(score$성별) # 상대도수
   0    1
0.55 0.45
```

이 결과를 정리하면 <표 3-2>를 얻을 수 있다.

표 3-2 성별의 도수분포표

성별	도수	상대도수
남성	11	0.55
여성	9	0.45
합	20	1.00

예제 3.1 어떤 정부정책에 대한 지지 여부를 알아보기 위해 51명을 조사했다. 그 정책에 대한 지지자는 23명, 반대하는 사람이 21명, 무응답이 7명이었다. 조사에 대한 도수분포표를 작성하시오.

풀이 변수를 x라 하고, x에 각 도수를 대응시킨다. 변수 x에는 23, 21, 7이 있다. 이를 도수의 합 23+21+7로 나누면 상대도수이다. 그런데 합은 R에서 함수 sum()을 이용한다.

```
> x=c(23,21,7) # 도수
> x/sum(x) # 상대도수
[1] 0.4509804 0.4117647 0.1372549
```

이 결과를 데이터프레임으로 구성하면 다음과 같다.

```
> freq.table=data.frame(계급=c("지지","반대","무응답"),도수=x,상대도수=x/sum(x))
> freq.table
    계급  도수  상대도수
1   지지   23  0.4509804
2   반대   21  0.4117647
3 무응답    7  0.1372549
```

이 정부정책에 대한 지지율은 45.1%이고, 반대율은 41.2%, 무응답율은 13.7%이다.

3.2.2 막대그래프

범주형 자료의 특징을 잘 나타내는 도수분포표를 그래프로 표현한 것이 **막대그래프**(bar plot)이다. 도수 또는 상대도수를 막대 모양으로 그린 것으로 가로축은 계급을, 세로축은 도수 또는 상대도수를 나타낸다.

R에서 막대그래프 함수는 barplot(height)인데, 여기서 인수 height는 도수를 나타낸다. [예제 3.1]에서 x는 도수를 나타내므로 barplot(x)를 입력하지만 막대그래프의 가로축에는 아무런 정보가 나타나지 않는다. 따라서 가로축의 계급 정보를 나타나게 하도록 barplot() 함수를 사용할 때는 names.arg라는 인수를 설정한다. [예제 3.1]의 경우 계급의 순서가 "지지", "반대", "무응답"이므로 다음과 같이 입력하면 [그림 3-1]의 결과를 얻을 수 있다.

```
> barplot(x,names.arg=c("지지","반대","무응답")) #계급 이름이 있는 막대그래프
```

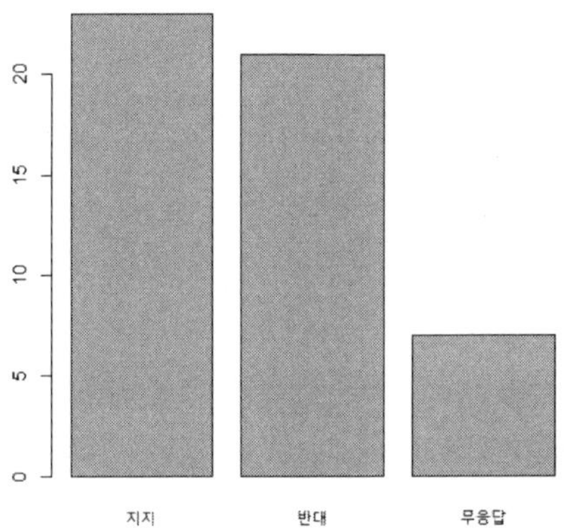

|그림 3-1| 정책지지에 대한 막대그래프

[예제 3.1]에서 사용한 데이터프레임 freq.table을 이용하면 x 대신에 "freq.table$도수"를 입력하고, "names.arg=freq.table$계급"을 입력해도 같은 결과를 얻을 수 있다.

```
> barplot(freq.table$도수,names.arg=freq.table$계급)
```

예제 3.2 수강생이 35명인 통계학과목에 대한 학점이 다음과 같다. 이 자료에 대한 막대그래프를 작성하시오.

표 3-3 통계학과목 학점 자료

A	B	B	A	C	C	C	D	A	C	D	B	C	B	B
B	C	A	B	F	B	C	F	A	C	B	B	A	F	B
B	A	B	B	C										

풀이 변수 x에 자료값을 입력하는데, 학점 A, B, C, D, F는 문자열이므로 겹따옴표 또는 홑따옴표를 사용한다.

```
> credit=c("A","B","B","A","C","C","C","D","A","C","D","B","C","B","B",
+ "B","C","A","B","F","B","C","F","A","C","B","B","A","F","B",
```

```
+ "B","A","B","B","C")
> table(credit) # 도수분포표
credit
 A  B  C  D  F
 7 14  9  2  3
```

도수분포표를 구하였으므로, 이것을 barplot()에 적용하면 막대그래프를 구할 수 있다. 이때 세로축의 값은 도수, 가로축의 이름은 names.arg에 지정한다. 막대그래프에 도수가 정확하게 숫자로 나타나면 막대그래프가 더 많은 정보를 가질 수 있는데, 이는 범례(legend)를 통하여 해결할 수 있고 R에서 legend.text라는 인수를 도수로 설정한다. 막대그래프의 결과가 흑백이면 구별이 되지 않을 수 있으므로 barplot()의 인수 가운데 col을 1:5로 설정하는데 col=1은 검은색, 2는 빨간색, 3은 초록색, 4는 파란색, 5는 청록색이다. 다음 명령어의 결과는 [그림 3-2]인데, [그림 3-1]에 비해 정보가 더 많고 자료의 특징을 뚜렷하게 알 수 있다.

```
> barplot(table(credit),names.arg=c("A","B","C","D","F"),legend.text=table(credit),col=1:5)
```

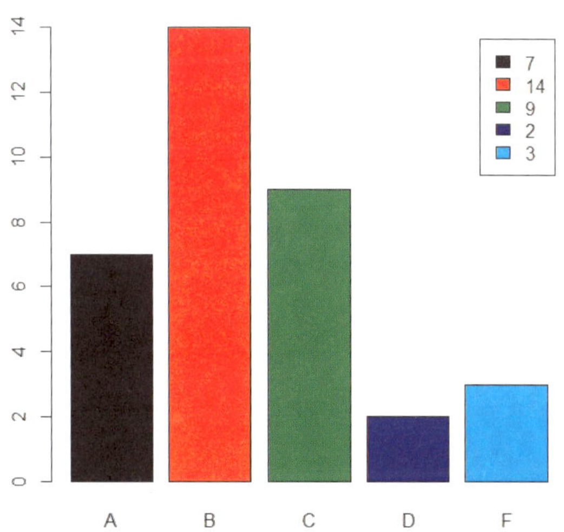

|그림 3-2| 학점자료에 대한 막대그래프

[그림 3-2]와 같은 막대그래프에서 가로축의 순서를 범주의 비율이 높은 순서로 나열하는 막대그래프가 **파레토그림**(Pareto chart)이다. 이탈리아 경제학자 파레토(V. Pareto)는 인구의 일부가 경제적인 부의 대부분을 차지한다는 파레토 법칙을 발견했다. 파레토 법칙은 전체 부의 80%를 전체 인구의 20% 정도가 차지한다는 현상을 설명하고 있다. 파레토 법칙은 부의 집중도뿐만 아니라 공정의 불량 원인을 차지하는 몇 가지의 주요 원인을 해결하면 공정의 불량률 감소에 큰 효과를 발휘하기도 한다.

파레토그림은 막대그래프를 도수 순으로 내림차순 정렬하면 된다. 그런데 파레토그림은 일반적으로 막대그래프와 더불어 누적도수를 선으로 연결하는 그림을 제공한다. 막대그래프에서 가장 큰 막대가 왼쪽, 작은 막대가 오른쪽에 그림을 그리고, 누적도수(R에서는 cumsum() 함수를 이용)를 그림에서 해당 범주의 막대 위쪽 중앙에 점을 그리고 선으로 연결한다. 그림의 왼쪽 세로축은 도수를 나타내고, 오른쪽 세로축은 상대도수를 나타낸다. 이러한 파레토그림은 웹 https://rstudio-pubs-static.s3.amazonaws.com/72023_670962b57f444c04999fd1a0a393e113.html에서 pareto.chart()라는 함수를 이용한다.

```
pareto.chart=function(T) { # 파레토그림, T: table()의 결과, 도수표
  T=sort(T,decreasing=TRUE) # 내림차순 정렬

  par(mar=c(5,5,4,5)) # 여백
  pc=barplot(T,width=1,space=0.2,border=NA, axes=FALSE, # 막대그래프
       ylim=c(0,1.05*sum(T)), ylab="누적도수",cex.names=0.7,names.arg=names(T))
  lines(pc,cumsum(T),type="b",cex=0.7,pch=19,col="cyan4") # 누적도수 연결선
  box(col="grey62") # 상자
  axis(side=2,at=c(0,cumsum(T)),las=1,col.axis="grey62",col="grey62",cex.axis=.8) # 좌측
  axis(side=4,at=c(0,cumsum(T)),labels=paste(c(0,round(cumsum(T)/sum(T)*100)),
          "%",sep=""),las=1,col.axis="cyan4",col="cyan4",cex.axis=0.8) # 우측
}
```

이 함수를 R 스크립트 창에서 입력하고, R 명령어 창에서

```
> pareto.chart(T)
```

를 수행하면 [그림 3-3]과 같은 파레토그림을 구할 수 있다. 파레토그림은 순서형 자료를

범주의 도수에 따라 정렬하면 범주의 순서가 바뀌게 되므로, 순서형 자료와 같이 범주의 순서가 자료의 특징을 나타내는 자료는 파레토그림을 사용하지 않는다.

예제 3.3 자동차 브랜드 A, B, C, D, E에 대한 선호도를 30명에게 물었다. 그 결과가 다음과 같을 때, 파레토그림을 작성하시오.

표 3-4 자동차 브랜드 선호도 자료

C	B	B	A	C	C	C	D	A	C	D	B	C	E	B
B	A	B	B	C	C	C	C	B	B	C	E	C	E	B

풀이

```
> x=c("C","B","B","A","C","C","C","D","A","C","D","B","C","E","B",
      "B","A","B","B","C","C","C","C","B","B","C","E","C","E","B")
> pareto.chart(table(x)) # 파레토그림, [그림 3-3]
```

파레토그림은 [그림 3-3]과 같다. [그림 3-3]에서 알 수 있듯이 자동차 브랜드 C, B가 전체의 73% 선호도를 가지므로 파레토 법칙에 가까운 결과를 얻었다.

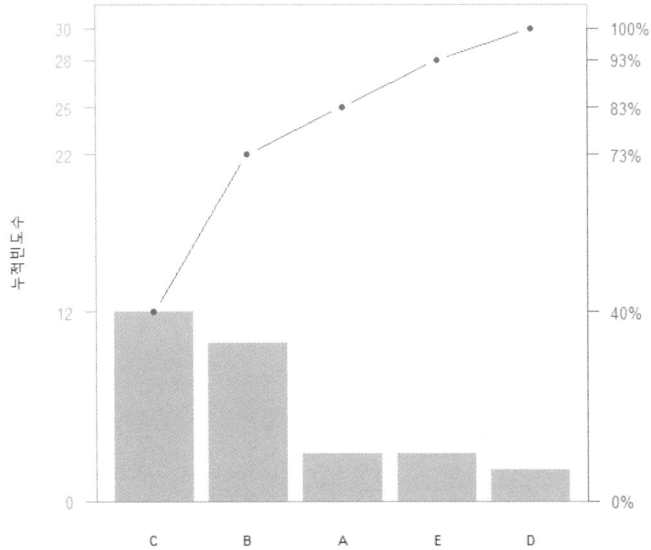

[그림 3-3] 자동차 브랜드 선호도의 파레토그림

자동차 선호도에 대한 누적도수표를 구하는 방법은 다음과 같다. R에서 데이터프레임을 이용하여 구할 수 있는데, 도수분포표가 도수의 내림차순으로 정렬되어 있어야 한다.

```
>Ta=sort(table(x),decreasing=T) # 도수를 내림차순으로 정렬
>data.frame(Ta,rel.freq=as.vector(Ta/sum(Ta)),cum.freq=cumsum(Ta),
   rel.cum.freq=cumsum(Ta)/sum(Ta),row.names=NULL)
  x Freq     rel.freq cum.freq rel.cum.freq
1 C    12 0.40000000       12    0.4000000
2 B    10 0.33333333       22    0.7333333
3 A     3 0.10000000       25    0.8333333
4 E     3 0.10000000       28    0.9333333
5 D     2 0.06666667       30    1.0000000
```

3.2.3 원형그래프

3.2.2절의 막대그래프를 원형모양으로 만든 것이 **원형그래프**(pie chart)이다. 원형그래프에서 각 범주의 각도는 원의 각도인 360도에 상대도수를 곱한 값이다. [예제 3.3]에서 구한 자동차 브랜드 선호도에 대한 원형그래프를 구하기 위해 barplot() 대신에 pie() 함수를 사용한다. 원형그래프는 기본값(default)으로 색깔을 사용하기 때문에 인수 가운데 color를 설정할 필요는 없다. 물론 사용자가 색깔을 지정할 수 있다. 기본 원형그래프에서는 도수에 대한 정보가 없으므로 기본 원형그래프의 인수 가운데 labels를 재설정하여 [그림 3-4]와 같이 도수에 대한 정확한 값을 한눈에 알아볼 수 있다. table() 함수는 범주의 이름과 도수로 구성되어 있고, 범주의 이름은 names() 함수를 이용한다.

```
> Ta=table(credit) # 도수
> names(Ta) # 도수의 이름
[1] "A" "B" "C" "D" "E"
```

이제 계급 이름 “A”, “B” 등과 도수 3, 10을 결합하여 하나의 문자열을 만든다. 문자열을 결합하는 함수가 paste()이다. paste는 문자와 숫자를 연결하여 문자열을 만드는데 연결할 때 분리자(separator)를 sep에서 설정할 수 있다. 분리자의 기본값인 빈칸을 없앤 뒤, 다음과 같

은 lab 변수를 만들고 pie() 함수의 인수 labels를 설정하면 [그림 3-4]의 결과를 얻는다.

```
> lab=paste(names(Ta),"(",Ta,")",sep="") # 범주 이름과 도수
> lab
[1] "A(3)"  "B(10)" "C(12)" "D(2)"  "E(3)"
> pie(Ta,labels=lab) # 원형그래프 [그림 3-4]
```

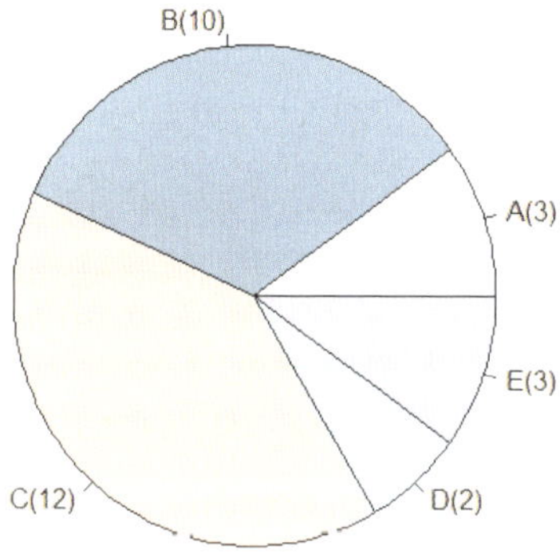

[그림 3-4] 자동차 브랜드 선호도 자료의 원형그래프

3.3 수치형 자료의 표와 그래프

범주형 자료는 범주수가 작고, 자료가 반복적으로 관측되므로 범주의 도수가 1인 경우는 거의 없다. 그러나 수치형 자료는 같은 값을 가지는 경우가 거의 없으므로 범주형 자료와 같이 범주를 해당 값으로 정하면 도수는 대부분 1인 도수분포표가 만들어지고, 도수분포표는 아무런 정보를 제공하지 못한다. 따라서 수치형 자료의 도수분포표 및 그래프는 범주형 자료와 다른 형태이다.

3.3.1 점도표

점도표(dot chart)는 자료를 수직선 위에 점으로 그린 그림이다. 점도표는 자료의 개수가 30개 이하인 경우에 사용한다.

예제 3.4 다음은 어느 집단에서 25명의 키를 측정한 자료이다. 자료의 점도표를 그리시오.

표 3-5 키 자료

174	145	176	168	160	183	170	180	152	173
165	185	178	168	154	170	173	160	168	171
163	168	165	178	170					

풀이 수치 자료를 입력하는 방법은 다양하지만 30개 미만의 자료에 대하여 scan() 함수를 이용한다. scan()을 입력하고 엔터키를 치면, 다음 줄에 1: 이 나타나고, 자료를 입력하고 마지막에 엔터키를 두 번 치면 명령어 창에서 다시 프롬프트(>)가 나타난다.

R에서 stripchart() 함수를 이용하면 점도표를 구할 수 있다. stripchart() 함수의 인수 가운데 method는 같은 값을 가지는 자료에 대하여 점을 표시하는 방법이고, "stack"은 점들을 쌓는 것을 의미하며, pch=16은 표시하는 점의 모양을 나타낸다. 점도표의 결과는 [그림 3-5]이며, 그림에서 170 근처에 많은 자료가 있다는 사실을 알 수 있다.

```
> x=scan() # 30개 미만의 자료를 입력하는 방법
1:  174 145 176 168 160 183 170 180 152 173
11: 165 185 178 168 154 170 173 160 168 171
21: 163 168 165 178 170
26:
Read 25 items
> stripchart(x,method="stack",pch=16) # 점도표 [그림 3-5]
```

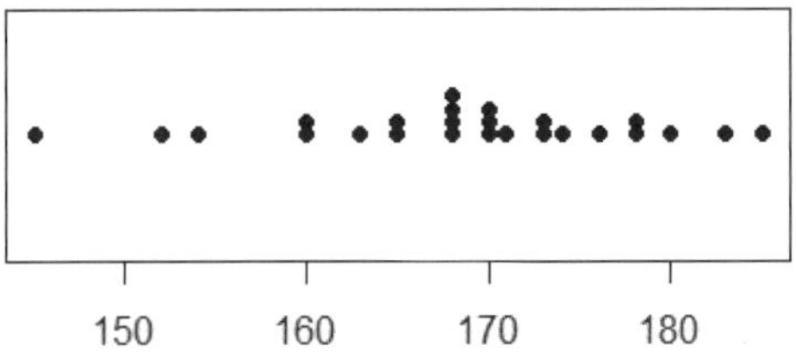

[그림 3-5] 키 자료의 점도표

3.3.2 도수분포표

범주형 자료와 다르게 수치형 자료는 각 자료값에 해당하는 도수를 세는 것은 아무런 의미가 없다. 범주형 자료와 다르게 고정된 범주가 없으므로 유사한 자료값들을 집단화하여 범주형으로 변환하는 것이 필요하다. 그러나 범주를 설정하는 것에 통계작성자의 주관이 개입할 가능성이 있다. 이를 피하기 위해 연속형 자료는 다음과 같은 순서로 도수분포표를 작성한다.

연속형 자료의 도수분포표 작성법

1. 자료의 최댓값과 최솟값을 구하여 자료의 범위(최댓값－최솟값)을 구한다.
2. 자료의 크기에 따라 적절한 계급(class)의 수를 정한다. 일반적으로 5～15개의 계급의 수를 사용한다.
3. 계급의 수를 바탕으로 계급구간을 정한다.
4. 각 계급에 속하는 도수를 구한다.
5. 각 계급에 속하는 상대도수를 구한다.

계급의 수와 계급구간을 정하는 일정한 법칙은 없다. 그러나 인간공학적인 측면에서 계급의 수가 7~13개 정도일 때 도수분포표를 이용한 그래프가 자료의 특징을 한눈에 알 수 있는 것으로 알려져 있다. 계급의 수가 너무 작으면 각 계급에서 자료의 분포상태에 대한 정보를 알기 힘들며, 계급의 수가 너무 크면 각 계급에서 도수가 들쑥날쑥하여 부분적인 정보에 치우치게 되어 자료의 전반적인 분포를 알기 어렵다. 자료의 개수가 50~200일 때 계급의 수를 5~15개로 정하면 가장 이상적으로 자료의 분포 특징을 알 수 있을 뿐만 아니라 각 계급의 특징도 알 수 있다. 도수분포표를 작성할 때 특히 주의해야 할 점은 처음 계급구간과 마지막 계급구간을 정할 때, 처음 계급구간이 최솟값을, 마지막 계급구간이 최댓값을 계급구간의 경계에 있지 않도록 하는 것이다. 계급의 간격은 가능하면 측정값보다 한 단계 작은 단위로 정한다. 예를 들어 정수의 측정값이면 소수점 한 자릿수를 가지는 계급간격이면 계급구간이 소수점 한 자릿수로 계산되므로 측정값이 계급의 경계에 있지 않게 된다.

예제 3.5 다음 자료는 50명의 몸무게를 측정한 것이다. 도수분포표를 작성하시오.

표 3-6 몸무게 자료

69	51	83	60	71	59	59	71	39	69	56	47	39	55	52
76	80	77	70	60	80	45	53	47	62	47	53	74	63	59
42	44	53	55	69	56	77	84	75	43	41	61	65	65	75
54	53	43	72	60										

풀이 <표 3-6>의 몸무게 자료에 대한 도수분포표를 구하기 위해 위에서 기술한 절차를 따르기로 한다.

1. 자료의 최댓값은 84이고, 최솟값은 39이므로 범위는 45=84-39이다.
2. 계급의 수를 5개(또는 10개)로 설정하기로 한다.
3. 계급의 수가 5일 때, 계급 폭은 범위 45를 5로 나눈 값 9로 정하면, 계급구간의 경계에 자료가 있을 가능성이 있다. 따라서 최솟값을 38.9, 최댓값을 84.1로 설정하면 범위는 45.2=84.1-38.9이고 이를 5로 나눈 값인 9.1로 계급의 폭을 정하면 자료가 계급의 경계에 있지 않게 된다(계급의 개수가 10개인 경우 45.2/10=4.52이므로 계급의 폭을 4.6으로 정한다). 첫 번째 계급은 최솟값 39보다 0.1이 작은 38.9부터 시작하여 계급의 수가 5인 경우 계급구간은 (38.9, 48.0]이 된다(계급의 개수가 10인 경우 첫 번째 계급구간은 (38.9, 43.5]이다).
4. 각 계급에 속하는 도수를 구한다.
5. 각 계급에 속하는 도수를 자료의 개수로 나누어 상대도수를 구한다. 지금까지 했던 절차를 정리하면 계급의 수가 5인 경우 <표 3-7>, 계급의 수가 10인 경우 <표 3-8>과 같다.

표 3-7 몸무게 자료의 도수분포표 (계급의 수가 5인 경우)

계급구간	도수	상대도수
38.9~48.0	11	0.22
48.0~57.1	11	0.22
57.1~66.2	11	0.22
66.2~75.3	10	0.20
75.3~84.4	7	0.14
합계	50	1.00

표 3-8 몸무게 자료의 도수분포표 (계급의 수가 10인 경우)

계급구간	도수	상대도수
38.9~43.5	6	0.12
43.5~48.1	5	0.10
48.1~52.7	2	0.04
52.7~57.3	9	0.18
57.3~61.9	7	0.14
61.9~66.5	4	0.08
66.5~71.1	6	0.12
71.1~75.7	4	0.08
75.7~80.3	5	0.10
80.3~84.9	2	0.04
합계	50	1.00

R에서 도수분포표를 구하는 방법에 대해 알아본다. <표 3-6>의 자료가 “weights.txt”에 저장되었다고 하자. 그리고 첫 번째 줄에는 변수 이름인 weights가 있고, 50개의 줄에 자료가 저장되어 있다. 자료를 읽기 위해 2장에서 서술한 read.table() 함수를 이용한다. 범위를 구하는 함수 range()를 이용하여 최솟값과 최댓값을 구한다. 계급 폭을 구하기 위해 (84.1-38.9)/5를 계산한다. 계급 폭을 9.1로 정하고, 경계점에 대한 수열을 seq() 함수로 정한다. 이때 계급 개수가 5개인 경우 경계점은 6개가 나와야 하므로 수열의 시작점은 38.9이고, 간격(인수명은 by)은 9.1이고, 수열의 개수(인수명은 length)는 6개이다.

cut() 함수는 수치형 자료를 주어진 계급에 속하는 범주형 자료로 변환하는 함수이다. 계급을 나타내는 인수명은 breaks이다. 만약 위에서 구한 계급구간을 br이라는 값으로 지정하면 cut(x$weights,breaks=br)의 명령어를 사용하여 수치형 자료를 범주형 자료로 변환한다. 범주형 자료의 도수를 구하는 함수는 table()을 이용하면 수치형 자료의 도수분포표 <표 3-7>과 <표 3-8>을 구할 수 있다.

```
> x=read.table("weights.txt",header=T) # 자료 읽기 : x=수치형 자료
> range(x$weights) # 범위
```

```
[1] 39 84
> (84.1-38.9)/5 # 계급 폭
[1] 9.04
> seq(38.9,by=9.1,length=6) # 계급의 경계
[1] 38.9 48.0 57.1 66.2 75.3 84.4
> br=seq(38.9,by=9.1,length=6)
> cut(x$weights,breaks=br)
 [1] (66.2,75.3] (48,57.1]     (75.3,84.4] (57.1,66.2] (66.2,75.3] (57.1,66.2] (57.1,66.2]
(66.2,75.3] (38.9,48]   (66.2,75.3] ......
Levels: (38.9,48] (48,57.1] (57.1,66.2] (66.2,75.3] (75.3,84.4]
> table(cut(x$weights,breaks=br))  # 도수분포표 <표 3-7>

  (38.9,48]   (48,57.1] (57.1,66.2] (66.2,75.3] (75.3,84.4]
         11          11          11          10           7

# 계급의 개수가 10인 경우
> (84.1-38.9)/10
[1] 4.52
> table(cut(x$weights,breaks=seq(38.9,by=4.6,length=11))) # 도수분포표 <표 3-8>

(38.9,43.5] (43.5,48.1] (48.1,52.7] (52.7,57.3] (57.3,61.9]
          6           5           2           9           7
(61.9,66.5] (66.5,71.1] (71.1,75.7] (75.7,80.3] (80.3,84.9]
          4           6           4           5           2
```

3.3.3 히스토그램

수치형 자료를 집단화하여 만든 도수분포표를 이용한 막대그래프가 **히스토그램**(histogram)이다. 히스토그램을 통하여 자료의 분포를 한 눈에 알 수 있으며, 자료의 중심위치, 산포도, 치우친 정도 등의 자료의 특징을 파악할 수 있다.

R에서 히스토그램을 그리는 함수는 hist()인데, 함수의 인수로 자료를 입력한다. [예제 3.5]의 몸무게 자료에 대한 히스토그램은 얻기 위해 다음과 같은 명령어 한 줄이면 충분하고, 그 결과는 [그림 3-6]이다.

```
> hist(x$weights) # 히스토그램 : [그림 3-6]
```

[그림 3-6]의 히스토그램에서 계급구간은 R에서 내장 알고리즘에 따라 계산된다. 물론 hist() 함수에서 3.3.2절에서 구한 도수분포표의 계급구간을 지정할 수 있다. hist() 함수의 인수 가운데 breaks, freq, nclass 등의 중요한 인수에 대해 설명한다. breaks는 cut() 함수의 breaks와 같이 계급을 구분하는 경곗값을 나타내며, freq는 논리값(TRUE, FALSE)으로 히스토그램의 세로축의 값이 도수인지 확률인지를 지정하는 인수이며, nclass는 계급의 수를 지정하는 인수명이다. nclass는 자료에 따라 정확히 계급의 수가 작동하지 않는 경우도 있다. 히스토그램을 그리는 이유는 자료의 특징을 한눈에 알아보는 것이기 때문에 R에서 제공하는 함수로도 그 목적을 충분히 달성한다고 할 수 있다.

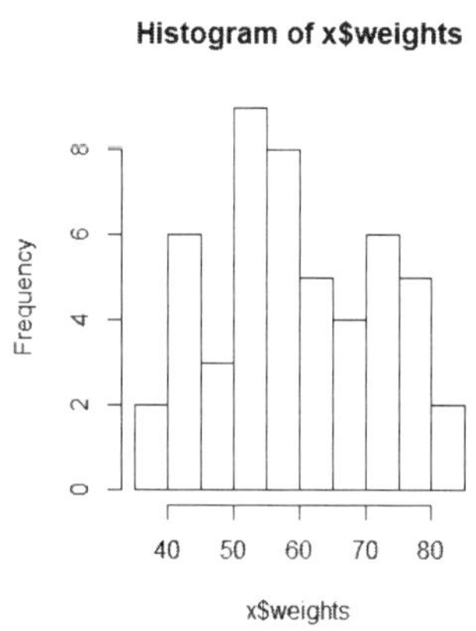

|그림 3-6| 몸무게 자료의 히스토그램

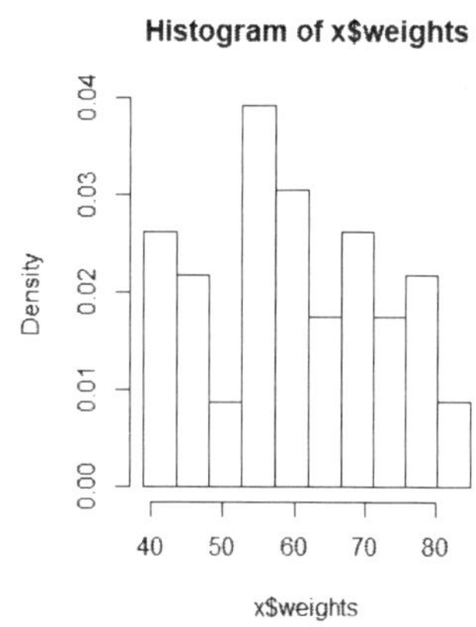

|그림 3-7| 몸무게 자료의 breaks 설정에 의한 히스토그램

```
> hist(x$weights, freq=F, breaks=seq(38.9,by=4.6,length=11)) # [그림 3-7]
> hist(x$weights, nclass=5) # [그림 3-8]
```

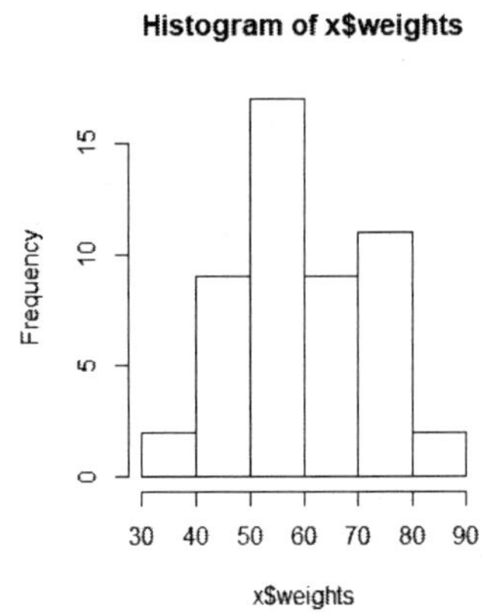

|그림 3-8| 몸무게 자료의 nclass=5 히스토그램

[그림 3-7]은 breaks를 <표 3-8>에 의한 값으로 설정하고, 세로축의 값은 히스토그램의 사각형 넓이가 1이 되도록 조정한 결과이다. 즉 세로축의 값은 계급의 상대도수를 계급간격으로 나누어서 구한다. [그림 3-8]은 히스토그램의 계급의 수를 5로 설정한 결과인데, 그림에서 계급의 수는 6이다.

히스토그램의 함수 hist()는 수치결과도 알려준다. 히스토그램에서 사용한 계급의 경곗값, 도수, 중간값 등은 print() 함수를 이용한다. 아래 결과에서 경계점은 breaks로, 도수는 counts로 알 수 있다. 도수만을 알고자 한다면 hist(x$weights)$counts를 입력하면 그 값을 구할 수 있다.

```
> print(hist(x$weights)) # [그림 3-6]의 수치 결과
$breaks
 [1] 35 40 45 50 55 60 65 70 75 80 85

$counts
 [1] 2 6 3 9 8 5 4 6 5 2
> hist(x$weights)$counts # 도수만을 구하고자 할 때 명령어
 [1] 2 6 3 9 8 5 4 6 5 2
```

히스토그램의 계급 간격은 항상 같을 필요가 없다. 특히 전체 자료는 넓게 분포되어 있으나, 어느 특정한 부분에 집중적으로 분포되어 있는 경우에 같은 계급 간격의 히스토그램

은 효율적이지 않다. 이때 집중되어 있는 구간의 계급구간은 세분화하고, 그렇지 못한 구간은 계급구간은 넓게 설정한 히스토그램이 효율적이다. 일반적으로 연령, 소득 자료에 대한 히스토그램을 그릴 때 계급 간격을 같게 설정하지 않는다.

예제 3.6 다음은 2015년 548만 명에 대한 종합소득 자료이다[1]. 히스토그램을 그리시오.

표 3-9 2015년 소득 자료

소득 계급 (백만 원)	도수 (만 명)	상대도수
0 ~ 10	259.68	0.4737
10 ~ 20	114.85	0.2095
20 ~ 40	83.84	0.1529
40 ~ 60	32.55	0.0594
60 ~ 80	18.40	0.0336
80 ~ 100	11.32	0.0206
100 ~ 200	18.50	0.0337
200 ~ 300	4.34	0.0079
300 ~ 500	2.73	0.0050
500 ~	2.05	0.0037
합계	548.27	1.0000

풀이 <표 3-9>의 도수분포표에서 가상 자료를 생성하여 히스토그램을 그린다. 계급의 중간값을 계급의 대푯값으로 하고, 해당 도수만큼 반복을 시켜 가상 자료를 만든다. 가상 자료에 대하여 히스토그램을 그리면 [그림 3-9]와 같다. 히스토그램은 자료가 집중되어있는 저 소득 계급에 대하여 상세한 분포를 제공하지 못하고, 자료가 집중되어 있지 않은 100(백만 원) 이상의 집단이 많은 공간을 차지하고 있다. 이제 계급구간을 10, 20, 40, 60, 80, 100, 200, 300, 700으로 설정한 히스토그램 [그림 3-10]은 [그림 3-9]의 단점을 보완한다.

1) 윤종인, "소득집중도와 소득분포함수", *통계연구* (2018), 23(2), 74-95

```
> x=c(5,15,25,50,70,90,150,250,400,700) # 계급의 대푯값
> w=c(25968,11485,8384,3255,1840,1132,1850,434,273,205) # 계급의 도수
> d=rep(x,w) # 가상 자료
> hist(d,freq=F,xlab="소득(백만원)",main="소득자료") # [그림 3-9]
> hist(d,freq=F,br=c(0,10,20,40,60,80,100,200,300,700),xlab="소득(백만원)",main="소득자료")
  # [그림 3-10]
```

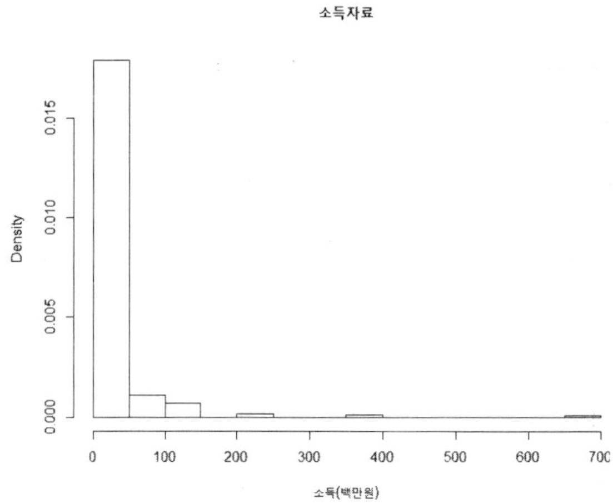

|그림 3-9| 소득자료 히스토그램(등간격)

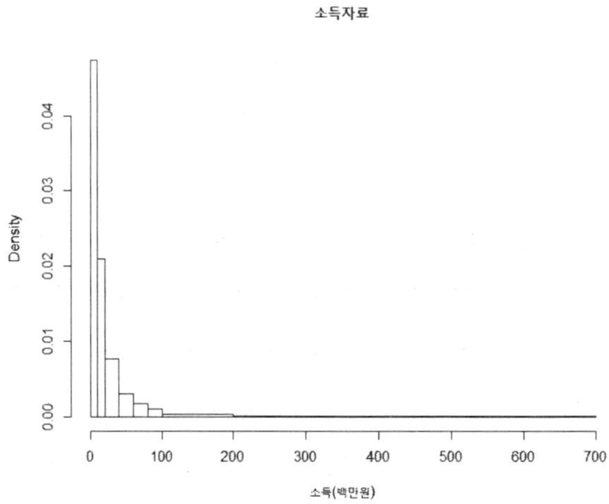

|그림 3-10| 소득자료 히스토그램(비등간격)

3.3.4 줄기–잎 그림

히스토그램은 많은 수의 자료에 대해서도 상대도수를 이용하여 자료의 특성을 파악하기 쉽기 때문에 수치형 자료에 많이 사용된다. 그러나 히스토그램은 계급구간 내 자료의 분포를 알 수 없다. 예를 들어 몸무게 자료에 대한 [그림 3-6]의 히스토그램에서 계급구간 40~45 사이에 자료가 6개 있는데, 이 6개의 자료는 어떻게 분포되어 있는가를 [그림 3-6]에서 알 수 없다. 이와 같은 히스토그램의 단점을 보완하기 위해 Tukey가 **줄기–잎 그림**(stem-leaf plot)을 고안했다. 나무의 잎이 줄기에서 나온 것과 같이, 예를 들어 몸무게 자료인 경우 십 단위를 줄기, 일 단위를 잎으로 간주하여 그린 그림이 줄기-잎 그림이다.

줄기-잎 그림을 그리기 위해 R에서는 함수 stem()을 사용한다. 다음의 결과에서 계급 40~44 사이의 5개 자료는 41, 42, 43, 43, 44 임을 알 수 있다. 줄기의 수를 줄이거나 늘릴 수 있는데, stem() 함수의 인수 scale을 설정하여 줄기의 수를 조절한다. 예를 들어 scale=0.5로 설정하면 몸무게 자료의 줄기가 십 단위로 변경되고, scale=2로 설정하면 몸무게 자료의 계급구간이 더 세분화된다.

```
> x=read.table("weights.txt",header=T) # 몸무게 자료 읽기
> stem(x$weights) # 줄기-잎 그림
  The decimal point is 1 digit(s) to the right of the |
  3 | 99
  4 | 12334
  4 | 5777
  5 | 1233334
  5 | 5566999
  6 | 000123
  6 | 55999
  7 | 01124
  7 | 55677
  8 | 0034

> stem(x$weights,scale=0.5) # 줄기-잎 그림 : 줄기의 수 줄이기
  The decimal point is 1 digit(s) to the right of the |
  3 | 99
  4 | 123345777
```

```
5 | 12333345566999
6 | 00012355999
7 | 0112455677
8 | 0034
```

줄기-잎 그림을 반시계방향으로 회전하면 히스토그램과 유사한 그림이 된다. 줄기-잎 그림은 계급구간 내의 분포를 알 수 있는 장점이 있으나, 다양한 형태의 대용량 자료에 대한 자료 요약에는 한계가 있다.

연습문제

3.1 어느 대학생 50명을 대상으로 자신이 소유하고 있는 휴대전화 브랜드(A, B, C, D)를 조사한 결과가 다음과 같다. 도수분포표, 막대그래프, 원형그래프를 작성하시오.

A	B	B	A	C	C	C	D	A	C	D	B	C	B	B
B	C	A	B	D	B	C	D	A	C	B	B	A	D	B
A	C	B	B	C	A	B	C	A	C	C	A	B	C	A
B	A	B	B	C										

3.2 통계학 수강생 100명에 대하여 강의만족도를 조사한 결과가 다음과 같다. 상대도수분포표, 막대그래프 및 원형그래프를 작성하시오.

만족도	도수
매우 만족	13
만족	27
보통	35
불만족	21
매우 불만족	2

3.3 어느 집단을 대상으로 좋아하는 색깔을 조사한 결과가 다음과 같다. 막대그래프와 파레토그림을 작성하시오. 해당 색깔을 배경으로 하는 원형그래프를 작성하시오.

색	비율	색	비율
파랑	36%	검정	9%
초록	17%	주황	5%
보라	12%	노랑	4%
빨강	10%	기타	7%

3.4 어느 건설현장에서 발생한 사고의 유형은 다음과 같다. 전체 발생 사고 건수는 134건 중 붕괴사고가 75건, 전도사고가 47건, 침하사고가 1건, 낙하사고가 1건, 파열사고가 3건, 기타 7건이다. 위 자료의 상대도수를 포함한 도수분포표, 원형그래프, 막대그래프를 작성하시오.

3.5 다음은 어느 SNS 사용자의 연령층을 조사한 결과이다. 누적도수분포표 및 파레토그림을 작성하시오. 이 회사의 마케팅은 어느 연령층을 대상으로 진행돼야 하는가?

나이	10~19	20~29	30~39	40~49	50~59	60~
도수	31	50	21	12	5	1

3.6 다음은 임의로 추출한 초등학교 6학년 남학생 15명의 키 자료이다. 점도표를 그리시오.

160	147	149	158	154	144	148	168	156	152
154	149	156	141	150					

3.7 다음은 임의로 추출한 중학교 3학년 남학생 15명과 여학생 15명의 몸무게 자료이다.

남학생

70	69	68	65	67	52	61	65	66	55
67	71	67	61	78					

여학생

49	49	52	55	43	58	56	57	51	66
53	57	61	61	52					

(1) 남학생 몸무게 자료에 대한 도수분포표와 히스토그램을 작성하시오.

(2) 여학생 몸무게 자료에 대한 도수분포표와 히스토그램을 작성하시오.

(3) 조사한 30명 학생의 몸무게 자료에 대한 도수분포표와 히스토그램을 작성하시오. 작성된 히스토그램에서 알 수 있는 자료의 특성은 무엇인가?

3.8 다음은 어느 회사의 입사자 50명에 대한 토익 시험성적이다.

770	810	805	720	685	870	780	960	705	860
920	885	915	780	970	790	820	755	770	865
870	755	775	890	785	710	860	795	680	790
900	690	705	800	945	800	810	865	835	810
910	830	905	920	930	915	780	730	845	820

(1) 계급의 수를 7로 하는 도수분포표와 히스토그램을 작성하시오.

(2) 계급의 수를 10으로 하는 도수분포표와 히스토그램을 작성하시오.

(3) 줄기-잎 그림을 그릴 때, 줄기의 간격은 어느 정도를 설정하는 것이 좋은가?

(4) 줄기-잎 그림과 문제 (1), (2)의 결과를 비교할 때 히스토그램의 적절한 계급의 수는?

(5) 계급의 수가 7일 때, 누적도수분포표와 누적도수 히스토그램을 작성하시오.

(6) 문제 (5)에서 이 회사의 입사자 가운데 토익시험 성적이 상위 30%에 해당하기 위한 토익점수는?

3.9 다음 자료의 줄기-잎 그림을 그리시오. 구한 결과로부터 원자료의 값을 구하시오.

462	560	514	609	472	556	588	567	410	682	553

3.10 문제 3.9에 대하여 히스토그램을 그리시오. 구한 결과로부터 원자료의 값을 구하시오.

3.11 어느 통계학 강의의 수강생에 대한 설문조사의 질문에 적당한 막대그래프 또는 히스토그램을 찾으시오.

(1) 성별은?

(2) 학년은?

(3) 지난 학기 평균 평점은 얼마인가?

(a)

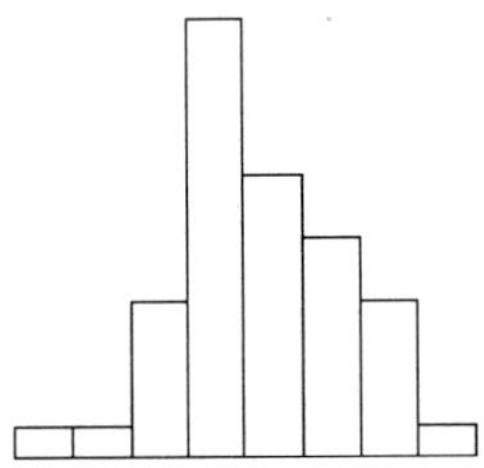

(b)

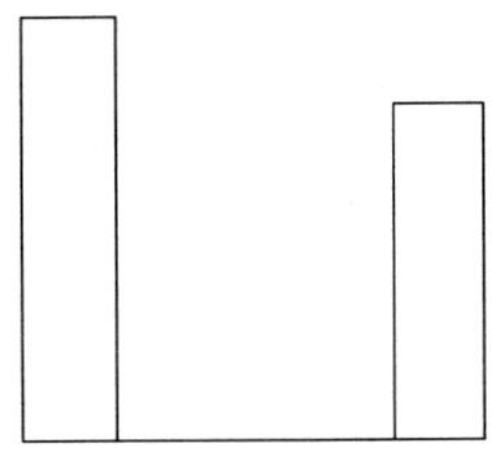

(c)

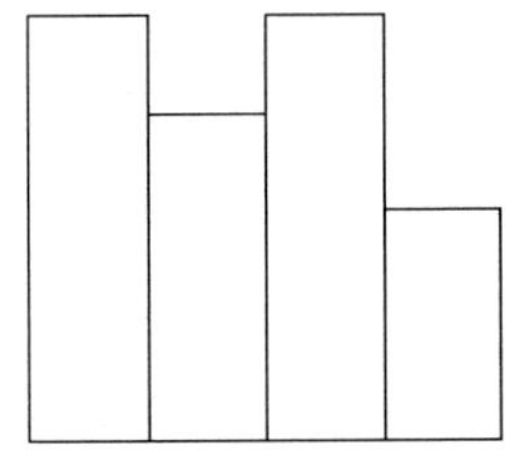

4장

자료의 숫자 요약

3장에서 자료를 표와 그래프로 요약하는 방법을 다뤘다. 표와 그래프 요약은 관찰자가 자료의 특성을 한눈에 알 수 있다는 장점은 있으나, 작성자의 주관이 개입될 가능성이 있다. 통계 작성자가 어떤 목적을 가지고 자료를 왜곡할 수 있어 자료의 객관성이 떨어진다. 예를 들어 연속형 자료의 히스토그램을 그린다고 할 때 계급 구간을 넓게 설정하면 자료의 분포 모양이 옆으로 넓게 보여 도수가 많은 계급이 뚜렷하게 보이지 않게 된다. 또한 자료를 표와 그래프로 요약하는 경우 향후 모집단의 성질을 추론하는 데 한계가 있다. 통계학의 궁극적인 목적은 표본의 특성을 파악하는 것이 아니라 모집단의 성질을 추론하는 데 있기 때문에 이론적 확장을 위해 표와 그래프의 한계를 뛰어넘는 방법이 필요하다. 자료를 의미 있는 숫자로 요약하는 것은 자료의 특성을 파악하고, 향후 통계학의 이론적 접근이 가능하게 한다.

자료의 숫자 요약으로 많이 사용되는 측도는 자료가 어떤 값을 중심으로 분포되어 있는가를 나타내는 **중심위치의 측도**(measure of center)와 자료가 중심위치에서 흩어져 있는 정도를 나타내는 **산포도**(measure of dispersion)가 많이 사용되고 있다. 이러한 중심위치와 산포도를 동시에 나타내는 그림인 상자그림(box plot)을 소개하고 R에서 상자그림을 그리는 방법에 대해 알아본다.

범주형 자료인 경우 범주의 도수가 가장 중요한 특징이기 때문에 이 장에서 다루는 숫자 요약은 몇 개의 측도를 제외하고는 의미가 없다. 이 장에서 다루는 자료의 숫자 요약은 자료가 수치형 자료인 경우에 해당된다.

4.1 중심위치

중심위치로 많이 사용되는 측도는 **평균**(mean), **중앙값**(median), **최빈값**(mode)등이 있다. n 개의 자료를 $x_1, x_2, \cdots, x_n$으로 표기한다.

4.1.1 표본평균

표본평균(sample mean)은 주어진 자료의 중심위치의 측도로 가장 많이 사용된다. 표본평균은 자료의 합을 자료의 개수로 나눈 값이다. 기호로 $\overline{x}$(엑스바)를 많이 사용한다.

표본평균

$$\overline{x} = \frac{1}{n}(x_1 + x_2 + \cdots + x_n) = \frac{1}{n}\sum_{i=1}^{n} x_i$$

예제 4.1 다음은 7명에 대한 토익성적이다. 표본평균을 구하시오.

770	810	720	685	870	780	960

풀이 주어진 자료의 표본평균은 다음과 같다.

$$\overline{x} = \frac{1}{7}(770 + 810 + 720 + 685 + 870 + 780 + 960) = \frac{1}{7} \times 5595 = 799.2857$$

799.2857점을 7명에 대한 토익성적의 중심위치값이라고 할 수 있다.

R에서 자료를 벡터로 입력하면 편리하다. 아래와 같이 벡터를 나타내는 함수인 c()를 사용하여 입력된 자료 x에 대해 합과 표본평균을 구하는 함수는 각각 sum(x)와 mean(x)이다.

```
> x=c(770,810,720,685,870,780,960) # 자료 입력
> mean(x) # x의 표본평균
[1] 799.2857
```

```
> sum(x) # x의 합
[1] 5595
```

표본평균은 물리적으로 자료의 무게중심을 의미한다. 위의 7개의 자료를 점도표로 표시하면 [그림 4-1]과 같다. 이제 수직선을 긴 막대라고 생각하고 각 점에 1kg의 무게 추를 놓았다고 할 때, 이 막대가 평형을 유지할 수 있는 위치는 799.2857이라는 것을 의미한다.

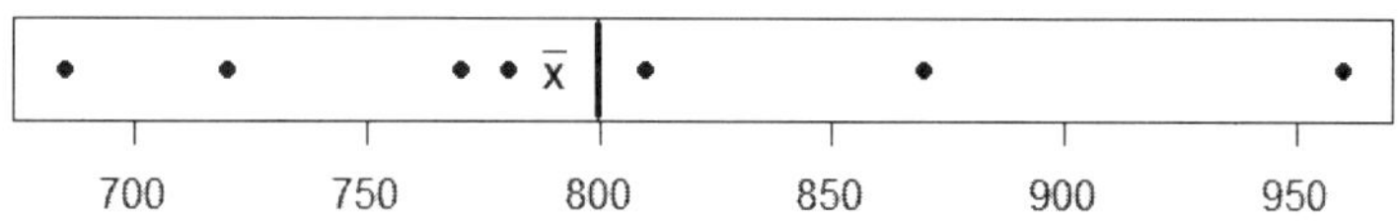

|그림 4-1| 무게중심인 표본평균

표본평균은 계산이 쉽고 향후 통계학의 이론적 전개를 위해 매우 중요한 중심위치의 측도이다. 그러나 표본평균은 자료 가운데 아주 큰 값이나 아주 작은 값에 대하여 영향을 많이 받는다. 예를 들어 [예제 4.1]에서 주어진 자료에 토익점수가 20점이라는 자료가 추가되었다고 가정하면 표본평균은 $\overline{x} = \frac{1}{8} \times (5595 + 20) = 701.875$로 변하게 된다. 7개의 자료에 대한 표본평균은 799.2857이었는데, 한 개의 자료 20이 추가됨으로써 표본평균은 701.875로 변한다. 표본평균은 20점이라는 극단적인 자료에 크게 영향을 받는다. 이러한 단점을 보완하는 중심위치의 측도가 표본중앙값이다.

자료(x_i)가 선형변환된 자료 $y_i = ax_i + b$ (단 a, b는 상수)의 표본평균은 다음과 같이 계산된다.

$$\overline{y} = \frac{1}{n}\sum_{i=1}^{n} y_i = \frac{1}{n}\sum_{i=1}^{n}(ax_i + b) = a\frac{1}{n}\sum_{i=1}^{n}x_i + b\frac{1}{n}\sum_{i=1}^{n}1$$

$$= a\overline{x} + b$$

[예제 4.1]의 토익자료에 2를 곱하고 100을 더한 자료에 대한 표본평균은 원래 자료의 표본평균이 799.3이므로, 변환된 자료의 표본평균은 $2 \times 799.2857 + 100 = 1698.571$이다. R에서 변환된 자료를 구하면 변수 y이고, y의 표본평균을 구하면 1698.571이다.

```
> x=c(770,810,720,685,870,780,960) # 원자료
> y=2*x+100 # 선형변환된 자료
> mean(y) # 변환된 자료의 표본평균을 직접 구한 값
[1] 1698.571
> 2*mean(x)+100 # 수식에 의한 표본평균 값
[1] 1698.571
```

4.1.2 표본중앙값

표본중앙값(sample median)은 주어진 자료의 중앙에 위치한 숫자를 의미하고 표본중위수라고도 한다. [예제 4.1]에서 자료가

```
770, 810, 720, 685, 870, 780, 960
```

순으로 주어져 있다. 중앙에 위치한 숫자는 무엇인가? 7개의 숫자의 중간위치인 4번째 수 685인가? 그렇다면 만약 자료가

```
720, 810, 720, 960, 870, 780, 685
```

순으로 주어져 있다면 중앙에 위치한 숫자는 960이 돼야 한다. 그러나 자료는 동일하고 단지 순서만 바뀌었을 뿐이다. 그렇다면 중앙에 위치한 숫자는 무엇을 의미하는가? 자료를 정렬한 후의 중앙에 위치한 숫자를 나타낸다. 자료를 오름차순으로 정렬하면

```
685, 720, 770, 780, 810, 870, 960
```

이다. 이제 중앙에 위치한 수는 4번째 값인 780이 표본중앙값이다. 자료를 정렬한 후의 중앙에 위치한 수는 자료가 주어진 순서와 관계없이 항상 일정하다.

만약 자료의 개수가 8개이면 중앙에 위치한 숫자는 2개가 된다. [예제 4.1]의 자료에서 20을 추가한 자료를 오름차순으로 정렬하면 다음과 같다.

```
20, 685, 720, 770, 780, 810, 870, 960
```

따라서 표본중앙값은 4번째와 5번째 자료인 770과 780의 평균 $(770+780)/2=775$이다.

[예제 4.1]에서 7개의 자료에 대한 표본평균은 799.2857, 표본중앙값은 780이고, 20이 추가된 자료에 대한 표본평균은 701.875, 표본중앙값은 775이다. 20이라는 극단적인 자료에 대하여 표본평균은 799.2857에서 701.875로 변하여 영향을 크게 받았고, 표본중앙값은 780에서 775로 변화가 작아 영향을 작게 받았다. 따라서 극단적인 값에 영향이 작게 받는 중심위치의 측도는 표본중앙값이라고 할 수 있다.

표본중앙값 $\tilde{x}$(엑스 틸드)를 구하는 방법은 다음과 같다.

- **자료:** $x_1, x_2, \cdots, x_n$
- **오름차순으로 정렬된 자료:** $x_{(1)}, x_{(2)}, \cdots, x_{(n)}$
- **표본중앙값:** $\tilde{x}=\begin{cases} x_{(\frac{n+1}{2})} & n:\text{홀수} \\ \frac{1}{2}\{x_{(\frac{n}{2})}+x_{(\frac{n}{2}+1)}\} & n:\text{짝수} \end{cases}$

예제 4.2 [예제 4.1]의 자료에 대하여 표본중앙값을 구하시오.

풀이 [예제 4.1]의 자료는 $n=7$인 경우로 홀수이므로 $(n+1)/2=4$이므로 정렬된 자료의 4번째에 위치한 수인 780이 표본중앙값이다. 20이 추가된 자료는 $n=8$로 짝수이므로 $n/2=4$번째와 $n/2+1=5$번째 자료인 770과 780의 표본평균인 775가 표본중앙값이 된다.

R에서 표본중앙값은 median() 함수를 이용한다. 벡터로 입력된 자료 x에 대하여 median(x)의 명령어로 표본중앙값을 구한다. 추가된 자료 20인 c(x,20) 함수를 이용하여 기존 자료 x에 20을 추가한 후 median()을 이용한다. 정렬에 대한 함수 sort()를 이용하여 정렬된 수열에 대한 4번째 값이 표본중앙값이 된다는 것을 확인할 수 있다.

```
> x=c(770,810,720,685,870,780,960)  # 자료 입력
> median(x) # 표본중앙값
[1] 780
> median(c(x,20)) # 20이 추가된 자료에 대한 표본중앙값
[1] 775
```

```
> sort(x) # 오름차순으로 정렬된 자료에서 중앙에 위치한 값
[1] 685 720 770 780 810 870 960
```

표본평균은 자료의 무게중심을 나타내는 물리적 의미가 있고, 표본중앙값은 자료의 개수와 관련이 있다. 표본중앙값보다 작거나 같은 자료의 개수가 전체 자료 개수의 1/2 이상이고, 표본중앙값보다 크거나 같은 자료의 개수가 자료의 1/2 이상이다. [예제 4.1]의 자료에서 $n=7$이므로 1/2 이상의 자료의 최소 개수는 4이다. 표본중앙값 780보다 작거나 같은 자료의 개수는 4개이고, 780보다 크거나 같은 자료의 개수는 4개이다. 20이 추가된 자료에 대하여 $n=8$이고 1/2 이상의 자료의 최소 개수는 4이다. 표본중앙값 775보다 작거나 같은 자료의 개수는 4개이고, 775보다 크거나 같은 자료의 개수는 4개이다.

표본중앙값은 자료를 정렬해야 하므로 평균과 비교하면 계산량이 크고 이론적 전개가 단순한 합인 표본평균에 비하여 다소 난해하다.

자료(x_i)가 선형변환된 자료 $y_i = ax_i + b$ (단 a, b는 상수)의 표본중앙값($\tilde{y}$)은 표본평균과 마찬가지로 $\tilde{y} = a\tilde{x} + b$이다. 그 이유는 정렬된 순서가 동일하기 때문이다. 단, 상수 a의 부호가 음수일 때는 x_i의 오름차순 정렬과 y_i의 내림차순 정렬이 동일하므로 표본중앙값도 동일하다. 상수 $a=0$일 때 y_i의 모든 값이 동일하게 b가 되므로 $\tilde{y} = b$이다.

[예제 4.1]의 토익성적 자료에 2를 곱하고 100을 더한 자료에 대한 표본중앙값은 원래 자료의 표본중앙값이 780이므로, 변환된 자료의 표본중앙값은 $2 \times 780 + 100 = 1660$이다. R에서 변환된 자료를 구하면 변수 y이고, y를 이용하여 표본중앙값을 구하면 1660임을 확인할 수 있다.

```
> x=c(770,810,720,685,870,780,960) # 원자료
> y=2*x+100 # 선형변환된 자료
> median(y) # 변환된 자료의 표본중앙값을 직접 구한 값
[1] 1660
> 2*median(x)+100 # 수식에 의한 표본중앙값
[1] 1660
```

4.1.3 최빈값

앞에서 소개한 중심위치의 측도인 표본평균과 표본중앙값은 연속형 자료에 적용된다. 범주형 자료는 가장 많은 도수가 속한 범주를 찾는 것이 가장 중요하다. **최빈값(mode)**은 최대로 빈번하게 나오는 값으로 범주형 자료 또는 이산형 자료에 가장 적합한 중심척도이다. 범주형 자료 또는 이산형 자료의 경우는 같은 값이 여러 번 나올 가능성이 크기 때문에 최빈값은 자료의 요약으로써 큰 의미를 가진다. 그러나 연속형 자료는 어느 하나의 값이 한 번만 나온다고 가정해도 되므로 연속형 자료에 대한 최대 도수는 1인 경우가 대부분이다. 연속형 자료의 최빈값은 히스토그램에서 가장 큰 도수를 가지는 계급구간의 중간값으로 정하기도 한다.

예제 4.3 다음은 10명의 학생에 대한 통계학 과목의 성적이다. 최빈값을 구하시오.

A	C	B	B	A	B	F	B	C	D

풀이 도수분포표를 구하면 다음과 같다. 따라서 최빈값은 도수가 4에 해당하는 범주 B이다.

학점	도수	상대도수
A	2	0.2
B	4	0.4
C	2	0.2
D	1	0.1
F	1	0.1
합	10	1

R에서 최빈값을 구하는 함수는 기본 내장함수로 제공하고 있지 않다. 그러나 범주형 자료는 table()을 이용하면 도수를 구할 수 있으므로 최빈값을 구할 수 있다. 다음 결과에서 최빈값이 B인 것을 확인할 수 있다.

```
> score=c("A","C","B","B","A","B","F","B","C","D") # 자료 입력
> table(score) # 도수분포표
score
A B C D F
2 4 2 1 1
```

4.2 산포도

4.1절에서 자료의 중심위치 측도에 대하여 다뤘다. 중심위치는 자료의 대푯값으로 주어진 자료의 기준값이라 할 수 있다. 자료의 기준만으로 자료의 특성을 파악할 수 없다. 왜냐하면 자료는 한 개가 아니고 여러 개가 서로 다른 값을 가지고 있기 때문에 전체 자료의 위치를 나타내는 측도가 필요하다. 특히 자료 분포의 형태를 나타내는 측도, 예를 들어 자료가 중심위치에 집중됐는가 또는 고르게 분포됐는가 또는 한쪽에 치우치게 분포됐는가 등의 자료 분포에 대한 정보가 필요하다. 이 절에서는 자료의 퍼져있는 정도인 산포도의 측도인 표본분산, 표본표준편차, 범위, 사분위수 등을 알아본다.

4.2.1 표본분산과 표본표준편차

자료의 산포도 측도는 자료가 중심위치의 측도인 표본평균으로부터 얼마나 떨어져 있는가를 나타내는 **편차**(deviation)에서 출발한다. 편차는 자료 $x_i (i=1,\cdots,n)$와 표본평균 $\overline{x}$의 차이인 $x_i - \overline{x}$이다. 산포도는 자료 각각의 측도가 아니라 자료 전체의 측도이므로 n개의 편차값이 아니라 하나의 값으로 정할 필요가 있다. 여러 개의 숫자를 하나로 만드는 가장 간단한 방법은 합을 구하는 것이다. 다시 말하면 $\sum_{i=1}^{n}(x_i - \overline{x})$를 산포도의 측도로 사용할 수 있으나 $\sum_{i=1}^{n}(x_i - \overline{x}) = 0$이므로 산포도의 측도로 부적합하다. 이처럼 편차의 합이 0이 나오는 이유는 부호 때문으로 중심에 표본평균이 있고, 표본평균보다 작은 자료도 있고 큰 자료도 있다. 따라서 편차합 대신에 산포도의 측도로 사용할 수 있는 것은 편차에서 부호

를 없앤 $\sum_{i=1}^{n}|x_i - \overline{x}|$ 또는 $\sum_{i=1}^{n}(x_i - \overline{x})^2$ 등이 있다. 이 장에서 다루는 수치 요약은 향후 모집단의 특성을 추론하기 위한 이론적 전개를 고려하기 때문에 편차절대값의 합보다 편차제곱합을 더 선호한다. 그 이유는 제곱합은 절댓값보다 미분이라는 도구를 쉽게 적용할 수 있기 때문이다. 편차제곱합을 산포도의 측도로 사용하는데, 실제 표본평균에 집중적으로 분포됐음에도 불구하고 단지 자료의 개수 n이 크다는 이유로 편차제곱합은 커질 가능성이 있다. 자료가 중심위치에 집중됐어도 산포도가 커질 수 있다는 것이다. 이러한 편차제곱합의 단점을 보완하기 위해 편차제곱합을 자료의 개수로 나눈 값을 **표본분산**(sample variance)이라 한다. 단, 표본분산은 편차제곱합을 자료의 개수 n으로 나누는 것이 아니라 $n-1$로 나눈 값을 말한다. 여기서 $n-1$로 나누는 이유는 편차제곱합은 자료의 개수가 n이지만 $\sum_{i=1}^{n}(x_i - \overline{x}) = 0$이라는 제한조건이 하나 있으므로, 편차제곱합의 **자유도**(degree of freedom)는 $n-1$이기 때문이다. 자유도에 대한 자세한 설명은 다른 책을 참고하기 바란다.

표본분산

$$s^2 = \frac{1}{n-1}\sum_{i=1}^{n}(x_i - \overline{x})^2 = \frac{1}{n-1}\left(\sum_{i=1}^{n}x_i^2 - n\overline{x}^2\right)$$

편차제곱합을 전개하면 다음과 같은 결과를 얻는다.

$$\begin{aligned}\sum_{i=1}^{n}(x_i - \overline{x})^2 &= \sum_{i=1}^{n}(x_i^2 - 2x_i\overline{x} + \overline{x}^2) = \sum_{i=1}^{n}x_i^2 - 2\sum_{i=1}^{n}x_i\overline{x} + n\overline{x}^2 \\ &= \sum_{i=1}^{n}x_i^2 - n\overline{x}^2\end{aligned}$$

표본분산의 단위는 자료 단위의 제곱으로 자료의 단위와 일치하지 않으므로 표본분산의 양의 제곱근을 **표본표준편차**(sample standard deviation)라고 하고, 이를 산포도의 측도로 사용한다.

표본표준편차

$$s = \sqrt{s^2}$$

예제 4.4 [예제 4.1]의 자료에 대한 표본분산과 표본표준편차를 구하시오.

풀이 자료의 표본평균이 799.3이므로 편차와 편차제곱합을 구한 후 자료의 개수 7−1=6으로 나누면 표본분산 8586.9를 계산할 수 있고 표본표준편차는 $\sqrt{8586.9} = 92.7$이다.

자료	편차	편차제곱
770	−29.3	858.49
810	10.7	114.49
720	−79.3	6288.49
685	−114.3	13064.49
870	70.7	4998.49
780	−19.3	372.49
960	160.7	25824.49
합	0	51521.43

R에서 자료가 변수 x에 저장되어 있다면 함수 var()를 이용하여 표본분산을 구하고, sd()를 이용하여 표본표준편차를 구한다.

```
> x=c(770,810,720,685,870,780,960) # 자료
> var(x) # 표본분산
[1] 8586.905
> sd(x) # 표본표준편차
[1] 92.66555
```

R에서 내장함수 var() 또는 sd()를 이용하지 않고 표본분산을 구하는 과정이다.

```
> x  #자료
[1] 770 810 720 685 870 780 960
> x-mean(x)  # 편차
[1]  -29.28571   10.71429  -79.28571 -114.28571   70.71429  -19.28571
```

```
[7]  160.71429
> (x-mean(x))^2 # 편차제곱
[1]   857.6531   114.7959  6286.2245 13061.2245  5000.5102   371.9388
[7] 25829.0816
> sum((x-mean(x))^2) # 편차제곱합
[1] 51521.43
> sum((x-mean(x))^2)/(length(x)-1) # 표본분산
[1] 8586.905
> sqrt(sum((x-mean(x))^2)/(length(x)-1))  #표본표준편차
[1] 92.66555
```

이제 20이 추가된 자료의 표본분산과 표본표준편차를 구한다.

```
> x1=c(x,20) # 기존 자료 x에 20 추가
> var(x1) # 추가된 자료의 표본분산
[1] 83270.98
> sd(x1) # 추가된 자료의 표본표준편차
[1] 288.5671
```

원래 자료는 표본표준편차가 92.7이었으나, 원래 자료에 20이 추가됨으로써 표본표준편차가 288.6으로 매우 크게 변했다. 이는 자료 20이 추가됨으로써 표본평균이 작은 쪽으로 움직여 편차가 커지고 편차가 커짐에 따라 편차제곱이 커지기 때문이다. 표본평균과 마찬가지로 표본표준편차도 극단적인 자료에 크게 영향을 받는다.

자료(x_i)가 선형변환된 자료 $y_i = ax_i + b$ (단 a, b는 상수)의 표본분산 (s_y^2)은 원래 자료의 표본분산(s_x^2)에서 $s_y^2 = a^2 s_x^2$이다.

$$s_y^2 = \frac{1}{n-1}\sum_{i=1}^{n}(y_i - \overline{y})^2 = \frac{1}{n-1}\sum_{i=1}^{n}\{(ax_i + b) - (a\overline{x} + b)\}^2 = \frac{1}{n-1}\sum_{i=1}^{n}a^2(x_i - \overline{x})^2$$

$$= a^2 s_x^2$$

선형변환된 자료의 표본표준편차는 양수이므로 $s_y = |a| s_x$이다.

[예제 4.1]의 토익성적 자료에 2를 곱하고 100을 더한 자료에 대한 표본분산은 원래 자료의 표본분산이 8586.9이므로, 변환된 자료의 표본분산은 $4 \times 8586.9 = 34347.62$이다. R에서 변환된 자료를 구하면 변수 y와 같고, 이를 이용하여 표본분산을 구하면 34347.62임을 확인할 수 있다.

```
> x=c(770,810,720,685,870,780,960) # 원자료
> y=2*x+100 # 선형변환된 자료
> var(y) # 변환된 자료의 표본분산을 직접 구한 값
[1] 34347.62
> 4*var(x) # 수식에 의한 분산 계산값
[1] 34347.62
> sd(y) # 변환된 자료의 표본표준편차를 직접 구한 값
[1] 185.3311
> abs(2)*sd(x) # 수식에 의한 표본표준편차 값
[1] 185.3311
```

4.2.2 범위와 사분위수

범위(range)란 자료의 최댓값과 최솟값의 차이이다. 범위가 클수록 자료의 산포도가 커진다. 자료가 넓게 퍼져있을 가능성이 크다.

범위

$$x_{max} - x_{min}$$

여기서 x_{max}는 자료의 최댓값을, x_{min}은 자료의 최솟값을 나타낸다.

예제 4.5 [예제 4.1]의 자료에 대한 범위를 구하시오.

풀이 주어진 자료로부터 $x_{max} = 960,\ x_{min} = 685$이므로 범위는 $960 - 685 = 275$이다. R에서 최댓값은 max() 함수, 최솟값은 min() 함수이므로 범위는 다음과 같다.

```
> max(x)-min(x) # 범위
[1] 275
```

최댓값과 최솟값의 정보를 동시에 구하는 함수는 range()이다.

```
> range(x)
[1] 685 960
```

범위는 자료의 가장 간단한 산포도 측도이다. 범위는 극단적인 값에 가장 크게 영향을 받는다. [예제 4.5]에서 범위는 275이었으나, 원래 자료에 20을 추가한 자료의 범위는 $960-20=940$이다. 극단적인 값은 자료의 최댓값이나 최솟값이 될 가능성이 매우 크기 때문이다.

```
> range(c(x,20))
[1]  20 960
```

표본중앙값은 자료를 오름차순으로 정렬한 후 중앙에 위치한 수를 나타낸다. 마찬가지로 오름차순으로 정렬된 자료의 25% 위치에 있는 수를 고려하면 이 수보다 작거나 같은 자료의 개수는 25%의 자료의 개수이고, 이 수보다 크거나 같은 자료의 개수는 전체 자료의 75%의 개수이다. 이는 자료를 4개로 나눴을 때, 즉 사분하였을 때, 첫 번째에 위치한 수이므로 **제1사분위수**(Q_1)라고 한다. 자료를 사분하였을 때, 두 번째에 위치한 수를 **제2사분위수**(Q_2)라 하고, 이는 표본중앙값과 같다. 세 번째에 위치한 수를 **제3사분위수**(Q_3)라 한다. 즉 자료를 사분하면 3개의 **사분위**(quartile)가 생기며, 각 수를 오름차순으로 제1, 2, 3사분위수라 한다.

예제 4.6 육상 800m에 출전한 선수들의 기록(초)이 다음과 같다. 사분위수를 구하시오.

105.3	108.1	106.3	109.5	107.3	110.2	108.3	109.1	110.1	107.9
108.9	109.3	107.8	112.1	107.6	109.2	108.8	109.4		

풀이 주어진 자료를 오름차순으로 정렬하면 다음과 같다.

```
> x=c(105.3,108.1,106.3,109.5,107.3,110.2,108.3,109.1,110.1,107.9,  # 자료
+ 108.9,109.3,107.8,112.1,107.6,109.2,108.8,109.4)
> sort(x) # 정렬
 [1] 105.3 106.3 107.3 107.6 107.8 107.9 108.1 108.3 108.8 108.9 109.1
[12] 109.2 109.3 109.4 109.5 110.1 110.2 112.1
```

여기서 자료의 개수는 18개이므로 $18/4=4.5$이고, 제1사분위수는 오름차순으로 정렬하였을 때 4.5번째에 위치한 수가 된다. 그런데 4.5번째에 위치한 수는 존재하지 않으므로 4번째 아니면 5번째 자료이다. 따라서 제1사분위수는 자료의 4번째 수 107.6, 5번째 수 107.8에 가까운 수일 것이다. 제1사분위수는 4번째와 5번째 수를 어떻게 조합하느냐에 따라 여러 가지 방법이 있다.

R에서 사분위수를 구하는 함수는 quantile()이다.

```
> quantile(x) # 사분위수
     0%      25%      50%      75%     100%
105.300  107.825  108.850  109.375  112.100
```

함수 quantile()의 결과에서 0%는 최솟값, 25%는 제1사분위수, 50%는 제2사분위수, 75%는 제3사분위수, 100%는 최댓값을 나타낸다. 만약 18명의 선수 가운데 상위 25%가 되기 위해 107.825보다 빠른 기록을 보유해야 한다.

사분위수가 자료를 사분하여 구한 경곗값을 나타내는 것이라면 **백분위수**(percentile)는 자료를 백분하여 구한 경곗값을 나타내는 것이다. 예를 들어 제10백분위수는 자료를 백분하였을 때 10번째에 위치한 수를 나타낸다. R에서는 quantile() 함수를 이용하여 백분위수를 구할 수 있다. quantile() 함수의 두 번째 인수는 0과 1 사이의 값을 지정하는데, 제10백분위수는 0.1로 설정한다. 따라서 제1사분위수는 제25백분위수이고, 제2사분위수는 제50백분위수, 제3사분위수는 제75백분위수이다. 이를 일반화한 수를 **분위수**(quantile)라 한다. 예를 들어 전체자료의 23.4565%에 해당하는 자료는 quantile() 함수에서 두 번째 인수를 0.234565로 설정하여 구한다. 사분위수는 quantile() 함수의 두 번째 인수를 벡터 c(0,0.25,0.5,0.75,

1)로 설정하여 구하고, 이는 quantile() 함수의 기본값으로 설정되어 있다.

```
> quantile(x, 0.1) # 제10백분위수
10%
107
> quantile(x, 0.234565) # 분위수
23.4565%
107.7975
> quantile(x,c(0,0.25,0.5,0.75,1)) # 사분위수
     0%     25%     50%     75%    100%
105.300 107.825 108.850 109.375 112.100
```

범위는 자료의 산포도를 측정하는 간단한 측도로 계산할 수 있는데, [예 4.5]에서 살펴본 바와 같이 극단적인 값에 대해 영향을 크게 받으므로 극단값을 제외한 **사분위간범위** (inter-quartile range, IQR) $= Q_3 - Q_1$을 범위의 보완으로 사용한다. 사분위간범위는 극단적인 값들을 제외하기 때문에 극단값의 영향을 받지 않으며, 자료의 중앙에 위치하는 50%의 자료의 간격을 나타낸다. 사분위간범위가 작을수록 자료의 산포가 작으며, 중심위치에 집중되어 있는 정도가 크다.

사분위간범위

$$IQR = Q_3 - Q_1$$

예제 4.7 [예제 4.6]의 자료에 대한 사분위간범위를 구하시오.

풀이 R에서 사분위간범위를 구하는 함수는 IQR()이다.

```
> x=c(105.3,108.1,106.3,109.5,107.3,110.2,108.3,109.1,110.1,107.9,
+ 108.9,109.3,107.8,112.1,107.6,109.2,108.8,109.4)
> IQR(x) # 사분위간범위
[1] 1.55
```

[예제 4.6]에서 구한 제3사분위수와 제1사분위수는 $Q_3 = 109.375$, $Q_1 = 107.825$이므로 사분위간범위는 $109.375 - 107.825 = 1.55$이다.

자료의 산포도를 나타내는 측도로 가장 많이 사용하는 것은 표본표준편차이나, 표본표준편차가 극단적인 값에 영향을 크게 받는 단점이 있으므로 이를 보완하는 측도로 사분위간범위를 사용한다. 사분위간범위는 자료 전체를 사용하지 않는다는 단점을 가지고 있다.

4.2.3 변동계수

측정단위가 다른 두 자료의 산포도를 직접 비교하는 것은 매우 어렵다. [예제 4.6]의 자료는 초단위로 측정되었으며, 표본표준편차는 1.535이다. 이 자료를 분으로 측정했다면 60으로 나눈 값이 되어 표본표준편차는 0.026이다. 같은 자료가 측정단위때문에 산포도가 다르게 계산되는 것은 측도의 문제이다.

```
> x=c(105.3,108.1,106.3,109.5,107.3,110.2,108.3,109.1,110.1,107.9,
+ 108.9,109.3,107.8,112.1,107.6,109.2,108.8,109.4)
> y=x/60 # 측정단위가 분일 때
> sd(x) # 측정단위가 초일 때 표준편차
[1] 1.535293
>sd(y) # 측정단위가 분일 때 표준편차
[1] 0.02558821
```

두 집단의 산포도를 비교하는 측도로 **변동계수**(coefficient of variation)를 사용하는데, 변동계수는 표본표준편차를 표본평균으로 나눈 값이다. 일반적으로 변동계수는 백분율로 표시함으로 다음과 같이 변동계수를 정의한다.

변동계수

$$\text{변동계수} = \frac{\text{표본표준편차}}{\text{표본평균}} \times 100$$

위에서 800 m 육상경기의 기록 자료에 대한 변동계수를 구하면 측정단위가 초일 때와 분일 때의 변동계수는 0.014로 동일함을 알 수 있다. 두 집단의 산포도를 비교할 때 변동계수가 유용한 측도임을 알 수 있다.

```
>sd(x)/mean(x) # 측정단위가 초일 때 변동계수
[1] 0.01413424
> sd(y)/mean(y) # 측정단위가 분일 때 변동계수
[1] 0.01413424
```

4.3 상자그림

연속형 자료에 대한 숫자요약으로 표본평균, 표본중앙값, 표본표준편차, 사분위간범위 등을 사용한다. 이러한 숫자요약을 그래프로 표현한 것이 **상자그림(box plot)**이다. 상자그림은 다섯 가지 요약 숫자인 최솟값, Q_1, Q_2, Q_3, 최댓값, 자료의 극단값을 표시하는 그림이다. 상자그림을 그리는 절차는 다음과 같다.

상자그림 작성법

1. 자료의 최솟값, Q_1, Q_2, Q_3, 최댓값을 구한다.
2. Q_1, Q_3를 이용하여 상자를 그리고, Q_2의 위치에 수직선을 긋는다.
3. $IQR = Q_3 - Q_1$을 구하고, 상자의 양끝에서 안울타리값에 선을 연결한다. 여기서 안울타리 값은 왼쪽 안울타리값은 $\max(Q_1 - 1.5 \times IQR, \text{최솟값})$이고, 오른쪽 안울타리값은 $\min(Q_3 + 1.5 \times IQR, \text{최대값})$이다.
4. 안울타리를 벗어난 자료는 *로 표시한다.

예제 4.8 [예제 4.6]의 자료에 대한 상자그림을 그리시오.

풀이 R에서 상자그림은 boxplot() 함수를 이용한다. 상자그림이 수평으로 그려지지 않고, 수직으로 그려진 결과로 나온다. 수평 상자그림을 위해서는 horizontal=T로 설정한다.

```
> boxplot(x) # 수직 상자그림 [그림 4-2]
> boxplot(x,horizontal=T) # 수평 상자그림 [그림 4-3]
```

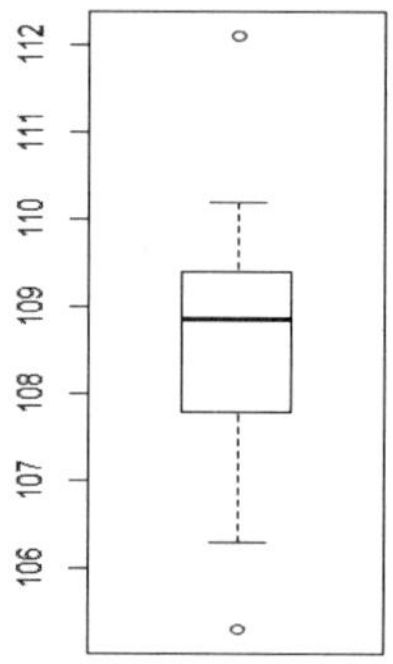

|그림 4-2| 수직 상자그림

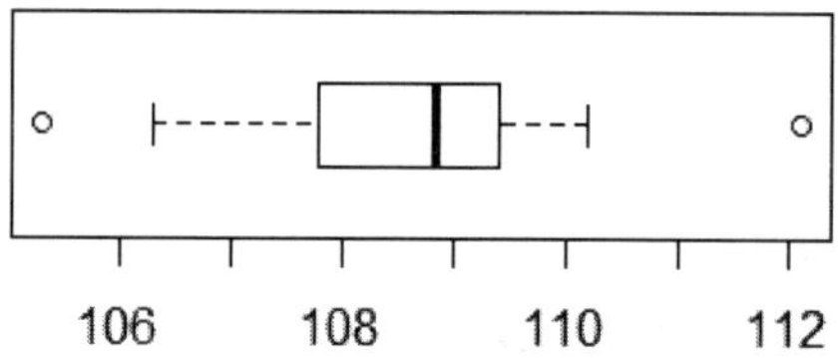

|그림 4-3| 수평 상자그림

[그림 4-3]에서 2개의 자료가 극단적인 값으로 보인다. 하나의 값은 106 이하 자료인 105.3이고, 또 하나의 자료는 112.1이다. 이러한 극단적인 값을 이상치(outlier)라고 한다. [그림 4-3]에서 Q_1은 108보다 약간 작은 값, Q_2는 109보다 약간 작은 값, Q_3는 109.5에 가까운 값이다. 안울타리값은 106보다 약간 큰 값과 110보다 약간 큰 값으로 보인다. 이 자료에서는 106보다 작거나 110보다 큰 값을 이상치로 취급한다.

R에서 정확한 사분위수 및 안울타리값을 구하려면 명령어 print()를 사용한다.

```
> print(boxplot(x)) # 상자그림에서 각 위치의 값
$stats # 안울타리값, Q1, Q2, Q3, 안울타리값
       [,1]
[1,] 106.30
[2,] 107.80
[3,] 108.85
[4,] 109.40
[5,] 110.20
......
$out # 이상치
[1] 105.3 112.1
```

예제 4.9 연습문제 3.7의 자료인 중학교 3학년 15명의 남학생과 15명의 여학생에 대한 몸무게 자료의 상자그림을 그려 남녀의 몸무게를 비교하시오.

풀이 먼저 자료를 입력하고, boxplot() 함수를 이용하여 상자그림을 그린다.

```
> x=c(70,69,68,65,67,52,61,65,66,55,67,71,67,61,78) # 남학생
> y=c(49,49,52,55,43,58,56,57,51,66,53,57,61,61,52) # 여학생
> boxplot(x,y) # 두 집단의 비교
```

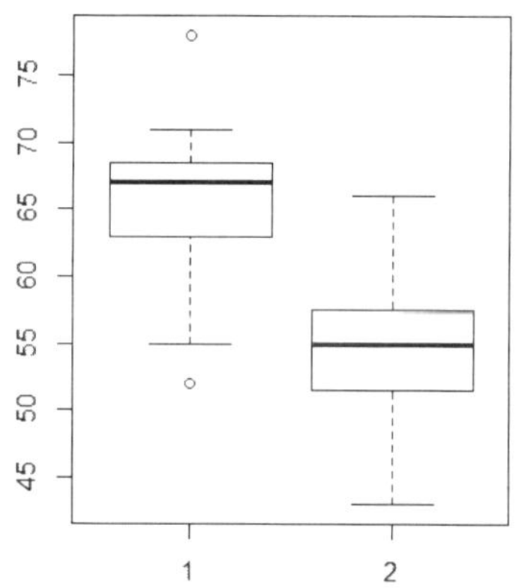

|그림 4-4| 두 집단의 상자그림

[그림 4-4]에서 남학생은 이상치가 2개 있으며, 여학생의 경우 이상치가 없는 것으로 여겨진다. 남학생과 여학생의 사분위간범위는 비슷한 것으로 보여 산포도는 거의 같다고 할 수 있으며, 표본표준편차를 구하여 예측을 확인할 수 있다.

```
> sd(x) # 남학생의 표준편차
[1] 6.356849
> sd(y) # 여학생의 표준편차
[1] 5.752846
```

연습문제

4.1 다음은 임의로 추출한 초등학교 6학년 남학생 10명의 키를 측정한 값이다. 표본평균과 표본표준편차를 구하시오.

160	147	149	158	154	144	148	168	156	152

4.2 연습문제 4.1의 자료에 대한 표본중앙값과 사분위수를 구하시오.

4.3 다음은 경제학개론의 기말성적을 줄기-잎 그림으로 작성한 결과이다.

```
4 | 48
5 | 013368
6 | 013577
7 | 13356779
8 | 00567
9 | 15
```

(1) 표본평균과 표본표준편차를 구하시오.

(2) 표본중앙값과 사분위간범위를 구하시오.

(3) 80점 이상을 A학점이라고 할 때, A학점의 비율은 얼마인가?

4.4 다음은 연습문제 4.3의 자료를 히스토그램으로 작성한 것이다.

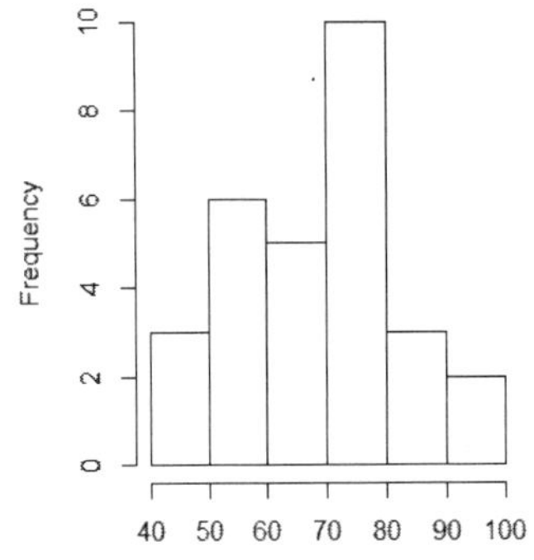

(1) 표본중앙값은 어떤 계급범위에 속하는가?

(2) 실제 표본중앙값이 속한 계급범위와 문제 (1)에서 구한 계급범위와 일치하는가?

(3) 80점 이상을 A학점이라고 할 때, A학점의 비율은 얼마인가?

(4) 히스토그램에서 표본평균을 계산하고 실제 표본평균과 비교하시오.

4.5 연습문제 4.1의 자료에 대하여 다음 물음에 답하시오.

(1) 원래 자료는 센티미터로 측정된 자료이다. 이를 미터로 변환하였을 때 표본평균과 표본표준편차를 구하시오.

(2) 원래 자료에 운동화의 높이 3 센티미터를 더한 자료의 표본평균과 표본표준편차를 구하시오.

(3) 원래 자료를 표본평균이 0, 표본표준편차가 1이 되도록 자료를 변환하시오.

4.6 연습문제 4.3의 자료에 대하여 다음 물음에 답하시오.

(1) 원래 자료의 점수에 5점을 더하였을 때, 표본평균과 표본표준편차를 구하시오.

(2) 원래 자료의 점수를 2로 나눈 자료의 표본평균과 표본표준편차를 구하시오.

(3) 원래 자료를 표본평균이 100, 표본표준편차가 10이 되도록 자료를 변환하시오.

4.7 다음은 통계학 중간고사 성적이다.

63	66	87	66	62	68	74	63	71	61	69	71	66	66	77
66	65	65	67	69	71	65	62	64	72	75	72	63	62	66
62	66	64	66	68	64	66	68	69	67	70	66	63	69	66
70	65	66	66	69	67	68	73	66	66	86				

(1) 표본평균, 표본분산, 사분위간범위를 구하시오.

(2) 상자그림을 그려 자료의 분포 특징을 설명하시오.

(3) 히스토그램을 그려 (2)의 분포 특징과 일치하는지를 확인하시오.

(4) 한 학생이 추가되어 평균이 68점이 되었다. 그 학생의 점수는?

(5) 한 학생의 점수가 0점이 학생이 추가되었다. 표본평균과 표본중앙값의 변화에 대하여 설명하시오.

4.8 다음 자료는 3시간 동안 10개의 국도에서 일어나는 교통사고의 건수이다.

0	1	0	1	3	2	0	1	0	0

(1) 표본중앙값과 사분위간범위를 구하시오.

(2) 상자그림을 그려 자료의 분포 특징을 설명하시오.

(3) 3개의 국도가 추가되었는데, 최빈값이 1이고, 평균이 1이다. 추가된 3개의 국도에서 일어난 교통사고의 건수는?

(4) 어느 한 국도에서 대형교통사고가 발생하여 교통사고의 건수가 10이 추가되었다. 표본중앙값과 사분위간범위는 어떻게 변화되었는가? 표본평균과 표본표준편차의 변화값에 대하여 설명하시오.

4.9 다음은 어느 은행의 은행 업무를 처리하기 위해 대기하는 시간을 측정한 자료이다.

32	32	37	39	42	45	32	44	39	38
32	36	36	39	37	40	43	36	32	45
42	41	43	44	38	43	29	34	40	56
38	32	47	41	47					

(1) 히스토그램을 작성하시오.

(2) 표본평균, 표본분산, 범위를 구하시오.

(3) 표본중앙값과 제10백분위수를 구하시오.

(4) 이틀 동안 은행에 갔을 때, 하루는 대기시간의 범위가 $[a, b]$이고 하루는 대기시간의 범위가 $[a,b]$에 있지 않다. 타당한 상수 $a, b(0 < a < b)$를 구하시오.

(5) 은행 대기시간의 90% 정도 대기시간 범위는?

4.10 다음 자료는 중학교 3학년 남학생과 여학생의 키 자료이다.

남학생

181	181	179	173	177	162	168	157	173	175
159	176	183	177	166					

여학생

156	165	172	173	155	148	156	152	160	140
157	163	173	162	153					

(1) 남학생의 키에 대한 표본평균과 표본표준편차를 구하시오.

(2) 여학생의 키에 대한 표본평균과 표본표준편차를 구하시오.

(3) 성별에 따른 나란한 상자그림을 통해 성별에 따른 분포를 비교하시오.

(4) 변동계수를 계산하여 문제 (3)의 결과를 해석하시오.

4.11 종 모양의 대칭분포를 가지는 자료는 표본평균 $\overline{x}$를 중심으로 표본표준편차 s로 이루어진 범위에서 자료가 다음과 같이 분포된다고 알려져 있다.

$(\overline{x}-s\ ,\ \overline{x}+s)$의 구간에 자료의 **68%**가 분포되어 있다.
$(\overline{x}-2s\ ,\ \overline{x}+2s)$의 구간에 자료의 **96%**가 분포되어 있다.
$(\overline{x}-3s\ ,\ \overline{x}+3s)$의 구간에 자료의 **99.7%**가 분포되어 있다.

다음 자료에 대하여 위의 사실을 확인하시오.

54	53	51	61	48	58	67	60	62	60
62	57	62	61	56	57	63	56	61	67
63	60	52	74	61	56	61	56	67	56
59	55	51	70	59	62	57	60	62	63
54	59	58	60	57	56	60	66	60	64
67	63	57	64	67	58	50	69	78	53

(1) 표본평균 $\overline{x}$와 표본표준편차 s를 구하시오.

(2) 구간 $(\overline{x}-s\ ,\ \overline{x}+s)$에 속한 자료의 비율을 구하시오.

(3) 구간 $(\overline{x}-2s\ ,\ \overline{x}+2s)$에 속한 자료의 비율을 구하시오.

(4) 구간 $(\overline{x}-3s\ ,\ \overline{x}+3s)$에 속한 자료의 비율을 구하시오.

5장

두 변수 자료의 시각화와 숫자요약

3장과 4장에서 표, 그래프 및 숫자로 하나의 변수 자료를 요약하는 방법을 살펴봤다. 그러나 일반적인 자료에서 변수가 하나인 경우는 매우 드물다. 대부분의 자료가 여러 개의 변수로 구성된다. 이처럼 여러 개의 변수가 하나의 자료에 포함된 것은 변수 사이에 어떤 관계가 존재하기 때문이다. 만약 어느 두 변수 사이에 아무런 관계가 없다면 굳이 하나의 자료에 두 변수를 동시에 포함할 이유가 있다. 다시 말하면 자료에 포함된 변수 사이의 관계가 존재하고, 그 관계가 어느 정도인지를 파악하는 것은 자료의 특징을 아는데 매우 중요하다.

이 장에서는 두 변수 사이의 관계를 요약하는 방법에 대하여 살펴본다. 첫째, 두 변수가 모두 범주형인 경우에는 도수분포표를 확장하여 두 변수의 도수분포표인 이차원 **분할표**(contingency table)로 두 변수 사이의 관계를 요약한다. 둘째, 두 변수가 모두 수치형인 경우, 변수가 하나인 경우에 사용한 수직선 위의 점도표를 확장하여 평면 위의 점도표인 **산점도**(scatter plot)를 통하여 두 변수 사이의 관계를 그림으로 요약한다. 셋째, 두 변수 사이의 관계를 숫자로 요약하는 방법으로 두 변수 사이의 선형관계를 측정하는 **상관계수**(correlation coefficient)를 이용한다.

5.1 분할표

두 변수가 모두 범주형인 경우, 예를 들어 한 변수의 범주가 2개이고 다른 한 변수의 범주가 4개인 경우에 두 변수를 동시에 고려할 때 만들어지는 범주는 8개이다. 구체적인 예로

<표 5-1>과 같은 어떤 조사대상자 20명의 성별과 혈액형의 자료를 고려하기로 하자. 성별과 혈액형에 대한 도수분포표는 각각 <표 5-2>와 <표 5-3>과 같다. 이제 8개의 범주에 대한 도수를 계산하여 해당 범주에 도수를 기록한 표를 **분할표**라 한다. 이 표를 작성할 때 8개의 범주를 일렬로 나열하는 것보다 가로축에 성별, 세로축에 혈액형인 표를 만들어 해당 범주의 도수를 세어 작성한 <표 5-4>와 같은 표가 대표적인 분할표 형태이다.

표 5-1 성별과 혈액형 자료

성별	혈액형	성별	혈액형	성별	혈액형	성별	혈액형
남	O	여	A	남	O	남	B
남	A	남	A	여	A	남	A
여	B	여	AB	남	B	여	B
여	A	남	A	여	B	남	AB
남	O	여	O	여	O	여	O

표 5-2 성별의 도수분포표

성별	도수	상대도수
남성	10	0.5
여성	10	0.5
합	20	1.00

표 5-3 혈액형의 도수분포표

혈액형	도수	상대도수
A	7	0.35
B	5	0.25
O	6	0.30
AB	2	0.10
합	20	1.00

표 5-4 성별과 혈액형의 분할표

혈액형\성별	남	여	계
A	4	3	7
B	2	3	5
O	3	3	6
AB	1	1	2
합	10	10	20

표 5-5 성별과 혈액형의 상대도수 분할표

혈액형\성별	남	여	계
A	0.20	0.15	0.35
B	0.10	0.15	0.25
O	0.15	0.15	0.30
AB	0.05	0.05	0.10
합	0.5	0.5	1.00

예제 5.1 <표 5-1>의 성별과 혈액형 자료에서 <표 5-4>, <표 5-5>의 분할표와 막대그래프를 작성하시오.

풀이 <표 5-1>의 자료를 텍스트 파일에 [그림 5-1]과 같이 입력하여 "bloodtype.txt"로 저장되었다고 가정하자. R 프로그램에서 메뉴 "작업디렉토리변경"에서 "bloodtype.txt"가 저장되어 있는 디렉토리를 지정한다.

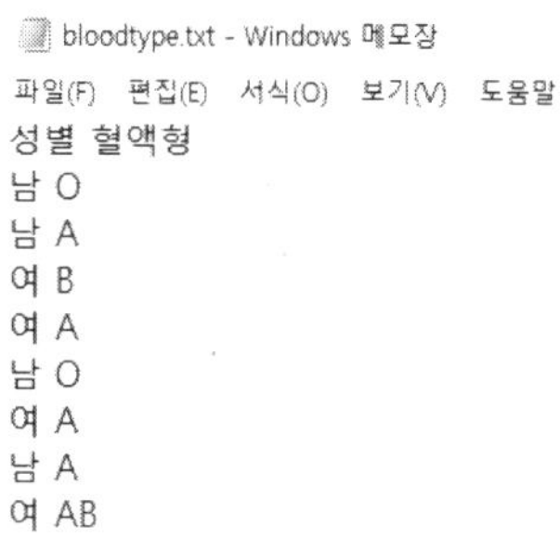
bloodtype.txt - Windows 메모장
파일(F) 편집(E) 서식(O) 보기(V) 도움말
성별 혈액형
남 O
남 A
여 B
여 A
남 O
여 A
남 A
여 AB

|그림 5-1| bloodtype.txt 파일

이제 R 명령어 창에서 read.table() 함수를 이용하여 "bloodtype.txt" 파일의 자료를 읽어 변수 x에 저장한다. 한글로 쓰인 데이터를 읽을 때, read.table() 함수의 인수 fileEncoding을 "UTF-8"로 설정해야 한다. 변수의 도수분포표는 table() 함수를 이용한다. table() 함수에 인수로 변수를 1개 사용하면 <표 5-2>, <표 5-3>와 같은 성별, 혈액형의 도수분포표가 생성되고, 자료 전체를 사용하면 자료에 변수의 개수가 2개이므로 <표 5-4>와 같은 분할표가 생성된다. 범주형 자료인 경우 범주의 순서는 문자의 알파벳 순서를 따른다. 분할표의 결과를 addmargins() 함수에 입력하면 주변합이 계산된 분할표를 얻는다. 분할표를 전체 도수 20으로 나누면 상대도수 분할표를 구한다. 전체 도수는 table(x)의 모든 합과 같다.

```
> x=read.table("bloodtype.txt",header=T,fileEncoding="UTF-8") # 자료 읽기
> table(x$성별) # <표 5-2>

 남 여
10 10
> table(x$혈액형) # <표 5-3>
```

```
 A AB  B  O
 7  2  5  6
> table(x) # 분할표
     혈액형
성별 A AB  B  O
  남 4  1  2  3
  여 3  1  3  3
> addmargins(table(x)) # 주변합이 계산된 분할표: <표5-4>
      혈액형
성별   A AB  B  O Sum
  남   4  1  2  3  10
  여   3  1  3  3  10
Sum    7  2  5  6  20
> addmargins(table(x))/sum(table(x)) # 상대도수 분할표: <표 5-5>
      혈액형
성별      A   AB    B     O  Sum
  남  0.20 0.05 0.10 0.15 0.50
  여  0.15 0.05 0.15 0.15 0.50
Sum   0.35 0.10 0.25 0.30 1.00
```

<표 5-5>에서 혈액형의 분포가 남녀에 따라 차이가 없는 것으로 보인다. 두 변수 혈액형과 성별은 서로 아무런 관계가 없다고 할 수 있다.

두 범주형 자료의 시각화를 위한 방법으로 막대그래프를 이용하는 방법이 있다. 3.2절의 범주형 자료의 그래프 표현에서 막대그래프를 그리는 방법은 R에서 barplot() 함수를 이용했다. 함수 barplot()을 table(x)에 적용하면 [그림 5-2]와 같다. [그림 5-2]에서 옅은 회색과 진한 회색은 남녀를 나타내고 있는데, 그 비교가 쉽지 않다. 그 이유는 막대그래프가 세로로 연결됐기 때문이다. 막대그래프가 옆으로 나란한 그림이면 비교가 용이한데, 이 작업은 barplot() 함수의 인수를 설정하여 해결한다. 그 인수는 beside=T라고 설정하고, 옅은 회색과 진한 회색이 무엇인지를 알 수 있는 설정은 legend=T라고 설정하면 범례를 그림에 추가할 수 있다. 이제 많은 정보를 담은 [그림 5-3]을 얻는다.

```
> barplot(table(x)) # [그림 5-2]
> barplot(table(x),beside=T,legend=T) # [그림 5-3]
```

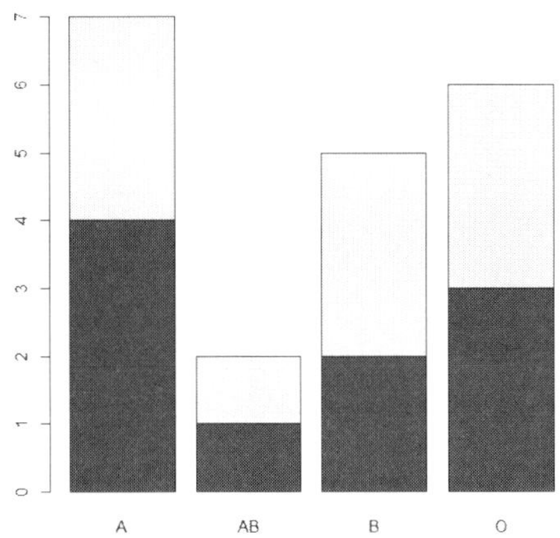

|그림 5-2| 두 변수의 막대그래프

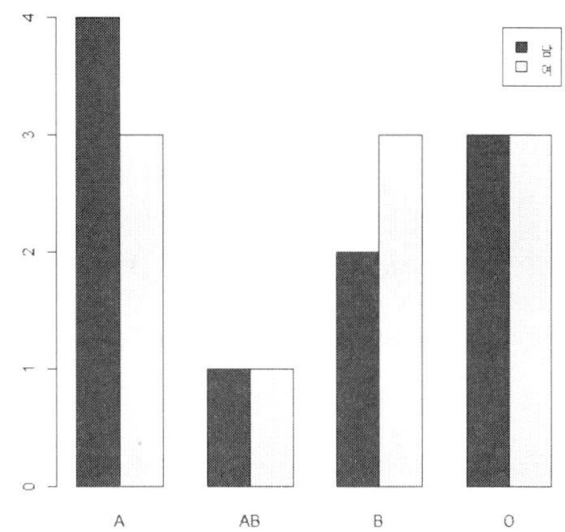

|그림 5-3| 두 변수의 나란한 막대그래프

[그림 5-3]에서 남녀 간의 혈액형 자료에서 혈액형 AB, O형에서는 남녀가 같은 도수를 가지며, 혈액형 A, B형에서는 도수가 1 차이인 것을 알 수 있다. 이 자료로부터 '혈액형 분포에서 남녀 간의 차이는 없다'라는 명제가 참임을 추측할 수 있다.

모집단이 여러 개의 부집단(副集團, subgroup)으로 구성된 경우에, 일반적으로 분할표의 행을 부집단으로 설정한다. [예제 5.1]에서 전체 20명의 모집단이 남자 10명, 여자 10명의 부집단으로 구성되어 있으므로 성별은 행으로, 혈액형은 열로 구성된 분할표를 작성했다. R에서는 변수의 순서에 의해 행과 열이 구분되는데, [예제 5.1]에서 데이터프레임인 변수 x의 첫 번째 변수가 성별이고, 두 번째 변수가 혈액형이기 때문에 성별이 분할표의 행으로, 혈액형이 열로 설정된다.

5.2 산점도

두 변수가 모두 수치형인 경우 각각의 변수를 적당한 계급구간을 설정하여 범주형 자료로 변환한 후에 도수분포표를 작성하여 분할표를 만들 수 있다. 그러나 범주화 과정에서 계급 설정에 작성자의 주관이 개입될 가능성이 있을 뿐만 아니라 수치형 자료의 특성을 잃게 되는 약점이 있다. 따라서 수치형 자료는 자료의 특성을 가장 잘 나타내는 점도표를 이차원으로 확장한 그림인 **산점도**를 이용한다. 두 변수의 값에 해당하는 좌표평면 위에 점을 표시하는 그림이 산점도이다. 산점도를 통하여 두 변수 사이의 어떤 관계를 파악할 수 있을까?

자료의 개수가 n인 두 변수 X, Y의 자료를 $x_1, x_2, \cdots, x_n; y_1, y_2, \cdots, y_n$이라 할 때, 산점도는 좌표평면 위의 점 $\{(x_i, y_i), i=1, \cdots, n\}$을 나타낸다. 산점도가 어떤 특정한 유형을 나타낸다면 두 변수 사이의 어떤 관계가 있고, 그렇지 않다면 관계가 없다고 할 수 있다. [그림 5-4]의 (a)는 두 변수 사이에 특정한 유형이 없으므로 두 변수 사이의 관계가 없다. (b)는 두 변수 사이에 선형관계가 존재한다. 즉 가로축의 변수가 증가하면 세로축의 변수가 증가하는 경향을 나타내는 산점도이다. (c)는 두 변수 사이에 2차 관계가 있음을 나타낸다.

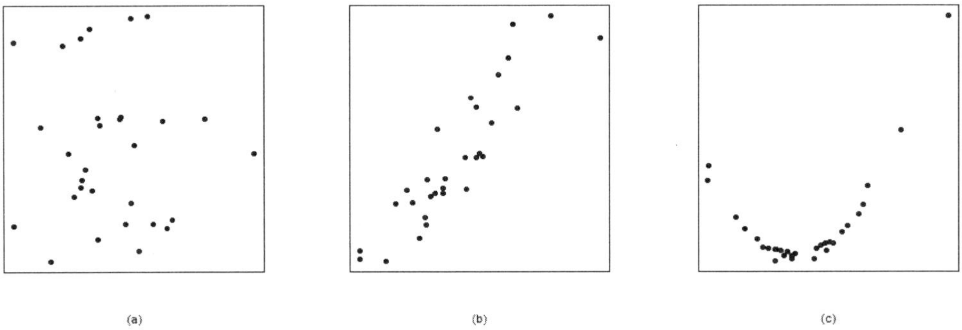

[그림 5-4] 산점도: 수치형 자료의 시각화

예제 5.2 다음 자료는 어느 한 교과목에서 결석횟수(x)와 시험성적(y)의 자료이다. 산점도를 그려 결석횟수와 시험성적 사이에 어떤 관계가 있는가를 확인하시오.

표 5-6 결석횟수와 시험성적 자료

x	3	2	0	0	1	0	2	2	1	3	0	4	0	5	1
y	82	85	83	91	89	88	86	80	87	84	95	82	87	76	83

풀이 <표 5-6>의 자료를 R에서 다음과 같이 변수 x, y로 입력한다. plot() 함수를 이용하여 변수 x, y의 산점도를 그린다. 여기서 pch=16은 점의 형태를 나타낸다. [그림 5-5]의 산점도에서 가로축인 결석횟수가 많아질수록 세로축인 성적이 감소하고 있다는 자료의 특징을 한눈에 파악할 수 있다. 결석횟수와 성적 사이에는 선형관계가 존재한다. 그 이유는 두 변

수 사이의 관계를 $y = ax + b$의 형태로 표현할 수 있기 때문이다.

```
> x=c(3,2,0,0,1,0,2,2,1,3,0,4,0,5,1) # 자료입력
> y=c(82,85,83,91,89,88,86,80,87,84,95,82,87,76,83)
> plot(x,y,pch=16) # [그림 5-5] 산점도
```

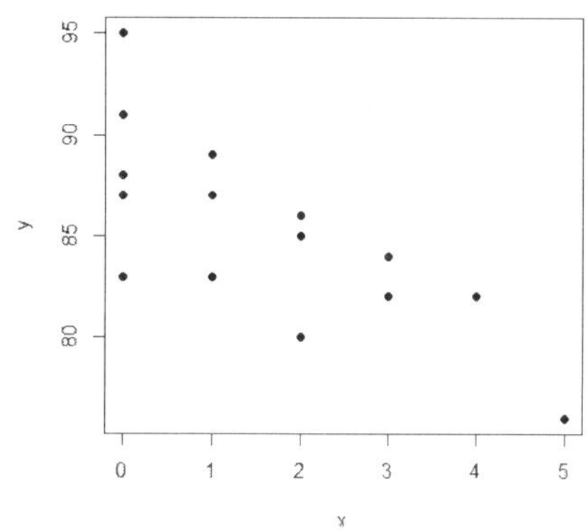

[그림 5-5] 결석횟수(x)와 성적(y)의 산점도

5.3 상관계수

산점도에서 두 수치형 자료의 관계를 대략적으로 알 수 있다. 그러나 그래프를 통한 자료의 요약에는 한계가 있다. 예를 들어 [예제 5.2]의 자료에 대하여 한 학기의 결석횟수는 0회에서 45회까지 있을 수 있으므로 가로축의 범위를 $[0, 45]$로 설정하고, 성적을 나타내는 세로축의 범위를 $[0, 100]$으로 설정하여 산점도를 그리면 [그림 5-6]과 같다. [그림 5-5]에서 얻었던 '결석횟수가 많아질수록 성적이 감소한다'는 자료의 특징을 [그림 5-6]에서는 알기 어렵다. 이와 같은 약점을 보완하기 위해 두 변수의 관계를 나타내는 숫자 측도가 필요하다.

```
> plot(x, y, xlim=c(0,45), ylim=c(0,100), pch=16) # [그림 5-6] 산점도
```

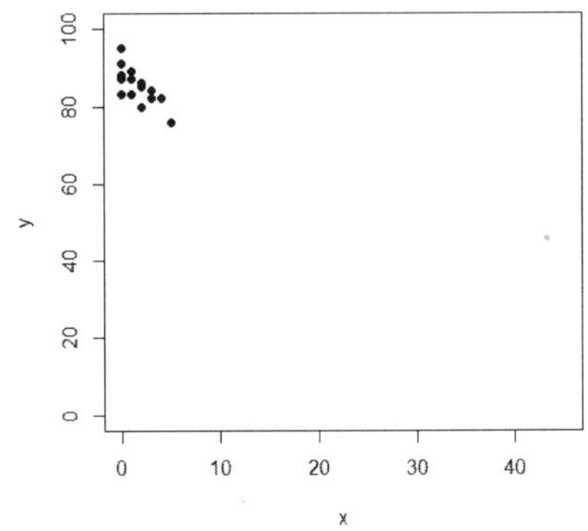

|그림 5-6| 왜곡된 산점도

두 변수 자료의 산점도를 그리면 [그림 5-4]와 같이 여러 형태가 나타날 수 있다. 두 변수 사이의 관계에서 가장 중요한 것은 두 변수 사이에 어떤 관계가 있느냐 없느냐이다.

5.2절의 [그림 5-4] (a)와 같은 그림은 두 변수 사이에 어떤 관계가 존재하지 않는 경우이고, (b), (c)는 어떤 관계가 존재하는 경우이다. 이를 구분하는 측도는 무엇인가? [그림 5-4] (a)의 특징은 가로축이 증가함에 따라 세로축이 증가 또는 감소의 뚜렷한 경향이 나타나지 않는다. 변수 x가 증가할 때, 변수 y의 증가 또는 감소를 예측할 수 없다.

자료 x_i가 클수록 $x_i - \overline{x}$가 커지고, 자료 y_i가 클수록 $y_i - \overline{y}$가 커진다. 따라서 변수 x가 증가하고 변수 y가 증가하면 $(x_i - \overline{x})(y_i - \overline{y})$의 값이 양수로 커진다. 이를 전체 자료에 적용하여 $s_{xy} = \sum_{i=1}^{n}(x_i - \overline{x})(y_i - \overline{y})$를 두 변수 사이의 관계를 나타내는 측도로 사용한다.

[그림 5-4] (a)와 같이 두 변수 x,y 사이에 아무런 관계가 없다면, s_{xy}의 계산에서 $(x_i - \overline{x})(y_i - \overline{y})$의 값이 어떤 자료는 양의 값을 가지고 어떤 자료는 음의 값을 가지기 때문에 s_{xy}가 0에 가까운 값이 될 것이다. [그림 5-4] (b)와 같이 두 변수 사이에 증가관계에 있을 때, 즉, x가 증가할 때 y가 증가하면, $\overline{x}$보다 작은 값을 가지는 자료의 y값은 $\overline{y}$보다 작은 값을 가지게 되므로 s_{xy}는 양의 값을 가지고, $\overline{x}$보다 큰 값을 가지는 자료의 y값은 $\overline{y}$보다 큰 값을 가지게 되므로 s_{xy}는 양의 값을 가지게 된다. 따라서 s_{xy}는 큰 양수의 값을 가진다. 마찬가지로 변수 x가 증가할 때, y가 감소하는 경우는 s_{xy}는 큰 음수의 값을 가질 것이다. [그림 5-4] (c)는 두 변수가 이차함수 관계를 나타내고 있다. 이러한 자료는 $\overline{x}$에서 멀리 있는 값을 가지는 자료의 y값은 $\overline{y}$보다 큰 값을 가지지만 s_{xy}의 $(x_i - \overline{x})(y_i - \overline{y})$가

서로 다른 부호를 가지므로 s_{xy}는 0에 가까운 값을 가진다. 마찬가지로 $\overline{x}$의 가까이 있는 자료도 s_{xy}의 합은 0에 가까운 값을 가지므로 전체 자료에 대해 s_{xy}는 0에 가깝다.

이와 같은 s_{xy}는 [그림 5-4]의 (b)와 (a), (c)를 구분하는 측도이다. 다시 말하면 s_{xy}가 0에 가깝지 않으면 두 변수가 선형관계에 있고, 0에 가까우면 선형관계가 아니다. s_{xy}가 0에 얼마나 가까운가를 나타내는 측도는 s_{xy}의 절댓값 $|s_{xy}|$이다. [그림 5-4] (c)의 이차함수 관계를 확장하면 비선형관계라고 할 수 있다. 그렇다면 다음의 질문이 가능하다.

① $|s_{xy}|$가 어느 정도 커야 두 변수 사이에 선형관계가 존재한다고 할 수 있나?

② $|s_{xy}|$로 두 변수 사이가 어떤 관계가 아닌 것과 비선형관계를 구분할 수 있는가?

질문 ①에 대한 답을 위해 피어슨(Karl Pearson)은 **표본상관계수**(sample correlation coefficient)를 제안했다. 일반적으로 표본상관계수는 r로 표기한다.

표본상관계수

두 변수 x, y의 자료가 $\{(x_i, y_i), i = 1, \cdots, n\}$에 대하여

$$r = \frac{\sum_{i=1}^{n}(x_i - \overline{x})(y_i - \overline{y})}{\sqrt{\sum_{i=1}^{n}(x_i - \overline{x})^2 \sum_{i=1}^{n}(y_i - \overline{y})^2}} = \frac{s_{xy}}{\sqrt{s_{xx}s_{yy}}}$$

표본상관계수는 두 변수가 선형관계(또는 직선관계)를 나타내는 측도이다. r의 부호가 0보다 크면 양의 선형관계, 0보다 작으면 음의 선형관계에 있다. 표본상관계수 r의 값은 -1과 1사이에 있다. 이제 질문 ①은 "$|r| > c$ 이면 두 변수 사이에 선형관계가 존재한다"라는 명제를 만족하는 상수 c가 존재하는가와 같다. 질문 ①에 대한 대답으로 어느 특정한 값 c를 단정할 수 없다. 그러나 15장 상관분석에서 특정한 값 c를 구할 수 있다.

질문 ②에 대답으로 $|s_{xy}|$ 값으로 두 변수가 어떤 관계가 없는 것과 비선형관계를 구분할 수 없으므로 표본상관계수로 구분할 수 없다. 왜냐하면 표본상관계수에서 분모는 실수 모든 값을 가질 수 있는 s_{xy}를 -1과 1 사이의 값으로 변환하기 위한 항에 불과하기 때문이다. 표본상관계수의 성질을 정리하면 다음과 같다.

표본상관계수 r의 성질

① $-1 \le r \le 1$

② 표본상관계수 r의 절댓값 $|r|$은 두 변수 사이의 선형관계의 강도를 나타낸다.

- $r=1$: 모든 자료값이 양의 기울기를 가지는 직선 위에 있다.
- $r=-1$: 모든 자료값이 음의 기울기를 가지는 직선 위에 있다.
- $|r|$의 값이 커질수록 산점도에서 직선의 폭이 작아진다.

③ 표본상관계수 r의 부호는 두 변수 사이의 증감관계를 나타낸다.

- $r>0$: 변수 x가 증가하면 변수 y가 증가하는 관계
- $r<0$: 변수 x가 증가하면 변수 y가 감소하는 관계

④ 표본상관계수 r이 0에 가까우면 두 변수 사이에 어떤 관계도 없거나 비선형관계에 있다.

예제 5.3 [예제 5.2]의 자료에서 결석횟수와 시험성적에 대한 표본상관계수를 [그림 5-5]로부터 예측하고, 그 값을 구하시오.

풀이 [그림 5-5]에서 결석횟수(x)와 시험성적(y)의 관계는 x가 증가하면 y가 감소하는 직선관계에 있으므로 표본상관계수의 부호는 음수이고, 그 절댓값은 아마도 0.5 정도일 것으로 예상된다. 그 이유는 산점도의 폭이 직선처럼 좁지 않기 때문이다.

표본상관계수를 계산하기 위해 분자인 s_{xy}는 두 변수의 편차곱의 합이다. 먼저 평균 m.x, m.y를 구하고, x-m.x, y-m.y가 편차이고, 그 곱의 sum을 구하면 s_{xy}이다. 또한 표본상관계수의 분모는 편차제곱합이므로 변수 x에 대한 편차제곱 (x-m.x)^2의 sum을 구하고, 변수 y에 대하여도 마찬가지로 계산한다. 그런데 s_{xx}와 변수 x의 분산 s_x^2의 관계가 $s_x^2 = s_{xx}/(n-1)$이므로 s_{xx}는 x의 분산에 $n-1$을 곱한 값 var(x)*(n-1)이다. 표본상관계수는 s.xy/sqrt(s.xx*s.yy)의 값으로 -0.75이다.

```
> x=c(3,2,0,0,1,0,2,2,1,3,0,4,0,5,1) # 자료 입력
> y=c(82,85,83,91,89,88,86,80,87,84,95,82,87,76,83)
> m.x = mean(x); m.y = mean(y) # 평균
> s.xy=sum( (x-m.x)*(y-m.y) ) # 표본상관계수의 분자
> s.xx=sum( (x-m.x)^2 ) # 표본상관계수의 분모
```

```
> s.yy=sum( (y-m.y)^2 ) # 표본상관계수의 분모
> s.xx # s_xx 값
[1] 35.6
> var(x)*(length(x)-1) # 분산으로부터 구한 s_xx 값
[1] 35.6
> s.xy/sqrt(s.xx*s.yy) # 표본상관계수
[1] -0.7498315
```

표본상관계수의 계산을 위한 R 내장함수는 cor() 함수이다. cor(x,y)를 입력하면 변수 x, y의 표본상관계수를 구할 수 있다.

```
> cor(x,y) # 표본상관계수의 내장함수
[1] -0.7498315
```

[그림 5-7]은 여러 가지 표본상관계수에 대한 산점도를 보여준다. [그림 5-7] (a), (d)에서 $r=-1$ 또는 1일 때 모든 자료가 한 직선 위에 있음을 확인할 수 있다. [그림 5-7] (a), (b), (c)를 관찰하면 r의 크기가 작아질수록 자료의 분포 폭이 커진다는 사실을 알 수 있다. 마찬가지로 [그림 5-7] (d), (e), (f)도 $|r|$의 크기가 작아질수록 자료 분포의 폭이 커진다. 그림 (g), (h)는 $r=0$인 경우인데, 그림 (g)는 가로축 변수의 값이 증가할 때, 세로축 변수의 값이 증가할 때도 있고 감소할 때도 있으므로 두 변수는 아무런 관계가 없다. 그림 (h)는 두 변수 사이에 이차함수의 관계가 있고 표본상관계수가 0에 가까운 값을 가진다. 그림 (i)에서 주의해야 할 사항은 두 변수 사이의 관계가 삼차함수인 비선형관계이지만 표본상관계수가 0.86으로 0에 가까운 값이 아니다. 두 변수가 비선형관계에 있으면, 표본상관계수가 0에 가까운 값일 수도 있고 그렇지 않을 수도 있다.

[그림 5-7]에서의 결론은 "두 변수가 선형관계이면 표본상관계수가 0에 가깝지 않다" 이다. 그러나 그 역은 성립하지 않는다. 역명제 "표본상관계수가 0에 가깝지 않으면, 두 변수가 선형관계에 있다"는 거짓이다. 그 반례가 그림 (i)이다. 본 명제의 대우명제 "표본상관계수가 0에 가까우면, 두 변수가 선형관계에 있지 않다"는 참이다. 그러나 대우 명제의 역인 "두 변수가 선형관계가 아니면, 표본상관계수가 0에 가깝다"는 거짓이다. 그 반례가 그림 (i)는 두 변수는 선형관계가 아니지만 표본 상관계수는 0.86으로 0에 가깝지 않다. 결론적

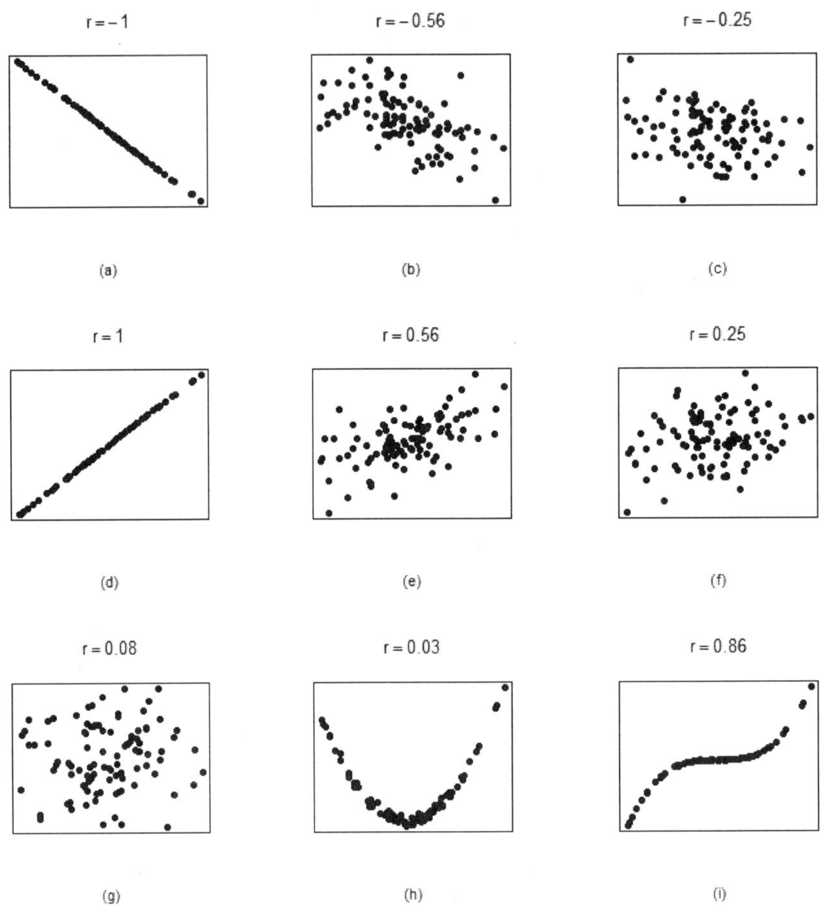

|그림 5-7| 표본상관계수와 산점도

으로 두 변수의 관계를 숫자 요약인 표본상관계수에만 의존하지 말고, 산점도와 표본상관계수를 동시에 점검함으로써 두 변수의 관계에 대한 결론을 내려야 한다는 것이다.

예제 5.4 <표 5-7>는 아버지(x), 어머니(y), 아들(z)의 키에 대한 자료이다. 아버지와 아들의 키에 대한 표본상관계수와 산점도를 그리시오. 또한 어머니와 아들의 키에 대한 표본상관계수와 산점도를 그리고 자료를 해석하시오.

풀이 <표 5-7>의 자료에서 아버지와 아들의 키의 산점도는 [그림 5-8]이고, 어머니와 아들의 키의 산점도는 [그림 5-9]이다. [그림 5-8]에서 아버지와 아들의 키 사이에는 양의 선형관계가 있음을 알 수 있고, [그림 5-9]에서 어머니와 아들의 키 사이에는 아무런 관계가 없다는 것을 알 수 있다. [그림 5-8]과 [그림 5-9]에서 유추한 결과와 아버지 키와 아들의 키 사이의 표본상관계수는 0.924이고, 어머니 키와 아들의 키 사이의 표본상관계수는 0.081의 결과가 서로 일치한다.

표 5-7 아버지, 어머니, 아들의 키

아버지(x)	162	165	161	181	162	170	168	169	172	165	170	175	168
어머니(y)	154	158	158	156	152	166	153	170	151	161	153	163	165
아들(z)	165	164	166	187	167	174	175	176	178	166	175	176	175

```
> x=scan() # 자료 입력
1: 162 165 161 181 162 170 168 169 172 165 170 175 168
14:
Read 13 items
> y=scan()
1: 154 158 158 156 152 166 153 170 151 161 153 163 165
14:
Read 13 items
> z=c(165, 164, 166, 187, 167, 174, 175, 176, 178, 166, 175, 176, 175)
> plot(x,z,pch=16) # [그림 5-8] 아버지와 아들 키의 산점도
> plot(y,z,pch=16) # [그림 5-9] 어머니와 아들 키의 산점도
> cor(x,z) # 아버지와 아들의 키의 표본상관계수
[1] 0.92358
> cor(y,z) # 어머니와 아들의 키의 표본상관계수
[1] 0.08117143
```

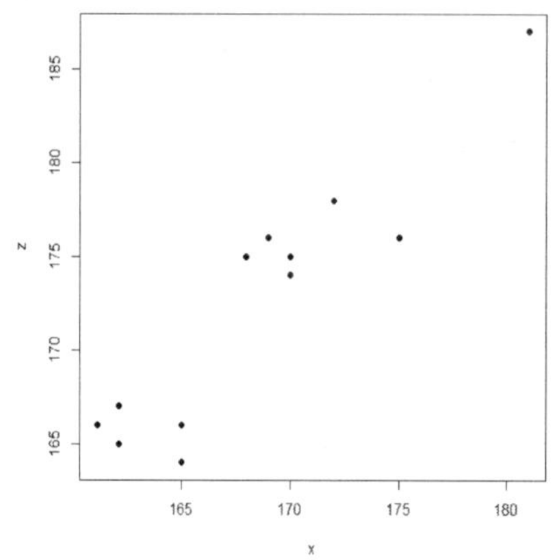

|그림 5-8| 아버지와 아들 키의 산점도

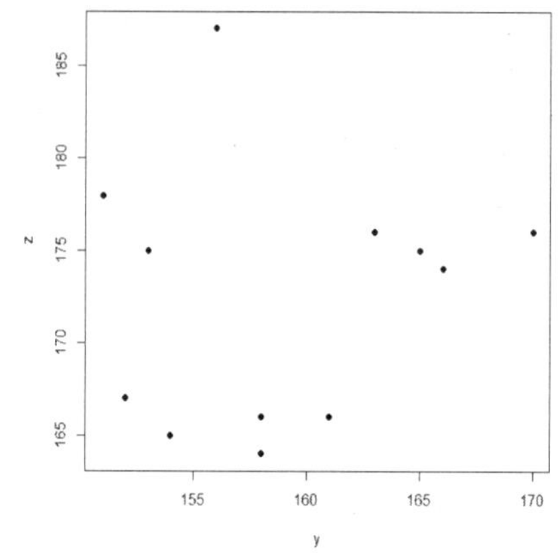

|그림 5-9| 어머니와 아들 키의 산점도

자료($\{(x_i, y_i), i=1,\cdots,n\}$)의 표본상관계수를 r이라 할 때, 선형변환된 자료 $\{(ax_i+b, cy_i+d), i=1,\cdots,n\}$ (a,b,c,d는 상수, $ac\neq 0$)의 표본상관계수는 어떻게 계산할까? 표본상관계수가 두 변수의 선형관계의 측도이기 때문에 선형변환된 자료의 선형관계는 원래의 선형관계와 같아야 할 것이다. 변환 후의 표본상관계수는 변환 전 자료의 표본상관계수 r과 같을 것으로 예상할 수 있다.

원자료의 표본상관계수를 r_{xy}라고 하고, 변환된 자료를

$$u_i = ax_i + b,\ \ v_i = cy_i + d$$

라고 할 때, 4.1절과 4.2절에서 다뤘던 것처럼 표본평균은

$$\overline{u} = a\overline{x} + b,\ \ \overline{v} = c\overline{y} + d$$

이고, 표본분산은

$$s_u^2 = a^2 s_x^2,\ \ s_v^2 = c^2 s_y^2$$

이다. 따라서 변환된 자료 $\{(u_i, v_i), i=1,\cdots,n\}$에 대한 표본상관계수는 다음과 같다.

$$r_{uv}=\frac{\sum_{i=1}^{n}(u_i-\overline{u})(v_i-\overline{v})}{\sqrt{s_u^2 s_v^2}}=\frac{\sum_{i=1}^{n}\{ax_i+b-(a\overline{x}+b)\}\{cy_i+d-(c\overline{y}+d)\}}{\sqrt{s_u^2 s_v^2}}$$

$$=\frac{ac\sum_{i=1}^{n}(x_i-\overline{x})(y_i-\overline{y})}{\sqrt{a^2c^2s_x^2s_y^2}}=\frac{ac}{|ac|}r_{xy}$$

$$=\begin{cases} r_{xy}\ , & ac>0 \\ -r_{xy}\ , & ac<0 \end{cases}$$

위의 계산은 우리의 예상대로 원자료의 표본상관계수 r_{xy}와 변환된 자료의 표본상관계수 r_{uv}의 절댓값은 같으나, 변환의 방향이 서로 같은 방향일 때는 부호가 양수이고, 서로 다른 방향일 때는 부호가 음수로 바뀐다는 것을 알려준다.

예제 5.5 <표 5-7>의 자료에서 아버지의 키(x), 어머니의 키(y), 아들의 키(z)의 자료를 $u=2x+1$, $v=-2y-1$, $w=3z+2$ 로 변환하였을 때, u와 w의 표본상관계수와 v와 w의 표본상관계수를 구하시오.

풀이 변환된 u와 w의 산점도와 v와 w의 산점도를 그리면 [그림 5-10]과 [그림 5-11]를 얻는다. 변화된 자료의 산점도 [그림 5-10]과 원자료의 산점도 [그림 5-8]과 비교하면 두

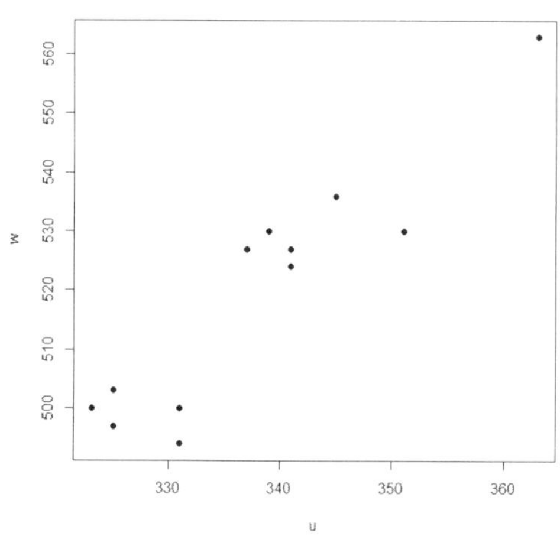

|그림 5-10| 아버지와 아들 키의 변환된 자료의 산점도

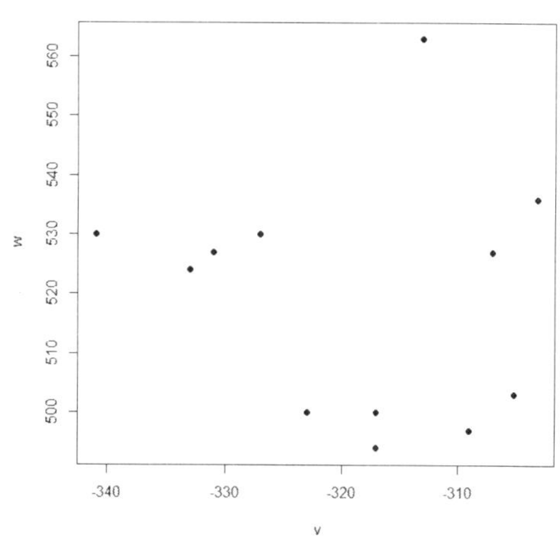

|그림 5-11| 어머니와 아들 키의 변환된 자료의 산점도

변수의 선형관계가 일치함을 알 수 있다. 차이점은 가로축과 세로축의 값만 다를 뿐이다. 마찬가지로 [그림 5-11]은 [그림 5-9]와 같은 형태를 나타내지만, 방향이 바뀌었으므로 변환된 자료의 표본상관계수는 원자료의 표본상관계수 0.08의 부호를 바꾼 -0.08이다.

```
> u=2*x+1 # 변환자료
> v=-2*y-1
> w=3*z+2
> u # 변환자료의 값
 [1] 325 331 323 363 325 341 337 339 345 331 341 351 337
> plot(u,w,pch=16) # [그림 5-10]: 변환된 자료의 산점도
> plot(v,w,pch=16) # [그림 5-11]
> cor(u,w) # 변환된 자료의 표본상관계수
[1] 0.92358
> cor(v,w)
[1] -0.08117143
```

위의 계산은 변환된 자료 $\{(u_i, v_i)\}$의 값을 구하고, 표본상관계수를 직접 계산했다. 그러나 변환된 자료의 표본상관계수를 구하는 계산과정은 불필요하다. [예제 5.4]에서 표본상관계수는 $r_{xz}=0.92$, $r_{yz}=0.08$이고, 변환 u, w에서 ac에 해당하는 값이 $2\times 3>0$이므로 $r_{uw}=r_{xz}$이다. 마찬가지로 변환 v, w에서 $(-2)\times 3<0$이므로 표본상관계수 $r_{vw}=-r_{yz}$이다.

연습문제

5.1 어떤 법안에 대해 남성 30명 가운데 26명이 찬성하고 4명이 반대하였고, 여성 25명 가운데 20명이 찬성하고 5명이 반대했다.

(1) 주변합이 계산된 이원분할표를 작성하시오.

(2) 전체 조사대상 55명 가운데 이 법안에 찬성하는 비율을 구하시오.

(3) 남성이 이 법안에 찬성하는 비율이 여성보다 높다고 할 수 있는가? 나란한 막대그래프를 그려 물음에 답하시오.

5.2 다음 자료는 어떤 먹자골목의 업종과 운영형태에 대한 조사결과이다.

업종\운영	프랜차이즈	개인
판매점	83	127
음식점	102	192
패스트푸드	68	40
주점	90	194
서비스업	30	199

(1) 주변합을 구하는 표를 작성하시오.

(2) 상대도수를 구하시오.

(3) 개인이 운영하는 가장 높은 업종은 무엇인가?

(4) 패스트푸드의 프랜차이즈 운영 비율은 얼마인가?

(5) 프랜차이즈와 개인이 운영하는 비율이 가장 차이가 큰 업종은 무엇인가?

5.3 어느 경제학 과목의 수강생은 34명이고 이 가운데 여학생은 14명이다. 이 교과목에서 B 학점 이상이 16명이고, 여학생의 50%가 B 학점 이상이다. 다음 분할표를 작성하시오.

	남학생	여학생
B 학점 이상		
C 학점 이하		

(1) 나란한 막대그래프를 그리시오.

(2) 상대도수 분할표를 구하시오.

5.4 다음 자료는 수강생 15명에 대한 성별, 중간고사 성적, 기말고사 성적, 과제 성적, 학점에 대한 자료이다.

성별	중간고사	기말고사	과제 성적	학점
남	63	82	17	B
남	72	74	12	B
여	95	80	14	A
남	75	76	13	B
여	65	59	10	C
여	77	79	12	B
여	80	73	15	B
남	67	76	14	B
남	66	66	14	C
여	61	66	12	C
남	62	61	13	C
여	68	65	12	C
남	61	64	10	C
여	66	61	10	C
남	88	91	14	A

(1) 성별과 학점의 이원분할표를 작성하시오.

(2) 성별과 학점 사이에 어떤 관계가 있는가를 나란한 막대그래프를 그려 예상하시오.

(3) 중간고사와 기말고사의 산점도를 그리고, 표본상관계수를 예측하시오.

(4) 중간고사와 과제 성적의 산점도를 그리고, 표본상관계수를 예측하시오.

(5) 중간고사, 기말고사, 과제 성적을 동시에 나타내는 산점도를 그리시오.

(6) 성별에 따른 중간고사 성적의 상자그림을 통해 성별에 따른 중간고사 성적이 차이가 있는가를 확인하시오.

5.5 다음과 같이 자료가 주어져 있다.

x	1	2	2	3	4	5	3
y	−2	−4	−3	−7	−8	−9	−5

(1) 표본상관계수를 구하시오.

(2) 변환된 자료 $u = 2x - 300, v = -3y + 500$의 표본상관계수를 구하시오.

(3) 자료 $(100, 100)$을 추가하였을 때, 표본상관계수를 구하시오. 이와 같은 결과가 나온 이유를 설명하시오.

제2부

확률론

6장

확률

이제까지 주어진 자료를 요약하여 자료의 특징을 파악했다. 이와 같은 작업은 모집단의 일부분인 표본으로부터 모집단의 성질을 알기 위한 방법 가운데 하나이다. 그러나 단순한 자료 요약으로 모집단의 성질을 상세히 알 수 없으며, 확률에 기초한 통계적 추론을 통하여 전체 모집단의 다양한 성질을 파악할 수 있다.

이 장에서는 확률의 정의와 성질을 이해하고, 확률 계산을 어떻게 하면 쉽게 할 수 있는지를 알아본다. 첫째, 확률을 어떻게 정의할 것인가의 문제는 확률의 역사와 밀접한 관련이 있다. 일상생활에서 사용되는 확률에서부터 특수한 상황에서 적용될 수 있는 확률을 어떻게 정의해야 하는가를 다룬다. 둘째, 확률이 어떤 성질을 가지고 있는가를 알아본다. 복잡한 상황의 확률을 쉽게 계산하는 방법을 제시한다. 셋째, 어떤 조건에서 최소한의 정보를 가지고 모든 확률을 구할 수 있는가의 문제를 해결하고자 한다. 이런 상황에서는 기본 사건의 확률만 주어지면 모든 상황의 확률을 구할 수 있다.

6.1 확률의 정의

통계학은 불확실한 현상을 대상으로 하는데, 불확실한 현상의 발현은 바로 실험을 통하여 이루어진다. 여기서 실험이란 연구실에서 이루어지는 협의의 실험뿐만 아니라 여론조사 등의 통계적 조사를 포함하는 넓은 의미를 나타낸다.

어떤 실험을 통하여 나올 수 있는 모든 결과들의 모임을 **표본공간**(sample space)이라 하고, S로 표기한다. 표본공간의 예는 다음과 같다.

(1) 하나의 주사위를 던졌을 때, 윗면에 나오는 눈의 수를 관찰하는 실험에서 표본공간은 다음과 같다.

$$S = \{ 1, 2, 3, 4, 5, 6 \}$$

(2) 갑, 을 두 사람이 가위, 바위, 보를 하여 갑이 이길 때까지 시합을 한다고 가정하자. 이 경우 관심사가 가위, 바위, 보를 시도한 횟수이고 표본공간은 다음과 같다.

$$S = \{1, 2, \cdots \}$$

(3) 형광등의 수명을 측정하는 실험인 경우 표본공간은 다음과 같다.

$$S = \{x | x \geq 0\}$$

위에서 (1), (2)의 표본공간 형태가 이산표본공간이고, (3)은 연속표본공간이다. 그리고 (1)은 유한표본공간이고, (2), (3)은 무한표본공간이다.

실험에서 나올 수 있는 각각의 결과에 관심이 있는 경우도 있지만, 어떤 특정한 결과가 관측되는지에 관심이 있는 경우가 더 많다. 예를 들어 하나의 주사위를 던졌을 때, 윗면의 숫자가 2가 나오는 실험 결과에 관심이 있는 경우가 있지만, 윗면의 숫자가 짝수, 소수 등의 결과에 더 관심이 있는 경우가 있다. 표본공간의 일부분이면서 어떤 조건을 만족하는 결과들의 모임을 **사건**(event)이라 하고, $A, B, \cdots$ 등으로 표기한다. 특히 사건의 원소가 한 개인 경우를 **근원사건**(elementary event) 또는 **단순사건**(simple event)이라 한다. 주사위 실험에서 주사위를 던졌을 때 짝수가 나오는 사건은 $A = \{ 2, 4, 6 \}$으로 표현할 수 있고, 사건 $A = \{ 2 \}$는 근원사건이다.

- **표본공간(sample space, S)**: 실험에서 나올 수 있는 모든 결과들의 모임
- **사건(event, $A, B, \cdots$)**: 표본공간의 부분으로 어떤 조건을 만족하는 모임
- **근원사건(elementary event)**: 표본공간에 속하는 하나의 원소로 이루어진 사건

사건의 특수한 경우로 **공사건**(empty event)과 전체사건이 있다. 공사건은 사건의 결과가 없는 사건이고, 전체사건은 사건의 결과가 전체집합인 표본공간에 해당되는 사건이다. 예

를 들어 동전을 던지는 실험에서 동전이 세워지는 사건은 공사건이고, 동전이 앞면이나 뒷면이 나오는 사건은 전체사건이다. 다시 말해 공사건은 $A=\phi$이고, 전체사건은 $A=S$이다. 공사건 ϕ는 결코 일어날 수 없는 결과를 뜻하는 것이고, 전체사건 S는 일어날 수 있는 모든 결과, 즉 표본공간을 의미한다.

복잡한 사건은 간단한 사건들의 연산으로 표현할 수 있다. 사건의 기본 연산은 다음의 세 가지로 요약할 수 있다. 첫째, 사건 A 또는 사건 B중에서 적어도 어느 하나가 일어나는 사건을 A와 B의 **합사건**(union of events)이라 하고, 이를 $A \cup B$로 표기한다. 둘째, 두 사건 A, B가 모두 일어나는 사건을 A와 B의 **곱사건**(intersection of events)이라 하고, 이를 $A \cap B$로 표기한다. 마지막으로 A가 일어나지 않는 사건을 A의 **여사건**(complementary event)이라 하고, 기호로 A^c를 사용한다.

기본적인 사건의 연산 이외에 많이 사용되는 사건의 연산은 A는 일어나고 B는 일어나지 않는 사건으로 이를 A에서 B의 차사건(difference of events) 또는 사건 A의 사건 B에 대한 상대적 여사건이라 하며, $A-B$로 표기한다. 즉 $A-B=A \cap B^c$이다. 여기서 추론할 수 있는 것은 '아무리 복잡한 사건이라 할지라도, 이 3개의 연산으로 표현할 수 있다'라는 사실이다. 사건의 기본 연산을 정리하면 다음과 같다.

표본공간 S의 사건 A, B에 대한 사건의 기본 연산은 다음과 같다.

- **합사건:** $A \cup B = \{w | w \in A \text{ 또는 } w \in B\}$
- **곱사건:** $A \cap B = \{w | w \in A \text{ 그리고 } w \in B\}$
- **여사건:** $A^c = \{w | w \notin A\}$

사건 A와 B의 곱사건이 공사건일 때 사건 A, B는 **서로 배반**(mutually disjoint)이라고 한다. $A \cap B = \phi$일 때 사건 A, B는 서로 배반이다. 이것은 사건 A, B가 동시에 발생하지 않는다는 것을 의미한다.

예제 6.1 주사위를 한 번 던지는 실험에서 윗면의 눈의 수가 홀수가 나오는 사건을 A라고 하고, 짝수가 나오는 사건을 B라고 하자. 이때 사건 A, B는 서로 배반인가?

풀이 주사위를 한 번 던지는 실험에서 윗면의 눈의 수에 대한 표본공간은

$$S = \{1,2,3,4,5,6\}$$

이고, 각 원소 $\{1\}$, $\{2\}$ 등은 근원사건이고, 사건 A, B는 다음과 같다.

$$A = \{1,3,5\},\ B = \{2,4,6\},$$

$A^c = B$이고 $A \cap B = \phi$이므로 사건 A, B는 서로 배반이다.

6.1.1 고전적 확률

확률은 실험의 결과가 불확실한 경우에 어느 사건 A의 실현 가능성의 척도이다. 확률의 개념을 도입하기 시작한 1800년대에 사용된 확률의 의미를 고전적 의미의 확률 또는 라플라스(Laplace)의 확률이라고 하며, 표본공간의 형태가 유한하고 이산적인 경우에만 적용된다. 유한 이산 표본공간 $S = \{\omega_1, \ldots, \omega_n\}$은 근원사건이 일어날 확률이 모두 같은 경우에 사건 A의 확률을 다음과 같이 정의한다.

고전적 확률

$$P(A) = \frac{|A|}{|S|}$$

단, $|\cdot|$ 은 사건의 원소 개수

고전적 확률은 각 근원사건의 확률이 모두 같다는 가정에서 확률을 정의하고 있어서 이와 같은 확률모형을 **등확률모형**(等確率模型, equal probabilities)이라 한다.

예제 6.2 [예제 6.1]에서 사건 A, 사건 $A \cap B$, 사건 $A \cup B$의 확률을 구하시오.

풀이 주사위 실험의 경우 각 눈이 나오는 사건, 예를 들어 주사위의 눈이 1이 나오는 사건이나 주사위의 눈이 2가 나오는 사건의 실현 가능성은 같다. 그 이유는 주사위는 정육면체이기 때문이다. 그러므로 각 근원사건의 확률은 $\frac{1}{6}$로 등확률모형을 따른다. 각 사건의 원소 개수는

$$|S| = 6,\ \ |A| = 3$$

이므로 사건 A의 확률은

$$P(A) = \frac{|A|}{|S|} = \frac{3}{6} = \frac{1}{2}$$

이다. 또한 $A \cap B = \phi$이므로 $|A \cap B| = 0$이기 때문에

$$P(A \cap B) = \frac{|A \cap B|}{|S|} = \frac{0}{6} = 0$$

이다. 그리고 $A \cup B = S$이므로

$$P(A \cup B) = \frac{|A \cup B|}{|S|} = \frac{|S|}{|S|} = 1$$

이다. 확률은 0과 1사이의 실수임을 알 수 있다.

고전적 확률을 계산할 때는 해당 사건의 원소의 개수를 계산하는 것이 중요하며, 원소의 개수는 경우의 수를 계산함으로써 해결할 수 있다.

예제 6.3 학교 홍보 캠페인에서 어떤 퀴즈에 응답하여 정답을 맞힌 학생 35명 가운데 3명을 뽑아 기념품을 주려고 한다. 학생 A, B가 정답을 맞혔을 때, A, B가 모두 기념품을 받을 확률을 구하시오.

풀이 이 실험에서 표본공간은 35명 가운데 3명을 뽑는 방법의 수로

$$|S| = \binom{35}{3} = {}_{35}C_3 = \frac{{}_{35}P_3}{3!} = \frac{35!}{3!(35-3)!} = \frac{35 \times 34 \times 33}{3 \times 2 \times 1}$$

이다. 기념품을 받는 3명 가운데 학생 A, B가 포함되는 사건을 C라 하자. 사건 C의 원소의 개수는 기념품을 받는 3명 가운데 학생 A, B가 포함되고 나머지 한 명은 33명 가운

데 한 명이어야 하므로 $|C|=33$이고,

$$P(C)=\frac{|C|}{|S|}=33\times\frac{3\times2\times1}{35\times34\times33}=\frac{3}{595}$$

이다.

예제 6.4 항아리에 흰 공 4개와 검은 공 3개가 있다. 2개의 공을 꺼낼 때 2개 모두 흰 공일 확률을 복원추출과 비복원추출인 경우에 대하여 각각 구하라.

풀이 표본공간은 전체 7개의 공 가운데 2개를 꺼내는 실험의 결과이다. 그리고 사건 A를 꺼낸 공 2개가 모두 흰 공인 사건이라고 가정한다.

(1) 복원추출: 표본공간은 7개의 공 가운데 2개를 꺼낼 때 나올 수 있는 모든 경우이다. 첫 번째 공을 꺼낼 수 있는 방법의 수는 7가지이고, 복원추출이므로 두 번째 공을 꺼내기 전에 맨 처음 상태로 돌아가므로 두 번째 공을 꺼낼 수 있는 방법의 수도 역시 7가지이다. 따라서

$$|S|=7\times7=49$$

이다. 사건 A의 원소의 개수도 처음 꺼낼 때 흰 공 4개 가운데 하나를 꺼내는 방법이 4가지이고, 두 번째도 마찬가지로 4가지이므로

$$|A|=4\times4=16$$

이다. 따라서 사건 A의 확률을 계산하면 다음과 같다.

$$P(A)=\frac{|A|}{|S|}=\frac{16}{49}$$

(2) 비복원추출: 표본공간은 7개의 공 가운데 2개를 꺼낼 때, 첫 번째로 꺼내는 방법의 수는 7가지이고, 두 번째로 꺼내는 방법의 수는 나머지 6개 공 가운데 하나를 꺼내면 되므로 6가지이다. 따라서

$$|S| = 7 \times 6 = 42$$

이다. 사건 A의 원소의 개수는 처음 꺼낼 때 흰 공 4개 가운데 하나를 꺼내는 방법이 4가지이고, 두 번째 꺼낼 때 나머지 흰 공 3개 가운데 하나를 꺼내는 방법이 3가지이므로

$$|A| = 4 \times 3 = 12$$

이다. 따라서 사건 A의 확률은

$$P(A) = \frac{|A|}{|S|} = \frac{12}{42} = \frac{2}{7}$$

이다.

고전적 확률의 정의는 표본공간이 유한개의 원소를 가지고, 각 근원사건이 발생할 확률이 동일해야 적용할 수 있다. 실제의 자연현상이나 사회현상에서 고전적 확률의 근거인 등확률모형이 적용되지 않는 경우가 많다. 표본공간이 유한하지 않는 경우가 있으며, 각 결과가 나타날 가능성이 같지 않은 경우도 있다. 따라서 고전적 확률의 틀을 확장시킬 필요가 있다.

6.1.2 실험적 확률

어떤 실험을 반복적으로 수행하면, 한 사건이 발생하는 상대도수는 일정한 값으로 접근한다는 사실을 경험적으로 알고 있다. 예를 들어 동전을 던져 앞면이 나오는 사건의 확률을 구한다고 하자. 직접 실험한 결과가 <표 6-1>과 같다.

<표 6-1>의 결과에서 동전을 던졌을 때 앞면이 나올 확률은 얼마인가? 0.2, 0.44, 0.512, 0.4948 가운데 어떤 값을 확률로 예측할 수 있는가? 동전을 10번 던지는 실험을 했을 때,

표 6-1 동전 앞면이 나오는 상대도수

실험횟수	10	100	1000	10000
앞면의 횟수	2	44	512	4948
상대도수	0.2	0.44	0.512	0.4948

항상 앞면의 횟수가 2라고 할 수 있는가? 동전을 10번 던지는 실험을 했을 때, 앞면이 나오는 횟수가 7이면 앞면이 나올 확률은 0.7이다. 어떤 경우에는 0.2이고, 어떤 경우에는 0.7인가? 이와 같은 방법으로는 확률이 결정되지 않는다. 이 실험에서 만약 실험을 무한히 많이 수행한다면 동전 앞면이 나오는 사건의 상대도수가 $\frac{1}{2}$에 수렴함을 알 수 있다. 실험적 확률을 다음과 같이 정의한다.

실험적 확률

$$P(A) = \lim_{n \to \infty} \frac{f_n(A)}{n}$$

단, $f_n(A)$는 사건 A가 발생한 도수, n은 실험횟수

예제 6.5 다음은 다양한 표본 크기에 대한 혈액형 A의 해당 도수를 나타내고 있다. 어떤 한 사람을 추출하였을 때 이 사람이 혈액형 A일 확률은?

표본 크기	10	100	1000	10000
A형 도수	3	39	353	3425

풀이 사람의 혈액형은 A, B, O, AB형으로 나눌 수 있다. 표본공간은 $S=\{A, B, O, AB\}$인데, 유한표본공간이지만 각 근원사건이 일어날 확률은 같지 않다. 어떤 한 사람이 A형일 확률과 B형일 확률은 같지 않다. 따라서 실험적 확률을 사용해야 하며, 실험 결과 10명에 대하여 A형이 3명, 100명에 대하여 A형이 39명이다. 물론 표본이 달라지면 이 수치들이 달라지지만 실험의 횟수가 커짐에 따라 그 값은 0.3425에 가까워질 것이다. 따라서 어떤 한 사람이 A형에 속할 확률은 0.3425라는 실험적 확률을 사용하는 것은 매우 타당하다.

6.1.3 공리적 확률

실험적 확률은 표본공간을 제한하는 고전적 확률의 한계를 극복할 수 있지만, 파괴적이며 시간과 비용이 많이 소요되며 상대도수의 극한값이 존재해야 한다. 실험적 확률을 토대로

콜모고로프(Kolmogorov)는 다음과 같은 확률을 공리적으로 정의했다.

공리적 확률

표본공간 S와 사건 A에 대해 확률 $P(A)$는 다음을 만족한다.

(A1) $P(A) \geq 0$

(A2) $P(S) = 1$

(A3) 서로 배반인 사건 $A_1, A_2, \cdots, A_n, \cdots$ 에 대하여

$$P(\bigcup_{i=1}^{\infty} A_i) = \sum_{i=1}^{\infty} P(A_i)$$

공리적 확률은 고전적 확률 및 경험적 확률의 성질을 모두 수용하고 있다.

예제 6.6 고전적 확률은 공리적 확률의 공리를 만족하고 있음을 증명하시오.

풀이 표본공간 S가 유한하고, 각 근원사건이 일어날 확률이 같다고 가정한다. 사건 A에 대한 고전적 확률은 $P(A) = \dfrac{|A|}{|S|}$로 정의된다. $|S| > 0$인 정수이고, $|A| \geq 0$인 정수이므로 $P(A) \geq 0$이므로 (A1)을 만족한다. 만약 $A = S$이면 $P(A) = P(S) = \dfrac{|S|}{|S|} = 1$이다. 서로 배반인 사건 $A_1, A_2, \cdots, A_n, \cdots$ 에 대하여

$$P(\bigcup_{i=1}^{\infty} A_i) = \frac{|\bigcup_{i=1}^{\infty} A_i|}{|S|} = \frac{\sum_{i=1}^{\infty} |A_i|}{|S|} = \sum_{i=1}^{\infty} \frac{|A_i|}{|S|} = \sum_{i=1}^{\infty} P(A_i)$$

이므로 (A3)을 만족한다. 따라서 고전적 확률은 공리적 확률이다.

예제 6.7 정육면체의 어떤 주사위는 1의 눈이 1개, 2의 눈이 2개, 3의 눈이 3개 있다. 이 주사위를 한 번 던졌을 때, 주사위 눈의 수가 소수일 확률은?

풀이 표본공간은 $S = \{1, 2, 3\}$으로 유한표본공간이다. 그러나 각 근원사건이 발생할 확률이 같지 않다. 주사위의 눈의 수가 1, 2, 3이 나오는 사건을 각각 A_1, A_2, A_3라 할 때,

$$P(A_1)=\frac{1}{6},\ P(A_2)=\frac{2}{6}=\frac{1}{3},\ P(A_3)=\frac{3}{6}=\frac{1}{2}$$

이므로 고전적 확률을 적용할 수 없다. 주사위를 한 번 던졌을 때, 주사위 눈이 소수가 나오는 사건은 $A_2 \cup A_3$이다. 만약 고전적 확률을 무작정 적용하면 $P(A_2 \cup A_3)=\frac{|A_2 \cup A_3|}{|S|}=\frac{2}{3}$이다. 그러나 공리적 확률을 적용하면 사건 A_2와 A_3는 서로 배반사건이므로 $P(A_2 \cup A_3)=P(A_2)+P(A_3)=\frac{1}{3}+\frac{1}{2}=\frac{5}{6}$이다. 주사위 실험을 수행하면 어떤 결과와 일치하겠는가?

6.2 확률의 성질

확률은 표본공간의 일부분인 사건의 실현 가능성을 실수로 표현한 것이다. 아주 복잡한 사건도 기본 사건의 여사건, 합사건, 곱사건으로 표현된다. 따라서 세 가지 기본 연산에 대한 확률 계산 방법을 알 필요가 있다.

첫째, 사건 A의 여사건 A^c의 확률은 전체 표본공간의 확률이 1이므로 1에서 사건 A의 확률을 뺀 값이다. 공리 (A2)와 사건 A와 A^c는 서로 배반이므로 공리 (A3)에서 $1=P(S)=P(A \cup A^c)=P(A)+P(A^c)$이므로 다음의 결과를 얻는다.

여사건 확률

$$P(A^c)=1-P(A)$$

예제 6.8 [예제 6.7]의 주사위에서 주사위의 눈이 소수가 나오지 않을 확률은?

풀이 소수가 나오는 사건 $A=\{2,3\}$이고, 소수가 나오지 않는 사건 $A^c=\{1\}$이므로 직접 계산하면 $P(A^c)=\frac{1}{6}$이다. 이제 $P(A^c)$를 구할 때 직접 계산하지 않고 [예제 6.7]

의 결과를 이용하면,

$$P(A^c) = 1 - P(A) = 1 - \frac{5}{6} = \frac{1}{6}$$

이다.

둘째, 사건 A, B의 합사건 $A \cup B$의 확률을 계산할 때 공리 (A3)을 이용해야 하므로 $A \cup B$를 서로 배반이 사건들로 분해할 필요가 있다.

$$A \cup B = (A \cap B^c) \cup (A \cap B) \cup (A^c \cap B)$$

이라는 사실로부터

$$P(A \cup B) = P(A \cap B^c) + P(A \cap B) + P(A^c \cap B)$$

이다. 사건 A, B를 서로 배반인 사건으로 분해하면 다음과 같다.

$$A = (A \cap B^c) \cup (A \cap B), \quad B = (A^c \cap B) \cup (A \cap B)$$

따라서

$$P(A \cap B^c) = P(A) - P(A \cap B), \; P(A^c \cap B) = P(B) - P(A \cap B)$$

이기 때문에 합사건 $A \cup B$에 대한 확률은 다음과 같다.

합사건 확률

$$P(A \cup B) = P(A) + P(B) - P(A \cap B)$$

공리 (A3)와 일반적인 합사건의 차이점은 두 사건이 서로 배반인가 배반이 아닌가에 있다. 일반적인 합사건의 확률에서 사건 A, B가 서로 배반이라면 $A \cap B = \phi$이고, $P(\phi) = 0$ 이므로 $P(A \cup B) = P(A) + P(B)$이다.

예제 6.9 일반적인 주사위를 한 번 던졌을 때, 눈의 수가 2의 배수나 3의 배수일 확률은?

풀이 주사위의 눈의 수가 2의 배수일 사건을 A, 3의 배수일 사건을 B라 하면 2의 배수나 3의 배수일 사건은 $A \cup B$이다.

$$A = \{2, 4, 6\},\ B = \{3, 6\},\ A \cap B = \{6\}$$

이므로

$$P(A \cup B) = P(A) + P(B) - P(A \cap B) = \frac{1}{2} + \frac{1}{3} - \frac{1}{6} = \frac{2}{3}$$

이다.

확률은 사건의 실현 가능성을 나타내는 수치이므로 사건 A보다 더 큰 사건 B에 대한 확률은 사건 A에 대한 확률보다 더 커야 한다.

확률의 단조성

$$A \subset B \text{이면 } P(A) \leq P(B)$$

그 이유는 다음과 같다. $A \subset B$일 때, $B = A \cup (B - A)$이고 A, $B - A$가 서로 배반이어서 $P(B) = P(A) + P(B - A)$이다. 따라서 $P(B - A) = P(B) - P(A)$이다. 한편 확률의 공리 [A1]에서 모든 확률은 0보다 크므로 $P(B - A) \geq 0$이다. 즉 $P(A) \leq P(B)$이다.

예제 6.10 1부터 100까지 적힌 숫자카드에서 하나의 숫자카드를 뽑는다. 숫자카드가 2의 배수가 나오는 사건을 A, 4의 배수가 나오는 사건을 B라 할 때, $P(A)$, $P(B)$의 대소 관계를 구하시오.

풀이 표본공간은

$$S = \{1, 2, \cdots, 99, 100\}$$

이고, 사건 A, B는

$$A = \{2, 4, 6, 8, \cdots, 96, 98, 100\},\ B = \{4, 8, 12, \cdots, 96, 100\}$$

이므로

$$P(A) = \frac{50}{100} = \frac{1}{2},\ P(B) = \frac{25}{100} = \frac{1}{4}$$

이다. 따라서 $P(A) > P(B)$이다.

이와 같은 계산을 불필요하다. $A \supset B$이므로 $P(A) \geq P(B)$를 만족한다. 특히 $A \neq B$ 이므로 $P(A) > P(B)$를 만족한다.

어떤 사건은 기본 사건의 여사건, 합사건, 곱사건으로 구성되는데, 위의 정리를 이용하여 여사건 및 합사건의 확률이 계산된다. 어떤 사건의 확률을 계산하기 위해 기본 사건의 확률과 기본 사건의 곱사건의 확률만 알면 모든 사건의 확률을 계산할 수 있다. 사건 B가 기본 사건 A_i의 여사건, 합사건, 곱사건으로 표현된다면 기본 사건의 확률 $P(A_i)$와 기본 사건의 곱사건의 확률 $P(\cap_i A_i)$를 알면 $P(B)$를 구할 수 있다.

예제 6.11 1부터 100까지 적힌 숫자카드에서 하나의 숫자카드를 뽑는다. 숫자카드가 2의 배수가 나오는 사건을 A, 5의 배수가 나오는 사건을 B라 할 때, $P(A \cup B)$, $P(A^c \cap B), P(A^c \cap B^c)$, $P(A \cup B^c)$를 계산하시오.

풀이 표본공간은

$$S = \{1, 2, \cdots, 99, 100\}$$

이고, 사건 $A, B, A \cap B$는

$$A = \{2, 4, \cdots, 98, 100\},\ B = \{5, 10, \cdots, 95, 100\},\ A \cap B = \{10, 20, \cdots, 90, 100\}$$

이므로 각 사건의 확률은 다음과 같다.

$$P(A) = \frac{50}{100} = \frac{1}{2},\ P(B) = \frac{20}{100} = \frac{1}{5},\ P(A \cap B) = \frac{10}{100} = \frac{1}{10}$$

사건 A, B로 이루어진 모든 사건의 확률을 계산할 수 있다.

$$P(A \cup B) = P(A) + P(B) - P(A \cap B) = \frac{1}{2} + \frac{1}{5} - \frac{1}{10} = \frac{3}{5}$$

$$P(A^c \cap B) = P(B) - P(A \cap B) = \frac{1}{5} - \frac{1}{10} = \frac{1}{10}$$

$$P(A^c \cap B^c) = P[(A \cup B)^c] = 1 - P(A \cup B) = 1 - \frac{3}{5} = \frac{2}{5}$$

$$\begin{aligned} P(A \cup B^c) &= P(A) + P(B^c) - P(A \cap B^c) = P(A) + (1 - P(B)) - (P(A) - P(A \cap B)) \\ &= \frac{1}{2} + (1 - \frac{1}{5}) - (\frac{1}{2} - \frac{1}{10}) = \frac{9}{10} \end{aligned}$$

6.3 조건부확률

사건의 확률을 계산할 때, 기본 사건의 확률과 곱사건의 확률 정보가 주어져야 한다. 기본 사건의 확률은 기본적으로 알려져 있는 경우가 많으므로 곱사건의 확률 계산 방법에 대해 알아본다.

사건 A가 사건 B의 결과에 영향을 받는 경우를 고려하자. 예를 들면 두 개의 주머니가 있는데, 하나의 주머니 U에는 흰 공이 3개, 검은 공이 5개 있으며, 다른 하나의 주머니 V에는 흰 공이 5개, 검은 공이 3개 있다. 만약 동전을 던져 앞면이 나오면 주머니 U에서, 뒷면이 나오면 주머니 V에서 공을 하나 꺼내는 실험을 한다. 이때 꺼낸 공의 색깔은 동전을 던진 결과에 영향을 받는다. 사건 A는 뽑은 공이 흰 공인 사건이고, 사건 B는 동전이 앞면이 나오는 사건이라고 할 때, 사건 A는 사건 B의 영향을 받는다. 사건 B가 일어났을 때 사건 A가 일어난 확률은 $P(B)$에 대한 $P(A \cap B)$의 비로 나타낸다. 이를 B가 주어졌을 때 A의 **조건부확률**(conditional probability)이라 하고, 기호는 $P(A|B)$로 표기한다.

조건부확률

사건 B가 주어졌을 때, A의 조건부확률은

$$P(A|B) = \frac{P(A \cap B)}{P(B)} \quad \text{단, } P(B) > 0$$

조건부확률 $P(A|B)$에서 관심 사건은 A이고, 사건 B에 대한 정보는 이미 주어졌다고 할 수 있다. 일반적으로 분모와 분자로 이루어진 정보에서 중요 정보는 분자에 집중되어 있으며, 분모는 상대적 척도 또는 부수적인 정보를 포함하는 경우가 많다. 조건부확률에서도 분자인 $P(A \cap B)$에 정보가 집중되어 있으며, 분모인 $P(B)$는 조건부확률이 공리 (A2)를 만족시키기 위한 조건이다.

예제 6.12 주머니 U에는 흰 공이 3개, 검은 공이 5개 있으며, 주머니 V에는 흰 공이 5개, 검은 공이 3개 있다. 만약 동전을 던져 앞면이 나오면 주머니 U에서, 뒷면이 나오면 주머니 V에서 공을 하나 꺼낸다. 동전을 던져 앞면이 나왔을 때, 흰 공을 꺼낼 확률은?

풀이 사건 A는 뽑은 공이 흰 공인 사건이고 사건 B는 동전이 앞면이 나오는 사건이면, 동전 앞면이 나왔을 때 흰 공이 나오는 사건은 $A|B$라고 정의할 수 있다. 따라서 동전 앞면이 나왔을 때 주머니 U를 선택하고, 전체 8개의 공 가운데 3개의 공이 흰색이므로 $P(A|B) = \dfrac{3}{8}$이다.

조건부확률의 정의에서 분자의 정보는 사건 A와 B의 곱사건에 대한 확률이다. 따라서 곱사건의 확률이 조건부확률 정보에서 계산된다. 즉 $P(B) > 0$ 이면 $P(A \cap B) = P(A|B)\,P(B)$이다. 마찬가지로 $P(A) > 0$이면 $P(A \cap B) = P(B|A)\,P(A)$에서 다음 성질을 알 수 있다. 확률의 곱법칙은 조건부확률이 쉽게 계산되는 상황에서 곱사건의 확률을 계산하는 방법을 제시한다.

확률의 곱법칙

$P(A) > 0, P(B) > 0$ 이면,

$$\begin{aligned} P(A \cap B) &= P(A|B)P(B) \\ &= P(B|A)\,P(A) \end{aligned}$$

예제 6.13 [예제 6.12]에서 흰 공을 꺼낼 확률은?

풀이 사건 A는 뽑은 공이 흰 공인 사건이고 사건 B는 동전의 앞면이 나오는 사건일 때,

$$A = A \cap (B \cup B^c) = (A \cap B) \cup (A \cap B^c)$$

이고 $A \cap B$와 $A \cap B^c$가 서로 배반이므로

$$P(A) = P(A \cap B) + P(A \cap B^c)$$

이다.

$P(B) = \frac{1}{2}$이고 [예제 6.11]에서 $P(A|B) = \frac{3}{8}$이므로 확률의 곱법칙에 의해

$$P(A \cap B) = P(A|B)P(B) = \frac{3}{8} \times \frac{1}{2} = \frac{3}{16}$$

이다. 사건 B^c는 동전의 뒷면을 뽑는 사건이고, 동전의 뒷면을 뽑았을 때 주머니 V에서 공을 하나 꺼내야 한다. 주머니 V에는 검은 공이 3개, 흰 공이 5개 있으므로 $P(A|B^c) = \frac{5}{8}$이고, $P(B^c) = \frac{1}{2}$이므로 다음과 같은 결과를 얻는다.

$$P(A \cap B^c) = P(A|B^c)P(B^c) = \frac{5}{8} \times \frac{1}{2} = \frac{5}{16}$$

이를 종합하면 확률 $P(A)$는 다음과 같다.

$$P(A) = P(A \cap B) + P(A \cap B^c) = \frac{3}{16} + \frac{5}{16} = \frac{1}{2}$$

흰 공을 꺼내는 사건 A는 주머니에 따라 확률이 달라진다. 그러나 주머니가 정해지면 흰 공을 꺼낼 확률은 쉽게 계산되므로 조건부확률 $P(A|B), P(A|B^c)$는 쉽게 계산된다. 따라서 조건부확률로부터 곱법칙을 이용하여 곱사건의 확률 $P(A \cap B), P(A \cap B^c)$를 계산하고, 흰 공의 사건 A를 서로 배반인 사건의 합사건 $(A \cap B) \cup (A \cap B^c)$으로 표현하여 문제를 해결할 수 있다.

표본공간이 서로 배반인 사건들의 합사건으로 구성되어 있을 때 일반적인 사건의 확률을 쉽게 구할 수 있다. 서로 배반인 사건들의 합사건의 확률은 각 사건들의 확률 합이라는 사실에서 다음의 **분할**(partition)을 정의한다.

✔ 분할

표본공간 S에 대해 사건 $A_1, A_2, \cdots, A_n$이 다음을 만족할 때, 사건 $A_1, A_2, \cdots, A_n$이 표본공간 S를 분할한다고 한다.

1. $\bigcup_{i=1}^{n} A_i = S$
2. A_i들이 서로 배반

분할은 표본공간 S를 서로 배반인 사건 A_i로 나누는 것을 의미하는데, 표본공간 S를 남김없이 나누는 것을 의미한다. 이를 이용하여 사건 A_i가 표본공간 S를 분할한다고 할 때, 사선 B의 확률은

$$\begin{aligned} P(B) = P(B \cap S) &= P(B \cap \bigcup_{i=1}^{n} A_i) = P(\bigcup_{i=1}^{n} (A_i \cap B)) \\ &= \sum_{i=1}^{n} P(A_i \cap B) = \sum_{i=1}^{n} P(B|A_i)P(A_i) \end{aligned}$$

이므로 다음의 **전확률공식**(total probability formula)을 얻는다. 전확률공식은 두 사건의 곱법칙을 여러 개의 사건으로 확장한 것이다.

✔ 전확률공식

사건 $A_1, A_2, \cdots, A_n$가 표본공간 S를 분할할 때, 사건 B의 확률은

$$P(B) = \sum_{i=1}^{n} P(B|A_i)P(A_i), \text{ 단 } P(A_i) > 0$$

예제 6.14 어느 공장에서 3가지 형태의 제품을 생산하고 있다. 각 제품의 생산비율은 20%, 30%, 50%이다. 한편 각 제품에서 불량률이 3%, 2% 1%라 하면 어느 하나의 제품을

선택했을 때 그 제품이 불량품일 확률은?

풀이 세 가지 형태의 제품을 생산하는 사건을 각각 A_1, A_2, A_3라고 하고, 불량품일 사건을 B 라고 하면 문제에서 주어진 정보는

$$P(A_1) = 0.2,\ P(A_2) = 0.3,\ P(A_3) = 0.5$$

이다. 한 가지 형태의 제품은 다른 형태의 제품이 될 수 없으므로 A_i들은 서로 배반이므로 $A_i \cap A_j = \phi(i \neq j)$이다. 사건 A_1, A_2, A_3가 표본공간 S를 분할한다.

각 제품의 불량률이 3%, 2%, 1%이라는 정보는 조건부확률이 되므로

$$P(B|A_1) = 0.03,\ P(B|A_2) = 0.02,\ P(B|A_3) = 0.01$$

이다. 따라서 구하고자 하는 확률은 $P(B)$는 전확률공식에 의해

$$P(B) = \sum_{i=1}^{3} P(B|A_i)P(A_i) = 0.03 \times 0.2 + 0.02 \times 0.3 + 0.01 \times 0.5 = 0.017$$

이다. 즉 어느 하나의 제품이 불량품일 확률은 0.017이다.

"내일 비가 올 가능성은 약 70%입니다"라는 날씨 뉴스의 발표처럼 일반적으로 확률은 사건이 발생하기 전에 사건이 발생할 가능성을 수치로 표현하기 때문에 **사전확률**(事前確率, prior probability)의 뜻을 내포하고 있다. 그러나 때때로 어떤 일이 발생한 후 원인에 대한 가능성을 알고자 하는 경우, 예를 들어 [예제 6.14]에서 어떤 제품을 선택하여 조사하였더니 불량품이었을 때 이 제품이 A_1일 확률을 알고자 하는 경우의 확률을 **사후확률**(事後確率, posterior probability)이라 한다.

예제 6.15 [예제 6.14]에서 어떤 제품을 선택하였더니 불량품이었다면 이 제품이 생산 비율이 20%인 제품의 형태일 확률은?

풀이 구하고자 하는 확률은 조건부확률로 불량품이라는 사건이 발생한다는 조건에서 처음 제품의 형태 A_1일 확률을 나타내므로 수식으로 표기하면 $P(A_1 | B)$이다. 따라서 조건부확률의 정의와 전확률공식에 의해

$$P(A_1 | B) = \frac{P(A_1 \cap B)}{P(B)} = \frac{P(B|A_1)P(A_1)}{\sum_{i=1}^{n} P(B|A_i)P(A_i)} = \frac{0.03 \times 0.2}{0.017} = 0.35$$

이므로 $P(A_1 | B) = 0.35$이다.

[예제 6.15]의 결과를 일반화하여 정리하면 다음과 같은 결과를 얻는다.

베이즈정리(Bayes' theorem)

사건 $A_1, A_2, \cdots, A_n$가 표본공간 S를 분할할 때,

$$P(A_k|B) = \frac{P(B|A_k)P(A_k)}{\sum_{i=1}^{n} P(B|A_i)P(A_i)}, \text{ 단 } P(A_i) > 0, P(B) > 0$$

6.4 독립사건

사건 B가 발생했을 때 사건 A가 일어날 확률이 조건부확률 $P(A|B)$이다. 그런데 사건 A가 사건 B에 영향을 받지 않는다면 $P(A|B)$는 사건 B의 발생 여부에 관계없이 $P(A)$가 되어야 한다. 사건 A와 사건 B가 **서로 독립**(independent)이면

$$P(A|B) = P(A) \ (\text{단, } P(B) > 0)$$

이다. $P(A|B)$의 정의를 사용하면 $P(A|B) = \frac{P(A \cap B)}{P(B)} = P(A)$로부터 사건 A, B가 서로 독립이면

$$P(A \cap B) = P(A)P(B)$$

이다. 마찬가지로 사건 A와 사건 B를 맞바꾸면 $P(B|A) = \dfrac{P(A \cap B)}{P(A)} = P(B)$로부터 $P(A \cap B) = P(A)P(B)$의 관계가 성립된다.

> **사건의 독립**
>
> 사건 A, B가 서로 독립의 필요충분조건은 다음 중 하나이다.
>
> 1. $P(A \cap B) = P(A)P(B)$
> 2. $P(A|B) = P(A)$ 단, $P(B) > 0$
> 3. $P(B|A) = P(B)$ 단, $P(A) > 0$

예제 6.16 주머니 U에는 흰 공이 3개, 검은 공이 5개, 파란 공 7개가 있으며, 주머니 V에는 흰 공이 3개, 검은 공이 7개, 파란 공이 5개가 있다. 만약 동전을 던져 앞면이 나오면 주머니 U에서, 뒷면이 나오면 주머니 V에서 공을 하나 꺼낸다. 동전을 던져 앞면이 나오는 사건을 A, 흰 공을 꺼내는 사건을 B라 하자. 사건 A와 B는 서로 독립인가?

풀이 [예제 6.12], [예제 6.13]에서 살펴본 바와 같이 사건 A의 확률은 $P(A) = \dfrac{1}{2}$이다. 조건부확률 $P(B|A)$는 주머니 U에서의 흰 공을 꺼내는 확률이므로 $P(B|A) = \dfrac{3}{15}$이고, $P(B|A^c) = \dfrac{3}{15}$이다. 또한 $P(B)$는 [예제 6.13]에서와 마찬가지로

$$P(B) = P(B \cap A) + P(B \cap A^c) = P(B|A)P(A) + P(B|A^c)P(A^c)$$
$$= \frac{3}{15} \times \frac{1}{2} + \frac{3}{15} \times \frac{1}{2} = \frac{3}{15}$$

이므로 $P(B|A) = \dfrac{3}{15} = P(B)$이고,

$$P(A \cap B) = P(B|A)P(A) = P(B)P(A)$$

임을 알 수 있다. 따라서 사건 A, B는 서로 독립이다.

사건 A, B가 서로 독립이면

1. $P(A \cap B) = P(A)P(B)$
2. $P(A^c \cap B) = P(A^c)P(B)$
3. $P(A \cap B^c) = P(A)P(B^c)$
4. $P(A^c \cap B^c) = P(A^c)P(B^c)$

사건이 서로 독립이면, 곱사건의 확률은 각 사건의 확률의 곱으로 표현된다. 어떤 사건은 여사건, 합사건, 곱사건의 연산으로 표현될 수 있으므로, 기본 사건에 대한 확률이 주어지고 각 사건이 서로 독립이면 곱사건의 확률을 계산할 수 있어 어떤 사건의 확률을 계산할 수 있다. 결론적으로 기본 사건들이 서로 독립일 때 기본 사건의 확률 정보가 주어진다면 모든 사건의 확률을 계산할 수 있다.

예제 6.17 표본공간 S의 사건으로 A, B가 있다. 사건 A, B가 서로 독립이고 $P(A) = \frac{1}{2}$, $P(B) = \frac{1}{3}$이다. 표본공간 S에 나올 수 있는 모든 사건의 확률을 구하시오.

풀이 표본공간 S의 모든 사건은 다음의 서로 배반인 사건 $A \cap B$, $A^c \cap B$, $A \cap B^c$, $(A \cup B)^c$의 합사건으로 표현할 수 있다. 네 사건은 서로 배반이므로 어떤 사건이든지 이 네 사건의 확률의 합으로 표현된다.

$$P(A \cap B) = P(A)P(B) = \frac{1}{2} \times \frac{1}{3} = \frac{1}{6},$$
$$P(A^c \cap B) = P(A^c)P(B) = (1 - \frac{1}{2}) \times \frac{1}{3} = \frac{1}{6},$$
$$P(A \cap B^c) = P(A)P(B^c) = \frac{1}{2} \times (1 - \frac{1}{3}) = \frac{1}{3},$$
$$P((A \cup B)^c) = P(A^c \cap B^c) = P(A^c)P(B^c) = (1 - \frac{1}{2}) \times (1 - \frac{1}{3}) = \frac{1}{3}$$

예를 들어 합사건 $A \cup B$의 확률은

$$P(A \cup B) = P(A^c \cap B) + P(A \cap B) + P(A \cap B^c) = \frac{1}{6} + \frac{1}{6} + \frac{1}{3} = \frac{2}{3}$$

이다.

사건의 독립

사건 A, B, C가 서로 독립(mutually independent)은 다음의 두 조건을 만족한다. 조건 2만 만족할 때 사건 A, B, C가 쌍독립(pairwise independent)이라고 한다.

1. $P(A \cap B \cap C) = P(A)P(B)P(C)$
2. $P(A \cap B) = P(A)P(B)$, $P(B \cap C) = P(B)P(C)$, $P(C \cap A) = P(C)P(A)$

예제 6.18 사건 A, B, C의 확률은 각각 $P(A) = 0.5$, $P(B) = 0.3$이다. $P(C|A \cap B) = 0.1$이고 사건 A, B, C가 쌍독립이라고 할 때 $P(A \cap B \cap C)$를 구하시오.

풀이 사건 A, B, C가 쌍독립이므로 $P(A \cap B) = P(A)P(B)$이고 확률의 곱법칙에 의해

$$P(A \cap B \cap C) = P(C|A \cap B)P(A \cap B) = P(C|A \cap B)P(A)P(B) = 0.015$$

이다.

연습문제

6.1 한 개의 동전을 3회 던지는 실험이 있다.

(1) 표본공간을 구하시오.

(2) 앞면이 2번 나타날 사건을 구하시오.

(3) 앞면이 적어도 1번 나타날 사건을 구하시오.

(4) 앞면이 1번 이상 나타날 사건을 구하시오.

(5) 앞면이 뒷면보다 적게 나타나는 사건을 구하시오.

6.2 한 개의 주사위와 한 개의 동전을 던지는 실험이 있다.

(1) 표본공간을 구하시오.

(2) 주사위의 눈의 수가 2가 나타날 사건을 구하시오.

(3) 동전이 앞면이 나타날 사건을 구하시오.

(4) 수사위의 눈의 수가 3의 배수이면서 동전이 앞면일 사건을 구하시오.

(5) 주사위의 눈의 수가 3의 배수 또는 동전이 앞면일 사건을 구하시오.

(6) 주사위의 눈의 수가 2의 배수가 아니거나 동전이 앞면일 사건을 구하시오.

6.3 프로야구 플레이오프는 5전 3선승제이다. 야구팀 A와 B가 경기를 한다고 할 때, A팀이 승리할 때 W, 패배할 때 L로 표시한다. 단, 무승부는 없다고 가정한다.

(1) 표본공간을 구하시오.

(2) 경기의 수가 4인 사건을 구하시오.

(3) 야구팀 A가 승리할 확률이 $\frac{1}{2}$이라면, 플레이오프가 4번 만에 끝날 확률은?

6.4 학생 수가 50명인 어느 학과에서 남학생은 20명이고, 통계학을 수강하고 있는 학생이 30명이고 이 가운데 여학생이 14명이다. 다음 표를 작성하고 물음에 답하시오.

	남학생	여학생	계
통계학 수강			
통계학 수강 안 함			
합			

(1) 어느 한 학생을 뽑았을 때, 통계학을 수강하는 남학생일 확률

(2) 어느 한 학생을 뽑았을 때, 통계학을 수강하거나 남학생일 확률

(3) 어느 한 학생을 뽑았을 때, 통계학을 수강하는 학생일 확률

(4) 어느 한 학생을 뽑았을 때, 여학생일 확률

(5) 두 학생을 동시에 뽑았을 때, 두 명 모두 남학생일 확률

(6) 두 학생을 차례로 뽑았을 때, 두 명 모두 통계학을 수강하는 학생일 확률

6.5 다음 표는 사건 A, B에 대한 확률을 나타낸다.

$\cap$	B	B^c	계
A		0.1	
A^c	0.2		
합		0.5	

(1) 표의 빈칸을 채우시오.

(2) 사건 A가 일어나지 않고 사건 B가 일어나지 않을 확률을 구하시오.

(3) 사건 A가 일어나지 않거나 사건 B가 일어날 확률을 구하시오.

(4) 사건 A와 B가 동시에 일어날 확률을 구하시오.

(5) 사건 A와 B가 동시에 일어나지 않을 확률을 구하시오.

6.6 사건 A, B가 서로 배반이면, 사건 A, B는 서로 독립이다. 이 명제가 옳다면 증명하고, 옳지 않다면 반례로 설명하시오.

6.7 사건 A, B가 서로 독립이면, 사건 A, B는 서로 배반이다. 이 명제가 옳다면 증명하고, 옳지 않다면 반례로 설명하시오.

6.8 0부터 9까지의 수 가운데 3개를 뽑을 때 0, 1이 포함되지 않을 확률은?

6.9 3개의 주사위를 던질 때, 적어도 1개의 주사위 눈의 수가 1일 확률은?

6.10 공정한 동전을 5회 던지는 실험이 있다.

(1) 제1번째에 앞면이 나올 확률을 구하시오.

(2) 제1번째에 앞면이 나왔다는 조건에서 제2번째에 앞면이 나올 확률은?

(3) 제5번째에 앞면이 나올 확률은?

(4) 제1번째부터 제4번째까지 앞면이 나왔다는 조건에서 제5번째에 앞면이 나올 확률은?

(5) 제1번째부터 제5번째까지 앞면이 나올 확률은?

6.11 주머니 안에 빨간 공 5개와 파란 공 1개가 있다. 6명이 차례로 주머니에서 공을 한 개씩 꺼낸다고 한다. 단, 꺼낸 공은 주머니에 다시 집어넣지 않는다.

(1) 첫 번째 사람이 파란 공을 꺼낼 확률은?

(2) 두 번째 사람이 파란 공을 꺼낼 확률은?

(3) 여섯 번째 사람이 파란 공을 꺼낼 확률은?

6.12 주머니 안에 빨간 공 5개와 파란 공 2개가 있다. 6명이 차례로 주머니에서 공을 한 개씩 꺼낸다고 한다. 단, 꺼낸 공은 주머니에 다시 집어넣지 않는다.

(1) 첫 번째 사람이 파란 공을 꺼낼 확률은?

(2) 두 번째 사람이 파란 공을 꺼낼 확률은?

(3) 여섯 번째 사람이 파란 공을 꺼낼 확률은?

6.13 주머니 안에 빨간 공이 99개와 파란 공이 1개 있다. 100명이 차례로 주머니에서 공을 한 개씩 꺼낸다고 한다. 단, 꺼낸 공은 주머니에 다시 집어넣지 않는다.

(1) 첫 번째 사람이 파란 공을 꺼낼 확률은?

(2) k번째($2 \leq k \leq 100$ 정수) 사람이 파란 공을 꺼낼 확률을 구하시오.

6.14 어느 상점은 과수원 A, B, C에서 사과를 납품받는다. 전체 사과 가운데 과수원 A는 20%, 과수원 B는 30%, 과수원 C는 50%를 차지하고 있다. 각 과수원 사과 가운데 썩은 사과일 확률은 과수원 A, B, C에서 각각 5%, 5%, 3%이다.

(1) 이 상점의 사과를 하나 꺼냈을 때 과수원 A의 사과일 확률은?

(2) 이 상점의 사과를 하나 꺼냈을 때 썩은 사과일 확률은?

(3) 이 상점의 사과를 두 개 꺼냈을 때 하나는 과수원 B의 썩지 않은 사과이고 다른 하나는 과수원 C의 썩지 않은 사과일 확률은?

(4) 이 상점의 사과를 하나 꺼냈을 때 썩은 사과였다. 꺼낸 사과가 과수원 A에서 납품되었을 확률은?

6.15 어떤 질병의 항체에 대한 반응검사에서 그 질병에 걸리는 사람 중에서 90%는 양성반응을 보이고, 그 질병에 걸리지 않은 사람 중에서 5%는 양성반응을 보인다고 알려져 있다. 전 국민의 0.05%가 이 질병에 걸린다고 한다.

(1) 어떤 사람이 양성반응이 나올 확률은?

(2) 어떤 사람이 양성반응이 나왔을 때, 이 사람이 질병에 걸렸을 확률은?

(3) 어떤 사람이 음성반응이 나올 확률은?

(4) 어떤 사람이 음성반응이 나왔을 때, 이 사람이 질병에 걸리지 않을 확률은?

6.16 사건 A, B, C 사건에 대하여 다음 사건을 기호로 표시하시오.

(1) 사건 A, B, C가 모두 동시에 발생한다.

(2) 사건 A, B는 발생하고, 사건 C는 발생하지 않는다.

(3) 사건 A, B, C 가운데 적어도 하나의 사건이 발생한다.

6.17 다음 표는 사건 A, B, C의 확률을 나타낸다. 예를 들어 $P(A \cap B \cap C) = 0.05$ 이다.

	B		B^c	
$\cap$	C	C^c	C	C^c
A	0.05	0.1	0.1	0.1
A^c	0.2	0.1	0.05	0.3

(1) 사건 A, B, C 가 모두 일어나는 확률을 구하시오.

(2) 사건 A, B는 일어나고, 사건 C는 일어나지 않는 확률을 구하시오.

(3) 사건 A, B, C 가운데 적어도 하나의 사건이 일어나는 확률을 구하시오.

(4) 확률 $P(A \cap B)$, $P(A \cap B^c)$를 구하시오.

(5) 확률 $P(A)$를 구하시오.

6.18 사건 A, B에 대하여 $P(A) = \frac{1}{2}$, $P(B|A) = \frac{2}{3}$ 이다.

(1) 두 사건 A, B가 모두 일어나는 확률을 구하시오.

(2) $P(A \cap B^c)$를 구하시오.

(3) 사건 A, B가 서로 독립이면 $P(A^c \cap B^c)$를 구하시오.

(4) 사건 A^c, B가 서로 독립이면 $P(A^c \cap B)$를 구하시오.

6.19 사건 A, B, C에 대하여 $P(A) = \frac{1}{3}$, $P(B|A) = \frac{1}{3}$, $P(A \cap C) = \frac{1}{6}$이고, 사건 B, C는 서로 배반이다.

(1) 사건 A, B, C가 모두 일어나는 사건의 확률을 구하시오.

(2) $P(A \cap B^c \cap C^c)$을 구하시오.

(3) 사건 A, C가 서로 독립이면 $P(A^c \cap C)$를 구하시오.

(4) 사건 A, B, C는 서로 독립인가?

(5) 사건 A, B가 서로 독립이고 사건 A, C가 서로 독립이면, $P(A \cup B \cup C)$를 구하시오.

6.20 회사 A, B, C 는 각각 50명, 75명, 100명의 사원이 일하고 있다. 그리고 사원 중 여성의 비율은 각각 50%, 60%, 70%이다. 회사 A, B, C에 다니는 사람 가운데 한 사람을 뽑았다. 이 사람이 여자라면, 회사 C에서 일했을 확률은?

6.21 사건 $A_1, A_2, \cdots, A_{10}$이 서로 독립이고 $P(A_i) = 0.1\ (i = 1, \cdots, 10)$일 때, $P(A_1 \cup A_2 \cup \cdots \cup A_{10})$을 구하시오.

7장

확률변수와 확률분포

확률은 실험을 통하여 나오는 결과들의 모임인 사건의 실현 가능성에 대한 측도이다. 실험의 종류가 매우 다양하기 때문에 그에 따른 해당 표본공간도 다양하다. 다양한 표본공간에서 정의되는 각각의 확률을 이론적으로 전개하는 것은 매우 비효율적이다. 따라서 하나의 통일된 표본공간에서 이론을 전개하는 방법을 사용한다. 통일된 표본공간은 어떤 형태이어야 하는가? 가장 많이 사용되고 익숙한 표본공간은 실수이므로, 통일된 표본공간을 실수로 정하여 확률의 이론적 전개를 고려한다.

이 장에서는 여러 표본공간을 실수의 표본공간으로 변환하는 확률변수의 정의와 성질을 이해하고, 확률을 결정짓는 요소는 무엇이고, 어떻게 하면 확률 계산을 쉽게 할 수 있는지, 확률분포의 특성값을 어떻게 계산하는지를 알아본다. 첫째, 확률변수를 도입하여 통계추론에 대한 이론적 전개를 준비한다. 둘째, 확률분포를 결정짓는 함수는 무엇이고, 확률을 어떻게 계산하는가를 알아본다. 셋째, 확률변수의 특성을 숫자로 표현하는 방법에 대하여 알아본다. 넷째, 두 확률변수 사이의 관계를 나타내는 측도를 다룬다. 이 장에서 다루는 확률변수는 모집단의 확률분포에 관한 정보를 제공한다.

7.1 확률변수

표본공간 S를 실수공간 R로 변환하는 함수를 **확률변수**(random variable)라 한다. 확률변수는 표본공간 S의 근원사건 w를 실수로 대응시키는 것을 의미한다. 보통 확률변수를 $X, Y, \cdots$ 등으로 표기한다.

예제 7.1 동전을 한 번 던지는 실험을 한다고 하자. 우리의 관심사가 앞면의 횟수라 하면 표본공간 $S=\{H,T\}$ (여기서 H는 head(앞면), T는 tail(뒷면)을 나타낸다)를 다음과 같이 대응시키는 함수를 확률변수 X라 할 수 있다.

$$X=\begin{cases}1, & H\text{인 경우}\\ 0, & T\text{인 경우}\end{cases}$$

여기서 함수 X의 치역이 $\{0,1\}$이다.

확률은 표본공간의 부분인 사건에서 정의되는 함수이다. 함수관점에서 확률변수의 정의구역은 사건이며, 치역은 실수의 부분집합이다. 표본공간의 변환된 공간인 실수에서 확률을 정의하는 것은 어떤 의미인가? 실수에 있는 어떤 구간 R_A의 확률, 즉 $P(X\in R_A)$는 무엇인가? 확률변수 X의 값에 대응되는 역은 사건 A이다. 다시 말하면 $P(X\in R_A)\equiv P(A)$이다. 그림으로 표현하면 [그림 7-1]과 같다. 확률변수를 도입하는 이유는 확률을 계산하거나 이용하는 데 있어 다양한 표본공간 대신에 통일된 형태의 실수를 다룬다는 것이다. 따라서 실수에서 도출되는 이론적 결과를 다양한 표본공간에 적용할 수 있다.

[예제 7.1]에서 동전이 공정하다면 앞면의 횟수가 1일 확률이라는 것은 $P(X=1)$로 표현한다. 이것을 다시 쓰면 다음과 같다.

$$P(X=1)=P(\{\omega|X(\omega)=1\})=P(\{H\})=\frac{1}{2}$$

확률변수 X에 관한 사건

$$\{w\in S|X(\omega)=a\},\ \{w\in S|X(\omega)\le a\},\ \{w\in S|a<X(\omega)\le b\}$$

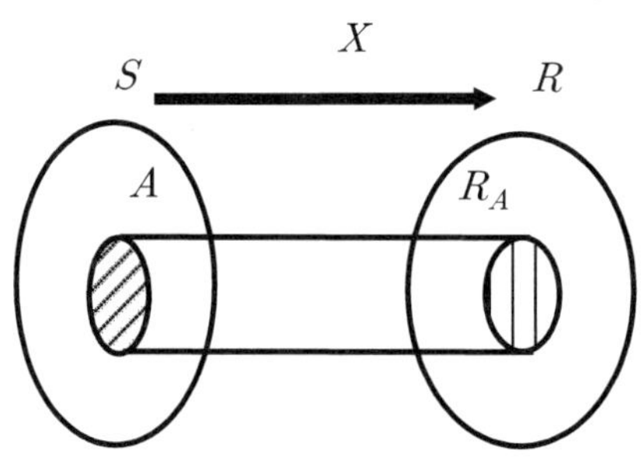

|그림 7-1| 확률변수와 확률

을 간단히 다음과 같이 표기한다.

$$X=a, \quad X \le a, \quad a < X \le b$$

확률변수

표본공간 S에서 실수 R로의 함수

확률변수 X는 함수이고, 함수 X가 가질 수 있는 값, 즉 치역의 형태에 따라 다음과 같이 확률변수를 분류한다. 확률변수 X의 치역의 형태가 $x_1, x_2, \cdots$처럼 셀 수 있는 형태일 때 확률변수 X를 **이산형 확률변수**(discrete random variable)라 한다. 또한 확률변수 X의 치역이 구간 형태일 때, X를 **연속형 확률변수**(continuous random variable)라 한다. 이산형 확률변수와 연속형 확률변수가 혼합되어있는 형태를 **혼합형 확률변수**(mixed random variable)라 한다. 확률변수 X의 값에 따라 확률이 어떻게 흩어져 있는지를 나타낸 것을 확률변수 X의 **확률분포**(probability distribution)라 한다. 예를 들어 [예제 7.1]에서 $P(X=0)=\frac{1}{2}$, $P(X=1)=\frac{1}{2}$를 확률변수 X의 확률분포라 한다. 이를 표로 나타낸 것을 확률변수 X의 확률분포표라고 한다.

x	0	1
$P(X=x)$	$\frac{1}{2}$	$\frac{1}{2}$

예제 7.2 주사위를 두 번 던지는 실험을 한다고 하자. 확률변수 X를 두 주사위 눈의 수의 합이라고 할 때, 확률변수 X의 확률분포를 구하시오.

풀이 주사위를 두 번 던지는 실험의 표본공간은

$$S=\{(1,1),(1,2),\cdots,(6,4),(6,5),(6,6)\}$$

이다. 여기서 순서쌍의 첫 번째 원소는 처음 던진 주사위의 눈의 수를 나타내고, 두 번째 원소는 두 번째 던진 주사위의 눈의 수를 나타낸다. 순서쌍의 원소를 합하면 나올 수 있는

수는 $\{2,3,\cdots,11,12\}$이다. 따라서 확률변수 X가 가질 수 있는 값은 2부터 12까지의 자연수 가운데 하나이다. 확률변수 X는 다음과 같은 확률분포표를 가진다.

S	x	$P(X=x)$
(1,1)	2	$\frac{1}{36}$
(1,2), (2,1)	3	$\frac{1}{18}$
(1,3), (2,2), (3,1)	4	$\frac{1}{12}$
(1,4), (2,3), (3,2), (4,1)	5	$\frac{1}{9}$
(1,5), (2,4), (3,3), (4,2), (5,1)	6	$\frac{5}{36}$
(1,6), (2,5), (3,4), (4,3), (5,2), (6,1)	7	$\frac{1}{6}$
(2,6), (3,5), (4,4), (5,3), (6,2)	8	$\frac{5}{36}$
(3,6), (4,5), (5,4), (6,3)	9	$\frac{1}{9}$
(4,6), (5,5), (6,4)	10	$\frac{1}{12}$
(5,6), (6,5)	11	$\frac{1}{18}$
(6,6)	12	$\frac{1}{36}$

예제 7.3 어느 조사자가 한 도로에서 어느 지점을 지나가는 국산차의 수를 확률변수 X라 한다면, 확률변수 X가 가질 수 있는 값은 $0, 1, 2, \cdots$ 로 셀 수 있는 형태이므로, X는 이산형 확률변수이다.

예제 7.4 어떤 사람이 7시부터 8시까지 등교를 한다. 확률변수 X가 7시 몇 분을 나타낸다면, 확률변수 X가 가질 수 있는 값은 0부터 60 사이의 실수 형태이므로 X는 연속형 확률변수이다.

7.2 확률함수

확률변수 X의 확률분포를 결정짓는 함수를 **확률함수** 또는 **확률밀도함수**(probability density function)라고 한다.

이산형 확률변수 X가 취할 수 있는 값의 집합을 $\{x_1, x_2, \cdots\}$이라 하자. 이 때 X가 취할 수 있는 값 x_i에서의 확률을 표현한 함수를 **확률질량함수**(probability mass function, pmf) 또는 **확률밀도함수**(probability density function, pdf)라 한다. 일반적으로 이산형 확률변수 X에 대한 확률질량함수를 $f_X(x)$라 표기하며, x에서의 확률을 의미한다.

> 이산형 확률변수 X의 확률질량함수(pmf) $f_X(x_i) = P(X = x_i)$는 다음을 만족한다.
>
> 1. $0 \le f_X(x_i) \le 1, \quad \forall i$
> 2. $\sum_{i=1}^{\infty} f_X(x_i) = 1$

예제 7.5 동전을 두 번 던지는 실험을 한다. 확률변수 X를 앞면의 수라고 할 때, 확률밀도함수를 구하시오.

풀이 표본공간 S와 확률변수 X의 값을 다음과 같이 정의할 수 있다.

$$S = \{HH, HT, TH, TT\}$$

$$X = \begin{cases} 0, & \text{만약 } TT \\ 1, & \text{만약 } HT,\ TH \\ 2, & \text{만약 } HH \end{cases}$$

이때 확률변수 X가 가질 수 있는 값은 0, 1, 2이므로 이산형 확률변수이다. 확률변수 X의 확률분포표를 구하면 다음과 같다.

S	{TT}	{HT, TH}	{HH}
x	0	1	2
$P(X=x)$	$\frac{1}{4}$	$\frac{1}{2}$	$\frac{1}{4}$

위의 표를 함수를 이용하여 표현하면 다음과 같다.

$$f_X(x)=\begin{cases} \frac{1}{4}, & x=0,2 \\ \frac{1}{2}, & x=1 \\ 0, & \text{그 이외 경우} \end{cases}$$

함수 $f_X(x)$는 확률질량함수이다. 왜냐하면 $f_X(x)$는 0과 1 사이의 값이고, 모두 합하면 1 이기 때문이다.

이산형 확률변수 X의 확률은 어떤 조건을 만족하는 x_i들의 확률질량함수 값의 합이다. 예를 들어 [예제 7.5]에서 $X \geq 1$의 확률은 다음과 같다.

$$P(X \geq 1)=\sum_{x_i \geq 1} f_X(x_i)=f_X(1)+f_X(2)=\frac{1}{2}+\frac{1}{4}=\frac{3}{4}$$

예제 7.6 동전을 두 번 던지는 실험을 한다. 앞면이 1회 이상 나올 확률을 구하시오.

풀이 표본공간 $S=\{HH, HT, TH, TT\}$에서 앞면이 1회 이상 나오는 사건 $A=\{HH, HT, TH\}$이고, 각 근원사건이 발생하는 확률은 모두 같으므로 $P(A)=\frac{3}{4}$이다. 확률변수 X를 앞면이 나오는 횟수라 정의하면, [예제 7.5]의 확률질량함수를 가진다. 따라서 $A=\{w \in S | X(w) \geq 1\}$라고 정의할 수 있으며,

$$P(A) = P(X \geq 1) = \sum_{x_i \geq 1} f_X(x_i) = \frac{3}{4}$$

이다.

이산형 확률변수 X에서 어떤 구간 I에 대한 확률은 다음과 같다.

$$P(X \in I) = \sum_{x_i \in I} f_X(x_i)$$

확률변수 X가 가질 수 있는 값이 실수의 구간 형태일 때 확률변수 X를 연속형 확률변수라 한다. 연속형 확률변수의 한 점에서의 확률은 변수의 연속성을 고려하면 0이다. 따라서 어떤 구간에 대한 확률이 의미가 있으며 구간에 대한 확률을 결정짓는 함수를 **확률밀도함수**(probability density function, pdf)라 한다.

연속형 확률변수 X의 확률밀도함수(pdf) $f_X(x)$는 다음을 만족한다.

1. $f_X(x) \geq 0, \ \forall x$
2. $\int_{-\infty}^{\infty} f_X(x)dx = 1$

예제 7.7 다음과 같이 정의된 $f(x)$는 확률밀도함수임을 증명하시오.

$$f(x) = \frac{2}{3}x, \ 1 < x < 2$$

풀이 $f(1) \geq 0, f(2) \geq 0$이고 $f(x)$는 직선이므로 실수 전 구간에서 $f(x) \geq 0$이다. 또한 $\int_{-\infty}^{\infty} f(x)dx = \int_{1}^{2} \frac{2}{3}xdx = 1$로 연속형 확률변수의 확률밀도함수의 두 조건을 모두 만족하므로 함수 $f(x)$는 확률밀도함수이다.

연속형 확률변수 X의 구간 (a,b)에 대한 확률은 다음과 같다.

$$P(a < X < b) = \int_a^b f_X(x)dx$$

예제 7.8 [예제 7.7]에서 정의된 확률변수 X에 대해 $P(1 < X < \frac{3}{2})$를 구하시오.

풀이 $P(1 < X < \frac{3}{2}) = \int_1^{3/2} \frac{2}{3}xdx = \frac{5}{12}$

7.3 확률분포의 기댓값과 분산

4장에서 주어진 자료의 표본평균과 표본분산을 계산하여 자료의 중심위치와 산포도를 나타내는 측도로 사용했다. 이 절에서는 확률변수의 중심위치와 산포도에 대하여 다루기로 한다. 다시 말하면 확률변수의 확률은 확률질량함수 또는 확률밀도함수에 의해 결정되는데, 함수형태로는 확률분포의 특징을 쉽게 알 수 없어 숫자로 확률분포의 특징을 알고자 한다. 확률분포의 대푯값이 기댓값과 분산이다.

확률분포의 **평균**(mean) 또는 **기댓값**(expected value)은 다음과 같이 정의된다.

확률변수 X의 기댓값 $E(X)$

확률밀도함수 $f(x)$에 대해,

$$\mu_X = E(X) = \begin{cases} \sum_{x_i} x_i f(x_i), & \text{이산형확률변수} \\ \int_{-\infty}^{\infty} xf(x)dx, & \text{연속형 확률변수} \end{cases}$$

예제 7.9 동전을 두 번 던지는 실험에서 확률변수 X가 앞면의 수일 때, X의 기댓값을 구하시오.

풀이 [예제 7.5]에서 구한 확률분포표를 변형하여 확률변수 X의 기댓값 $E(X)$를 구하면 다음과 같다.

x	0	1	2	계
$f(x)$	$\frac{1}{4}$	$\frac{1}{2}$	$\frac{1}{4}$	1
$xf(x)$	0	$\frac{1}{2}$	$\frac{1}{2}$	1

$$E(X) = \sum_x xf(x) = 0 \times \frac{1}{4} + 1 \times \frac{1}{2} + 2 \times \frac{1}{4} = 1$$

동전을 두 번 던지는 실험을 무한히 반복하여 표본평균을 구하면 1에 가까이 수렴한다.

R 프로그램에서 시뮬레이션을 실시하기 위한 sample() 함수는 다음과 같이 구성된다.

```
sample(x, size, replace=FALSE, prob=NULL)
```

여기서 x는 추출되는 숫자 벡터, size는 추출되는 개수, replace=FALSE는 비복원추출이고 replace=TRUE는 복원추출, prob는 추출되는 숫자 벡터 x의 확률을 나타낸다. 예를 들어 이 문제에서 추출되는 숫자는 0, 1, 2이고 각각의 확률은 $\frac{1}{4}, \frac{1}{2}, \frac{1}{4}$이므로 만약 동전을 두 번 던지는 실험을 10번 시행한다면 다음과 같은 결과를 얻을 수 있다.

```
> sample(c(0,1,2),10,replace=T,prob=c(1/4,1/2,1/4))
 [1] 2 1 2 0 1 1 2 0 2 2
```

이 시뮬레이션은 동전을 두 번 던질 때, 앞면이 2회, 1회, 2회, 0회, 1회, 1회, 2회, 0회, 2회, 2회 나왔다는 것을 나타낸다. 만약 동전을 두 번 던지는 실험을 100번, 1000번, 10000번 시행하였을 때, 각각의 평균은 다음과 같이 구할 수 있다.

```
> mean(sample(c(0,1,2),100,replace=T,prob=c(1/4,1/2,1/4))) # 시뮬레이션 100회 시행
[1] 1.1
> mean(sample(c(0,1,2),1000,replace=T,prob=c(1/4,1/2,1/4))) # 시뮬레이션 1000회 시행
[1] 0.974
> mean(sample(c(0,1,2),10000,replace=T,prob=c(1/4,1/2,1/4))) # 시뮬레이션 10000회 시행
[1] 1.0005
```

위의 결과로부터 동전을 두 번 던지는 실험횟수가 증가할수록 나온 결과의 표본평균은 1에 가까워짐을 알 수 있다. [그림 7-2]는 실험 결과를 그림으로 표현한 것인데, 가로축은 log를 취한 값이다.

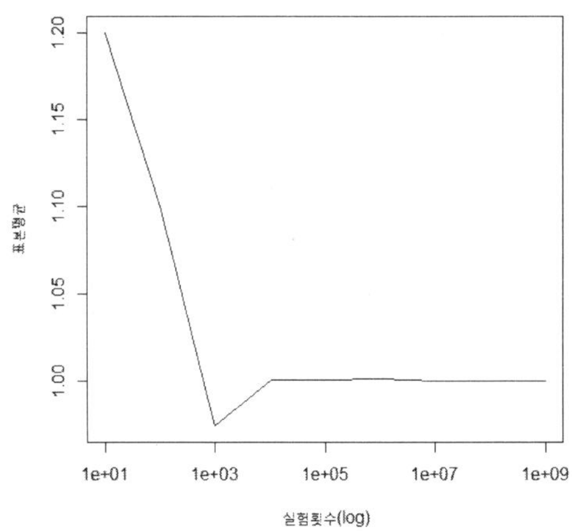

|그림 7-2| 동전 2번 던지기의 표본평균

기댓값 1의 의미는 확률변수 X의 확률분포의 그래프에서 무게중심에 해당한다. 이것은 4장의 표본평균이 자료의 무게중심을 의미하는 것과 일치한다. [그림 7-3]은 가로축의 0, 1, 2에 무게가 $\frac{1}{4}$, $\frac{1}{2}$, $\frac{1}{4}$인 무게추가 달려있다면, 가로축의 어느 점에서 평형을 이루게 되는가 하는 물리적 평형을 나타내고 있다. [그림 7-3]에서 평형점을 구하면 1에서 대칭이고, 0과 2까지의 거리가 같으므로 1에서 평형을 이루게 된다. 이는 기댓값 계산으로 쉽게 구한다.

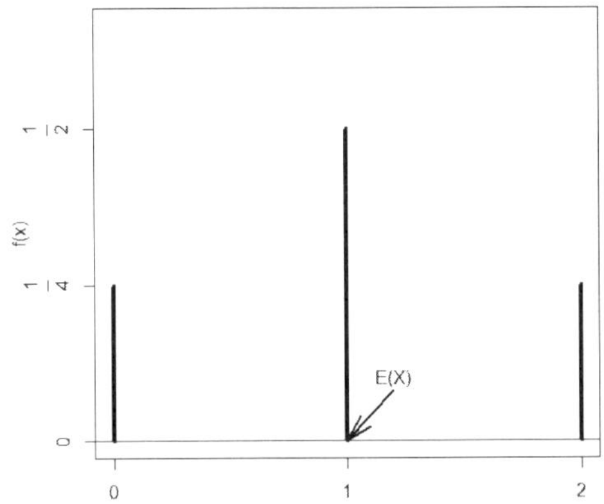

|그림 7-3| 평균의 물리적 의미

4장에서 어떤 자료의 표본평균을 알 때, 선형변환된 자료의 표본평균을 계산했다. 마찬가지로 확률변수 X의 기댓값을 알 때, 선형변환된 확률변수 $Y = aX + b$ (a, b는 상수)의 기댓값은 어떻게 계산할까?

기댓값의 성질

$$E(aX+b) = aE(X) + b \quad (a, b\text{는 상수})$$

예제 7.10 동전을 두 번 던지는 실험에서 확률변수 X가 앞면의 수일 때, 확률변수 $Y = 2X + 3$의 기댓값을 구하시오.

풀이 [예제 7.5]에서 구한 확률분포표를 변형하여 확률변수 Y의 확률분포표와 기댓값 $E(Y)$를 구하면 다음과 같다.

x	0	1	2	계
y	3	5	7	
$f(y)$	$\frac{1}{4}$	$\frac{1}{2}$	$\frac{1}{4}$	1
$yf(y)$	$\frac{3}{4}$	$\frac{5}{2}$	$\frac{7}{4}$	5

여기서 $P(X=0)=P(Y=3)$, $P(X=1)=P(Y=5)$, $P(X=2)=P(Y=7)$이다.

그러나 위의 방법은 Y의 확률분포표를 새로 구하는 방법으로 계산이 다소 복잡하다. 이를 X의 기댓값 $E(X)=1$을 알고 있다면,

$$E(Y)=E(2X+3)=2E(X)+3 = 2\times 1+3 = 5$$

를 이용하여 $E(Y)$를 쉽게 구할 수 있다.

확률변수의 중심위치에서 확률이 얼마나 집중되어 있는가를 나타내는 측도가 확률변수의 산포도이다. 표본분산이 자료가 표본평균으로부터 집중되어 있는 정도를 나타내고 있는 것과 마찬가지로 확률변수의 **분산**(variance)을 $(X-\mu_X)^2$의 기댓값으로 정의한다.

✔ 확률변수 X의 분산 $Var(X)$

확률밀도함수 $f(x)$에 대해,

$$\sigma_X^2 = Var(X)=E(X-\mu_X)^2=\begin{cases}\sum_{x_i}(x_i-\mu)^2 f(x_i) & \text{이산형확률변수}\\ \int_{-\infty}^{\infty}(x-\mu)^2 f(x)dx & \text{연속형 확률변수}\end{cases}$$

그리고 확률변수의 **표준편차**(standard deviation)를 다음과 같이 정의한다.

✔ 확률변수 X의 표준편차 $sd(X)$

$$\sigma_X = sd(X)=\sqrt{Var(X)}=\sqrt{E(X-\mu_X)^2}$$

여기서 σ_X^2, σ_X 등의 기호는 모집단의 분포에 대한 이론적 모형을 사용할 때 많이 쓰인다. 일반적으로 분산은 다음과 같은 식으로 간편하게 계산한다.

$$\begin{aligned}Var(X) &= E(X-\mu)^2 = E(X^2-2\mu X+\mu^2) = E(X^2)-2\mu E(X)+\mu^2\\ &= E(X^2)-\mu^2\end{aligned}$$

분산의 간편계산법

$$Var(X) = E(X^2) - E^2(X)$$

예제 7.11 동전을 두 번 던지는 실험에서 확률변수 X가 앞면의 수일 때, 확률변수 X의 표준편차를 구하시오.

풀이 [예제 7.5]에서 구한 확률분포표를 변형하여 확률변수 $Y = (X - \mu_X)^2$의 확률분포표와 기댓값 $E(Y)$를 구하면 다음과 같다. [예제 7.9]에서 $\mu_X = 1$을 구하였으므로 $Y = (X-1)^2$이고 $E(Y) = E(X-1)^2 = \frac{1}{2}$이다.

x	0	1	2	계
$y=(x-1)^2$	1	0	1	
$f(y)$	$\frac{1}{4}$	$\frac{1}{2}$	$\frac{1}{4}$	1
$yf(y)$	$\frac{1}{4}$	0	$\frac{1}{4}$	$\frac{1}{2}$

확률변수 $Y = (X-1)^2$이 가질 수 있는 값은 0, 1인데, $P(Y=0) = P(X=1)$이고, $P(Y=1) = P(X=0) + P(X=2)$이기 때문에 이를 정리하면 다음 표와 같은 확률변수 Y의 확률분포표를 얻는다.

$y=(x-1)^2$	0	1	계
$f(y)$	$\frac{1}{2}$	$\frac{1}{2}$	1
$yf(y)$	0	$\frac{1}{2}$	$\frac{1}{2}$

그러므로 $Var(X) = E(Y) = E(X-1)^2 = \frac{1}{2}$ 이다.

그러나 이와 같은 계산방법은 [예제 7.5]에서 X의 기댓값 $E(X)$를 계산한 후에 가능하다. 중간 계산을 위해 2개의 표를 사용하지 않고, <표 7-1>과 같이 1개의 표를 이용하여 $E(X^2)$을 계산하는 것이 편리하다. <표 7-1>의 가장 오른쪽 칸은 계산 순서를 나타낸다. 먼저 $x, f(x)$를 표에 쓰고, $xf(x)$를 계산한 후 합을 구하면 $E(X)$를 구한다. 순서 ④에서 x^2을 쓰고, 순서 ⑤에서 $x^2 f(x)$를 계산한 후 합하면 $E(X^2)$을 구한다. 이제 분산의 간편 계산법을 이용하면 $Var(X)$를 계산한다.

$$Var(X) = E(X^2) - E^2(X) = \frac{3}{2} - 1^2 = \frac{1}{2}$$

표 7-1 분산의 계산 순서

x^2	0	1	4	계	④
x	0	1	2		①
$f(x)$	$\frac{1}{4}$	$\frac{1}{2}$	$\frac{1}{4}$	1	②
$xf(x)$	0	$\frac{1}{2}$	$\frac{1}{2}$	$1 = E(X)$	③
$x^2 f(x)$	0	$\frac{1}{2}$	1	$\frac{3}{2} = E(X^2)$	⑤

따라서 $sd(X) = \sqrt{Var(X)} = \sqrt{\frac{1}{2}}$ 이다.

분산과 표준편차의 성질

$$Var(aX+b) = a^2 Var(X) \quad (a, b\text{는 상수})$$
$$sd(aX+b) = |a| sd(X) \quad (a, b\text{는 상수})$$

7.4 결합분포와 독립

5장에서 두 변수 자료의 요약에 대해 공부했다. 실생활에서 통계 조사나 실험에서 하나의 변수 자료만을 고려하는 경우는 매우 드물다. 일반적으로 조사나 실험은 2개 이상의 변수 자료를 수집한다. 그에 따라 우리가 고려해야 할 확률변수의 수도 2개 이상인 경우가 많다. 예를 들어 신입생의 수학과 영어 점수를 조사한다든지, 환자의 혈압과 혈당을 조사하여 두 변수 사이의 관계를 파악한다. 이 절에서는 두 이산형 확률변수의 결합분포를 공부하여 두 변수의 관계를 규명한다.

두 개의 확률변수 X, Y의 **결합확률분포**(joint probability distribution)는 X, Y가 동시에 가질 수 있는 값에 대한 확률이다. 두 확률변수 X, Y가 이산형 확률변수라고 할 때, X가 취할 수 있는 값이 $x_1, x_2, \cdots, x_m$이고, Y가 취할 수 있는 값이 $y_1, y_2, \cdots, y_n$이면 X, Y의 결합확률분포는 $P(X=x_i,\ Y=y_j)$를 나타낸다. 7.2절에서 확률변수 X의 확률분포를 결정짓는 함수로 확률질량함수를 고려한 것과 마찬가지로 두 확률변수 X, Y의 **결합확률질량함수**(joint probability mass function, jpmf)를 다음과 같이 정의할 수 있다.

이산형 확률변수 X, Y의 결합확률질량함수

$$f_{X,\,Y}(x_i, y_j) = P(X=x_i,\ Y=y_j),\ \ i=1,\cdots,m;\, j=1,\cdots,n$$

이를 표로 나타내면 <표 7-2>와 같다. 표에서 해당 셀의 값이 결합확률변수의 확률을 나타낸다.

표 7-2 이산형 확률변수의 결합확률질량함수

$X\backslash Y$	y_1	y_2	$\cdots$	y_n
x_1	$f(x_1,y_1)$	$f(x_1,y_2)$	$\cdots$	$f(x_1,y_n)$
x_2	$f(x_2,y_1)$	$f(x_2,y_2)$	$\cdots$	$f(x_2,y_n)$
$\vdots$	$\vdots$	$\vdots$	$\vdots$	$\vdots$
x_m	$f(x_m,y_1)$	$f(x_m,y_2)$	$\cdots$	$f(x_m,y_n)$

예제 7.12 두 개의 주머니가 있다. 주머니 A에는 파란 공 2개와 빨간 공 3개가 들어있다. 다른 주머니 B에는 파란 공 3개와 빨간 공 2개가 들어있다. 동전을 던져 앞면이 나오면 주머니 A를, 뒷면이 나오면 주머니 B를 선택하여 2개의 공을 꺼낸다. 확률변수 X는 동전의 앞면 횟수를 나타내는 확률변수이고, Y는 파란 공의 개수를 나타내는 확률변수이다. 두 확률변수 X, Y의 결합확률분포를 구하시오.

풀이 확률변수 X가 가질 수 있는 값은 $0, 1$이다. 확률변수 Y가 가질 수 있는 값은 $0, 1, 2$이다. 따라서 X, Y의 결합으로 나올 수 있는 값의 경우의 수는 6가지이고, 이 모든 경우에 대하여 확률을 구하는 것이 X, Y의 결합확률분포를 구하는 것이다.

먼저 $P(X=0,\ Y=0)$을 고려하기로 한다. 곱사건에 대한 확률인데, 어떤 주머니를 선택하느냐에 따라 파란 공의 꺼낼 확률이 달라진다. 따라서 조건부확률을 이용하여

$$P(X=0,\ Y=0) = P(Y=0|X=0)\,P(X=0)$$

에서 곱사건의 확률을 구한다. $X=0$ 사건은 동전의 뒷면이 나오는 사건이므로 $P(X=0) = \frac{1}{2}$이고, $P(X=1) = \frac{1}{2}$이다. 또한 $Y=0|X=0$사건은 $X=0$(동전의 뒷면)일 때, 파란 공의 개수가 0인 사건이므로 주머니 B의 5개의 공 가운데 2개의 공을 꺼낼 때 파란 공의 개수가 0일 확률은 주머니 B의 빨간 공 2개에서 2개의 공을 꺼내야 한다. 따라서 $P(Y=0|X=0) = \frac{\binom{3}{0}\binom{2}{2}}{\binom{5}{2}} = \frac{1}{10}$이므로 다음의 곱사건에 대한 확률을 계산한다.

$$P(X=0,\ Y=0) = P(Y=0|X=0)\,P(X=0) = \frac{1}{10} \times \frac{1}{2} = \frac{1}{20}$$

마찬가지로

$$P(X=0, Y=1) = P(Y=1|X=0)P(X=0) = \frac{\binom{3}{1}\binom{2}{1}}{\binom{5}{2}} \times \frac{1}{2} = \frac{6}{10} \times \frac{1}{2} = \frac{3}{10}$$

이다. 이를 종합하면 <표 7-3>의 조건부확률을 계산할 수 있다.

표 7-3 조건부확률분포 $P(Y|X)$

$X\backslash Y$	0	1	2
0 **(주머니 B)**	$\frac{\binom{3}{0}\binom{2}{2}}{\binom{5}{2}}=\frac{1}{10}$	$\frac{\binom{3}{1}\binom{2}{1}}{\binom{5}{2}}=\frac{3}{5}$	$\frac{\binom{3}{2}\binom{2}{0}}{\binom{5}{2}}=\frac{3}{10}$
1 **(주머니 A)**	$\frac{\binom{2}{0}\binom{3}{2}}{\binom{5}{2}}=\frac{3}{10}$	$\frac{\binom{2}{1}\binom{3}{1}}{\binom{5}{2}}=\frac{3}{5}$	$\frac{\binom{2}{2}\binom{3}{0}}{\binom{5}{2}}=\frac{1}{10}$

곱사건의 확률이 결합확률분포이므로 <표 7-3>의 조건부확률에 첫 번째 줄에는 $P(X=0)=\frac{1}{2}$을, 두 번째 줄에는 $P(X=1)=\frac{1}{2}$을 곱하여 구한 <표 7-4>의 결합확률분포표를 구할 수 있다.

표 7-4 결합확률분포 $P(X,Y)$

$X\backslash Y$	0	1	2
0 **(주머니 B)**	$\frac{1}{20}$	$\frac{3}{10}$	$\frac{3}{20}$
1 **(주머니 A)**	$\frac{3}{20}$	$\frac{3}{10}$	$\frac{1}{20}$

결합확률질량함수가 되기 위한 조건은 7.2절에서 다룬 확률질량함수의 조건을 확장한 것이다. 다시 말하면 결합확률질량함수가 되기 위해 확률이므로 함수값이 0과 1 사이에 있고, 모든 결합확률질량함수값을 합이 1이다.

이산형 확률변수 X, Y의 결합확률질량함수(jpmf) $f_{X,Y}(x_i, y_j) = P(X=x_i, Y=y_j)$는 다음을 만족한다.

1. $0 \le f_{X,Y}(x_i, y_j) \le 1, \ \forall i, j$
2. $\sum_{i=1}^{m}\sum_{j=1}^{n} f_{X,Y}(x_i, y_j) = 1$

<표 7-4>의 확률분포표는 결합확률질량함수인가? 함수의 값이 모두 0과 1 사이에 있고, 모든 값을 합하면 1이므로 결합확률질량함수이다.

예제 7.13 [예제 7.12]에서 파란 공이 1개일 확률은 무엇인가? 동전이 앞면이 나올 확률은 무엇인가?

풀이 이 질문은 "두 확률변수 X, Y의 결합확률분포에서 하나의 확률변수 X 또는 Y의 확률분포를 알 수 있는가"라는 질문과 같다. 파란 공이 1개일 사건은 $Y=1$이고 $X=0$ 또는 $X=1$인 경우로 나눌 수 있으므로

$$P(Y=1) = P(Y=1, X=0) + P(Y=1, X=1)$$

으로부터 $P(Y=1)$은 <표 7-4>에서 $Y=1$칸에 해당하는 확률 $\frac{3}{10}$, $\frac{3}{10}$을 더한다. 즉 $P(Y=1) = \frac{3}{10} + \frac{3}{10} = \frac{3}{5}$이고, 다른 경우에는 마찬가지로 해당 줄 또는 열의 확률 합을 구하면 <표 7-5>의 주변합 확률분포를 구할 수 있다.

표 7-5 주변합 확률분포 $P(X), P(Y)$

$X \backslash Y$	0	1	2	합
0 (주머니 B)	$\frac{1}{20}$	$\frac{3}{10}$	$\frac{3}{20}$	$\frac{1}{2}$
1 (주머니 A)	$\frac{3}{20}$	$\frac{3}{10}$	$\frac{1}{20}$	$\frac{1}{2}$
합	$\frac{1}{5}$	$\frac{3}{5}$	$\frac{1}{5}$	1

따라서 다음과 같은 주변합 확률분포를 구할 수 있다.

$$P(X=0) = \frac{1}{2},\ P(X=1) = \frac{1}{2}$$

$$P(Y=0) = \frac{1}{5},\ P(Y=1) = \frac{3}{5},\ P(Y=2) = \frac{1}{5}$$

따라서 파란 공이 1개일 확률은 $\frac{3}{5}$이고, 동전이 앞면이 나올 확률은 $\frac{1}{2}$이다.

결합확률분포로부터 주변확률분포의 **주변확률질량함수**(marginal probability mass function, mpmf)를 구할 수 있는 데, 이를 정리하면 다음과 같다.

> ✔ 이산형 확률변수 X, Y의 주변확률질량함수(mpmf) $f_X(x_i), f_Y(y_j)$는 다음을 만족한다.
>
> 1. $f_X(x_i) = P(X = x_i) = \sum_j f_{X,Y}(x_i, y_j)$
> 2. $f_Y(y_j) = P(Y = y_j) = \sum_i f_{X,Y}(x_i, y_j)$

위에서 구한 주변확률질량함수 $f_X(x_i), f_Y(y_j)$는 확률변수 X, Y가 각각 그 점에서의 확률을 나타내고, 그 값은 0과 1 사이에 있고 모든 합은 1임을 <표 7-5>의 주변합에서 확인할 수 있다. 디시 말하면 $f_X(x_i), f_Y(y_j)$는 확률질량함수이다.

두 사건 A, B가 서로 독립은 $P(A \cap B) = P(A)P(B)$이다. 이를 확률변수로 확장하면 확률변수 X, Y에 대해 곱사건의 확률을 나타내는 결합확률질량함수 $f_{X,Y}(x,y)$가 각각의 주변확률질량함수 $f_X(x)$, $f_Y(y)$의 곱으로 표현되면 두 확률변수 X, Y가 서로 독립이다.

> ✔ **두 확률변수 X, Y가 서로 독립**
>
> $$f_{X,Y}(x,y) = f_X(x) f_Y(y), \ \forall \ x, \ y$$

여기서 주의해야 할 점은 모든 x, y에 대하여 위의 등식을 만족해야 한다는 것이다. 만약 두 확률변수 X, Y가 서로 독립임을 증명하려면 모든 x, y에 대하여 등식이 만족함을 보여야하고, 만약 두 확률변수 X, Y가 서로 독립이 아님(종속)을 보이려면 어떤 x, y에 대해 등식이 만족하지 않음을 보이면 된다.

예제 7.14 [예제 7.12]에서 두 확률변수 X, Y는 서로 독립인가?

풀이 [예제 7.12]의 결합확률분포표와 주변확률분포표는 <표 7-5>에 있다. <표 7-5>의 처음 셀에서 $P(X=0, Y=0)=\dfrac{1}{20}$이고, $P(X=0)=\dfrac{1}{2}$, $P(Y=0)=\dfrac{1}{5}$이다.

$$P(X=0, Y=0)=\frac{1}{20} \neq \frac{1}{2}\times\frac{1}{5}=P(X=0)\times P(Y=0)$$

이므로 확률변수 X, Y는 서로 독립이 아니다.

예제 7.15 하나의 동전을 3번 던질 때, 확률변수 X는 처음 던진 동전의 앞면 개수, 확률변수 Y는 두 번째와 세 번째 던진 동전의 앞면 개수를 나타낸다고 한다. 확률변수 X, Y는 서로 독립인가?

풀이 확률변수 X가 가질 수 있는 값은 0, 1이고, Y가 가질 수 있는 값은 0, 1, 2이므로 결합확률분포표와 주변확률분포표를 구하면 다음 표와 같다. 여기서 $X=0$, $Y=0$은 동전이 TTT이 나오는 경우이고, $X=0$, $Y=1$은 동전이 THT, TTH이고, $X=0$, $Y=2$는 동전이 THH인 경우이다. 나머지 4가지 경우도 확률을 쉽게 구할 수 있다. 단, H는 앞면(head), T는 뒷면(tail)을 나타낸다.

$X \backslash Y$	0	1	2	합
0	$\frac{1}{8}$	$\frac{1}{4}$	$\frac{1}{8}$	$\frac{1}{2}$
1	$\frac{1}{8}$	$\frac{1}{4}$	$\frac{1}{8}$	$\frac{1}{2}$
합	$\frac{1}{4}$	$\frac{1}{2}$	$\frac{1}{4}$	1

이제 주변합을 구하고, 가장자리에 있는 수를 곱하여 해당 셀의 값이 나오는지를 확인한다. 즉 $P(X=0, Y=0)=\dfrac{1}{8}=P(X=0)P(Y=0)=\dfrac{1}{2}\times\dfrac{1}{4}$와 같이 6개의 모든 셀이 확률변수 X, Y가 서로 독립일 조건을 모두 만족하는 것을 확인한다. 6개 셀에 대한 계산이

$$P(X=0, Y=0) = \frac{1}{8} = P(X=0)P(Y=0) = \frac{1}{2}\times\frac{1}{4}$$
$$P(X=0, Y=1) = \frac{1}{4} = P(X=0)P(Y=1) = \frac{1}{2}\times\frac{1}{2}$$
$$P(X=0, Y=2) = \frac{1}{8} = P(X=0)P(Y=2) = \frac{1}{2}\times\frac{1}{4}$$
$$P(X=1, Y=0) = \frac{1}{8} = P(X=1)P(Y=0) = \frac{1}{2}\times\frac{1}{4}$$
$$P(X=1, Y=1) = \frac{1}{4} = P(X=1)P(Y=1) = \frac{1}{2}\times\frac{1}{2}$$
$$P(X=1, Y=2) = \frac{1}{8} = P(X=1)P(Y=2) = \frac{1}{2}\times\frac{1}{4}$$

이므로 확률변수 X, Y는 서로 독립이다.

7.5 상관계수

5.3절에서 두 수치형 자료의 관계를 표본상관계수를 이용해 측정했다. 주어진 자료 $\{(x_i, y_i), i=1,\cdots,n\}$에 대해 표본상관계수는

$$r = \frac{\sum_{i=1}^{n}(x_i-\overline{x})(y_i-\overline{y})}{\sqrt{\sum_{i=1}^{n}(x_i-\overline{x})^2\sum_{i=1}^{n}(y_i-\overline{y})^2}}$$

와 같이 정의된다.

두 확률변수 X, Y의 선형관계를 재는 측도로 **공분산**(covariance)을 다음과 같이 정의한다.

공분산

$$Cov(X, Y) = E[(X-\mu_X)(Y-\mu_Y)] = E(XY)-\mu_X\mu_Y$$

자료가 주어졌을 때 표본공분산은 표본상관계수 r의 분자에 $1/n$을 곱한 값이다. 표본상관계수 r은 표본공분산을 각 변수의 표준편차로 나눈 값인데, 이는 $|r| \leq 1$로 제한하여 표

본상관계수의 최댓값이 1이 되게 한다. 마찬가지로 확률변수 X, Y의 공분산 $Cov(X, Y)$를 각 확률변수 X, Y의 표준편차 σ_X, σ_Y로 나눈 값을 **상관계수**(correlation coefficient)라 하면, 상관계수 ρ_{XY}는 -1과 1 사이의 값을 가진다.

상관계수

$$Corr(X, Y) = \rho_{XY} = \frac{Cov(X, Y)}{\sigma_X \sigma_Y} = \frac{E[(X-\mu_X)(Y-\mu_Y)]}{\sqrt{Var(X)Var(Y)}} = \frac{E(XY)-\mu_X\mu_Y}{\sqrt{Var(X)Var(Y)}}$$

확률변수 X, Y가 각각 $x_1, \cdots, x_m; y_1, \cdots, y_n$값을 가지고 결합확률밀도함수가 $f_{X,Y}(x_i, y_j)$일 때, $E(XY)$는 다음과 같이 정의된다.

$$E(XY) = \sum_{i=1}^{m}\sum_{j=1}^{n} x_i y_j f_{X,Y}(x_i, y_j)$$

예제 7.16 [예제 7.12]에서 상관계수를 구하시오.

풀이 <표 7-5>의 주변합 확률분포로부터

$$\begin{aligned} E(XY) &= \sum_{i=1}^{2}\sum_{j=1}^{3} x_i y_j f_{X,Y}(x_i, y_j) \\ &= 0\times 0\times \frac{1}{20} + 0\times 1\times \frac{3}{10} + 0\times 2\times \frac{3}{20} + 1\times 0\times \frac{3}{20} + 1\times 1\times \frac{3}{10} + 1\times 2\times \frac{1}{20} \\ &= \frac{2}{5} \end{aligned}$$

이다. 확률변수 X, Y의 기댓값과 표준편차를 구하기 위해 <표 7-5>에서 분산을 계산하기 위한 <표 7-1>을 적용하여 계산하면 다음과 같은 결과를 얻는다.

x^2	0	1	
x	0	1	계
$f_X(x)$	$\frac{1}{2}$	$\frac{1}{2}$	1
$xf_X(x)$	0	$\frac{1}{2}$	$\frac{1}{2}=\mu_X$
$x^2f_X(x)$	0	$\frac{1}{2}$	$\frac{1}{2}=E(X^2)$

y^2	0	1	4	
y	0	1	2	계
$f_Y(y)$	$\frac{1}{5}$	$\frac{3}{5}$	$\frac{1}{5}$	1
$yf_Y(y)$	0	$\frac{3}{5}$	$\frac{2}{5}$	$1=\mu_Y$
$y^2f_Y(y)$	0	$\frac{3}{5}$	$\frac{4}{5}$	$\frac{7}{5}=E(Y^2)$

따라서

$$\mu_X=\frac{1}{2}, \mu_Y=1, \sigma_X=\sqrt{E(X^2)-\mu_X^2}=\sqrt{\frac{1}{2}-\frac{1}{4}}=\frac{1}{2}, \sigma_Y=\sqrt{\frac{2}{5}}$$

이므로 상관계수는 다음과 같다.

$$\rho_{XY}=\frac{E(XY)-\mu_X\mu_Y}{\sigma_X\sigma_Y}=\frac{\frac{2}{5}-\frac{1}{2}\times 1}{\frac{1}{2}\times\sqrt{\frac{2}{5}}}=-\frac{\sqrt{10}}{10}$$

확률변수 X가 증가하면 Y는 감소하는 방향으로 확률이 커지는 것을 의미한다.

확률변수 X, Y가 서로 독립이면 두 확률변수의 공분산은 어떻게 변화할까? 확률변수 X, Y가 서로 독립이면 $f_{X,Y}(x_i, y_j)=f_X(x_i)f_Y(y_j)$이므로

$$\begin{aligned}E(XY)&=\sum_i\sum_j x_iy_jf_{X,Y}(x_i,x_j)=\sum_i\sum_j x_iy_jf_X(x_i)f_Y(y_j)=\sum_i x_if_X(x_i)\sum_j y_jf_Y(y_j)\\&=E(X)E(Y)\end{aligned}$$

이므로 확률변수 X, Y가 서로 독립이면 공분산은 0이다.

$$Cov(X,Y)=E(XY)-E(X)E(Y)=0$$

공분산이 0이면, 상관계수가 0이다. 이를 정리하면 다음과 같은 성질을 얻는다.

독립성과 상관계수

확률변수 X, Y가 서로 독립 $\Rightarrow$ 공분산 $Cov(X,Y)=0$ $\Leftrightarrow$ 상관계수 $Corr(X,Y)=0$

그러나 그 역은 성립하지 않는다. 즉 공분산이 0이라고 해도 반드시 확률변수 X, Y가 서로 독립은 아니다. 그 반례를 [예제 7.17]에서 살펴본다.

예제 7.17 다음 표와 같은 결합확률밀도함수를 가지는 확률변수 X, Y의 독립 여부와 상관계수를 구하시오.

$X \backslash Y$	-1	0	1	합
0	0	$\frac{1}{4}$	0	$\frac{1}{4}$
1	$\frac{1}{8}$	$\frac{1}{2}$	$\frac{1}{8}$	$\frac{3}{4}$
합	$\frac{1}{8}$	$\frac{3}{4}$	$\frac{1}{8}$	1

풀이 공분산을 구하기 위해 $E(XY)$를 계산하면

$$\begin{aligned}E(XY) &= \sum_{i=1}^{2}\sum_{j=1}^{3} x_i y_j f_{X,Y}(x_i, y_j)\\ &= 0\times(-1)\times 0+0\times 0\times\frac{1}{4}+0\times 1\times 0+1\times(-1)\times\frac{1}{8}+1\times 0\times\frac{1}{2}+1\times 1\times\frac{1}{8}\\ &= 0\end{aligned}$$

이다. 또한 [예제 7.16]의 계산과 마찬가지로 기댓값에 대한 계산은 다음 표를 이용하여

x	0	1	계
$f_X(x)$	$\frac{1}{4}$	$\frac{3}{4}$	1
$xf_X(x)$	0	$\frac{3}{4}$	$\frac{3}{4}=\mu_X$

y	-1	0	1	계
$f_Y(y)$	$\frac{1}{8}$	$\frac{3}{4}$	$\frac{1}{8}$	1
$yf_Y(y)$	$-\frac{1}{8}$	0	$\frac{1}{8}$	$0=\mu_Y$

계산하면 $\mu_X = \frac{3}{4}, \mu_Y = 0$에서

$$Cov(X, Y) = E(XY) - \mu_X \mu_Y = 0 - \frac{3}{4} \times 0 = 0$$

이므로 $Corr(X, Y) = 0$이다. 그러나

$$P(X=0, Y=-1) = 0 \neq \frac{1}{4} \times \frac{1}{8} = P(X=0)P(Y=-1)$$

이므로 확률변수 X, Y는 서로 독립이 아니다. 즉 $Corr(X, Y) = 0$이라고 해서 확률변수 X, Y가 서로 독립이라고 할 수 없다.

두 확률변수 X, Y의 선형변환 $aX+b, cY+d$ (a,b,c,d는 상수)에 대한 공분산과 상관계수는 다음과 같은 성질을 가진다.

선형변환된 확률변수의 공분산과 상관계수

1. $Cov(aX+b, cY+d) = ac\,Cov(X, Y)$
2. $Corr(aX+b, cY+d) = \begin{cases} Corr(X, Y), & ac > 0 \\ -Corr(X, Y), & ac < 0 \end{cases}$

위의 성질과 $Var(X) = Cov(X, X)$를 이용하면 다음과 같은 성질을 얻는다.

두 확률변수의 합과 차의 분산

1. $Var(X+Y) = Var(X) + Var(Y) + 2Cov(X, Y)$
2. $Var(X-Y) = Var(X) + Var(Y) - 2Cov(X, Y)$

연습문제

7.1 한 개의 동전을 3회 던지는 실험을 한다.

(1) 표본공간을 구하시오.

(2) 앞면의 횟수를 확률변수 X라 할 때, 다음은 X의 확률분포를 구하는 과정이다. 빈칸을 채우시오. 여기서 H는 앞면, T는 뒷면을 나타낸다.

S	TTT	HTT, THT, TTH	HHT, THH, HTH	HHH	계
x					
$P(X=x)$					1

7.2 세 사람이 가위, 바위, 보를 1번 해서 가위가 나온 횟수를 확률변수 X라 한다.

(1) 표본공간을 구하시오. 근원사건은 몇 가지 경우가 나오는가?

(2) 확률변수 X가 가질 수 있는 실수는 무엇인가?

(3) $P(X=2)$의 값은?

(4) 확률변수 X의 확률분포표를 구하시오.

7.3 프로야구 플레이오프는 5전 3선승제이다. 야구팀 A와 B가 경기를 한다고 할 때, A 입장에서 승리를 W, 패배를 L로 표시한다. 단, 무승부는 없다고 가정한다.

(1) 표본공간을 구하시오.

(2) 확률변수 X를 경기의 수라고 할 때, X가 가질 수 있는 값은 무엇인가?

(3) 확률변수 $X=3$일 사건을 표본공간에서 구하시오.

(4) 만약 A팀이 승리할 확률이 $\frac{1}{2}$이고, 각 경기의 결과는 서로 독립일 때 X의 확률분포를 구하시오.

7.4 확률변수 X의 확률분포가 다음과 같이 주어졌다. 원문자는 계산 순서를 나타낸다.

x^2	1						④
x	1	2	3	4	5	계	①
$P(X=x)$	$\frac{1}{15}$	$\frac{2}{15}$	$\frac{3}{15}$		$\frac{5}{15}$		②
$xP(X=x)$	$\frac{1}{15}$						③
$x^2P(X=x)$	$\frac{1}{15}$						⑤

(1) $P(X=4)$의 값을 구하시오.

(2) $P(X \geq 2)$의 값을 구하시오.

(3) $E(X)$를 구하시오.

(4) $E(X^2)$을 구하시오.

(5) $Var(X)$와 $sd(X)$를 구하시오.

7.5 다음은 확률변수 X의 확률질량함수이다.

$$f_X(x) = cx,\ x = 1, \cdots, n$$

(1) 상수 c의 값을 n으로 나타내시오.

(2) $P(X=4)$의 값을 $n(n \geq 2)$으로 나타내시오. $n=5$일 때, $P(X=4)$의 값은?

(3) $P(X \geq 2)$의 값을 $n(n \geq 2)$으로 나타내시오. $n=5$일 때, $P(X \geq 2)$의 값은?

(4) $E(X)$를 구하시오.

(5) $E(X^2)$을 구하시오.

(6) $Var(X)$를 구하시오.

7.6 확률변수 X의 확률분포가 다음과 같이 주어졌다.

$y=2x-1$	-5					
x	-2	-1	0	1	2	계
$P(X=x)$	$\frac{1}{10}$	$\frac{1}{5}$		$\frac{1}{5}$	$\frac{1}{10}$	
$P(Y=y)$						

(1) $P(X=0)$의 값은?

(2) $E(X)$를 구하시오.

(3) $E(X^2)$을 구하시오.

(4) $Var(X)$를 구하시오.

(5) $Y=2X-1$의 확률분포를 구하시오. $P(Y \geq 0)$의 값을 구하시오.

(6) $E(Y)$를 구하시오.

(7) $Var(Y)$를 구하시오.

7.7 연습문제 7.6의 확률변수 X에 대하여 $Y=2X-1$이다.

(1) $P(Y=3)$의 값을 구하시오.

(2) Y의 확률질량함수를 구하시오.

(3) $E(Y)$를 구하시오.

(4) $sd(Y)$을 구하시오.

7.8 다음 표는 두 확률변수 X, Y의 결합확률분포를 나타낸다.

$X \backslash Y$	-1	0	1	**합**
-1		$\frac{1}{8}$	$\frac{1}{8}$	
1	$\frac{1}{8}$	$\frac{1}{2}$	$\frac{1}{8}$	
합				

(1) $P(X=-1, Y=-1)$의 값을 구하시오.

(2) $P(X=Y)$, $P(X<Y)$의 값을 구하시오.

(3) 다음 표를 이용하여 확률변수 $X-Y$의 확률분포를 구하시오.

확률변수 $X-Y$의 값 (확률), 괄호 안은 확률을 표시

$X \backslash Y$	-1	0	1
-1	$0(\ )$	$-1(\frac{1}{8})$	$(\frac{1}{8})$
1	$2(\frac{1}{8})$	$(\ )$	$0(\frac{1}{8})$

확률변수 $X-Y$의 확률분포표

$x-y$	-2	-1	0	1	2	계
$P(x-y)$	$\frac{1}{8}$				$\frac{1}{8}$	

(4) $Z=X-Y$라 할 때, 다음 표를 이용하여 $E(Z)$, $Var(Z)$를 구하시오.

z^2	4						④
z	-2	-1	0	1	2	계	①
$P(Z=z)$	$\frac{1}{8}$				$\frac{1}{8}$		②
$zP(Z=z)$	$-\frac{1}{4}$						③
$z^2P(Z=z)$	$\frac{1}{2}$						⑤

(5) $E(X)$, $E(Y)$를 구하고, $E(X)-E(Y)$를 구하시오. 또한 $Var(X)$, $Var(Y)$, $Cov(X, Y)$를 구하여 $Var(X-Y)$를 계산하시오.

x^2			
x	-1	1	계
$f_X(x)$			1
$xf_X(x)$			μ_X
$x^2f_X(x)$			$E(X^2)$

y^2				
y	-1	0	1	계
$f_Y(y)$				1
$yf_Y(y)$				μ_Y
$y^2f_Y(y)$				$E(Y^2)$

(6) $Corr(X, Y)$를 구하시오.

7.9 다음 표는 두 확률변수 X, Y의 결합확률분포를 나타낸다.

$X \backslash Y$	-1	0	1	합
-1		$\frac{1}{8}$	$\frac{1}{8}$	
1	$\frac{1}{4}$	$\frac{1}{8}$	$\frac{1}{8}$	
합				

(1) $P(X=-1, Y=-1)$의 값을 구하시오.

(2) $P(X=Y)$, $P(X<Y)$의 값을 구하시오.

(3) 확률변수 X, Y는 서로 독립인가?

(4) 확률변수 $X-Y$의 확률분포를 구하시오.

(5) $E(X), E(Y), E(XY)$를 구하시오.

(6) $Corr(X, Y)$를 구하시오.

(7) $Var(X-Y)$를 구하시오.

7.10 상수 a, b, c, d에 대하여 다음을 증명하시오

(1) $Cov(aX+b, cY+d) = ac\,Cov(X, Y)$

(2) $Corr(aX+b, cY+d) = \begin{cases} Corr(X, Y), & ac>0 \\ -Corr(X, Y), & ac<0 \end{cases}$

7.11 다음을 증명하시오.

(1) $Var(X+Y) = Var(X) + Var(Y) + 2\,Cov(X, Y)$

(2) $Var(X-Y) = Var(X) + Var(Y) - 2\,Cov(X, Y)$

8장

이산형 확률분포

7장에서 확률분포의 일반적인 성질을 살펴봤다. 8장에서는 이산형 확률변수의 구체적인 확률질량함수를 이용하여 확률분포를 구하고, 9장에서는 대표적인 연속형 확률변수인 정규분포의 성질에 대하여 알아본다.

실험 가운데 가장 간단한 실험은 무엇일까? 항상 같은 결과가 나오는 실험이 가장 간단하다. 이러한 실험은 통계학의 대상이 될 수 없다. 항상 같은 결과가 나오면 실험을 할 이유도 없고, 궁금증의 대상도 아니며 예측의 대상도 아니기 때문이다. 그렇다면 통계학이 관심 대상이 되는 가장 간단한 실험은 무엇일까? 실험의 결과가 2개인 경우이다. 예를 들어 동전을 1회 던지는 실험을 고려하면, 실험의 결과가 '앞면' 또는 '뒷면'이다. 실험의 결과가 오직 2개인 경우이다.

이 장에서는 첫째, 실험의 결과가 2개인 실험을 여러 번 반복했을 때 어떤 결과의 횟수에 대한 확률분포를 구한다. 예를 들어 동전을 10회 던지는 실험에서 앞면이 3회 나올 확률을 구하는 방법을 알아본다. 둘째, 주머니 안에 흰 공이 10개, 검은 공이 5개 있고 3개의 공을 한꺼번에 꺼낼 때 흰 공의 개수가 2개일 확률을 계산한다. 이를 일반적으로 확장한 확률분포에 대하여 알아본다. 셋째, 사건의 횟수에 대한 확률분포에 대해 알아본다.

8.1 베르누이 확률분포

동전을 1회 던지는 실험을 고려하면 실험의 결과는 2개로 '앞면' 또는 '뒷면'이다. 이처럼 실험의 결과가 2개인 실험을 **베르누이 시행**(Bernoulli trial)이라 한다. 여기서 시행이란 같은 조건에서 반복할 수 있으며, 매번 결과가 달라질 수 있는 실험을 나타낸다. 베르누이 시행에서 하나의 결과를 성공(success, s), 다른 하나의 결과를 실패(failure, f)라고 부른다. 예를 들어 동전 던지기에서 '앞면'을 성공, '뒷면'을 실패라 할 수 있다. 이제 베르누이 시행의 표본공간을 다음과 같이 표현한다.

$$S = \{ s, f \}$$

베르누이 확률변수는 표본공간의 원소 s를 1로, f를 0으로 대응시키는 함수이다. 즉

$$X(s) = 1,\ X(f) = 0$$

이다. 만약 성공률을 $p\,(0 \le p \le 1)$라고 한다면

$$P(X=1) = p,\, P(X=0) = 1-p$$

이고, 이를 확률분포표로 표현하면 <표 8-1>과 같다.

표 8-1 베르누이 확률분포표

x	0	1
$P(X=x)$	$1-p$	p

여기서 베르누이 확률분포를 결정짓는 값은 표본공간에서 성공(s)이 나올 확률인 성공률 p이다. 이처럼 확률분포를 결정짓는 값을 **모수(parameter)**라 하고, 베르누이 확률변수 $X \sim Ber(p)$라 표기한다. 여기서 $p = P(X=1)$로 성공률을 나타낸다. 베르누이 확률변수의 확률질량함수는 다음과 같다.

$$f(x) = p^x (1-p)^{1-x},\quad x = 0,1$$

베르누이 확률변수 $X \sim Ber(p)$의 기댓값과 분산은 다음과 같다.

$$E(X) = \sum_x x f(x) = 0 \times (1-p) + 1 \times p = p$$
$$E(X^2) = \sum_x x^2 f(x) = 0^2 \times (1-p) + 1^2 \times p = p$$
$$Var(X) = E(X^2) - E^2(X) = p - p^2 = p(1-p)$$

베르누이 확률변수 $X \sim Ber(p),\ 0 \le p \le 1$

1. 확률질량함수: $f(x) = p^x(1-p)^{1-x},\ \ x = 0, 1$
2. 기댓값과 분산: $E(X) = p,\ Var(X) = p(1-p)$

예제 8.1 공정한 주사위를 던져 주사위 눈의 수가 3의 배수인지를 확인하는 실험이 있다. 이 실험에서 3의 배수가 나오면 1을, 그렇지 않으면 0인 확률변수의 분산을 구하시오.

풀이 정의된 확률변수는 베르누이 확률변수의 실현이고, 베르누이 확률변수는 $X \sim Ber(\frac{1}{3})$이므로 $Var(X) = \frac{1}{3} \times (1 - \frac{1}{3}) = \frac{2}{9}$이다.

[예제 7.9]와 같이 R에서 시뮬레이션을 시행하면 다음과 같이 자료의 크기가 커지면 자료의 분산이 $\frac{2}{9}$에 가까워진다.

```
> var(sample(c(0,1),100,replace=T,prob=c(2/3,1/3))) # 100번 시뮬레이션
[1] 0.2160606
> var(sample(c(0,1),1000,replace=T,prob=c(2/3,1/3))) # 1,000번 시뮬레이션
[1] 0.2233273
> var(sample(c(0,1),10000,replace=T,prob=c(2/3,1/3))) # 10,000번 시뮬레이션
[1] 0.2181239
> var(sample(c(0,1),100000,replace=T,prob=c(2/3,1/3))) # 100,000번 시뮬레이션
[1] 0.2214818
> var(sample(c(0,1),1000000,replace=T,prob=c(2/3,1/3))) # 1,000,000번 시뮬레이션
[1] 0.2220771
> var(sample(c(0,1),10000000,replace=T,prob=c(2/3,1/3))) # 10,000,000번 시뮬레이션
[1] 0.2222866
> 2/9
[1] 0.2222222
```

8.2 이항분포

베르누이 시행을 여러 번 독립적으로 반복했을 때, 성공 횟수에 관한 분포가 **이항분포**(binomial distribution)이다. 예를 들어 동전을 10번 던져 앞면이 나온 횟수가 $0,1,\cdots,10$일 확률에 관한 분포가 이항분포이다. 베르누이 확률분포는 성공률 p에만 의존하였으나, 이항분포는 한 번 시행했을 때 성공률 p뿐만 아니라 실험횟수 n에도 의존한다. 따라서 성공률이 p인 베르누이 시행을 n번 독립적으로 반복했을 때, 성공 횟수에 관한 분포인 이항분포를 $X \sim B(n,p)$로 표기한다. 베르누이 확률변수는 실험 횟수가 $n=1$인 경우이므로 $Ber(p)=B(1,p)$라 할 수 있다.

이항분포 $X \sim B(n,p)$에서 확률변수 X가 가질 수 있는 값은 성공 횟수이므로 $0,1,\cdots,n$이다. 따라서 우리의 관심사는 성공 횟수가 x일 확률 $P(X=x)$, $x=0,1,\cdots,n$을 구하는 데 있다. 먼저 $X=0$은 성공 횟수가 0이므로 모두 실패했다는 것을 나타내므로

$$P(ff\cdots f)=P(f)\times P(f)\times\cdots\times P(f)=(1-p)^n$$

이다. 왜냐하면 각 실험은 서로 독립이기 때문에 곱사건의 확률은 사건의 확률의 곱으로 표현되기 때문이다. 따라서 $X=0$일 확률은 다음과 같다.

$$P(X=0)=(1-p)^n$$

$X=1$인 경우는 성공 횟수가 1이므로 한 번 성공하고 $(n-1)$번 실패하였으므로

$$P(sff\cdots f)=P(s)\times P(f)\times P(f)\times\cdots\times P(f)=p(1-p)^{n-1}$$

이고, 성공 횟수가 1회인 경우는 s의 위치가 1번째, 2번째, $\cdots$, n번째에 있는 n가지이므로

$$P(X=1)=np(1-p)^{n-1}$$

이다. 또한 $X=x$인 경우는 성공 횟수가 x번, 실패 횟수가 $(n-x)$번이므로

$$P(s\cdots sf\cdots f)=P(s)\times\cdots\times P(s)\times P(f)\times\cdots\times P(f)=p^x(1-p)^{n-x}$$

이고, 경우의 수가 $\binom{n}{x}$이기 때문에 $P(X=x)$는 다음과 같다.

$$P(X=x)=\binom{n}{x}p^{x}(1-p)^{n-x},\quad x=0,\cdots,n$$

이항분포 $X \sim B(n,p)$는 서로 독립인 베르누이분포 $X_i \sim Ber(p),\ i=1,\cdots,n$의 합으로 표현된다. 즉 $X=X_1+X_2+\cdots+X_n$이므로, 7장의 기댓값과 분산의 성질에 의해

$$E(X)=E(X_1)+\cdots+E(X_n)=p+\cdots+p=np$$
$$Var(X)=Var(X_1)+\cdots+Var(X_n)=p(1-p)+\cdots+p(1-p)=np(1-p)$$

이다.

이항분포 $X \sim B(n,p),\ 0 \le p \le 1,\ n \ge 1$ 자연수

1. 확률질량함수: $f(x)=\binom{n}{x}p^{x}(1-p)^{n-x},\quad x=0,1,\cdots,n$
2. 기댓값과 분산: $E(X)=np,\ Var(X)=np(1-p)$

예제 8.2 공정한 주사위를 던져 주사위의 눈이 3의 배수인지를 확인하는 실험을 10번 독립적으로 시행했다. 3의 배수가 나온 횟수에 대한 확률분포, 기댓값과 분산을 구하시오. 또한 3의 배수가 나온 횟수가 1 이하일 확률을 구하시오.

풀이 확률변수 X는 주사위를 10회 던져 3의 배수가 나오는 횟수이므로 $X \sim B(10,\frac{1}{3})$이다. 따라서 X의 확률질량함수, 기댓값, 분산은 다음과 같다.

$$P(X=x)=\binom{10}{x}\frac{1}{3}^{x}(1-\frac{1}{3})^{10-x},\quad x=0,\cdots,10$$

$$E(X)=10\times\frac{1}{3}=\frac{10}{3},\ Var(X)=10\times\frac{1}{3}\times(1-\frac{1}{3})=\frac{20}{9}$$

실험에서 3의 배수가 나온 횟수가 1 이하인 사건은 $\{X \le 1\}$이므로

$$\begin{aligned}P(X\le 1)&=P(X=0)+P(X=1)=\binom{10}{0}\left(\frac{1}{3}\right)^{0}\left(\frac{2}{3}\right)^{10-0}+\binom{10}{1}\left(\frac{1}{3}\right)^{1}\left(\frac{2}{3}\right)^{10-1}\\&=0.017+0.087=0.104\end{aligned}$$

이다.

이항분포 $X \sim B(n,p)$의 확률을 매번 구체적으로 계산하는 것은 매우 번거로운 작업이다. 따라서 부록의 누적이항분포표를 이용하는 것이 편리하다. 누적이항분포표는 $P(X \leq c)$의 값을 계산한 표이다. 예를 들어 [예제 8.2]에서 $X \sim B(10, 1/3)$일 때, $P(X \leq 1)$의 값은 표에서 $n = 10, p = 0.3, c = 1$에 해당하는 값인 0.149를 근삿값으로 얻는다. 한편 $P(X = c) = P(X \leq c) - P(X \leq c-1)$의 성질을 이용하여 $P(X = c)$를 구할 수 있다. 예를 들어 $P(X = 1) = P(X \leq 1) - P(X \leq 0) = 0.149 - 0.028 = 0.121$이다.

R에서 확률분포의 확률을 쉽게 구할 수 있다. R은 여러 확률분포에 대한 확률을 제공하는데, 확률분포의 이름이 정해져 있다. 예를 들어 이항분포는 binom이라는 이름을 사용한다. 확률분포 이름 앞에 4가지 접두사를 이용하여 여러 가지 확률에 관한 값을 구할 수 있다. 4가지 접두사는 d, p, q, r인데, 각각 density, probability, quantile, random을 나타낸다. 즉 density는 확률질량함수 $P(X = x)$ 또는 확률밀도함수의 값, probability는 누적확률 $P(X \leq x)$, quantile은 분위수로 주어진 p에 대해 $p = P(X \leq q)$를 만족하는 q, random은 표본추출을 의미한다. 그런데 각 확률분포의 특성을 결정짓는 모수는 필수적으로 지정되어야 하므로 함수의 첫 번째 인수는 각 함수에서 필수적인 항이고, 두 번째 또는 세 번째 인수는 확률분포의 모수가 입력된다.

예를 들어 $X \sim B(10, 1/3)$에서 $P(X = 1)$의 값을 구하려면 이항분포를 나타내는 binom이고, 확률질량함수를 나타내는 접두사 d가 합쳐져 dbinom() 함수를 사용한다. 또한 확률질량함수를 구하기 위해서 필수 사항은 $P(X = x)$에서 x가 1이므로, 1이 첫 번째 인수이며, 확률분포의 모수 $n = 10$, $p = 1/3$이 두 번째, 세 번째 인수로 추가된다. 즉 dbinom(1,10,1/3)을 사용하여 이항분포의 확률을 구한다. 각 확률분포에 대한 인수 정보는 help()를 이용한다.

```
> dbinom(1,10,1/3) # 이항분포의 확률질량함수 X~B(10,1/3)일 때 P(X=1)
[1] 0.08670765
```

마찬가지로 $X \sim B(10, 1/3)$에서 $P(X \leq 1)$의 값은 pbinom(1,10,1/3) 함수를 사용한다.

```
> pbinom(1,10,1/3) # 이항분포의 누적확률 X~B(10,1/3)일 때 P(X <= 1)
[1] 0.1040492
```

이 결과는 [예제 8.2]의 결과와 일치하고, 표에 의한 근삿값을 사용할 필요가 없다는 장점이 있다. 만약 $X \sim B(10, 1/3)$에서 확률방정식 $0.3 = P(X \le q)$를 만족하는 분위수 q 값은 qbinom(0.3,10,1/3) 함수를 사용한다.

```
> qbinom(0.3,10,1/3) # 이항분포의 분위수 X~B(10,1/3) 일 때 0.3=P(X<q)에서 q 값
[1] 3
```

확률변수 $X \sim B(10, 1/3)$일 때, $0.3 = P(X \le 3)$이다. 그러나 이산형 확률변수의 성질 때문에 이산형인 경우는 $0.3 \le P(X \le 3)$이다. 또한 $X \sim B(10,1/3)$인 5개의 표본을 추출하려면 rbinom(5,10,1/3) 함수를 사용한다.

```
> rbinom(5,10,1/3) # 이항분포의 표본 5개 추출, 단 X ~ B(10,1/3)
[1] 6 4 3 2 4
```

예제 8.3 $p = 0.3, 0.5, 0.8$일 때, 이항분포 $X \sim B(10, p)$의 히스토그램을 그리시오.

풀이 이항분포의 히스토그램은 앞에서 설명한 rbinom() 함수를 이용하여 추출한 표본의 히스토그램을 hist() 함수로 그리면 된다. x1은 $B(10,0.3)$인 이항분포에서 100개를 추출한 표본이다. x2, x3도 마찬가지로 각각 $B(10,0.5)$, $B(10,0.8)$에서 추출한 표본이다. >par(mfrow=c(1,3))은 그림 화면을 1×3으로 분할하는 것을 의미하는 것으로 mfrow는 multi-frames in row를 의미한다. 그 결과는 [그림 8-1]이다.

```
> par(mfrow=c(1,3))
> x1=rbinom(100,10,0.3) # 이항분포 B(10,0.3)에서 표본 100개 추출
> x2=rbinom(100,10,0.5) # 이항분포 B(10,0.5)에서 표본 100개 추출
> x3=rbinom(100,10,0.8) # 이항분포 B(10,0.8)에서 표본 100개 추출
> hist(x1,freq=F,xlim=c(0,10),ylim=c(0,0.32),col="lightblue",main="p=0.3")
```

```
> hist(x2,freq=F,xlim=c(0,10),ylim=c(0,0.32),col="lightblue",main="p=0.5")
> hist(x3,freq=F,xlim=c(0,10),ylim=c(0,0.32),col="lightblue",main="p=0.8")
```

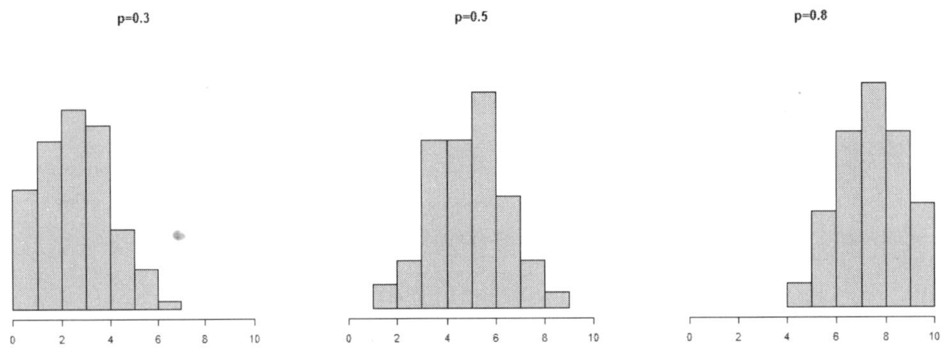

|그림 8-1| $p=0.3, 0.5, 0.8$에 따른 이항분포 $B(10,p)$의 히스토그램

[그림 8-1]에서 $p=0.3$인 경우 히스토그램이 왼쪽으로 치우친 그림이다. 이는 성공률이 0.3으로 낮으므로 성공 횟수가 작은 경우의 확률이 크다는 것을 나타내고 있다. $p=0.8$인 경우는 성공 횟수가 큰 경우의 확률이 크다.

8.3 초기하분포

5장에서 다뤘던 항아리 문제는 항아리 안에 몇 개의 공이 들어있고, 그 가운데 하나의 공을 꺼내는 문제였다. 이처럼 한정된 집단의 표본 추출에서 어떤 특성을 가지는 개체를 비복원추출하였을 때 어떤 특성을 가지는 표본의 개수에 관한 확률변수가 **초기하분포**(hypergeometric distribution)이다. 예를 들어 어떤 공장에서 생산되는 100개의 제품 가운데 불량품은 10개이다. 100개의 제품 중 3개의 제품을 추출한다고 할 때 추출된 표본 중 불량품의 개수에 관한 확률변수가 초기하분포이다.

초기하분포 $X \sim HYP(M, K, n)$,

단, M: 모집단 크기, K: 특성을 가진 개체의 크기, n: 표본 크기

1. 확률질량함수: $f(x) = \dfrac{\binom{K}{x}\binom{M-K}{n-x}}{\binom{M}{n}}$, $x = 0, 1, \cdots, n; n \le \min(K, M-K)$

2. 기댓값과 분산: $E(X) = np$, $Var(X) = np(1-p)\dfrac{M-n}{M-1}$ 단, $p = \dfrac{K}{M}$

초기하분포의 분산에서 마지막 항 $\dfrac{M-n}{M-1}$은 유한수정항(finite correction term)이라 한다. 또한 모집단의 성공률은 $p = \dfrac{K}{M}$이다.

예제 8.4 어떤 공장에서 100개의 제품이 생산되는데 10개의 불량품이 포함되어 있다. 조사원이 3개의 제품을 검사하여 불량품이 하나도 없다면 그 회사의 제품을 구매하려고 한다. 이 경우 이 회사의 제품을 구매할 확률은?

풀이 확률변수 X를 표본 3개 중 불량품의 개수라 하면 $X \sim HYP(100, 10, 3)$이므로

$$P(X=0) = \frac{\binom{10}{0}\binom{90}{3}}{\binom{100}{3}} = 0.727$$

이다. 초기하분포의 확률을 구하려면 dhyper(x,K,M-K,n)을 이용한다.

```
> dhyper(0,10,90,3) # X ~ HYP(100,10,3)의 확률질량함수 P(X=0)
[1] 0.7265306
```

불량률 10%(100개의 제품 가운데 10개의 불량품이 있다)이고 모집단의 크기 100을 매우 크게 확장한다면 불량품의 개수 Y는 이항분포 $B(3, 0.1)$이고 불량품이 없을 확률은

$$P(Y=0) = \binom{3}{0}0.1^0 0.9^3 = 0.729$$

이다. 유한모집단을 무한모집단으로 확장하여도 확률의 차이($0.729-0.727=0.002$)가 크지 않다는 사실을 확인할 수 있다.

8.4 포아송분포

오전 9시부터 오후 6시까지 휴대전화로 걸려오는 전화 횟수의 분포를 알아보기로 하자. 이처럼 어떤 특정 시간 또는 특정 공간에 발생하는 사건의 횟수에 관한 분포가 **포아송분포**(Poisson distribution)이다. 모든 사건의 발생 횟수에 관한 확률을 포아송분포에서 구할 수 있는 것은 아니다. 발생 사건이 다음 조건을 만족해야 한다.

1. 겹치지 않은 구간 내에서 발생하는 사건의 횟수는 서로 독립이다.
2. 짧은 구간에 사건이 1회 발생할 확률은 구간의 길이에 비례한다.
3. 짧은 구간에 사건이 2회 이상 발생할 확률은 무시할 수 있다.
4. 이상의 조건들은 관련된 전 구간 중 어떤 부분에서나 동일하게 성립한다.

특히 포아송분포는 단위시간이나 단위공간에서 희귀하게 일어나는 사건의 횟수에 관한 확률을 구할 때 유용하며, 사건의 평균 발생 횟수가 포아송분포의 모수이다.

포아송분포 $X \sim Poisson(\lambda),\ \lambda > 0$ **(평균)**

1. 확률질량함수: $f(x) = \dfrac{e^{-\lambda}\lambda^x}{x!},\ x = 0, 1, \cdots$
2. 기댓값과 분산: $E(X) = \lambda,\ Var(X) = \lambda$

예제 8.5 어느 사람이 오전 9시부터 오후 6시까지 휴대전화로 걸려오는 전화 횟수가 평균적으로 5회이다. 어느 특정한 날에 그 사람에게 걸려오는 전화 횟수가 6회 이상일 확률을 구하시오. 또한 이 사람에게 걸려오는 전화 횟수가 5회일 확률과 3회에서 6회 사이일 확률을 구하시오.

풀이 전화를 받는 횟수를 나타내는 확률변수 X가 포아송분포를 따른다고 가정하면, $X \sim Poission(5)$라 할 수 있다. 따라서 이 사람의 휴대전화 전화 횟수가 6회 이상일 확률은

$$P(X \geq 6) = \sum_{x=6}^{\infty} \frac{e^{-5}5^x}{x!} = 1 - \sum_{x=0}^{5} \frac{e^{-5}5^x}{x!}$$

이다. 부록의 누적포아송분포표에서 $\lambda = 5$, $c = 5$를 찾아 $P(X \geq 6) = 1 - 0.616 = 0.384$이다. 마찬가지로 $P(X = 5) = P(X \leq 5) - P(X \leq 4) = 0.616 - 0.440 = 0.176$이다. 또한 걸려온 전화 횟수가 3회에서 6회일 확률은 다음과 같다.

$$P(3 \leq X \leq 6) = P(X \leq 6) - P(X \leq 2) = 0.762 - 0.125 = 0.637$$

R에서 포아송분포를 나타내는 함수 이름은 pois이다. 따라서 한 점에 대한 확률은 접두사 d, 구간에 대한 확률은 접두사 p를 이용한다. 즉 $P(X \geq 6) = 1 - P(X \leq 5)$인 사실을 이용히여 1-ppois(5,5) 명령이로 확률을 구한다. 여기서 첫 빈째 5는 $P(X \leq 5)$에서 5이고, 두 번째 5는 포아송분포의 모수인 평균빌생횟수 5이다. 두 번쌔 $P(X = 5)$는 dpois(x,lambda)를 이용하고, 세 번째 $P(3 \leq X \leq 6) = P(X \leq 6) - P(X \leq 2)$를 이용한다.

```
> 1-ppois(5,5)  # P(X >= 6) = 1 - P(X <= 5)
[1] 0.3840393
> dpois(5,5)  # P(X=5)
[1] 0.1754674
> ppois(6,5)-ppois(2,5) # P(3 <= X <= 6) = P(X <=6 ) - P(X <= 2)
[1] 0.6375314
```

이항분포 $B(n,p)$에서 n이 충분히 크고, p가 매우 작은 경우에 확률을 계산하는 것은 $n!$ 계산값이 매우 커져 쉽지 않다. 이때 이항분포의 확률을 포아송분포($\lambda = np$)를 이용하여 근삿값을 구할 수 있다. 즉 $\binom{n}{x} p^x (1-p)^{n-x} \approx \frac{e^{-np}(np)^x}{x!}$ 이다.

예제 8.6 어느 질병의 발생률은 평균적으로 1만 명당 25명이다. 만약 100명에 대해 이 질병을 조사하였을 때, 이 질병을 앓고 있는 사람이 0명일 확률과 3명 이상일 확률을 구하시오.

풀이 유병률은 $p = 25/10000 = 0.0025$이고, 100명에 대해 조사를 하여 이 질병을 앓고 있는 사람의 수는 $X \sim B(100, 0.0025)$이다. 따라서

$$P(X=0) = \binom{100}{0} 0.0025^0 (1-0.0025)^{100-0} = 0.7786$$

이다. 이를 포아송 확률분포에서 근사적으로 구하면

$$\frac{e^{-0.25} 0.25^0}{0!} = 0.7788$$

로 실제값과 거의 차이가 없다. R에서 각 확률을 구하면 다음과 같다.

```
> dbinom(0,100,0.0025) # P(X=0), X~B(100, 0.0025), 정확한 값
[1] 0.778557
> dpois(0,0.25) # P(Y=0), Y~Poisson(0.25), 근삿값
[1] 0.7788008
```

$X \sim B(100, 0.0025)$일 때, $P(X \geq 3)$은 $n = 100$이므로 부록의 누적이항분포표에서 구할 수 없다. 그러나 $Y \sim Poisson(0.25)$일 때, 누적포아송분포표에서

$$P(X \geq 3) \approx P(Y \geq 3) = 1 - P(Y \leq 2) = 1 - 0.996 = 0.004$$

이다. 실제 정확한 계산을 R에서 실행하면 다음과 같다.

```
> 1-pbinom(2,100,0.0025) # P(X >= 3) = 1 - P(X <= 2) , X~B(100, 0.0025), 정확한 값
[1] 0.002108388
> 1-ppois(2,0.25) # P(Y>=3) = 1 - P(Y <= 2), Y~Poisson(0.25), 근삿값
[1] 0.002161497
```

이항분포에서 구한 정확한 확률은 0.002108388이지만, 포아송분포로 계산한 근사 확률은 0.002161497로 그 오차는 5.3109e-05로 소수 다섯째 자리에서 처음 0이 아닌 값이 나온다. 부록에서 구한 값이 0.004이므로 실제 값과 0.002 정도 오차가 발생한다. 이 문제를 해결할 때, 만약 통계소프트웨어를 이용하면 이항분포를 직접 이용하고, 책을 이용하여 계산할 때는 포아송분포의 누적분포표를 이용하여 계산한다.

예제 8.7 R 프로그램에서 평균이 3인 포아송분포를 따르는 표본을 100개 추출하시오. 추출된 표본의 평균과 표준편차를 예상하고, 그 예상을 확인하시오.

풀이 R 프로그램에서 평균이 3인 포아송분포를 따르는 표본을 추출하는 함수는 rpois(n,lambda)이다. 포아송분포의 평균은 λ이고, 분산도 λ이므로 표준편차는 $\sqrt{\lambda}$ 이다. 따라서 추출된 표본의 평균은 3, 표준편차는 $\sqrt{3}=1.732$ 으로 예상된다.

```
> x=rpois(1000,3) # Poisson(3)을 따르는 표본추출
> mean(x) # 추출된 표본의 평균
[1] 3.064
> sd(x) # 추출된 표본의 표준편차
[1] 1.7044937
```

연습문제

8.1 다음이 베르누이시행인지 아닌지를 판단하시오.

(1) 어떤 사람이 대졸인지 아닌지를 기록한다.

(2) 어떤 사람이 고졸인지, 대졸인지, 대학원졸인지를 기록한다.

(3) 어떤 사람이 대졸인지 아닌지를 기록하는데, 연속하여 같은 결과는 기록하지 않는다.

(4) 어떤 도로에서 발생하는 교통사고의 건수를 기록한다.

8.2 ox 문제가 3개 있다. 문제를 맞힐 확률은 0.5이다. 세 번째 문제에 처음으로 문제를 맞힐 확률을 구하시오.

8.3 오지선다형 문제가 1개 있다. 이 문제를 맞힐 확률은 0.2이다. 두 사람이 문제를 풀었다. 다음의 값을 구하시오.

(1) 적어도 한 명이 문제를 맞힐 확률

(2) 두 사람 중 문제를 맞히는 사람의 수에 대한 기댓값

8.4 사지선다형 문제가 1개 있다. 이 문제를 맞힐 확률은 0.25이다. 세 사람이 문제를 풀었다. 다음의 값을 구하시오.

(1) 적어도 한 명이 문제를 맞힐 확률

(2) 세 사람 중 문제를 맞히는 사람의 수에 대한 기댓값

8.5 ox 문제가 20개인 시험이 있다. 한 문제를 맞힐 확률은 0.5이고, 문제들의 정답은 서로 독립이다. 한 문제당 배점은 5점일 때, 다음의 값을 구하시오.

(1) 시험에서 한 문제도 맞히지 못할 확률

(2) 시험에서 50점을 받을 확률

(3) 시험에서 맞힐 문제의 개수가 5개 이상 10개 미만일 확률

(4) 이 시험 점수의 평균과 표준편차

8.6 프로야구팀 A가 B를 이길 확률이 60%일 때 다음을 구하시오. 단, 경기의 승리 여부는 서로 독립이다.

(1) 두 경기 연속 A팀이 B팀을 이길 확률

(2) 10번의 경기 가운데 A팀이 B팀을 3번 이길 확률

(3) 10번의 경기 가운데 A팀이 B팀을 3번 이상 이길 확률

(4) 10번의 경기 가운데 A팀이 B팀을 이기는 횟수에 대한 평균과 분산

8.7 프로그램 R을 이용하여 다음 값을 구하시오. 단, $X \sim B(15, 0.25)$

(1) $P(X=4)$

(2) $P(X \geq 2)$

(3) $P(5 \leq X < 10)$

(4) $P(5 \leq X < 10$ 또는 $X \geq 14)$

8.8 프로그램 R을 이용하여 다음 값을 구하시오. 단, $X \sim HYPER(200, 10, 5)$

(1) $P(X=1)$

(2) $P(X \leq 2)$

(3) $P(1 < X \leq 3)$

8.9 프로그램 R을 이용하여 다음 값을 구하시오. 단, $X \sim Poisson(1.05)$

(1) $P(X=1)$

(2) $P(X \leq 2)$

(3) $P(1 < X \leq 3)$

8.10 성공률이 0.1인 실험을 n번 독립적으로 시행했다.

(1) 성공 횟수가 0일 확률을 구하시오.

(2) 성공 횟수가 1일 확률을 구하시오.

(3) (1)의 값이 (2)의 값보다 크기 위한 최대의 n을 구하시오.

(4) (1)의 값이 (2)의 값보다 작기 위한 최소의 n을 구하시오.

8.11 이항확률분포의 확률질량함수

$$f(x) = \binom{n}{x} p^x (1-p)^{n-x}, \quad x = 0, 1, \cdots, n$$

에 대하여 물음에 답하시오.

(1) $\sum_{x=0}^{n} f(x) = 1$을 증명하시오.

(2) $\sum_{x=0}^{n} x f(x)$와 $\sum_{x=0}^{n} x^2 f(x)$을 계산하시오.

8.12 주머니 안에 흰 공 10개와 파란 공 10개가 있다. 이 주머니에서 5개의 공을 꺼낸다.

(1) 꺼낸 5개의 공 가운데 파란 공이 하나도 없을 확률을 구하시오.

(2) 꺼낸 5개의 공 가운데 파란 공의 개수에 대한 확률분포표를 구하시오.

(3) 꺼낸 5개의 공 가운데 파란 공의 개수에 대한 확률질량함수를 구하시오.

(4) (2), (3)의 값을 비교하시오.

(5) (2)의 확률분포표에서 평균과 분산을 구하시오. 공식에 의한 값과 비교하시오.

8.13 어느 반도체 공장의 수율(결함이 없는 합격품의 비율, 웨이퍼 1방에 배치된 최대 칩의 개수대비 정상 칩의 개수)이 80%이다. 이 공정에서 생산되는 1,000개의 제품 가운데 25개의 표본을 랜덤하게 추출했다.

(1) 25개의 표본 가운데 22개 이상이 정상품일 확률을 구하시오.

(2) 다른 표본 25개를 추출하였을 때, 기대되는 정상품의 개수를 예측하시오.

8.14 어느 도로에서는 일주일에 평균 10건의 교통사고가 발생한다고 한다. 단, 교통사고의 건수는 포아송분포를 따른다.

(1) 이 도로에서 어느 날 교통사고가 한 건도 일어나지 않을 확률을 구하시오.

(2) 이 도로에서 어느 날 교통사고가 3건 이상 일어날 확률을 구하시오.

(3) 이 도로에서 어느 날 일어나는 교통사고의 평균 건수를 구하시오.

8.15 한 전자제품 서비스센터에 수리하러 오는 고객의 수는 한 시간당 평균적으로 60명인 포아송분포를 따른다.

(1) 어느 특정한 10분 동안 고객 수가 2명일 확률을 구하시오.

(2) 어느 특정한 5분 동안 고객 수가 2명일 확률을 구하시오.

(3) 어느 특정한 5분 동안 고객 수가 최소한 2명 이상일 확률을 구하시오.

9장

연속형 확률분포

이산형 확률변수가 가질 수 있는 값은 셀 수 있는 이산점에서 0이 아닌 확률을 가진다. 그러나 연속형 확률변수가 가질 수 있는 값은 셀 수 없는 실수형태인 경우이고, 어떤 실수 구간에서 0이 아닌 확률을 가진다. 예를 들어 어떤 사람이 키가 180cm 이상일 확률을 구한다고 할 때, 키는 180 이상인 실수 구간에서 0이 아닌 확률을 가진다.

한 점에서 0이 아닌 확률을 가지는 이산형 확률변수와 달리 연속형 확률변수는 한 점에서 확률은 0이다. 따라서 구간에 대한 확률만 의미가 있으며, 구간에 대한 확률을 결정짓는 함수가 확률밀도함수(probability density function, pdf)이다.

이 장에서는 연속형 확률분포 가운데 특정한 확률밀도함수를 가지는 확률분포를 다룬다. 첫째, 어떤 구간에서 확률밀도함수가 상수인 균등분포에 대하여 그 성질을 알아본다. 둘째, 종 모양의 확률밀도함수를 가지는 정규분포에 대해 상세하게 다룬다. 정규분포는 통계학의 확률분포에서 가장 중요한 확률분포로 실생활에서 접하는 많은 자료들이 정규분포를 따르는 것으로 알려져 있다.

9.1 균등분포

균등분포(uniform distribution)는 연속형 확률분포 가운데 가장 단순한 확률분포로 확률변수가 정의되는 구간 $[a, b]$에서 확률밀도함수가 상수 c인 경우이다. 즉,

$$f(x) = c,\ a \le x \le b, a < b$$

이다. 표기로 $X \sim U(a,b)$를 사용한다. 여기서 상수 c는 $f(x)$가 확률밀도함수이기 위한 조건

$$1 = \int_a^b f(x)dx = \int_a^b c dx = c(b-a)$$

를 만족해야 하므로 상수 c는 다음과 같다.

$$c = \frac{1}{b-a}$$

예를 들어 어느 학생이 오전 8시에서 오전 9시 사이에 등교한다고 할 때, 등교 시간은 어느 특정한 구간에 치우치지 않고 균등하다고 가정한다. 이 학생이 등교하는 시간인 8시 x분의 x를 나타내는 확률변수를 X라 한다면, $X \sim U(0,60)$이다. 8시 0분에서 8시 60분 사이에 등교하는 시간은 일정하므로 확률밀도함수는 다음과 같다.

$$f(x) = \frac{1}{60},\ 0 \le x \le 60$$

> **균등분포** $X \sim U(a,b)$
>
> 1. 확률밀도함수: $f(x) = \dfrac{1}{b-a},\ a < x < b$
>
> 2. 기댓값과 분산: $E(X) = \dfrac{1}{2}(a+b),\ Var(X) = \dfrac{1}{12}(b-a)^2$

균등분포의 기댓값과 분산은 다음과 같이 구할 수 있다.

$$E(X) = \int_a^b x\frac{1}{b-a}dx = \frac{1}{b-a}\int_a^b x dx = \frac{1}{b-a} \times \frac{1}{2}(b^2-a^2) = \frac{1}{2}(a+b)$$

$$E(X^2) = \int_a^b x^2\frac{1}{b-a}dx = \frac{1}{b-a}\int_a^b x^2 dx = \frac{1}{3}(b^2+ab+a^2)$$

$$Var(X) = E(X^2) - E^2(X) = \frac{1}{12}(b-a)^2$$

예제 9.1 확률변수 X가 구간 $[1,7]$에서 균등분포일 때, $2 \le X \le 5$일 확률을 구하시오.

풀이 $X \sim U(1,7)$이므로 $f(x) = \frac{1}{6}$, $1 \le x \le 7$이다.

$$P(2 \le X \le 5) = \int_2^5 f(x)\,dx = \int_2^5 \frac{1}{6}dx = \frac{1}{2}$$

R에서 균등분포의 함수는 unif(x,a,b)이다. 위에서 확률밀도함수를 구하려면 접두사 d, 구간에 대한 확률을 구하려면 접두사 p를 사용한다.

```
> dunif(2,1,7) # 확률밀도함수 첫 번째 2는 구간 [1,7]에서 어떤 값, 1=a, 7=b
[1] 0.1666667 # 1/6
> punif(5,1,7)-punif(2,1,7) # 구간의 확률: P(X <= 5) - P(X <= 2)
[1] 0.5
```

$X \sim U(a,b)$에서 $a=0$, $b=1$인 경우가 가장 기본적인 균등분포이다. 다음은 $X \sim U(0,1)$의 확률밀도함수와 $P(0.2 < X < 0.7)$을 구하는 과정이다.

```
> dunif(0.5) # 확률밀도함수 첫 번째 0.5는 구간 (0,1)에서 어떤 값, 0=a, 1=b
[1] 1
> punif(0.7)-punif(0.2) # U(0,1)인 경우는 인수 a, b를 설정할 필요가 없음.
[1] 0.5
```

9.2 정규분포

가우스 (C. Gauss)는 각종의 물리학 실험에서 발생하는 측정오차에 대한 확률분포를 발표했다. **정규분포**(normal distribution)라 불리는 이 확률분포는 통계학 추론에서 가장 중요한 역할을 한다. 예를 들어 일반적으로 공장에서는 제품을 생산할 때 어떤 규격을 정하여 생산하지만 공정상 정확하게 제품 규격을 맞추기 어렵다. 약간의 오차가 발생하는 데, 불량률이 작을수록 제품의 측정값이 목표값 근처에 많이 분포되고(오차가 0에 가까운 제품이 많고), 목표값에서 멀리 떨어진 곳에는 적게 분포되는 것이 일반적이다. 이처럼 실생활에서 대부분의 자료들이 어떤 특정값 근처에 많이 분포되고 특정값에서 멀어질수록 적게 분포되는 대칭구조를 가진다.

중심이 되는 특정값을 μ라 하고 특정값 근처에 집중되는 정도인 표준편차가 σ인 정규분포를 $N(\mu,\sigma^2)$으로 표기하고, 다음의 확률밀도함수를 가진다.

$$f(x) = \frac{1}{\sqrt{2\pi}\,\sigma} exp\left[-\frac{(x-\mu)^2}{2\sigma^2}\right], \quad -\infty < x,\, \mu < \infty,\, 0 < \sigma < \infty$$

정규분포의 확률밀도함수의 적분이 1이 되는 것은 극좌표를 이용한 적분으로 증명된다. [그림 9-1]은 정규분포 $N(0,1), N(2,1)$의 확률밀도함수를 그린 것이다. 정규분포의 두 모수 μ, σ 가운데 표준편차는 같고, 평균만 다른 경우는 두 확률밀도함수는 곡선의 형태는 같고, 가로축으로 평행이동만 있다.

반면에 정규분포에서 모수 μ는 같고 모수 σ가 다른 경우의 확률밀도함수는 [그림 9-2]와 같이, 두 확률밀도함수의 대칭축은 일치하나 곡선 형태가 달라진다. 표준편차가 클수록 곡선이 가로축에 가깝게 평평해진다. 표준편차가 작을수록 μ 근처의 확률이 더 커진다.

정규분포의 확률밀도함수가 μ에 관하여 대칭이므로 $X \sim N(\mu,\sigma^2)$의 기댓값은 $E(X) = \mu$이다. 왜냐하면 기댓값은 무게중심이라 할 수 있는 데, μ에 관하여 대칭이므로 μ가 정규분포의 확률밀도함수의 무게중심이기 때문이다. 또한 복잡한 계산을 통하여 $Var(X) = \sigma^2$임을 증명할 수 있다.

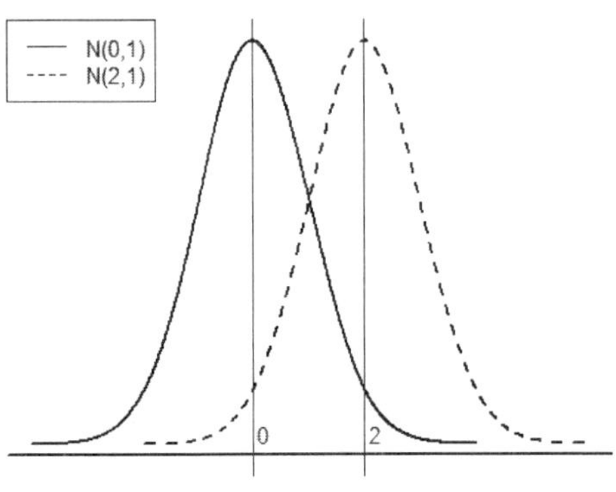

|그림 9-1| 평균이 다른 정규분포의 확률밀도함수

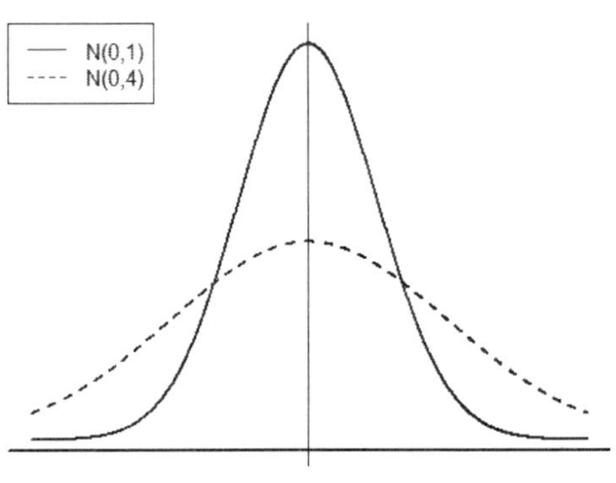

|그림 9-2| 분산이 다른 정규분포의 확률밀도함수

정규분포 $X \sim N(\mu, \sigma^2), -\infty < \mu < \infty, \sigma > 0$

1. 확률밀도함수: $f(x) = \dfrac{1}{\sqrt{2\pi}\,\sigma} e^{-\frac{(x-\mu)^2}{2\sigma^2}}, \quad -\infty < x < \infty$

2. 기댓값과 분산: $E(X) = \mu,\ Var(X) = \sigma^2$

예제 9.2 통계학 점수를 나타내는 확률변수 $X \sim N(50, 10^2)$을 따른다고 할 때, 어떤 한 학생의 점수가 70점 이상일 확률을 구하시오.

풀이 연속형 확률변수의 확률은 적분을 이용하여 계산된다.

$$P(X \geq 70) = \int_{70}^{\infty} \frac{1}{\sqrt{2\pi}\,10} e^{-\frac{(x-50)^2}{2 \cdot 10^2}} dx$$

그러나 위의 적분을 계산하기는 쉽지 않다. 따라서 8장에서 이산형 확률분포의 누적분포표를 이용하여 복잡한 계산이 없이 확률을 구했던 것처럼, 정규분포의 확률을 누적분포표를 이용하여 구하는 것이 좋은 방법일 것이다. 예를 들어 이항분포인 경우 모수는 n(정수), $p\,(0 < p < 1)$이므로 $n = 1, 2, \cdots, 10, 15, 20, 25$; $p = 0.05, 0.1, 0.2, \cdots, 0.9, 0.95$에 대하여 누적분포표를 부록에 수록했다. 그러나 이산형 확률분포와 달리 정규분포를 결정짓는 모수 μ, σ는 실수이므로 수많은 누적분포표가 필요하다. 누적분포표를 이용하여 정규분포의 확률을 계산하는 것은 거의 불가능하다.

만약 $X \sim N(\mu, \sigma^2)$이면 상수 a, b에 대하여 $aX + b \sim N(a\mu + b, a^2\sigma^2)$이다. 여기서 선형변환된 확률변수 $aX+b$의 평균과 기댓값을 구하는 것은 어려운 일이 아니다.

$$E(aX+b) = aE(X) + b = a\mu + b$$

$$Var(aX+b) = a^2\,Var(X) = a^2\sigma^2$$

이제 $aX+b$가 정규분포를 따른다는 사실을 증명해야 한다. 그러나 그 증명은 이 책의 범위를 벗어나므로 생략하고, 증명 없이 다음 성질을 기술한다.

정규분포의 성질

$$X \sim N(\mu, \sigma^2) \;\Rightarrow\; aX+b \sim N(a\mu+b, a^2\sigma^2) \text{ 단, } a,b\text{는 상수}$$

확률변수 $X \sim N(\mu,\sigma^2)$일 때, 확률변수 $Z=\dfrac{X-\mu}{\sigma}$를 고려하기로 하자. 확률변수 Z는 $a=\dfrac{1}{\sigma}, b=-\dfrac{\mu}{\sigma}$일 때 확률변수 X의 선형변환 $aX+b$이므로 위의 정규분포의 성질에 따라 $Z \sim N(0,1)$이다. 평균이 0이고, 분산이 1인 정규분포가 **표준정규분포**(standard normal distribution)이다.

표준정규분포

$$X \sim N(\mu,\sigma^2) \;\Rightarrow\; Z=\frac{X-\mu}{\sigma} \sim N(0,1)$$

표준정규분포 $Z \sim N(0,1)$에 대해 $P(Z \geq 2)$는

$$P(Z \geq 2) = \int_2^{\infty} \frac{1}{\sqrt{2\pi}} e^{-\frac{z^2}{2}} dz$$

이다. 이 적분을 계산하기도 쉽지 않으므로 누적이항분포표처럼 누적표준정규분포표를 작성하여 이용하면 편리하다. 부록의 누적정규분포표에서 $P(Z \leq 2) = 0.9772$이므로

$$P(Z \geq 2) = 1 - P(Z \leq 2) = 1 - 0.9772 = 0.0228$$

이다. 양수 z에 대하여 $P(Z \leq -z) = P(Z > z) = 1 - P(Z \leq z)$이므로 누적표준정규분포표를 작성할 때, 음수 z에 대하여 누적확률 $P(Z \leq z)$는 생략해도 된다.

예제 9.3 $P(Z \geq 1.96)$, $P(Z \leq -1.645)$의 값을 구하시오.

풀이 누적표준정규분포표를 이용하기 위해 $P(Z \leq z)$의 형태로 변환하여 계산한다.

$$P(Z \geq 1.96) = 1 - P(Z \leq 1.96) = 1 - 0.975 = 0.025$$

또한 $P(Z \leq -1.645) = 1 - P(Z \leq 1.645)$에서 $P(Z \leq 1.645)$는 $P(Z \leq 1.64) =$

0.9495와 $P(Z \le 1.65) = 0.9505$의 중간값 $\frac{1}{2}(0.9495 + 0.9505) = 0.95$로 계산한다. 따라서 해당 확률은

$$P(Z \le -1.645) = 1 - P(Z \le 1.645) = 1 - 0.95 = 0.05$$

이다.

예제 9.4 $P(-z \le Z \le z) = 0.95$를 만족하는 z를 구하시오.

풀이 표준정규분포는 0에 대하여 대칭이므로 $P(-z \le Z \le z) = 0.95$를 만족하기 위해 $P(Z > z) = 0.025$이어야 한다. 따라서 $P(Z < z) = 0.975$인 z를 찾는다. 부록의 누적표준정규분포표에서 확률값이 0.975를 찾으면 $z = 1.96$이다.

[예제 9.3]에서 $P(Z > 1.96) = 0.025$의 등식은 $P(Z < 1.96) = 0.975$와 같으므로, 표준정규분포를 따르는 모집단에서 표본 하나를 추출할 때, 1.96보다 작을 확률이 0.975이다. 1.96을 표준정규분포의 97.5% 백분위수라 한다. 일반적으로 $P(Z > z_\alpha) = \alpha$에서 z_α는 $100(1-\alpha)\%$ 백분위수이고, 상위 α의 확률을 주는 값이다. 만약 $\alpha = 0.005, 0.025, 0.05$이면,

$$z_{0.005} = 2.58, \ z_{0.025} = 1.96, \ z_{0.05} = 1.645$$

이다. [그림 9-3]은 표준정규분포의 백분위수 z_α와 α의 관계를 나타내고 있다.

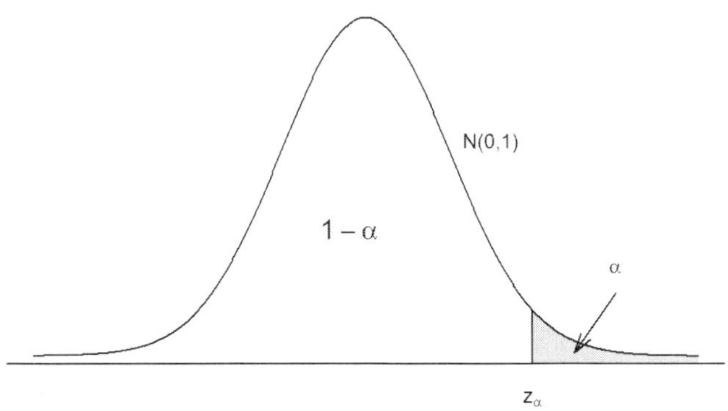

[그림 9-3] 표준정규분포와 분위수 그림

이제 [예제 9.2]의 확률을 계산한다. 정규분포의 확률은 표준정규분포로 변환하여 계산한다. 즉 $X \sim N(50, 10^2)$일 때,

$$P(X \geq 70) = P(\frac{X-50}{10} \geq \frac{70-50}{10}) = P(Z \geq 2) = 1 - P(Z \leq 2) = 1 - 0.9772$$
$$= 0.0228$$

이다. 단, $Z \sim N(0,1)$이다.

정규분포 $X \sim N(\mu,\sigma^2)$의 확률계산

1. $P(X \leq b) = P(\frac{X-\mu}{\sigma} \leq \frac{b-\mu}{\sigma}) = P(Z \leq \frac{b-\mu}{\sigma})$, 단 $Z \sim N(0,1)$
2. $P(a \leq X \leq b) = P(\frac{a-\mu}{\sigma} \leq \frac{X-\mu}{\sigma} \leq \frac{b-\mu}{\sigma}) = P(Z \leq \frac{b-\mu}{\sigma}) - P(Z \leq \frac{a-\mu}{\sigma})$

예제 9.5 통계학 성적이 $X \sim N(70,10^2)$일 때, 50점 이하는 F 학점이다. 어떤 수강생이 F 학점을 받을 확률을 구하시오.

풀이 어떤 수강생의 점수가 50점 이하의 확률은 다음과 같다.

$$P(X \leq 50) = P(\frac{X-70}{10} \leq \frac{50-70}{10}) = P(Z \leq -2) = 1 - P(Z \leq 2) = 0.0228$$

약 2.3%가 F 학점을 받을 수 있다.

예제 9.6 통계학 성적이 $X \sim N(70,10^2)$일 때, A 학점의 비율이 20%이다. A 학점을 받기 위한 최소 점수는?

풀이 이 문제는 $P(X \geq x) = 0.2$를 만족하는 x를 구하는 문제와 같다. 표준정규분포에서 $P(Z \geq z) = 0.2$는 $P(Z \leq z) = 0.8$이므로 부록의 표준정규분포표에서 0.845이다. 즉 $P(Z \leq 0.845) = 0.8$이고, $P(Z \geq 0.845) = 0.2$이다. 따라서

$$0.2 = P(X \geq x) = P(\frac{X-70}{10} \geq \frac{x-70}{10}) = P(Z \geq \frac{x-70}{10})$$

에서 $\frac{x-70}{10} = 0.845$이다. $x = 78.45$이므로 79점 이상을 획득해야 A 학점을 받는다.

R에서 정규분포의 확률은 pnorm(x,mu,sd) 함수를 이용한다. 여기서 x는 $P(X \leq x)$에서 x, mu와 sd는 $X \sim N(\mu, \sigma^2)$에서 μ, σ를 나타낸다. 통계소프트웨어에서는 정규분포를 표준정규분포로 변환하여 확률을 계산하지 않고, 모수를 지정함으로써 바로 계산할 수 있다. 예를 들어 [예제 9.5]의 확률을 계산하려면 다음과 같은 R 명령어로 쉽게 구할 수 있다.

```
> pnorm(50,70,10) # X~N(70,10^2)일 때, P(X<50)의 값은?
[1] 0.02275013
```

[예제 9.6]의 정규분포의 분위수는 R에서 어떻게 구하는가? 확률분포의 접두사 가운데 p는 누적확률이고, q는 분위수이다. 정규분포의 분위수는 qnorm(p,mu,sd)를 이용한다. 즉 $X \sim N(\mu, \sigma^2)$일 때, $p = P(X \leq x)$를 만족하는 x는 qnorm(p, mu, sd)이다. [예제 9.6]은 $X \sim N(70, 10^2)$일 때 $P(X \leq x) = 0.8$을 만족하는 x를 구하는 문제이므로

```
> qnorm(0.8,70,10) # X~N(70,10^2)일 때, P(X<x)=0.8을 만족하는 x 구하기
[1] 78.41621
```

로부터 78.41621은 정확한 값이고, [예제 9.6]에서 구한 78.45는 근사적인 값이다.

9.3 이항분포의 근사

이항분포 $B(n,p)$에서 n이 커지는 경우에 누적이항분포표를 이용하기가 어렵다. 대부분의 이항분포표가 $n < 30$에 대하여 작성한다. 따라서 n이 커지는 경우에는 근사적으로 이항분포의 확률을 계산해야 한다.

$B(n,p)$에서 p가 0 또는 1에 가까운 경우에는 $B(n,p) \approx Poisson(np)$이다. [예제 8.6]에서 이 사실을 이용하여 이항분포의 확률을 계산했다.

$B(n,p)$에서 p가 0 또는 1에 가깝지 않은 경우에는 np는 작은 값이 아니다. 따라서 포아송분포의 누적확률표를 이용할 수 없다. 예를 들어 $n = 10000$이고, $p = 0.5$인 경우 $np = 5,000$이므로 포아송분포의 누적분포표를 이용할 수 없다. 이 경우 다음과 같은 사실을 이용하여 이항분포의 확률을 근사적으로 구한다.

이항분포의 정규분포 근사

$X \sim B(n,p)$에서 n이 크고 p가 0 또는 1에 가깝지 않을 때,

$$\frac{X - np}{\sqrt{np(1-p)}} \dot{\sim} N(0,1)$$

구간확률 : $P(a \le X \le b) \approx P(\frac{a-np}{\sqrt{np(1-p)}} \le \frac{X-np}{\sqrt{np(1-p)}} \le \frac{b-np}{\sqrt{np(1-p)}})$

예제 9.7 어떤 자격증 시험의 합격률은 30%이다. 1,200명이 시험에 응시하였을 때, 자격증을 취득한 응시자가 360명 이상일 확률과 자격증을 취득하지 못한 응시자가 800명 이상일 확률을 구하시오.

풀이 1,200명이 응시한 시험에서 자격증을 취득한 사람의 수를 나타내는 확률변수 $X \sim B(1200, 0.3)$이다. $1200 \times 0.3 = 360$, $1200 \times 0.3 \times 0.7 = 252$이므로 자격증을 취득한 응시자가 360명 이상일 확률은

$$P(X \ge 360) = 1 - P(X < 360) \approx 1 - P(\frac{X-360}{\sqrt{252}} < \frac{360-360}{\sqrt{252}}) = 1 - P(Z < 0)$$
$$= 0.5$$

이다.

자격증을 취득하지 못하는 사람의 수가 800명 이상인 사건은 자격증을 취득한 사람이 400보다 작은 사건이다. 따라서 구하고자 하는 확률은

$$P(X < 400) \approx P(\frac{X-360}{\sqrt{252}} < \frac{400-360}{\sqrt{252}}) = P(Z < 2.52) = 0.9941$$

이다.

이항분포를 근사적으로 구하지 않고, R에서 직접 계산하면 다음과 같다. 위에서 구한 확률과 약간의 차이가 있다. R을 이용하면 9.3절의 내용은 필요하지 않다.

```
> 1-pbinom(359,1200,0.3) # X~B(1200,0.3)일 때, P(X>=360) = 1 - P(X<=359)
[1] 0.5108886
> pbinom(399,1200,0.3) # X~B(1200,0.3)일 때, P(X<400)=P(X <= 399)
[1] 0.9932049
```

9.4 정규성 확인

대부분의 통계분석에서 모집단의 확률분포가 정규분포라고 가정한다. 그러나 이러한 가정은 매우 강한 조건이기 때문에 통계분석을 수행하기 전에 자료의 정규성 가정을 확인해야 한다. 이 절에서는 그림을 통한 정규성 확인과정을 알아본다.

자료가 어떤 확률분포를 따르는지 확인하는 대표적인 그림이 **분위수-분위수 그림**(quantile-quantile plot)이다. [그림 9-3]에서 가로축은 이론적인 확률분포의 분위수를 나타내고, 세로축은 표본의 분위수를 나타낸다. 이때 그림이 직선 형태를 나타내면 자료가 이론적인 확률분포를 따른다고 할 수 있다. 즉 분위수-분위수 그림은 분위수를 계산하여 표본 분위수가 이론적인 확률분포의 분위수와 일치하는가를 판단할 수 있는 그림이다.

정규 분위수-분위수 그림은 R에서 qqnorm(x) 함수를 이용한다.

예제 9.8 다음 자료가 정규분포를 따르는가를 판단하시오.

29	66	68	36	41	33	73	35	52	49

풀이 R에서 자료를 입력한 후, qqnorm(x) 함수를 수행하면, [그림 9-4]를 얻는다.

```
> x=c(29,66,68,36,41,33,73,35,52,49) # 자료 입력
> qqnorm(x) # 정규 분위수-분위수 그림
```

[그림 9-4]에서 자료가 직선에 가까운 모양을 나타내고 있으므로 이 자료는 정규분포를 따른다고 할 수 있다.

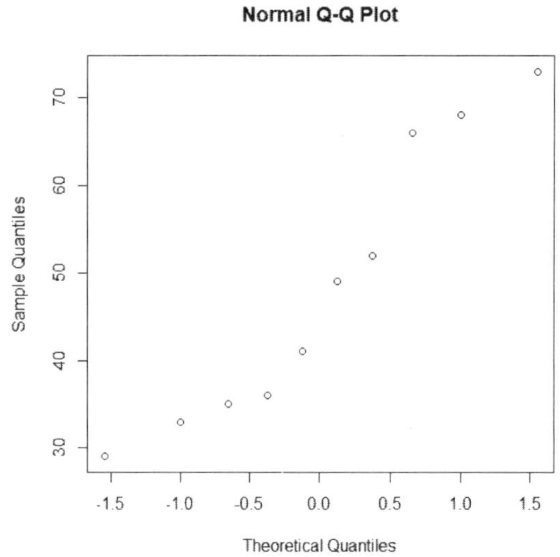

|그림 9-4| 정규 분위수-분위수 그림

연습문제

9.1 확률변수 X가 구간 $(-1,1)$에서 균등분포를 따른다고 한다.

(1) X의 확률밀도함수를 구하시오.

(2) $P(X \leq \frac{1}{3})$을 구하시오.

(3) $P(-\frac{2}{3} < X < \frac{2}{3})$를 구하시오.

(4) $E(X), E(X^2)$을 구하시오.

9.2 확률변수 $X \sim U(0,5)$이다.

(1) X의 확률밀도함수를 구하시오.

(2) $P(X \leq 2)$를 구하시오.

(3) $P(-2 < X < 3)$을 구하시오.

(4) $Var(X)$을 구하시오.

(5) $E(X^3)$을 구하시오.

9.3 확률변수 $Z \sim N(0,1)$일 때, 부록의 표를 이용하여 다음 확률을 계산하시오.

(1) $P(Z \geq 2)$

(2) $P(Z \leq -1.5)$

(3) $P(-1 < Z < 3)$

(4) $P(|Z| < 2)$

9.4 확률변수 $Z \sim N(0,1)$일 때, 부록의 표를 이용하여 다음을 만족하는 z를 구하시오.

(1) $P(Z \geq z) = 0.0062$

(2) $P(|Z| < z) = 0.95$

(3) $P(0 < Z < z) = 0.3849$

(4) $P(z \leq Z \leq 0) = 0.3849$

(5) $P(Z < z) = 0.0668$

9.5 확률변수 $X \sim N(60,25)$일 때, 부록의 표를 이용하여 다음 확률을 계산하시오.

(1) $P(X \geq 70)$

(2) $P(X \leq 52.5)$

(3) $P(55 < X < 75)$

(4) $P(|X-60| < 10)$

9.6 확률변수 $X \sim N(60,25)$일 때, 부록의 표를 이용하여 다음을 만족하는 x를 구하시오.

(1) $P(X \geq x) = 0.0062$

(2) $P(|X-60| < x) = 0.95$

(3) $P(60 < X < x) = 0.3849$

(4) $P(x \leq X \leq 60) = 0.3849$

(5) $P(X < x) = 0.0668$

9.7 연습문제 9.5를 R에서 구하시오.

9.8 연습문제 9.6을 R에서 구하시오.

9.9 어떤 회사의 전구 수명은 평균 1,000시간이고 표준편차가 50시간인 정규분포를 따른다.

(1) 어떤 전구의 수명이 1,050시간 이상일 확률은 얼마인가?

(2) 이 회사 전구를 구매하였을 때 전구가 900시간 이내에 작동하지 않을 확률은?

(3) 이 회사 전구 수명의 상위 10%에 있는 시간은?

9.10 어떤 전자제품의 수명은 평균 5.2년이고 표준편차 1.2년인 정규분포를 따른다고 한다. 이 전자제품은 1년의 보증기간을 제시하고 고장 발생시 신제품으로 교환하여 준다. 이 전자제품은 1년에 5만 대를 판매한다고 할 때, 이 회사의 서비스센터에서 보증기간 이내에 고장 발생으로 교환해주는 제품의 개수는 몇 대인가?

9.11 확률변수 $X \sim N(\mu, \sigma^2)$일 때, 다음 확률을 구하시오.

(1) $P(\mu - \sigma < X < \mu + \sigma)$

(2) $P(\mu - 2\sigma < X < \mu + 2\sigma)$

(3) $P(\mu - 3\sigma < X < \mu + 3\sigma)$

9.12 공장에서 제품의 품질관리는 통계학의 응용분야 가운데 하나이다. 어떤 제품의 측정치가 $X \sim N(\mu, \sigma^2)$를 따른다고 할 때, 6시그마 품질관리란 제품들의 측정치가 6시그마 안에 있도록 하는 품질이 되게 하는 방법들을 말한다. 즉, $P(|X - \mu| < 6\sigma)$가 정상제품일 확률이다. 만약 10억 개의 제품이 있다면 불량품의 개수가 몇 개 이내이어야 6시그마 품질관리를 달성했다고 말할 수 있는가?

9.13 확률변수 $X \sim B(100, 0.3)$을 따를 때, 부록의 표를 다음 각 확률을 이용하여 구하시오.

(1) $P(X < 40)$

(2) $P(30 \le X \le 50)$

(3) $P(X \ge 40)$

9.14 확률변수 $X \sim B(100, 0.03)$을 따를 때, 부록의 표를 이용하여 다음 각 확률을 구하시오.

(1) $P(X < 4)$

(2) $P(3 \le X \le 5)$

(3) $P(X \ge 4)$

9.15 정규 분위수-분위수 그림을 그려 다음 자료가 정규분포를 따르는지 판단하시오.

0.20	−1.56	0.08	−1.46	0.61	−0.75	−1.13	−1.77	0.32	−2.63

제3부

추정과 검정

10장

표본분포와 추정

통계학의 핵심은 불확실한 결과의 대상에 대하여 실험을 통해 얻어진 관측값으로 모집단에 대한 정보를 얻는 과정인 **추론**(inference)이다. 추론은 표본을 이용하여 모집단의 특성치인 모수를 예측하는 **추정**(estimation)과 모수에 관한 통계적 가설을 검정하는 **가설검정**(hypothesis testing)이 있다.

모집단 전체를 조사하는 전수조사로 모집단에 대한 정보를 얻는 것이 가장 정확하다. 그러나 전수조사가 불가능한 경우도 있고, 가능하다고 하더라도 경제적인 비용이나 소요시간 측면에서 비효율적이다. 따라서 일반적으로 모집단의 일부분을 추출하거나 실험을 통한 관측값을 얻는 과정을 **표본추출**(sampling)이라 하고, 표본추출로 얻은 자료인 **표본**(sample)을 이용하여 귀납적(inductive)으로 모집단의 특성치인 모수를 추론하여 모집단의 정보를 얻는다. 예를 들어 대한민국의 유권자 4,000만 여 명의 표심은 어떤 후보에게 있는지를 알기 위해 1,000명의 유권자를 대상으로 지지후보자를 조사하여 구한 후보자들의 표본지지율로 전체 유권자 4,000만 여 명의 모지지율을 예측한다.

표본에서 모집단의 정보를 구하는 일은 표본을 얻는 방법에 따라 달라질 뿐만 아니라 그 정보가 불확실하다. 따라서 불확실 정도를 확률로 나타낸다. 이 장에서는 첫째, 정규모집단에서 모수에 대응하는 표본의 함수인 통계량의 확률분포를 구한다. 특히 표본평균과 표본비율의 확률분포를 자세히 살펴본다. 둘째, 정규모집단이 아닌 경우에 표본평균의 확률분포를 구하는 중심극한정리를 다룬다. 셋째, 모평균, 모비율, 모분산을 표본에서 하나의 값으로 추정하는 **점추정**(point estimation)과 구간형태로 추정하는 **구간추정**(interval estimation)을 상세히 다룬다.

10.1 확률표본

표본추출을 통해 얻은 표본은 하나이다. 예를 들어 다음과 같은 자료를 $N(70,64)$의 정규 모집단에서 추출했다.

67	57	73	68	93	81	77	72	75	70

그러나 이론적으로 첫 번째 자료 67은 $N(70,64)$의 모집단에서 추출된 자료의 하나이다. 만약 크기가 10인 표본을 다시 추출하면 값이 달라질 것이다. 그러나 첫 번째 자료를 나타내는 확률변수 X_1은 정규분포 $N(70,64)$을 따른다. 두 번째 자료 57도 마찬가지로 $N(70,64)$을 따르고 첫 번째 자료와 서로 독립이다. 확률변수 $X_1, X_2, \cdots, X_n$은 각각 첫 번째, 두 번째, ⋯, n번째 자료를 나타내는 확률변수이며, 정규분포 $N(70, 64)$를 따르고 서로 독립이다. 이러한 성질을 가진 확률변수를 **확률표본**(random sample)이라 한다. 확률표본 $X_1, \cdots, X_n$의 관측값이 자료 $x_1, \cdots, x_n$이다. 확률표본을 이용하는 이유는 특정한 자료의 성질을 파악하는 것이 아니라 모든 표본에 대한 성질을 파악하기 위함이다.

> **확률표본** $X_1, \cdots, X_n$
>
> 1. 확률변수 X_i는 같은 확률분포를 가진다.
> 2. 확률변수 X_i는 서로 독립이다.

모수는 모집단의 특성치이며, 모수에 대한 정보는 표본에서 구할 수 있다. 모수의 정보는 관측 가능한 확률표본 $X_1, \cdots, X_n$의 함수로 표현되는데, 이것을 **통계량**(statistic)이라 한다. 예를 들어 모집단의 특성치인 모수로는 **모평균**(population mean), **모비율**(population proportion), **모분산**(population variance) 등이 있으며, 그에 대응하는 통계량으로 각각 표본평균, 표본비율, 표본분산이 있다.

통계량: 관측 가능한 확률표본 $X_1, \cdots, X_n$의 함수

1. 표본평균: $\overline{X} = \frac{1}{n}\sum_{i=1}^{n} X_i$
2. 표본중앙값: $\widetilde{X}$
3. 최솟값: $\min(X_i)$

표본평균, 표본중앙값, 최솟값, 최댓값 등의 통계량은 확률변수의 함수이므로 확률변수이고 확률분포를 가진다. 통계량의 확률분포를 **표본분포**(sample distribution)라 한다.

표본분포

통계량의 확률분포

이 장에서는 표본평균 $\overline{X}$와 표본비율 $\hat{p}$의 표본분포를 구체적으로 구한다.

예제 10.1 동전 2개를 던져 앞면이 나오는 개수를 기록하는 실험을 진행한다. 이러한 실험을 2회 반복할 때 나온 앞면의 개수에 대한 평균의 확률분포를 구하시오.

풀이 동전 2개를 1회 던져 나오는 앞면의 개수를 나타내는 확률변수 X는 동전 1개를 2회 던져 나오는 앞면의 개수와 같으므로 X의 확률분포는 $X \sim B(2, \frac{1}{2})$이다.

표 10-1 동전을 2개 던져 나온 앞면의 개수에 관한 확률분포

x	0	1	2
$P(X=x)$	$\frac{1}{4}$	$\frac{1}{2}$	$\frac{1}{4}$

이 실험을 2회 반복할 때 1회에 나온 앞면의 개수를 X_1, 2회에 나온 앞면의 개수를 X_2라 하면, 확률변수 X_1, X_2는 각각 $B(2, \frac{1}{2})$을 따르고 서로 독립이다. 즉 $X_1, X_2 \sim B(2, \frac{1}{2})$인 확률표본이다. X_1, X_2가 서로 독립이므로 X_1, X_2의 결합확률은 X_1과 X_2의 확률의 곱하기로 표현된다. 예를 들면 $P(X_1 = 0, X_2 = 0) = P(X_1 = 0)P(X_2 = 0)$

$= \frac{1}{4} \times \frac{1}{4} = \frac{1}{16}$이다. 따라서 X_1, X_2의 결합확률분포를 구하면 <표 10-2>이다.

표 10-2 확률표본 $X_1, X_2 \sim B(2, \frac{1}{2})$의 결합확률분포

$X_1 \backslash X_2$	0	1	2
0	$\frac{1}{16}$	$\frac{1}{8}$	$\frac{1}{16}$
1	$\frac{1}{8}$	$\frac{1}{4}$	$\frac{1}{8}$
2	$\frac{1}{16}$	$\frac{1}{8}$	$\frac{1}{16}$

이제 $X_1 + X_2$가 가질 수 있는 값과 확률은 <표 10-3>과 같다.

표 10-3 통계량 $X_1 + X_2$의 확률분포: 값(확률)

$X_1 \backslash X_2$	0	1	2
0	$0(\frac{1}{16})$	$1(\frac{1}{8})$	$2(\frac{1}{16})$
1	$1(\frac{1}{8})$	$2(\frac{1}{4})$	$3(\frac{1}{8})$
2	$2(\frac{1}{16})$	$3(\frac{1}{8})$	$4(\frac{1}{16})$

<표 10-3>을 정리하면 $X_1 + X_2$의 확률분포인 <표 10-4>를 구할 수 있다.

표 10-4 $X_1 + X_2$의 확률분포

$x_1 + x_2$	0	1	2	3	4
$P(X_1 + X_2 = x_1 + x_2)$	$\frac{1}{16}$	$\frac{1}{4}$	$\frac{3}{8}$	$\frac{1}{4}$	$\frac{1}{16}$

<표 10-4>의 확률분포는 $B(4, \frac{1}{2})$와 같으므로 $X_1 + X_2 \sim B(4, \frac{1}{2})$이다. 또한 표본평균 $\overline{X} = \frac{1}{2}(X_1 + X_2)$의 확률분포는 <표 10-5>와 같다.

표 10-5 $\overline{X}=\frac{1}{2}(X_1+X_2)$의 확률분포

x_1+x_2	0	1	2	3	4
$\overline{x}$	0	$\frac{1}{2}$	1	$\frac{3}{2}$	2
$P(\overline{X}=\overline{x})$	$\frac{1}{16}$	$\frac{1}{4}$	$\frac{3}{8}$	$\frac{1}{4}$	$\frac{1}{16}$

10.2 중심극한정리

[예제 10.1]에서 모집단의 확률분포가 $B(2, \frac{1}{2})$이고, 표본의 크기가 2개인 경우에 표본평균의 확률분포를 구했다. 그러나 표본의 크기가 클수록 고려해야 할 조합이 많아져 계산이 어렵다. 특히 모집단의 확률분포가 정규분포를 따르지 않은 경우에는 더욱 어렵다. 이 절에서는 모집단의 확률분포가 정규분포인 경우에 표본평균의 표본분포를 구하고, 모집단의 확률분포가 정규분포가 아닌 경우에는 어떻게 처리해야 하는지 알아본다.

확률변수 $X \sim N(\mu_1, \sigma_1^2)$, $Y \sim N(\mu_2, \sigma_2^2)$이고 서로 독립일 때, 두 확률변수의 합은 $X+Y \sim N(\mu_1+\mu_2, \sigma_1^2+\sigma_2^2)$이다. 여기서 정규분포의 합이 정규분포를 따른다는 것의 증명은 이 책의 범위를 벗어나므로 생략한다. 그러나 확률변수 합의 기댓값과 분산은

$$E(X+Y) = E(X) + E(Y) = \mu_1 + \mu_2$$

$$Var(X+Y) = Var(X) + Var(Y) = \sigma_1^2 + \sigma_2^2$$

에서 쉽게 구할 수 있다.

이를 확장하여 모집단의 확률분포가 정규분포인 경우를 정규모집단이라 하면, 확률표본

$X_i \sim N(\mu, \sigma^2)$, $(i=1,\cdots,n)$에 대해 표본평균 $\overline{X} = \frac{1}{n}(X_1 + \cdots + X_n)$는 정규분포를 따르고 다음과 같은 기댓값과 분산을 가진다.

$$E(\overline{X}) = \frac{1}{n}(\mu + \mu + \cdots + \mu) = \mu$$

$$Var(\overline{X}) = \frac{1}{n^2}(\sigma^2 + \sigma^2 + \cdots + \sigma^2) = \frac{1}{n}\sigma^2$$

정규모집단의 표본평균의 확률분포

확률표본 $X_1, \cdots, X_n \sim N(\mu, \sigma^2) \Rightarrow \overline{X} = \frac{1}{n}\sum_{i=1}^{n} X_i \sim N(\mu, \frac{\sigma^2}{n})$

예제 10.2 통계학을 수강하는 전체 학생 1,200명에 대한 성적 자료는 정규분포 $N(60, 100)$을 따른다. 전체 1,200명 가운데 10명을 뽑아 평균값을 구했을 때, 그 값이 55점과 70점 사이에 있을 확률을 구하시오.

풀이 확률을 구하려면 확률분포를 알아야 한다. 10명의 표본평균에 대한 확률분포를 구해야 한다. 확률표본 $X_i \sim N(60, 10^2)$ $(i=1,\cdots,10)$에 대하여

$$\overline{X} \sim N(60, \frac{10^2}{10}) = N(60, 10)$$

이다. 그러므로 표본평균의 확률분포는 정규분포이고, $P(55 < \overline{X} < 70)$의 값은 표준정규분포표를 이용하여 구한다.

$$P(55 < \overline{X} < 70) = P(\frac{55-60}{\sqrt{10}} < \frac{\overline{X}-60}{\sqrt{10}} < \frac{70-60}{\sqrt{10}}) = P(-1.58 < Z < 3.16) = 0.942$$

모집단의 확률분포가 정규분포가 아닌 경우에 표본평균의 확률분포를 구하는 것은 쉬운 일이 아니다. 중심극한정리(central limit theorem, CLT)는 모집단의 확률분포와 무관하게 표본평균의 확률분포를 제공한다.

중심극한정리

확률표본 $X_1, \cdots, X_n \sim (\mu, \sigma^2) \Rightarrow \overline{X} \dot{\sim} N(\mu, \frac{\sigma^2}{n})$ 단, n은 충분히 크다.

중심극한정리에서 중심은 평균을, 극한은 표본의 크기 n이 클수록 정규분포에 가까워진다는 것을 나타낸다. 중심극한정리에서 사용하기 위해 알려진 정보는 모집단의 확률분포의 특성치인 평균 μ와 분산 σ^2이다. 중심극한정리는 모집단의 확률분포에 대한 축약된 정보인 평균과 분산에 대한 정보만으로 표본평균에 대한 표본분포를 구할 수 있다는 것을 의미한다. 여기서 평균이 μ이고 분산이 σ^2인 모집단에서 추출된 확률표본을 $X_i \overset{r.s.}{\sim} (\mu, \sigma^2)$으로 표기하며, 근사적으로 정규분포를 따른다는 표기는 $\dot{\sim} N(\mu, \sigma^2)$을 사용한다.

예제 10.3 [예제 10.1]에서 중심극한정리를 적용하여 $\overline{X}$의 확률분포를 구하시오.

풀이 확률표본 $X_i \sim B(2, \frac{1}{2})$이므로 정규분포를 따르지 않는다. 그리고 $n = 2$이므로 중심극한정리를 적용하는 데 한계가 있다. 따라서 중심극한정리를 이용해 구한 근사 확률과 [예제 10.1]에서 구한 실제 확률과 오차가 클 것으로 예상된다.

중심극한정리는 모집단에 대한 평균과 분산을 알아야 한다. 이항분포에서 평균은 $2 \times \frac{1}{2} = 1$이고, 분산은 $2 \times \frac{1}{2} \times \frac{1}{2} = \frac{1}{2}$이다. 따라서 $X_i \overset{r.s.}{\sim} (1, \frac{1}{2})$이므로, 중심극한정리에 의해 $\overline{X} \dot{\sim} N(1, \frac{1/2}{2}) = N(1, \frac{1}{4})$이다. 정규분포는 연속형 확률분포이므로 연속형 확률변수가 어떤 정수가 될 확률은 반올림하는 구간의 확률(연속성 수정)로 계산하면

$$\begin{aligned} P(\overline{X} = 1) &= P(\frac{3}{4} \le \overline{X} \le \frac{5}{4}) = P(\frac{3/4-1}{1/2} \le \frac{\overline{X}-1}{1/2} \le \frac{5/4-1}{1/2}) \\ &= P(-\frac{1}{2} \le Z \le \frac{1}{2}) = 0.383 \end{aligned}$$

이다. 마찬가지로 $\overline{X}$의 값에서 확률을 구하면 <표 10-6>과 같다. 표에서 $\overline{x}$는 $\overline{X}$가 가질 수 있는 값이고, 구간은 연속형 확률변수인 정규분포가 이산형 확률변수의 한 점에서의 확률을 계산하기 위한 구간을 나타내며, 3번째 행은 중심극한정리에 의한 근삿값이고, 4번째

행은 [예제 10.1]에서 구한 확률이다.

표 10-6 중심극한정리에 의한 $\overline{X}$의 확률분포

$\overline{x}$	0	$\frac{1}{2}$	1	$\frac{3}{2}$	2
구간	$(-\infty, \frac{1}{4})$	$(\frac{1}{4}, \frac{3}{4})$	$(\frac{3}{4}, \frac{5}{4})$	$(\frac{5}{4}, \frac{7}{4})$	$(\frac{7}{4}, \infty)$
$P(\overline{X}=\overline{x})$ 중심극한정리	0.067	0.242	0.383	0.242	0.067
$P(\overline{X}=\overline{x})$ 정확한 값	0.063	0.25	0.375	0.25	0.063

<표 10-6>에서 실제 값과 근삿값의 차이가 크지 않다. 표본 크기는 $n=2$로 충분히 크지 않는데도 불구하고 중심극한정리는 확률계산에 있어 만족스러운 결과를 보인다.

중심극한정리는 표본크기 n이 클수록 확률분포의 근사 정도가 우수하다. 대체적으로 $n > 30$이면 근사 정도가 우수하다고 알려져 있다.

모집단에서 어떤 성질을 만족하는 비율이 모비율이고 p로 표기한다. 예를 들어 어떤 공장의 전체 생산품 가운데 불량률이 모불량률(p)이다. 크기가 n인 표본에서 불량품을 나타내는 확률변수는 $X_i \sim B(1,p)$, $(i=1,\cdots,n)$로 표기하면 제품이 불량품이면 $X_i=1$, 우량품이면 $X_i=0$이다. 따라서 불량품의 개수는 $\sum_{i=1}^{n} X_i$이고 표본불량률은 $\hat{p}=\frac{1}{n}\sum_{i=1}^{n} X_i=\overline{X}$이다. $\hat{p}$의 확률분포는 중심극한정리를 이용하여 구할 수 있다. 확률변수 X_i의 평균과 분산이 $E(X_i)=p, Var(X_i)=p(1-p)$이므로

$$\hat{p} \dot{\sim} N(p, \frac{1}{n}p(1-p))$$

이고, 이를 표준화하면

$$\frac{\hat{p}-p}{\sqrt{p(1-p)/n}} \dot{\sim} N(0,1)$$

이다. 일반적으로 표본비율의 조사는 $n>30$인 경우가 대부분이므로 중심극한정리를 적용

할 수 있다. 표본비율은 자료가 0과 1인 경우의 표본평균과 같다.

표본비율의 확률분포

모비율 p에 대한 표본비율 $\hat{p}$의 확률분포는

$$\hat{p} \dot{\sim} N(p, \frac{1}{n}p(1-p)) \text{ 또는 } \frac{\hat{p}-p}{\sqrt{p(1-p)/n}} \dot{\sim} N(0,1)$$

예제 10.4 어떤 회사에서 불량률이 0.1인 제품을 생산하고 있다. 50개의 제품을 검사하였을 때, 표본불량률이 0.05와 0.15 사이에 있을 확률을 구하시오.

풀이 모비율 $p=0.1$이고 표본의 크기는 $n=50$이다. 따라서 $\hat{p}$의 확률분포는

$$\hat{p} \dot{\sim} N(0.1, \frac{1}{50}0.1 \times 0.9) = N(0.1, 0.0018)$$

이다. 따라서

$$P(0.05 < \hat{p} < 0.15) = P(\frac{0.05-0.1}{\sqrt{0.0018}} < \frac{\hat{p}-0.1}{\sqrt{0.0018}} < \frac{0.15-0.1}{\sqrt{0.0018}})$$
$$= P(-1.179 < Z < 1.179) = 0.762$$

이다. $0.05 < \hat{p} < 0.15$는 불량품의 개수가 $0.05 \times 50 < \hat{p} \times 50 < 0.15 \times 50$인 사건이므로 불량품의 개수가 3에서 7사이에 있을 확률은 0.762이다.

10.3 t 분포

정규모집단에서 추출한 확률표본 $X_i \sim N(\mu, \sigma^2)$, $(i=1,\cdots,n)$의 표본평균은 $\overline{X} \sim N(\mu, \frac{\sigma^2}{n})$이고 $\frac{\overline{X}-\mu}{\sigma/\sqrt{n}} \sim N(0,1)$이다. 여기서 σ가 알려지지 않은 경우에 σ 대신에

$S=\sqrt{\sum_{i=1}^{n}(X_i-\overline{X})^2/(n-1)}$ 를 대입한 $\frac{\overline{X}-\mu}{S/\sqrt{n}}$의 확률분포를 알 필요로 한다. $\frac{\overline{X}-\mu}{S/\sqrt{n}}$의 확률분포를 자유도가 $n-1$인 t **분포**(Students t distribution)라 하고, $t(n-1)$로 표기한다.

t 분포

정규모집단 $N(\mu,\sigma^2)$에서 추출한 확률표본 $X_1,\cdots,X_n$에서

$$t=\frac{\overline{X}-\mu}{S/\sqrt{n}}\sim t(n-1)$$

[그림 10-1]은 자유도가 5, 10인 t분포와 표준정규분포의 확률밀도함수이다. t분포의 확률밀도함수는 표준정규분포와 비슷하다. t분포는 표준정규분포보다 꼬리부분의 확률밀도함수가 두껍기 때문에 꼬리확률이 크다. 자유도가 커짐에 따라 t분포의 확률밀도함수는 표준정규분포와 더욱 비슷하게 된다. 따라서 n이 충분히 큰 경우에 $\frac{\overline{X}-\mu}{S/\sqrt{n}}\dot{\sim}N(0,1)$의 성질을 가지고, n인 작은 경우에는 $\frac{\overline{X}-\mu}{S/\sqrt{n}}\sim t(n-1)$의 성질을 이용한다.

t분포의 확률은 어떻게 계산할까? 표준정규분포표와 같은 누적분포표를 이용하면 편리하다. 그런데 모수가 없는 표준정규분포와 달리 t분포의 모수는 자유도이므로 고정된 자유도에 따라 각각의 누적분포표가 필요하다. 많은 분포표 대신에 9.2절에서 다룬 상위 α의

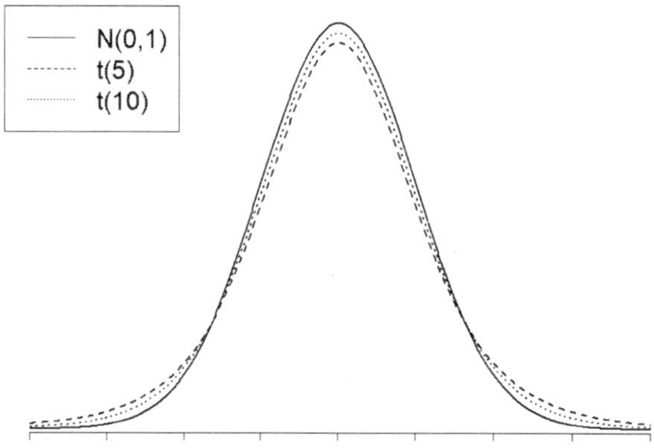

[그림 10-1] t 분포와 표준정규분포의 확률밀도함수

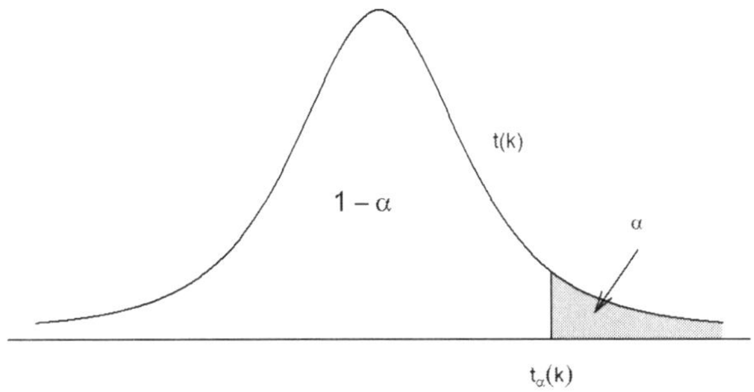

|그림 10-2| $t(k)$ 분포와 분위수 그림

확률을 주는 값 z_α와 같이 $t_\alpha(k)$값을 이용한다. 확률변수 $T \sim t(k)$일 때, $P(T > t_\alpha(k)) = \alpha$를 만족한다. 이를 그림으로 표현하면 [그림 10-2]로 9.2절의 [그림 9-3]과 비슷하다.

부록의 t분포표는 $\alpha = 0.25, 0.10, 0.05, 0.025, 0.01, 0.005$에 대해 [그림 10-2]와 같은 상위 분위수 $t_\alpha(k)$가 수록되었다. 예를 들어 확률변수 $T \sim t(8)$에 대해 $P(T > 1.860) = 0.05$, $P(T > 2.306) = 0.025$이다. R에서 확률변수 $T \sim t(k)$에 대해 $P(T < x)$는 pt(x,k)이고, $p = P(T < q)$를 만족하는 분위수 q는 qt(p,k)를 이용하여 구한다. 예를 들어 $T \sim t(8)$일 때, $P(T > 1.860) = 0.05$의 등식은 다음 R 명령어로 확인할 수 있다.

```
> pt(1.860,8) # T~t(8)일 때, P(T<1.860)의 값은? 0.95
[1]  0.9500347
> qt(0.95,8) # T~t(8)일 때, P(T>q)=0.05를 만족하는 q
[1] 1.859548
```

예제 10.5 확률변수 $T \sim t(10)$에 대해 $P(-c \le T \le c) = 0.9$를 만족하는 c를 구하시오.

풀이 t분포는 표준정규분포와 마찬가지로 0에 대하여 대칭이므로 $P(-c \le T \le c) = 0.9$와 같은 등식은 $P(T \ge c) = 0.05$이고, 이를 만족하는 c는 부록의 표에서 $c = 1.812$이다. R에서 qt()를 이용하여 다음의 결과를 얻는다.

```
> qt(0.95,10) # T~t(10)일 때, P(T>c)=0.05를 만족하는 c
[1] 1.812461
```

10.4 점추정

모집단의 특성치인 모수는 일반적으로 알려져 있지 않으므로 표본으로부터 모수를 추정한다. 모수를 추정하는 통계량을 **추정량**(estimator)이라 하며, 구체적인 표본으로부터 구한 추정량의 값을 **추정값**(estimate)이라 한다. 여기서 추정량은 확률변수이고, 추정값은 숫자이다. 추정에는 **점추정**(point estimation)과 **구간추정**(interval estimation)이 있다. 점추정은 하나의 값으로 모수를 추정하고, 구간추정은 어떤 신뢰도에서 구간형태로 모수를 추정한다.

기초통계학에서 주요 모수는 모평균, 모비율, 모분산이다. 모평균, 모비율, 모분산에 대한 점 추정량은 표본평균, 표본비율, 표본분산이다. 확률표본 $X_1,\cdots,X_n$으로부터 구한 표본평균 $\overline{X}=\frac{1}{n}(X_1+\cdots+X_n)$은 모수인 모평균에 대한 점추정량(대문자로 표기)이고, 구체적인 점추정값(소문자로 표기)은 구체적인 표본의 값으로부터 $\overline{x}=\frac{1}{n}(x_1+\cdots+x_n)$으로 표기한다. 모평균의 점추정량으로 표본평균을 사용하는 이유는 표본평균의 통계적 성질에서 기인하는데, 점추정량은 모수에 가까워야 한다. 점추정값과 모수의 차이가 작을수록 좋은 추정량이라 할 수 있다. 확률변수에서 차이가 작다는 것을 측정하는 측도가 확률변수의 평균과 분산이다. 즉 표본평균 $\overline{X}$와 모평균 μ의 차이 $\overline{X}-\mu$에 대해 평균 $E(\overline{X}-\mu)=0$이고, 분산 $Var(\overline{X}-\mu)$가 가장 작은 추정량이다. 자세한 내용은 이 책의 범위를 벗어나므로 생략한다.

예제 10.6 다음은 통계학을 수강하는 40명의 성적이다. 크기가 5인 표본을 추출하여 모평균을 추정하려 한다. 모평균(μ)의 추정량($\hat{\mu}$)으로 표본평균, 중앙값, 최솟값, 최댓값을 고려한다. 크기가 5인 표본을 10번 추출하여 각 추정량에 대한 표본평균 $\frac{1}{10}\sum_{i=1}^{10}\hat{\mu}_i$과 평균제곱오차 $\frac{1}{10}\sum_{i=1}^{10}(\hat{\mu}_i - \mu)^2$를 구하여 가장 좋은 모평균의 추정량을 구하시오.

64	71	62	64	67	66	75	67	66	68
89	71	68	73	87	84	75	73	63	70
92	85	62	64	81	73	78	66	82	76
78	70	72	78	85	86	96	87	75	73

풀이 모집단의 평균인 모평균은 $\mu = 74.55$이다. 모집단의 크기가 40이고 표본의 크기가 5이므로 생성될 수 있는 표본의 개수는 $\binom{40}{5} = 658{,}008$이다. 이 가운데 10개를 임의로 추출한 예가 <표 10-7>의 자료이다. 주어진 하나의 표본에서 표본평균, 중앙값, 최솟값, 최댓값을 구한다. 10개의 표본에 대하여 각 추정값을 계산하고, 추정량의 평균, 분산을 구하면 된다.

<표 10-7>에서 각 추정량의 표본평균을 구하면 모평균 74.55에 가장 가까운 추정량은 75.06으로 표본평균이다. 각 추정량의 평균제곱오차를 비교하면 가장 작은 값은 표본평균

표 10-7 좋은 점추정량

번호	표본	표본평균	표본중앙값	최솟값	최댓값
1	66, 92, 67, 85, 68	75.6	68	66	92
2	89, 73, 66, 87, 68	76.6	73	66	89
3	75, 75, 86, 70, 64	74.0	75	64	86
4	82, 89, 62, 67, 76	75.2	76	62	89
5	75, 64, 63, 67, 78	69.4	67	63	78
6	73, 71, 92, 87, 76	79.8	76	71	92
7	89, 64, 71, 62, 75	72.2	71	62	89
8	84, 72, 87, 66, 62	74.2	72	62	87
9	73, 66, 89, 75, 76	75.8	75	66	89
10	73, 96, 66, 67, 87	77.8	73	66	96
평균		75.06	72.6	64.8	88.7
평균제곱오차		7.79	12.84	102.2	220.2

의 평균제곱오차인 7.79이다. 즉 표본평균이 평균과 평균제곱오차 측면에서 모평균 μ에 가장 가깝다고 할 수 있다. 10개의 표본에 대하여 표본평균이 모평균의 가장 좋은 추정량이다. 이론적으로 가장 좋은 모평균의 점추정량은 표본평균으로 알려져 있다.

일반적으로 점추정량을 계산할 때 점추정값과 **표준오차**(standard error)를 함께 사용한다. 표준오차는 넓은 의미로 통계량의 표준편차이지만, 좁은 의미로 표본평균의 표준편차이다. 모평균이 μ이고 모분산이 σ^2인 모집단에서 추출한 확률표본 $X_i(i=1,\cdots,n)$의 표본평균 $\overline{X}$의 평균은 μ, 분산은 $\frac{\sigma^2}{n}$이므로 표준오차는 $\frac{\sigma}{\sqrt{n}}$이다. 마찬가지로 모비율이 p인 확률표본 $X_i \sim B(1,p)\,(i=1,\cdots,n)$일 때 표본비율 $\hat{p}$의 표준오차는 $\sqrt{\frac{p(1-p)}{n}}$이다. 표준오차를 계산할 때, 모수가 알려지지 않은 경우에 표본평균의 표준오차는 $\frac{\hat{\sigma}}{\sqrt{n}}$, 표본비율의 표준오차는 $\sqrt{\frac{\hat{p}(1-\hat{p})}{n}}$을 추정값으로 사용한다.

점추정량

모수를 하나의 값으로 추정하는 통계량

1. 모평균: $X_1,\cdots,X_n \sim (\mu,\sigma^2)$인 확률표본

   점추정량: $\overline{X}=\frac{1}{n}\sum_{i=1}^{n}X_i$, 표준오차: $\frac{\sigma}{\sqrt{n}}$, 표준오차의 추정값: $\frac{s}{\sqrt{n}}$

2. 모비율: $X_1,\cdots,X_n \sim B(1,p)$인 확률표본. 단, X_i 는 0 또는 1이다.

   점추정량: $\hat{p}=\frac{1}{n}\sum_{i=1}^{n}X_i$, 표준오차: $\sqrt{\frac{p(1-p)}{n}}$, 표준오차의 추정값: $\sqrt{\frac{\hat{p}(1-\hat{p})}{n}}$

예제 10.7 통계학을 수강하는 400명의 모평균을 추정하기 위해 크기가 10인 표본을 다음과 같이 추출했다. 모평균의 점추정값과 그 추정량의 표준오차를 구하시오.

54	78	73	89	63	81	76	65	93	79

풀이 모평균의 점추정값으로 표본평균과 표준오차는 다음과 같다.

$$\bar{x} = 75.1,\quad \frac{s}{\sqrt{n}} = \frac{11.88}{\sqrt{10}} = 3.76$$

예제 10.8 정부의 어떤 법안에 대한 찬성률을 조사하기 위해 우리나라 성인 1,000명을 조사하였더니 605명이 찬성했다. 찬성률의 점추정량값과 그 추정량의 표준오차를 구하시오.

풀이 이 법안에 대한 우리나라 전체 인구의 찬성률 p의 점추정량으로 표본비율 $\hat{p} = \frac{X}{n} = \frac{605}{1000} = 0.605$이고, 표준오차는 $\sqrt{\frac{p(1-p)}{n}}$이다. 그런데 모비율 p를 모르기 때문에 $\hat{p}$으로 추정하여 표준오차의 추정값은 $\sqrt{\frac{\hat{p}(1-\hat{p})}{n}} = \sqrt{\frac{0.605 \times 0.395}{1000}} = 0.015$이다.

10.5 구간추정

점추정량은 모수를 하나의 값으로 추정하기 때문에 정확도에 대한 정보가 없으나 점추정량의 표준오차가 정확도의 척도 중 하나이다. 표준오차가 작은 추정량이 편차가 작아 좋은 추정량이 될 수 있다. 구간추정법은 표본에서 모수를 포함하는 구간을 추정하는 방법이다. 구간추정법이 제시하는 구간 (L, U)를 **신뢰구간**(confidence interval)이라 한다. 어떤 모수를 항상 포함하는 신뢰구간은 무엇일까? 그것은 실수 전구간이다. 항상이라는 의미는 숫자로 표현하면 100%라 할 수 있다. 이제 100%를 95%로 줄이면, 신뢰구간의 길이도 짧아질 것이다. 왜냐하면 제시된 신뢰구간 안에 모수가 항상 있을 필요가 없기 때문이다. 95%와 같은 숫자를 **신뢰수준**(level of confidence)이라 한다. 신뢰수준과 신뢰구간의 길이는 서로 비례관계가 있어, 신뢰수준이 높아지면 신뢰구간의 길이가 길어진다. 신뢰구간을 다음과 같이 정의할 수 있다. 여기서 일반적으로 사용하는 신뢰수준은 90%, 95%, 99% 등이다.

모수 θ에 대한 $100(1-\alpha)$% 신뢰구간

확률표본 $X_1, \cdots, X_n$으로부터 모수 θ에 대한 다음을 만족하는 구간 (L, U)

$$P(L < \theta < U) \geq 1 - \alpha,\quad 0 < \alpha < 1$$

위의 신뢰구간 정의에서 L, U는 확률표본 $X_1, \cdots, X_n$의 함수이다. 모집단의 확률분포가 연속형인 경우 확률부등식의 부등호가 등호로 대체되어 확률방정식으로 신뢰구간이 정의된다.

10.5.1 모평균의 구간추정

예제 10.9 확률표본 $X_1, \cdots, X_n \sim N(\mu, 9)$일 때 구간 $\left(\overline{X} - \frac{6}{\sqrt{n}}, \overline{X} + \frac{6}{\sqrt{n}}\right)$는 μ에 대한 95.44% 신뢰구간임을 보이시오.

풀이 $\overline{X} \sim N(\mu, \frac{9}{n})$이기 때문에 $\frac{\overline{X} - \mu}{3/\sqrt{n}} \sim N(0,1)$이다.

$$P\left(\overline{X} - \frac{6}{\sqrt{n}} < \mu < \overline{X} + \frac{6}{\sqrt{n}}\right) = P\left(-2 < \frac{\overline{X} - \mu}{3/\sqrt{n}} < 2\right) = 0.9544$$

이므로 신뢰구간의 정의에 기술된 확률부등식을 만족한다.

[예제 10.9]는 신뢰구간이 주어졌을 때, 신뢰구간의 조건을 만족하고 있음을 보이는 문제이다. 자료가 주어졌을 때, 모평균의 $100(1-\alpha)\%$ 신뢰구간은 어떻게 구할까?

(1) 정규모집단인 경우

확률표본 $X_1, \cdots, X_n \sim N(\mu, \sigma^2)$에서 추정한 모평균 μ의 점추정량 $\overline{X}$의 확률분포는 $N(\mu, \frac{\sigma^2}{n})$이므로 $\frac{\overline{X} - \mu}{\sigma/\sqrt{n}} \sim N(0,1)$이다. 이 확률분포는 모표준편차 σ에 따라 두 가지 경우로 나눈다. 첫째, 모표준편차가 알려진 경우에 표본분포 $\frac{\overline{X} - \mu}{\sigma/\sqrt{n}} \sim N(0,1)$을 따른다. 둘째, 모표준편차가 알려지지 않은 경우에 모표준편차 σ 대신에 추정한 S을 대입하여 얻은 표본분포 $\frac{\overline{X} - \mu}{S/\sqrt{n}} \sim t(n-1)$을 따른다 (10.3절 참조).

첫째, 모표준편차 σ가 알려진 경우에 $\frac{\overline{X} - \mu}{\sigma/\sqrt{n}} \sim N(0,1)$에서

$$P\left(-z_{\alpha/2} < \frac{\overline{X} - \mu}{\sigma/\sqrt{n}} < z_{\alpha/2}\right) = 1 - \alpha$$

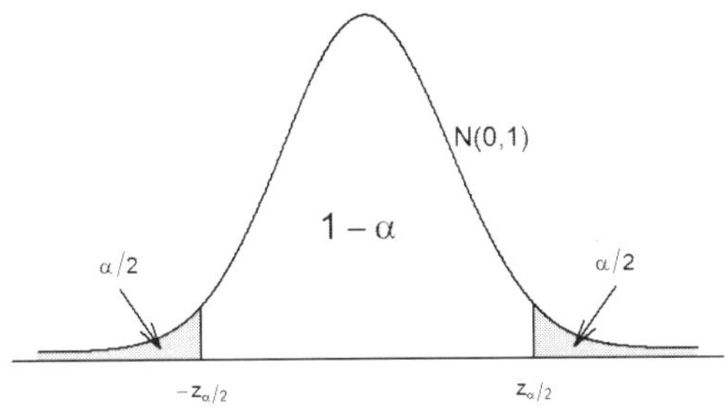

|그림 10-3| 표준정규분포와 신뢰구간의 경계점

이다. 이 식을 그림으로 나타내면 [그림 10-3]과 같다. 표준정규분포인 $\frac{\overline{X}-\mu}{\sigma/\sqrt{n}}$가 어느 구간에 있을 확률이 $1-\alpha$인 구간의 경계점이 $-z_{\alpha/2}$, $z_{\alpha/2}$이다.

위의 식에서 괄호 안의 식을 모수 μ에 관해 정리하면

$$P\left(\overline{X}-z_{\alpha/2}\frac{\sigma}{\sqrt{n}}<\mu<\overline{X}+z_{\alpha/2}\frac{\sigma}{\sqrt{n}}\right)=1-\alpha$$

이므로, 모평균 μ에 대한 $100(1-\alpha)\%$ 신뢰구간을 구하면 다음과 같다.

$$\left(\overline{X}-z_{\alpha/2}\frac{\sigma}{\sqrt{n}}\ ,\ \overline{X}+z_{\alpha/2}\frac{\sigma}{\sqrt{n}}\right)$$

이것을 간단히 $(\overline{X}\pm z_{\alpha/2}\frac{\sigma}{\sqrt{n}})$라고 쓰기도 한다.

둘째, 모표준편차 σ가 알려지지 않은 경우에 $\frac{\overline{X}-\mu}{S/\sqrt{n}}\sim t(n-1)$에서 ($t$분포는 표준정규분포와 같이 0에 대하여 대칭이므로)

$$P\left(-t_{\alpha/2}(n-1)<\frac{\overline{X}-\mu}{S/\sqrt{n}}<t_{\alpha/2}(n-1)\right)=1-\alpha$$

이므로, 괄호 안의 식을 모수 μ에 관해 정리하면

$$P\left(\overline{X}-t_{\alpha/2}(n-1)\frac{S}{\sqrt{n}}<\mu<\overline{X}+t_{\alpha/2}(n-1)\frac{S}{\sqrt{n}}\right)=1-\alpha$$

이다. 모평균 μ에 대한 $100(1-\alpha)\%$ 신뢰구간을 구하면 다음과 같다.

$$\left(\overline{X}-t_{\alpha/2}(n-1)\frac{S}{\sqrt{n}}\ ,\ \overline{X}+t_{\alpha/2}(n-1)\frac{S}{\sqrt{n}}\right)$$

✔ 모평균 μ에 대한 $100(1-\alpha)\%$ 신뢰구간 (정규모집단)

확률표본 $X_1,\cdots,X_n \sim N(\mu,\sigma^2)$에 대해

1. σ가 알려진 경우: $\left(\overline{X}-z_{\alpha/2}\frac{\sigma}{\sqrt{n}}, \overline{X}+z_{\alpha/2}\frac{\sigma}{\sqrt{n}}\right)$

2. σ가 알려지지 않은 경우: $\left(\overline{X}-t_{\alpha/2}(n-1)\frac{S}{\sqrt{n}}, \overline{X}+t_{\alpha/2}(n-1)\frac{S}{\sqrt{n}}\right)$

예제 10.10 한 공장에서 하루에 생산되는 제품의 무게를 추정하기 위해 10일 동안 무게를 측정하였더니 $\overline{x}=21$(톤), $s=4$(톤)이었다. 단, 제품의 무게는 정규분포를 따르는 것으로 알려져 있다.

(1) 하루에 생산되는 제품의 무게의 평균 μ에 대한 95% 신뢰구간을 구하시오.

(2) 만약 모집단의 표준편차가 4(톤)으로 알려져 있다면, 하루에 생산되는 제품 무게의 평균 μ에 대한 95% 신뢰구간을 구하시오.

풀이 문제 (1), (2)의 차이는 모표준편차 σ가 알려졌느냐 알려지지 않았느냐의 차이이다. $n=10$, $\alpha=0.05$이므로 부록에서 $t_{\alpha/2}(9)=2.262$, $z_{\alpha/2}=1.96$이다. 따라서 (1)의 경우에 95% 신뢰구간은

$$\left(\overline{x}\pm t_{\alpha/2}(9)\frac{s}{\sqrt{n}}\right)=\left(21\pm 2.262\times\frac{4}{\sqrt{10}}\right)=(18.139, 23.861)$$

이다. (2)의 경우에는

$$\left(\overline{x} \pm z_{\alpha/2}\frac{\sigma}{\sqrt{n}}\right) = \left(21 \pm 1.96 \times \frac{4}{\sqrt{10}}\right) = (18.521, 23.479)$$

이다.

동일한 신뢰도에서 신뢰구간의 길이가 짧은 신뢰구간이 많은 정보를 포함하고 있다. 이 문제에서 (1), (2)의 신뢰구간의 길이를 비교하면 (2)의 경우가 (1)의 경우보다 신뢰구간의 길이가 짧다. 그 이유는 (1)의 경우는 모표준편차 σ가 알려져 있지 않은 경우에 σ를 추정한 s를 사용하기 때문에 불확실성이 증가했다.

모수 θ의 $100(1-\alpha)\%$ 신뢰구간은 모수 θ를 (L, U)가 포함할 확률이 $1-\alpha$라는 것인데, 이는 모수 θ가 고정된 상수라면 모순이다. 즉 모수 θ는 구간 (L, U)에 포함되거나 포함되지 않거나 둘 중 하나이다. 그러나 표본의 크기가 n인 표본을 하나만 고려하는 것이 아니라 무수히 많이 고려한다고 하면 고정된 θ를 주어진 표본으로 결정된 (L, U)가 포함하는 경우가 근사적으로 $100(1-\alpha)\%$라는 것을 의미한다. [그림 10-4]는 $X_1, \cdots, X_{10} \sim N(10, 9)$에서 추출된 90% 신뢰구간을 20번 반복 실험한 결과이다. 그림에서는 20번 가운데 2번의 신뢰구간 (19번째 표본, 20번째 표본)이 10을 포함하고 있지 않고, 나머지 18번

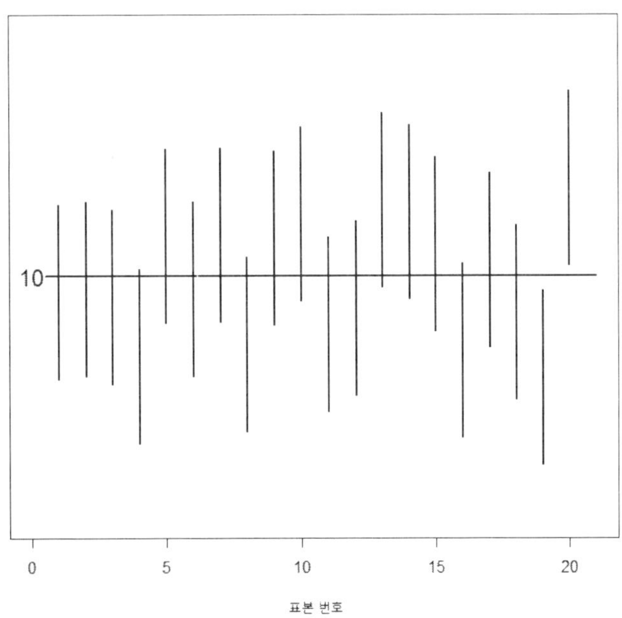

|그림 10-4| 신뢰구간의 의미

은 10을 포함하고 있다. 결론적으로 $100(1-\alpha)\%$ 신뢰구간 (L, U)는 모수를 신뢰구간이 포함할 확률이 아니라, 한 개의 표본이 아닌 무수히 많은 표본을 뽑아 모수를 추정하는 실험을 반복할 때 각 표본에서 구한 신뢰구간 (L, U)가 모수를 포함하는 비율을 나타낸다.

모평균의 신뢰구간 형태를 살펴보면

$$(\, \overline{x} \pm q_{\alpha/2} \times \text{표준오차} \,)$$

이다. 여기서 $q_{\alpha/2}$는 표본분포의 상위 확률이 $\alpha/2$가 되게 하는 값으로 $z_{\alpha/2}$ 또는 $t_{\alpha/2}(n-1)$이다. 표본평균은 신뢰구간의 중심을 나타내고, 신뢰구간의 길이는 '$2 \times q_{\alpha/2} \times$ 표준오차'이다. [예제 10.10]에서 표준오차가 같으므로 신뢰구간의 길이를 결정하는 것은 $q_{\alpha/2}$이다. [예제 10.10]에서 (1)은 $q_{\alpha/2} = t_{\alpha/2}(9)$이고, (2)는 $q_{\alpha/2} = z_{\alpha/2}$이다. t분포의 꼬리부분 확률이 표준정규분포보다 크므로, 같은 꼬리확률 $\alpha/2$에 대해 $t_{\alpha/2} > z_{\alpha/2}$이다. 따라서 신뢰구간의 길이를 비교하면 (1)이 (2)보다 길다. 또한 신뢰구간의 길이를 결정하는 요소로 표본의 크기 n이다. 표준오차는 $1/\sqrt{n}$에 비례하므로, n이 커질수록 신뢰구간의 길이는 짧아진다. 따라서 표본의 크기가 클수록 표준오차가 작고, 신뢰구간의 길이도 짧다.

이 절에서 구한 구간추정은 표본이 정규모집단에서 추출되었다는 가정을 필요로 한다. 표본이 정규모집단에서 추출되었는가를 확인하는 절차는 9.4절의 정규성 확인에서 정규 분위수-분위수 그림을 이용한다.

(2) 비정규모집단인 경우(표본 크기 n이 충분히 큰 경우)

확률표본 $X_1, \cdots, X_n \sim (\mu, \sigma^2)$에서 추정한 모평균 μ의 점추정량 $\overline{X}$의 확률분포는 n이 충분히 큰 경우 중심극한정리에 의해 $\overline{X} \overset{\cdot}{\sim} N(\mu, \sigma^2/n)$이므로 $\dfrac{\overline{X}-\mu}{\sigma/\sqrt{n}} \overset{\cdot}{\sim} N(0,1)$이다. 따라서 $P(-z_{\alpha/2} < \dfrac{\overline{X}-\mu}{\sigma/\sqrt{n}} < z_{\alpha/2}) \approx 1-\alpha$을 μ에 관해 정리하면

$$P\left(\overline{X} - z_{\alpha/2}\frac{\sigma}{\sqrt{n}} < \mu < \overline{X} + z_{\alpha/2}\frac{\sigma}{\sqrt{n}}\right) = 1-\alpha$$

이므로 μ에 대한 $100(1-\alpha)\%$ 신뢰구간은

$$\left(\overline{X} - z_{\alpha/2}\frac{\sigma}{\sqrt{n}}, \overline{X} + z_{\alpha/2}\frac{\sigma}{\sqrt{n}}\right)$$

이다. 만약 σ가 알려지지 않은 경우에는 표본의 크기 n이 충분히 크므로, 모평균의 신뢰구간에서 모표준편차 σ 대신에 표본표준편차 S를 대입하여 추정할 수 있으므로 모평균 μ에 대한 $100(1-\alpha)\%$ 신뢰구간은 다음과 같다.

$$\left(\overline{X} - z_{\alpha/2}\frac{S}{\sqrt{n}}, \overline{X} + z_{\alpha/2}\frac{S}{\sqrt{n}}\right)$$

모평균 μ에 대한 $100(1-\alpha)\%$ 신뢰구간(비정규모집단, n이 충분히 큰 경우)

확률표본 $X_1, \cdots, X_n \sim (\mu, \sigma^2)$에 대해

1. σ가 알려진 경우: $\left(\overline{X} - z_{\alpha/2}\frac{\sigma}{\sqrt{n}}, \overline{X} + z_{\alpha/2}\frac{\sigma}{\sqrt{n}}\right)$
2. σ가 알려지지 않은 경우: $\left(\overline{X} - z_{\alpha/2}\frac{S}{\sqrt{n}}, \overline{X} + z_{\alpha/2}\frac{S}{\sqrt{n}}\right)$

예제 10.11 한 공장에서 하루에 생산되는 제품의 무게를 추정하기 위해 한 달(30일)동안 무게를 측정하였더니 $\overline{x} = 21$(톤), $s = 4$(톤)이었다. 하루에 생산되는 제품의 무게의 평균 μ에 대한 95% 신뢰구간을 구하시오.

풀이 신뢰수준 95%는 $\alpha = 0.05$인 경우로 표준정규분포로부터 $z_{0.025} = 1.96$이다. 또한 표본크기는 $n = 30$으로 충분히 크므로 중심극한정리를 이용해 모평균 μ에 대한 95% 신뢰구간은

$$\left(\overline{x} - z_{\alpha/2}\frac{s}{\sqrt{n}}, \overline{x} + z_{\alpha/2}\frac{s}{\sqrt{n}}\right) = \left(21 \pm 1.96 \times \frac{4}{\sqrt{30}}\right) = (21 \pm 1.431) = (19.569,\ 22.431)$$

이다.

모평균의 구간추정을 종합하면 정규모집단에서 추출한 표본은 [예제 10.10]과 같이 구간

추정을 구할 수 있고, 확률분포를 모르는 모집단에서 추출한 표본의 크기 n이 큰 경우는 [예제 10.11]과 같이 중심극한정리를 이용하여 $100(1-\alpha)\%$ 신뢰구간을 구할 수 있다. 이제 남은 경우는 확률분포를 모르는 모집단에서 추출한 표본(n이 작은 경우)에 대한 모평균의 구간추정이다. 이 경우 비모수통계학이라는 방법을 통하여 신뢰구간을 구할 수 있다.

모평균을 추정하기 위한 표본의 크기는 어떻게 정할까? 표본의 크기 n이 클수록 표준오차가 작아지므로 모평균에 가까울 확률이 커진다. 즉 n이 클수록 더 정확한 모평균을 추정한다. 표본의 크기는 비용을 수반하고, 정확도와 표본크기는 비례관계이다. 모평균의 오차한계란 신뢰구간이 표본평균에 대해 대칭이므로 신뢰구간 길이의 1/2이다. 오차한계가 주어진 값 d 이내가 되게 하는 표본의 크기 n을 다음 식에서 구할 수 있다. 모표준편차 σ가 알려진 경우에

$$z_{\alpha/2} \times \frac{\sigma}{\sqrt{n}} \le d$$

이므로, 이 부등식을 n에 관해 정리하면

$$n \ge \left(\frac{z_{\alpha/2}\,\sigma}{d}\right)^2$$

이다. 여기서 구한 n은 정규모집단에서는 정확한 값을 제공하고, 비정규모집단에서는 $n > 30$인 경우에 대해 근사적으로 적용할 수 있다. 또한 σ가 알려지지 않은 경우에 표본의 크기가 작은 예비표본에서 구한 표본표준편차로 σ를 추정하여 사용한다.

모평균의 추정에서 표본의 크기(모표준편차 σ가 알려진 경우)

$100(1-\alpha)\%$ 신뢰구간의 오차한계가 d보다 작은 표본크기

$$n \ge \left(\frac{z_{\alpha/2}\,\sigma}{d}\right)^2$$

예제 10.12 하루에 생산되는 제품의 평균무게 μ에 대한 추정의 90% 오차한계가 2(톤) 이내가 되도록 표본조사를 시행하려 한다. 필요로 하는 최소의 표본 크기는? 단, 모분산은 36으로 알려져 있다.

풀이 문제에서 $d=2,\ \alpha=0.1,\ \sigma=6$이므로

$$n \geq \left(\frac{z_{\alpha/2}\sigma}{d}\right)^2 = \left(\frac{1.645\times 6}{2}\right)^2 = 24.4$$

이다. 따라서 필요한 최소의 표본크기는 25이다.

10.5.2 모비율의 구간추정

10.4절에서 모비율 p의 점추정량은 $\hat{p}=\frac{1}{n}\sum_{i=1}^{n}X_i$ 이다. 단, $X_i \sim B(1,p)$인 확률표본이다. 따라서 $\sum_{i=1}^{n}X_i \sim B(n,p)$이지만, $\hat{p}$는 $0,1,\cdots,n$의 값만을 가지지 않기 때문에 이항분포가 아니므로 $\hat{p}$의 표본분포에 대하여 알아본다. n이 충분히 큰 경우, 9.3절에서 살펴본 바와 같이 $\sum_{i=1}^{n}X_i \dot{\sim} N(np,\, np(1-p))$이다. 따라서 $\hat{p}$의 확률분포는

$$\hat{p} \dot{\sim} N(p, \frac{p(1-p)}{n}) \text{ 또는 } \frac{\hat{p}-p}{\sqrt{p(1-p)/n}} \dot{\sim} N(0,1)$$

이다. n이 충분히 큰 경우, $\hat{p}$가 p에 매우 가까운 통계적 성질로부터

$$\frac{\hat{p}-p}{\sqrt{\hat{p}(1-\hat{p})/n}} \dot{\sim} N(0,1)$$

이 성립한다. 다음의 확률방정식이 근사적으로 성립한다.

$$\begin{aligned} 1-\alpha &= P(-z_{\alpha/2} < \frac{\hat{p}-p}{\sqrt{\hat{p}(1-\hat{p})/n}} < z_{\alpha/2}) \\ &= P\left(\hat{p}-z_{\alpha/2}\sqrt{\frac{\hat{p}(1-\hat{p})}{n}} < p < \hat{p}+z_{\alpha/2}\sqrt{\frac{\hat{p}(1-\hat{p})}{n}}\right) \end{aligned}$$

따라서 모비율 p에 대한 $100(1-\alpha)\%$ 신뢰구간은 다음과 같다.

$$\left(\hat{p}-z_{\alpha/2}\sqrt{\frac{\hat{p}(1-\hat{p})}{n}}\,,\hat{p}+z_{\alpha/2}\sqrt{\frac{\hat{p}(1-\hat{p})}{n}}\right)$$

여기서 $n\hat{p}\geq 5,\ n(1-\hat{p})\geq 5$인 경우에 정규분포의 근사 정도가 우수한 것으로 알려져 있다.

모비율 p에 대한 $100(1-\alpha)$% 신뢰구간

$$\left(\hat{p}-z_{\alpha/2}\sqrt{\frac{\hat{p}(1-\hat{p})}{n}}\,,\hat{p}+z_{\alpha/2}\sqrt{\frac{\hat{p}(1-\hat{p})}{n}}\right),\ \text{단, } n\hat{p}\geq 5,\ n(1-\hat{p})\geq 5$$

예제 10.13 [예제 10.8]에서 찬성률에 대한 95% 신뢰구간을 구하시오.

풀이 법안에 대한 찬성률 p의 점추정량은 $\hat{p}=\frac{605}{1000}=0.605$이고, $\hat{p}$의 표준오차의 추정값은 $\sqrt{\frac{\hat{p}(1-\hat{p})}{n}}=\sqrt{\frac{0.605\times 0.395}{1000}}=0.015$이다. 또한 $n\hat{p}=605\geq 5, n(1-\hat{p})=395\geq 5$이므로 모집단의 찬성률에 대한 95% 신뢰구간은 다음과 같다.

$$(0.605-1.96\times 0.015\,,0.605+1.96\times 0.015)=(0.576,0.634)$$

모비율의 표본조사에서 오차한계가 어떤 값 d이내가 되도록 하는 정확도의 요구사항을 만족하는 표본크기는 다음과 같다. 모비율의 신뢰구간에서 오차한계는 모평균과 마찬가지로 $z_{\alpha/2}\sqrt{p(1-p)/n}$이므로, 오차한계가 d보다 작거나 같기 위해 표본크기 n은 다음 식을 만족해야 한다.

$$z_{\alpha/2}\sqrt{\frac{p(1-p)}{n}}\leq d$$

이 부등식을 n에 관해 정리하면,

$$n\ \geq\ p(1-p)\left(\frac{z_{\alpha/2}}{d}\right)^2$$

이다. 여기서 p는 어떻게 구할까? 현재 상태는 표본조사를 시행하기 전에 표본의 크기를 결정하는 문제이므로, $\hat{p}$를 구하기 이전 상태이다. p를 결정하는 방법은 두 가지가 있다. 첫째, $p(1-p)$는 $p=\frac{1}{2}$에서 최댓값을 가지므로, 사전정보가 없는 경우에 원하는 오차한계의 정확도를 안정적으로 확보하기 위해 $p=\frac{1}{2}$를 대입한 $n \geq \frac{1}{4}\left(\frac{z_{\alpha/2}}{d}\right)^2$을 사용한다. 둘째, 표본의 크기가 작은 사전 표본조사를 통하여 추정한 표본비율 p^*를 이용하여 $n \geq p^*(1-p^*)\left(\frac{z_{\alpha/2}}{d}\right)^2$ 식을 만족하는 표본의 크기 n을 구한다.

모비율의 추정에서 표본의 크기

$100(1-\alpha)\%$ 신뢰구간의 오차한계가 d보다 작은 표본크기

1. p (무정보): $n \geq \frac{1}{4}\left(\frac{z_{\alpha/2}}{d}\right)^2$

2. $p=p^*$ (사전표본): $n \geq p^*(1-p^*)\left(\frac{z_{\alpha/2}}{d}\right)^2$

예제 10.14 어느 공장에서 생산되는 제품의 불량률 p를 추정하고자 한다. 95% 신뢰도에서 추정오차가 0.05 이하가 되도록 공정을 설계하려면 몇 개의 제품을 조사하여 불량률을 추정해야 하는가? 만약 공장의 50개의 제품을 조사한 결과 2개가 불량품이었다면, 불량률 추정에 필요한 최소의 표본 크기는?

풀이 사전정보가 없는 경우에 $\alpha=0.05$, $d=0.05$이므로

$$n \geq \frac{1}{4}\left(\frac{z_{\alpha/2}}{d}\right)^2 = \frac{1}{4}\left(\frac{1.96}{0.05}\right)^2 = 384.2$$

이다. 따라서 최소 385개의 제품을 조사하여 불량률을 추정해야 한다.

그러나 사전조사를 통하여 구한 불량률은 $p^*=\frac{2}{50}=0.04$, $1-p^*=0.96$이므로 요구사항을 만족하는 표본의 크기는

$$n \geq p^*(1-p^*)\left(\frac{z_{\alpha/2}}{d}\right)^2 = 0.04 \times 0.96 \times \left(\frac{1.96}{0.05}\right)^2 = 59.01$$

이다. 따라서 $n = 60$개의 제품만을 조사하여 추정한 불량률($\hat{p}$)과 공장 전체의 제품을 조사하여 구한 불량률(p)의 오차 $|p-\hat{p}|$가 0.05 이하가 된다는 것을 95% 신뢰할 수 있다.

연습문제

10.1 복원추출로 $\{1,2,3\}$에서 2개를 뽑는다.

(1) 모든 가능한 표본을 구하고, $\overline{x}$를 구하시오.

(2) 표본평균 $\overline{X}$의 확률분포표를 구하시오.

(3) $E(\overline{X}), Var(\overline{X})$를 구하시오.

10.2 비복원추출로 $\{1,2,3\}$에서 2개를 뽑는다.

(1) 모든 가능한 표본을 구하고, $\overline{x}$를 구하시오.

(2) 표본평균 $\overline{X}$의 확률분포표를 구하시오.

(3) $E(\overline{X}), Var(\overline{X})$를 구하시오.

10.3 복원추출로 $\{1,2,3\}$에서 3개를 뽑는다.

(1) 모든 가능한 표본을 구하고, $\overline{x}$를 구하시오.

(2) 표본평균 $\overline{X}$의 확률분포표를 구하시오. 확률분포의 특징을 기술하시오.

(3) 모평균을 구하시오.

(4) 문제 10.1 (2)와 문제 10.3 (2)를 모평균의 추정관점에서 비교하시오.

10.4 복원추출로 {o, x, o, x, x}에서 2개를 뽑는다.

(1) 모든 가능한 표본을 구하고, o의 개수의 평균을 구하시오.

(2) o의 개수의 평균에 대한 확률분포표를 구하시오.

10.5 복원추출로 {o, x, o, x, x}에서 3개를 뽑는다.

(1) 모든 가능한 표본을 구하고, o의 개수의 평균을 구하시오.

(2) o의 개수의 평균에 대한 확률분포표를 구하시오.

(3) 모비율의 추정관점에서 o의 개수에 대한 평균이 타당한가를 기술하시오.

10.6 확률표본 $X_1, \cdots, X_n (n > 15)$에 대해, 다음이 통계량인지 아닌지를 판단하고 그 이유를 쓰시오.

(1) X_3

(2) $X_1 - \mu$ 단, μ는 알려지지 않은 모평균

(3) $\frac{1}{2}(X_3 + X_5)$

(4) 범위

10.7 어느 과수원에서 수확한 사과의 무게는 평균 125g, 표준편차가 25g이라고 한다. 100개의 사과 무게를 측정한 표본평균은 $\overline{X}$이다.

(1) $\overline{X}$의 확률분포는 무엇인가?

(2) $P(\overline{X} > 120)$은 얼마인가?

(3) 한 상자에 100개의 사과를 담을 때, 이 사과 상자의 무게가 13kg 이상일 확률은?

10.8 어느 과수원에서 수확한 사과의 무게는 평균 125g, 표준편차가 25g인 정규분포를 따른다고 한다. 10개의 사과 무게를 측정한 표본평균은 $\overline{X}$ 이다.

(1) $\overline{X}$의 확률분포는 무엇인가?

(2) $P(\overline{X} > 120)$은 얼마인가?

(3) 한 상자에 100개의 사과를 담을 때, 이 사과 상자의 무게가 13kg 이상일 확률은?

10.9 평균이 50, 표준편차가 10인 모집단에서 크기가 49인 표본을 추출했다.

(1) 표본평균 $\overline{X}$의 확률분포가 정규분포인가? 만약 정규분포라면 그 이유를 기술하고, 그렇지 않다면 $\overline{X}$의 확률분포를 기술하시오.

(2) $\overline{X}$가 49와 52.5 사이에 있을 확률을 구하시오.

10.10 모표준편차가 4.5인 정규모집단에서 크기가 16인 표본을 추출했다.

(1) $\overline{X} - \mu$의 확률분포를 구하시오.

(2) $P(|\overline{X} - \mu| \le c) = 0.95$를 만족하는 c를 구하시오.

(3) 표본평균과 모평균의 차이가 2 이상일 확률을 구하시오.

10.11 부록의 t 분포표와 R에서 다음을 구하시오.

(1) $T \sim t(13)$일 때, $P(T < 2.160)$

(2) $T \sim t(11)$일 때, $P(T < -2.178)$

(3) $T \sim t(10)$일 때, $P(-1.812 < T < 2.228)$

10.12 부록의 t 분포표와 R에서 다음을 구하시오.

(1) $T \sim t(16)$일 때, $P(T < c) = 0.9$

(2) $T \sim t(7)$일 때, $P(T > c) = 0.05$

(3) $T \sim t(10)$일 때, $P(-c < T < c) = 0.95$

10.13 토익성적은 표준편차 70인 정규분포를 따른다고 한다. 표본의 크기가 10인 자료가 다음과 같다.

540	795	815	585	625	565	845	580	700	675

(1) 자료의 평균과 표준편차를 구하시오.

(2) 표본평균 $\overline{X}$의 평균과 표준오차를 추정하시오.

(3) 모평균 μ의 점추정값을 구하시오.

(4) 모평균 μ에 대한 95% 신뢰구간을 구하시오.

10.14 토익성적은 정규분포를 따른다고 한다. 표본의 크기가 10인 자료가 다음과 같다.

540	795	815	585	625	565	845	580	700	675

(1) 표본평균 $\overline{X}$의 평균과 표준오차를 추정하시오.

(2) 모평균 μ에 대한 99% 신뢰구간을 구하시오.

10.15 다음은 30개의 토익성적 자료이다.

540	795	815	585	625	565	845	580	700	675
680	720	630	695	765	950	820	825	705	630
690	790	580	660	650	715	700	840	715	680

(1) 자료의 평균과 표준편차를 구하시오.

(2) 표본평균 $\overline{X}$의 평균과 표준오차를 추정하시오.

(3) 모평균 μ에 대한 99% 신뢰구간을 구하시오.

10.16 다음은 10개의 토익성적 자료이다.

540	795	815	585	625	565	845	580	700	675

(1) 모평균 μ의 점추정값을 구하시오.

(2) 모평균 μ에 대한 90% 신뢰구간을 구하는 데 필요한 가정을 기술하고, 이 자료가 그 가정을 만족하는지를 판단하시오. 또한 μ에 대한 90% 신뢰구간을 구하시오.

10.17 표본의 크기가 49일 때 모평균 μ에 대한 신뢰구간의 길이가 $0.56 \times s$이다. 이 신뢰구간의 신뢰수준을 구하시오.

10.18 표본의 크기가 n일 때 모평균 μ에 대한 98% 신뢰구간이 $(\overline{x} - 0.26\,s, \overline{x} + 0.26\,s)$이다. 표본의 크기는 얼마인가? 단, n은 충분히 크다.

10.19 어떤 자동차 연비의 표준편차는 1.45(km/l)로 알려져 있다. 이 자동차의 평균연비에 대한 표본평균의 오차가 0.3 이하가 되는 확률이 최소 0.95가 되도록 연비 측정 실험을 계획하고 있다. 최소 몇 대의 자동차에 대하여 조사를 실시해야 하는가?

10.20 공무원 시험의 합격률을 추정하기 위해 시험 응시자 가운데 550명을 추출하여 조사하였더니 82명이 합격했다.

(1) 전체 응시자 가운데 한 명을 뽑았을 때, 그 사람이 시험에 합격할 확률(p)은?

(2) 모비율 p에 대한 추정량 $\hat{p}$의 표준오차를 추정하시오.

(3) 모비율 p에 대한 90% 신뢰구간을 구하시오.

10.21 어느 도시의 실업률을 조사하기 위해 노동인구 500명을 조사하였더니 65명이 실업자였다.

(1) 모비율 p에 대한 추정량 $\hat{p}$의 표준오차를 추정하시오.

(2) 모비율 p에 대한 95% 신뢰구간을 구하시오.

10.22 어떤 질병 발생률을 조사하기 위해 어떤 도시에서 1,000명을 조사한 결과 3명이 그 질병을 앓고 있다.

(1) 질병 발생률을 추정하시오.

(2) 질병 발생률 p에 대한 추정량 $\hat{p}$의 표준오차를 추정하시오.

(3) 도시 전체의 질병 발생율 p에 대한 95% 신뢰구간을 구하고, 신뢰구간의 정확도에 대해 기술하시오.

10.23 어느 도시의 실업률을 조사하기 위해 노동인구 n명을 조사하여, 실제 실업률과의 오차가 0.1 이하일 신뢰도가 최소 90%가 되게 한다.

(1) 최소 몇 명의 노동인구를 조사해야 하는가?

(2) 신뢰도가 95%, 99%가 되게 하는 최소의 n을 구하여 n와 신뢰도의 관계를 구하시오.

(3) 신뢰도가 90%에서 오차가 0.05, 0.01 이하가 되게 하는 최소의 n을 구하여, n과 오차와의 관계를 구하시오.

(4) (1)에서 만약 사전조사를 통하여 실업률이 0.15라는 사실을 알았다면 최소 몇 명의 노동인구를 조사해야 하는가?

10.24 어떤 질병 발생률을 조사하기 위해 어떤 도시에서 400명을 조사한 결과 63명이 그 질병을 앓고 있다.

(1) 질병 발생률에 대한 95% 신뢰구간을 구하시오.

(2) 질병 발생률의 95% 추정 오차한계가 0.05 이하가 되도록 하는 최소의 표본 크기는?

11장

단일 모집단의 검정

자료 조사의 궁극적인 목적은 모집단의 특성을 파악하는 것이다. 모집단의 특성을 파악하는 방법의 하나로 10장에서 모집단의 특성치인 모수의 추정을 다뤘다. 이 장에서는 모수에 대한 가설의 옳고 그름을 판단하는 통계 방법을 알아본다. 예를 들어 어떤 시험의 평균이 70점 이상인가를 표본자료에 근거하여 판단하고자 한다. 이처럼 표본에서 주어진 정보를 이용하여 모수에 대한 예상, 주장 또는 단순한 추측 등의 옳고 그름을 판단하는 과정을 **통계적 가설검정**(statistical hypothesis testing) 또는 검정(testing)이라 한다.

11.1 검정의 원리

주어진 자료로부터 통계적 가설검정을 시행하는 것은 모든 가설에 대하여 실시할 수 있는 것은 아니다. 모수에 대한 단정이나 추측 등의 표현을 **통계적 가설**이라 한다. 이 가설에 따라 모집단의 확률분포가 결정되면 **단순가설**(simple hypothesis), 그렇지 않으면 **복합가설**(composite hypothesis)이라 한다. 이 장에서 통계적 가설을 검정하는 방법에 대해 다룬다. 앞으로 확률표본 $X_1,\cdots,X_n$은 모집단의 확률밀도함수 $f(x,\theta)$로부터 추출되었다고 가정한다.

확률표본 $X_1,\cdots,X_n \sim N(\mu,\sigma^2)$일 때 가설

$$H_0 : \mu = 1,\ \sigma^2 = 1$$

은 모집단의 확률분포를 $N(1,1)$로 결정하므로 단순가설이다. 가설

$$H_1 : \mu \neq 1, \sigma^2 > 0$$

은 모집단의 확률분포가 $N(1, \sigma^2)$으로 완전히 결정되지 않으므로 복합가설이다.

통계적 가설

모수에 대한 예상, 주장, 추측

1. 단순가설: 가설에 의해 모집단의 확률분포가 결정
2. 복합가설: 단순가설이 아닌 통계적 가설

통계적 실험이나 조사의 목적은 기존 사실이 아닌 새로운 사실의 입증 근거를 찾는 데 있다. 기존 사실을 **귀무가설**(null hypothesis, H_0), 연구자 또는 통계분석가가 입증하고자 하는 주장을 **대립가설**(alternative hypothesis, H_1)로 각각 설정한다. 실험이나 조사로 얻은 자료를 이용하여 귀무가설을 기각할 만한 특별한 증거를 찾는 것이 통계적 검정절차의 일반적인 방법이다. 이러한 통계절차는 수집된 자료만을 이용한 방법으로 모집단에 대한 특성을 해석적으로 접근하는 것이 아니기 때문에 새로운 주장의 가설인 대립가설이 옳다고 강력히 주장할 수 없다. 따라서 정공법이 아닌 우회적 공략법으로 기존의 가설인 귀무가설이 옳지 않기 때문에 대립가설이 옳다고 주장하는 논리를 사용한다. 기존 가설은 일반적으로 옳다고 믿기 때문에 자료에서 특별한 증거가 없다면 기존 가설은 기각하지 않는다.

대립가설(H_1): 입증하고자 하는 주장

귀무가설(H_0): 대립가설에 반대되는 주장

표본에서 귀무가설 H_0를 기각하는 데 사용되는 통계량을 **검정통계량**(testing statistic)이라 한다. 대부분의 검정통계량은 모수의 점추정량에서 기인한다. 검정통계량을 바탕으로 귀무가설을 기각하는 영역을 **기각역**(critical region 또는 rejection region)이라 한다. 만약 기각역이 주어지면 표본이 기각역에 속한다면 귀무가설 H_0를 기각하고, 그렇지 않다면 H_0를 기각하지 않는다. 따라서 통계적 가설검정의 최종 절차는 기각역을 구하는 데 있다.

- **검정통계량:** 통계적 가설검정에 사용되는 통계량
- **기각역:** 검정통계량이 귀무가설을 기각하는 영역
- **가설검정의 결론:** 기각역을 구하여 표본의 검정통계값이 기각역에 속하면, 귀무가설 기각하고, 그렇지 않으면 귀무가설을 기각하지 않음

예제 11.1 확률표본 $X_1, \cdots, X_{25} \sim N(\mu, 10^2)$일 때

$$H_0 : \mu = 10,\ \ H_1 : \mu > 10$$

에 대한 기각역이 $R = \left\{ \frac{\overline{X} - 10}{10/\sqrt{25}} \geq 1.645 \right\}$이다. 만약 자료에서 $\overline{x} = 12$이면 가설검정의 결과를 기술하시오.

풀이 검정통계량 $\overline{X}$의 표본에서 값이 $\overline{x} \in R$이면 H_0를 기각하고, $\overline{x} \notin R$이면 H_0를 기각하지 않는다. 표본에서 $\frac{\overline{x} - 10}{10/\sqrt{25}} = \frac{12 - 10}{10/\sqrt{25}} = 1 \not\geq 1.645$이므로 $\overline{x} \notin R$이다. 따라서 $\mu = 10$이라는 귀무가설을 기각하지 않는다. 통계적 가설검정은 가설에 대한 직접적 주장인 대립가설에 대하여 옳고 그름을 판단하지 않고, 그와 반대되는 주장인 귀무가설에 대하여 옳고 그름을 판단한다. 따라서 주장하고자 하는 "대립가설 '$H_1 : \mu > 10$'을 기각한다"는 적극적인 표현을 사용하지 않고, "귀무가설 '$H_0 : \mu = 10$'을 기각하지 않는다"는 우회적인 표현을 사용한다.

[예제 11.1]과 같이 귀무가설과 대립가설은 모수를 포함하고 있으므로 모수에 대한 점추정량이 검정통계량의 출발점이다. [예제 11.1]에서 가설이 모평균 μ에 관한 것이므로, 모평균의 추정량 표본평균 $\overline{X}$를 이용하여 기각역을 구축한다. 또한 기각역의 형태를 고려할 때 H_0를 기각하는 영역이므로 H_1의 형태를 따른다. [예제 11.1]에서 $\overline{X}$가 어떤 값보다 클 때 H_0를 기각한다. 따라서 기각역은 $\{\overline{X} > c\}$ 형태인데, 이 형태가 대립가설의 형태와 동일하다. 이제 임계값(critical value) c를 결정하는 문제만 남아있다. 그런데 $\overline{X} \sim N(\mu, \frac{10^2}{25})$이므로

표 11-1 통계적 가설검정의 오류

검정결과\실제현상	H_0 참	H_1 참
H_0 기각	제1종 오류	옳은 결정
H_0 기각 안 함	옳은 결정	제2종 오류

귀무가설에서 $\mu = 10$이므로 $\overline{X} \sim N(10, \frac{10^2}{25})$이라는 사실을 이용하여 임계값 c를 구한다.

가설검정에는 두 가지 오류가 존재한다. 하나는 H_0가 참인데 H_0를 기각하는 오류이고, 다른 하나는 H_1이 참인데 H_1을 기각하는 오류이다. 이를 정리하면 <표 11-1>과 같다.

좋은 검정법이란 **제1종 오류**(type I error)와 **제2종 오류**(type II error)를 최소화하는 검정법이다. 그러나 제1종 오류 확률과 제2종 오류 확률은 서로 트레이드오프(trade off) 관계가 있어 임계값 c에 따라 제1종 오류 확률이 커지면 제2종 오류 확률이 작아지고, 제1종 오류 확률이 작아지면 제2종 오류 확률이 커진다. 따라서 이 두 오류의 확률을 동시에 최소화하는 검정법은 존재하지 않는다. 차선책으로 두 오류 가운데 하나를 일정한 한계 이내에 있게 하고 다른 오류를 최소화시키는 검정법을 고려하게 된다. 그런데 기존 가설 H_0가 옳음에도 불구하고 H_0를 기각하는 오류인 제1종 오류가 제2종 오류보다 더 심각한 오류이다(그렇기 때문에 오류의 명명 또한 제1종 오류, 제2종 오류를 사용한다). 따라서 제1종 오류 확률을 일정한 허용한계 이내에 존재하는 검정법 가운데 제2종 오류 확률을 최소화시키는 검정을 **유의수준 검정법**(significance test)이라 한다. 이때 제1종 오류 확률의 최대허용한계를 **유의수준**(significance level)이라 한다. 제1종 오류 확률은 $P(H_0$를 기각$|H_0) = P(X \in R|H_0)$이고 제2종 오류 확률은 $P(H_0$를 기각하지 않음$|H_1) = P(X \notin R|H_1)$으로 표현할 수 있다. 다시 말하면 유의수준은 검정결과가 잘못될 확률의 최대 허용값이다. 유의수준이 작을수록 검정결과에 대한 신뢰가 높다고 할 수 있다. 보통 사용하는 유의수준은 0.05, 0.01이다.

오류의 종류

1. 제1종 오류: H_0가 참일 때 H_0를 기각하는 오류
2. 제2종 오류: H_1이 참일 때 H_0를 기각하지 않는 오류

유의수준: 제1종 오류 확률의 최대허용 한계

유의수준 검정법: 제1종 오류 확률이 유의수준 이내에서 제2종 오류 확률을 최소화하는 검정법

예제 11.2 [예제 11.1]에서 제1종 오류 확률과 제2종 오류 확률을 구하시오.

풀이 기각역이 $R=\{\overline{X}\geq 13.29\}$이므로 제1종 오류 확률은

$$P((X_1,\cdots,X_{25})\in R|H_0)=P(\overline{X}\geq 13.29|\mu=10)$$

$$=P\left(\frac{\overline{X}-10}{10/\sqrt{25}}\geq\frac{13.29-10}{10/\sqrt{25}}\right)=P(Z\geq 1.645)=0.05$$

이고, 제2종 오류 확률은

$$P((X_1,\cdots,X_{25})\in R^c|H_1)=P(\overline{X}\leq 13.29|\mu_1>10)$$

$$=P\left(\frac{\overline{X}-\mu_1}{10/\sqrt{25}}\leq\frac{13.29-\mu_1}{10/\sqrt{25}}\right)=P\left(Z\leq\frac{13.29-\mu_1}{2}\right)$$

이다. 예를 들어 $\mu_1=15$라면 제2종 오류 확률은 $P\left(Z\leq\frac{13.29\quad 15}{2}\right)=0.196$이다. 이를 그림으로 표현하면 [그림 11-1]과 같다. 그림에서 진한 색이 제1종 오류 확률이고 옅은 색이 제2종 오류 확률이다. 그림에서 알 수 있듯이 13.29의 세로선이 오른쪽으로 움직이면 제1종 오류 확률은 작아지고 제2종 오류 확률은 커지고, 세로선이 왼쪽으로 움직이면 제1종 오류 확률은 커지고 제2종 오류 확률은 작아진다. 따라서 제1종 오류 확률과 제2종 오류 확률을 동시에 최소화하는 기각값 c를 구할 수 없다.

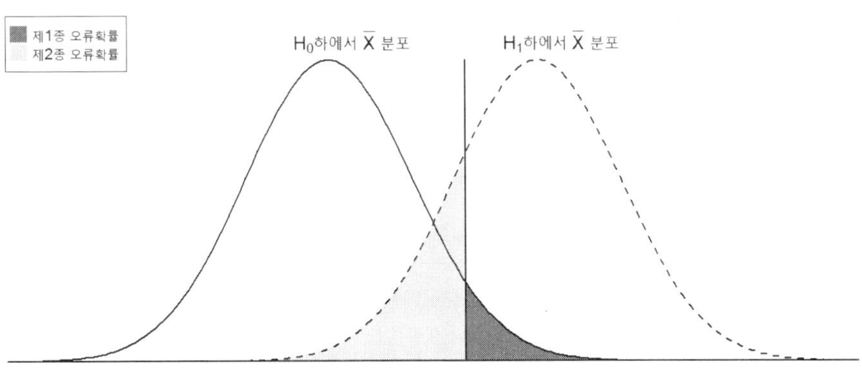

|그림 11-1| 제1종 오류 확률과 제2종 오류 확률

통계적 가설검정에서 미리 정해진 유의수준에서 기각역이 주어지면 검정법이 결정된다. 일반적으로 사용하는 유의수준은 0.05, 0.01이기 때문에 일반적으로 귀무가설이 참일 때 기각역의 크기는 작고, 기각하지 않은 영역의 크기는 크다. 일반적으로 통계 검정의 결과로 "귀무가설을 기각한다" 또는 "귀무가설을 기각하지 않는다"라는 표현을 사용한다. "귀무가설을 기각한다"는 표현은 의미상 대립가설을 채택한다는 것이고, "귀무가설을 기각하지 않는다"는 귀무가설을 채택한다는 의미이다. 그러나 통계적 검정은 우회적인 증명법을 사용하기 때문에 '채택한다'는 강력한 증거를 뒷받침해야 하는 용어는 사용하지 않는 것이 일반적이다.

주어진 유의수준에 따라 검정의 결과는 "귀무가설을 기각한다" 또는 "귀무가설을 기각하지 않는다"이다. 유의수준 α 검정법은 제1종 오류 확률이 유의수준 α보다 작으면 귀무가설을 기각한다. 주어진 자료로부터 H_0를 기각하게 되는 유의수준 α를 최소화하는 값을 p-값(p-value) 또는 유의확률이라 한다. 이제 p-값을 구하여 p-값이 유의수준 α보다 작으면 "귀무가설을 기각한다"라는 결론에 이르며, p-값이 유의수준 α보다 작지 않으면 "귀무가설을 기각하지 않는다"라는 결론에 이른다. 이와 같은 p-값을 이용한 검정법은 유의수준 α가 미리 주어질 필요가 없기 때문에 통계소프트웨어에서 많이 사용한다.

- **p-값(유의확률):** 자료에서 구한 검정통계값에서 H_0를 기각하는 최소의 유의수준
- **p-값을 이용한 검정:** 'p-값 $<$ 유의수준 α' $\Leftrightarrow$ '유의수준 α에서 H_0 기각'

예제 11.3 [예제 11.1]에서 p-값을 이용하여 검정하라.

풀이 자료로부터 $\bar{x} = 12$이고 기각역이 $\{\bar{X} > c\}$이므로 p-값은

$$p\text{-값} = P(\bar{X} > 12) = P\left(\frac{\bar{X} - 10}{10/\sqrt{25}} > \frac{12 - 10}{10/\sqrt{25}}\right) = P(Z > 1) = 1 - 0.841 = 0.159$$

이다. p-값 $\not< 0.05$이므로 귀무가설을 기각하지 않는다. [예제 11.1]과 같은 결과이다.

유의수준을 0.159보다 크게 설정하면 H_0를 기각한다. 예를 들어 $\alpha = 0.17$이면

$$p\text{-값} = 0.159 < 0.17 = \alpha$$

이므로 H_0를 기각한다. 다시 말하면 이 자료에서 H_0가 참인데도 불구하고 H_0를 기각하는 오류를 범할 확률이 0.159라는 것을 의미하므로, 이 표본으로부터 내린 결론을 84.1% 신뢰할 수 있다. p-값은 표본으로 내린 결론이 잘못될 확률의 최댓값이다.

11.2 정규모집단의 모평균 검정

확률표본 $X_1, \cdots, X_n \sim N(\mu, \sigma^2)$일 때, 모평균 μ의 점추정량은 $\overline{X}$이고, $\overline{X} \sim N(\mu, \frac{\sigma^2}{n})$이므로 $\frac{\overline{X}-\mu}{\sigma/\sqrt{n}} \sim N(0,1)$이 검정통계량으로 사용된다. 그런데 모표준편차 σ가 알려진 경우에는 이 검정통계량을 사용하지만, σ가 알려지지 않은 경우에는 σ의 추정량인 S를 사용하여 $\frac{\overline{X}-\mu}{S/\sqrt{n}} \sim t(n-1)$이라는 사실을 이용한다.

11.2.1 σ가 알려진 경우

σ가 알려진 경우에 모평균의 가설검정 절차에 대하여 알아본다. 우리가 고려하는 귀무가설과 대립가설은 다음과 같다.

$$H_0 : \mu = \mu_0 \quad H_1 : \begin{cases} \mu < \mu_0 \\ \mu > \mu_0 \\ \mu \neq \mu_0 \end{cases}$$

위의 가설에 대한 기각역의 형태는 대립가설 H_1의 형태와 같으므로

$$R = \begin{cases} \overline{X} < c \\ \overline{X} > c \\ |\overline{X} - \mu_0| > c \end{cases}$$

이다. $H_1 : \mu < \mu_0$일 때 유의수준 α 검정법은 제1종 오류 확률 $P(R|H_0) = P(R|\mu = \mu_0)$이 α보다 작아야 하므로

$$\text{제1종 오류 확률} = P(\overline{X} < c|\mu = \mu_0) = P(\frac{\overline{X} - \mu_0}{\sigma/\sqrt{n}} < \frac{c - \mu_0}{\sigma/\sqrt{n}}) = P(Z < \frac{c - \mu_0}{\sigma/\sqrt{n}}) \le \alpha$$

이다. 단, $Z = \frac{\overline{X} - \mu_0}{\sigma/\sqrt{n}}$이다. 그런데 제2종 오류 확률이 최소이기 위해 제1종 오류 확률은 최대이어야 하므로 등호에서 임계값이 $\frac{c - \mu_0}{\sigma/\sqrt{n}} = -z_\alpha$이어야 유의수준 α 검정법이 된다. 따라서

$$R = \{\overline{X} < \mu_0 - z_\alpha \frac{\sigma}{\sqrt{n}}\} \text{ 또는 } \{\frac{\overline{X} - \mu_0}{\sigma/\sqrt{n}} < -z_\alpha\}$$

이다. 확률변수 $\overline{X}$의 표본에서 구체적인 값은 $\overline{x}$이므로 $z_0 = \frac{\overline{x} - \mu_0}{\sigma/\sqrt{n}}$일 때, 모평균의 유의수준 α 검정법은 다음과 같다.

$$H_0 : \mu = \mu_0 \quad H_1 : \begin{cases} \mu < \mu_0 \\ \mu > \mu_0 \\ \mu \ne \mu_0 \end{cases} \quad R = \begin{cases} z_0 < -z_\alpha \\ z_0 > z_\alpha \\ |z_0| > z_{\alpha/2} \end{cases}, \text{ 단 } z_0 = \frac{\overline{x} - \mu_0}{\sigma/\sqrt{n}}$$

여기서 표본이 기각역을 만족하면 유의수준 α에서 H_0를 기각한다.

$H_0 : \mu = \mu_0$ $H_1 : \mu < \mu_0$인 경우에 p-값을 구해보자. 유의수준 α를 변화시킬 때, 유의수준 α가 $P(Z < \frac{\overline{x} - \mu_0}{\sigma/\sqrt{n}})$보다 크면 H_0를 기각한다. 따라서 유의수준 α가 $P(Z < \frac{\overline{x} - \mu_0}{\sigma/\sqrt{n}})$일 때 H_0를 기각하는 최소의 유의수준이다. 그러므로 p-값$= P(Z < \frac{\overline{x} - \mu_0}{\sigma/\sqrt{n}})$ 이다. 다른 가설에 대하여 마찬가지 방법으로 p-값을 구할 수 있다.

정규모집단의 모평균 검정 (σ가 알려진 경우): Z−검정(Z−test)

$z_0 = \dfrac{\overline{x} - \mu_0}{\sigma/\sqrt{n}}$, $Z \sim N(0,1)$일 때,

귀무가설	대립가설	유의수준 α 기각역	p−값
$H_0 : \mu = \mu_0$	$H_1 : \mu < \mu_0$	$\{z_0 < -z_\alpha\}$	$P(Z < z_0)$
	$H_1 : \mu > \mu_0$	$\{z_0 > z_\alpha\}$	$P(Z > z_0)$
	$H_1 : \mu \neq \mu_0$	$\{\lvert z_0 \rvert > z_{\alpha/2}\}$	$P(\lvert Z \rvert > \lvert z_0 \rvert) = 2P(Z > \lvert z_0 \rvert)$

예제 11.4 통계학 강의에 통계소프트웨어를 이용한 강의가 효과적인가를 확인하기 위해 R 프로그램을 이용하여 강의를 진행했다. R을 활용한 통계학 강의의 수강생 30명에 대한 시험성적은 표본평균 76.7, 분산 95.67이다. 기존 강의방법에 따른 통계학 성적은 평균 73.5, 분산 88.36이라고 알려져 있다. R을 활용한 강의방법의 통계학 성적이 정규분포를 따르고, 모분산이 기존 강의방법의 성적의 모분산과 같다고 가정한다. R을 활용한 강의방법이 기존 강의방법보다 효과적이라고 할 수 있는지를 유의수준 0.05에서 검정하시오.

풀이 가정에 의해 R을 활용한 강의방법의 성적은 모분산이 88.36이라고 알려져 있으므로 확률표본 $X_1, \cdots, X_{30} \sim N(\mu, 88.36)$이다. 강의방법이 효과적이라는 것은 평균이 높다는 것이므로 귀무가설과 대립가설을 다음과 같이 기술할 수 있다.

$$H_0 : \mu = 73.5 \quad H_1 : \mu > 73.5$$

표본으로부터 $n = 30$, $\overline{x} = 76.7$, $\sigma = \sqrt{88.36} = 9.4$, $\alpha = 0.05$이므로 기각역이

$$R = \left\{ z_0 = \frac{\overline{x} - \mu_0}{\sigma/\sqrt{n}} = \frac{76.7 - 73.5}{9.4/\sqrt{30}} = 1.865 > z_{0.05} = 1.645 \right\}$$

이므로 유의수준 0.05에서 H_0를 기각한다. 즉 유의수준 0.05에서 R을 활용한 강의방법이 기존 강의방법보다 효과적이라고 할 수 있다. 표본평균 76.7이 기존 평균 73.5보다 큰 것은 이 자료에 국한된 것이 아니라, R을 활용한 강의방법의 성적 자료에서 크기가 30인 표본의

평균이 100번 가운데 95번 이상의 표본에서 표본평균이 기존 평균보다 크다고 주장할 수 있다.

또한 p-값을 이용하여 검정을 실시한다.

$$p\text{-값}= P(Z > z_0) = P(Z > 1.865) = 1 - P(Z < 1.865) = 1 - 0.969 = 0.031 \ < \ 0.05$$

이므로 유의수준 0.05에서 H_0를 기각한다.

11.2.2 σ가 알려지지 않은 경우

σ가 알려지지 않은 경우에 모평균의 가설검정 절차에 대하여 알아본다. σ가 알려진 경우와 같은 점은 귀무가설과 대립가설, 검정통계량의 기본통계량은 $\overline{X}$이다. 그러나 σ가 알려지지 않은 경우에 $\dfrac{\overline{X}-\mu}{S/\sqrt{n}} \sim t(n-1)$라는 사실을 이용한다. 표준정규분포와 t분포는 모두 0에 관해 대칭인 확률밀도함수를 가지므로 σ가 알려진 경우와 거의 유사한 검정절차를 따른다. 두 검정법의 차이점은 표준정규분포 대신에 자유도가 $n-1$인 t 분포를, 모표준편차 σ 대신 표본표준편차 s를 사용한다는 것이다.

✔ 정규모집단의 모평균 검정 (σ가 알려지지 않은 경우) : t-검정(t-test)

$t_0 = \dfrac{\overline{x}-\mu_0}{s/\sqrt{n}}$, $T \sim t(n-1)$ 일 때,

귀무가설	대립가설	유의수준 α 기각역	p-값
$H_0 : \mu = \mu_0$	$H_1 : \mu < \mu_0$	$\{t_0 < -t_\alpha(n-1)\}$	$P(T < t_0)$
	$H_1 : \mu > \mu_0$	$\{t_0 > t_\alpha(n-1)\}$	$P(T > t_0)$
	$H_1 : \mu \neq \mu_0$	$\{\lvert t_0\rvert > t_{\alpha/2}(n-1)\}$	$P(\lvert T\rvert > \lvert t_0\rvert) = 2P(T > \lvert t_0\rvert)$

예제 11.5 [예제 11.4]에서 R을 활용한 강의방법의 통계학 수강생 30명 시험성적이 다음과 같다.

79	72	98	56	84	63	65	79	64	74	71	71	71	71	82
79	88	75	68	89	86	67	92	89	74	89	83	75	75	72

R을 활용한 강의방법이 기존 강의방법(평균 73.5)보다 효과적인지를 유의수준 0.05에서 검정하시오. 단, 통계학 시험성적은 정규분포를 따른다고 가정한다.

풀이 [예제 11.4]와 다른 점은 R을 활용한 강의방법에 따른 시험성적이 정규분포를 따른다는 가정만을 필요로 한다는 것이다. [예제 11.4]에서는 모분산의 정보도 필요했다. [예제 11.5]가 일반적으로 가장 흔한 예제 상황이다. 가정에 의해 R을 활용한 강의방법의 성적에 대한 확률표본은 $X_1, \cdots, X_{30} \sim N(\mu, \sigma^2)$이고, 검정을 위한 귀무가설과 대립가설을 다음과 같다.

$$H_0 : \mu = 73.5 \quad H_1 : \mu > 73.5$$

[예제 11.5]에서 주어신 자료에 대한 기조통계량은 다음과 같다.

```
> x=scan() # 자료 입력
1: 79 72 98 56 84 63 65 79 64 74 71 71 71 71 82 79 88 75 68 89 86 67 92
24: 89 74 89 83 75 75 72
31:
Read 30 items
> mean(x) # 표본평균
[1] 76.7
> var(x) # 표본분산
[1] 95.66552
```

즉 $n = 30$, $\bar{x} = 76.7$, $s = \sqrt{95.666} = 9.781$, $\alpha = 0.05$이므로 기각역이

$$R = \{ t_0 = \frac{\bar{x} - \mu_0}{s/\sqrt{n}} = \frac{76.7 - 73.5}{9.781/\sqrt{30}} = 1.792 > t_{0.05}(29) = 1.699 \}$$

이므로 유의수준 0.05에서 H_0를 기각한다. 즉 유의수준 0.05에서 R을 활용한 강의방법이

기존 강의방법보다 효과적이라고 할 수 있다.

p-값을 이용하여 검정을 실시한다.

$$p\text{-값} = P(T > t_0) = P(T > 1.792)$$

이다. 단, $T \sim t(29)$이다. 그런데 부록의 표에서 $P(T > 1.792)$의 값을 구할 수 없다. 자유도가 29이므로 부록의 t분포표에서

$$P(T > 1.697) = 0.05,\ P(T > 2.402) = 0.025$$

로부터

$$0.025 < P(T > 1.792) < 0.05$$

의 대소관계를 알 수 있다. 즉 p-값 < 0.05이므로 유의수준 0.05에서 H_0를 기각한다.

자유도 k가 충분히 큰 경우, $t(k)$의 확률밀도함수가 표준정규분포 $N(0,1)$의 확률밀도함수와 비슷하게 되므로

$$P(T > 1.792) \approx P(Z > 1.792) = 0.037$$

로 계산할 수 있다. 실제 $P(T > 1.792) = 0.042$이다. 즉 p-값 $= 0.042 < 0.05$이므로 유의수준 0.05에서 H_0를 기각한다.

R에서 모평균의 검정은 자료 x가 주어질 때 정규분포임을 확인하는 과정으로 시작한다. 즉 qqnorm(x)를 이용하여 자료가 정규분포를 따르는가를 확인한 후, 내장함수

```
t.test(x,mu=0,alternative="two.sided",conf.level=0.95)
```

를 이용하여 주어진 자료에 대한 모평균 검정을 실시한다. 여기서 x는 자료(벡터 형식), mu는 μ_0값, alternative는 대립가설의 형태, conf.level은 신뢰수준으로 $1-\alpha$이다. 인수의 기본값으로 mu=0, alternative="two.sided", conf.level=0.95이다. 만약 값이 주어지지 않으면 기본값으로 설정된 값이 사용된다. 대립가설 alternative는 "two.sided"($\neq$),"less"(<), "greater"(>) 3가지 가운데 하나를 선택한다. 만약 $\alpha = 0.01$인 경우 conf.level=0.99로 설정한다.

```
> t.test(x,mu=73.5,alter="gr") # t-검정

        One Sample t-test
data:  x
t = 1.792, df = 29, p-value = 0.04179
alternative hypothesis: true mean is greater than 73.5
95 percent confidence interval:
 73.66581       Inf
sample estimates:
mean of x
     76.7
```

여기서 인수명 alternative 대신에 줄인말 alter를 사용하였고, alternative에서도 “greater” 대신에 “gr”을 사용해도 상관없다. R에서는 구분할 수 있으면 줄인 말을 사용해도 된다. 이제 결과를 해석하자.

t = 1.792, df = 29, p-value = 0.04179

는 t_0, $n-1$(자유도), p-값을 나타낸다. 통계소프트웨어에서는 사용자 입력이 필요한 유의수준 α의 기각역을 이용한 검정 방법보다 p-값을 이용한 검정 방법을 사용한다. p-값 < 0.05 이므로 유의수준 0.05에서 H_0를 기각한다.

R에서 모평균의 검정은 σ를 모르는 경우 주어진 자료에 대해 내장함수 t.test()를 사용한다. 기본 패키지 이외에 BSDA(Basic Statistics and Data Analysis)라는 패키지의 z.test()를 이용하여 자료가 주어진 경우에 Z-검정을 수행할 수 있다.

[예제 11.5]에서 $n = 29$로 충분히 크므로 t분포 대신에 정규분포를 이용하여 검정을 수행할 수 있다. 이 경우 근사적인 값을 이용하는 경우이다. 즉 기각역의 임계값 $t_\alpha(n-1) \approx z_\alpha$, p-값에서 $T \approx Z = N(0,1)$을 이용하여 다음의 검정절차를 얻는다. 그러나 R을 이용하면 정확한 값을 계산할 수 있으므로 이러한 근사적인 절차는 불필요하다.

✔ 정규모집단의 모평균 검정(σ가 알려지지 않은 경우): Z-검정(Z-test)

$t_0 = \dfrac{\bar{x} - \mu_0}{s/\sqrt{n}}$, $Z \sim N(0,1)$일 때, n이 충분히 큰 경우

귀무가설	대립가설	유의수준 α 기각역	p-값
$H_0 : \mu = \mu_0$	$H_1 : \mu < \mu_0$	$\{t_0 < -z_\alpha\}$	$P(Z < t_0)$
	$H_1 : \mu > \mu_0$	$\{t_0 > z_\alpha\}$	$P(Z > t_0)$
	$H_1 : \mu \neq \mu_0$	$\{\lvert t_0 \rvert > z_{\alpha/2}\}$	$P(\lvert Z \rvert > \lvert t_0 \rvert) = 2P(Z > \lvert t_0 \rvert)$

모평균의 검정에서 $H_0 : \mu = \mu_0$, $H_1 : \mu \neq \mu_0$에 대한 기각역의 여집합인 채택역은

$$\left\{ \left| \frac{\overline{X} - \mu_0}{S/\sqrt{n}} \right| < t_{\alpha/2}(n-1) \right\} \Leftrightarrow \left\{ \overline{X} - \frac{S}{\sqrt{n}} t_{\alpha/2}(n-1) < \mu_0 < \overline{X} + \frac{S}{\sqrt{n}} t_{\alpha/2}(n-1) \right\}$$

이다. 채택역의 경계점은 모평균의 $100(1-\alpha)\%$ 신뢰구간의 경계점과 같다. 따라서 모평균의 검정결과가 유의수준 α에서 H_0를 기각하지 않는다면, μ_0가 $100(1-\alpha)\%$ 신뢰구간에 포함되고, 유의수준 α에서 H_0를 기각한다면, μ_0가 $100(1-\alpha)\%$ 신뢰구간에 포함되지 않는다.

유의수준 α의 양측검정과 $100(1-\alpha)\%$ 신뢰구간의 관계

1. 양측검정에서 H_0 기각하지 않는다 $\Leftrightarrow$ $\mu_0 \in$ 신뢰구간
2. 양측검정에서 H_0 기각한다 $\Leftrightarrow$ $\mu_0 \notin$ 신뢰구간

R에서 모평균의 양쪽 검정과 신뢰구간은 t.test()를 이용하여 구할 수 있다. 만약 [예제 11.5]에서 귀무가설과 대립가설이

$$H_0 : \mu = 73.5 \quad H_1 : \mu \neq 73.5$$

일 때 유의수준 0.05에서 검정하는 문제를 고려한다.

```
> t.test(x,mu=73.5) # 모평균검정: 양측검정

        One Sample t-test
data:  x
```

```
t = 1.792, df = 29, p-value = 0.08358
alternative hypothesis: true mean is not equal to 73.5
95 percent confidence interval:
 73.04776 80.35224
sample estimates:
mean of x
     76.7
```

R의 결과에서 p-값 $\not< 0.05$이므로 유의수준 0.05에서 H_0를 기각하지 않는다. 95% 신뢰구간은 $(73.048, 80.352)$이므로 $\mu_0 = 73.5$가 신뢰구간에 속함을 알 수 있다.

11.3 비정규모집단의 모평균 검정

확률표본 $X_1, \cdots, X_n$이 정규모집난에서 추출되지 않은 경우에 모평균 μ의 점추정량은 $\overline{X}$이고, n이 충분히 클 때 중심극한정리에 의해 $\overline{X} \overset{\cdot}{\sim} N(\mu, \frac{\sigma^2}{n})$이므로 $\frac{\overline{X}-\mu}{\sigma/\sqrt{n}} \overset{\cdot}{\sim} N(0,1)$이 검정통계량으로 사용된다. 그런데 σ가 알려지지 않은 경우는 σ 대신 추정량인 S를 사용하여 $\frac{\overline{X}-\mu}{S/\sqrt{n}} \overset{\cdot}{\sim} N(0,1)$을 이용한다. 11.2절의 절차를 그대로 차용하면 다음과 같은 검정절차를 얻는다. 표본의 크기 n이 크지 않은 비정규모집단의 경우는 10.5절의 신뢰구간을 구하는 절차와 마찬가지로 기초통계학의 수준을 벗어나게 되므로 다루지 않는다.

비정규모집단의 모평균 검정 (n이 충분히 큰 경우): Z-검정(Z-test)

(1) σ가 알려진 경우

$z_0 = \frac{\overline{x}-\mu_0}{\sigma/\sqrt{n}}$, $Z \sim N(0,1)$일 때,

귀무가설	대립가설	유의수준 α 기각역	p-값
$H_0 : \mu = \mu_0$	$H_1 : \mu < \mu_0$	$\{z_0 < -z_\alpha\}$	$P(Z < z_0)$
	$H_1 : \mu > \mu_0$	$\{z_0 > z_\alpha\}$	$P(Z > z_0)$
	$H_1 : \mu \neq \mu_0$	$\{\lvert z_0\rvert > z_{\alpha/2}\}$	$P(\lvert Z\rvert > \lvert z_0\rvert) = 2P(Z > \lvert z_0\rvert)$

(2) σ가 알려지지 않은 경우

$t_0 = \dfrac{\bar{x} - \mu_0}{s/\sqrt{n}}$, $Z \sim N(0,1)$일 때,

귀무가설	대립가설	유의수준 α 기각역	p-값
$H_0 : \mu = \mu_0$	$H_1 : \mu < \mu_0$	$\{t_0 < -z_\alpha\}$	$P(Z < t_0)$
	$H_1 : \mu > \mu_0$	$\{t_0 > z_\alpha\}$	$P(Z > t_0)$
	$H_1 : \mu \neq \mu_0$	$\{\lvert t_0\rvert > z_{\alpha/2}\}$	$P(\lvert Z\rvert > \lvert t_0\rvert) = 2P(Z > \lvert t_0\rvert)$

예제 11.6 통계학 강의를 수강한 수험생 50명의 시험성적이 다음과 같다.

1	0	87	0	99	34	84	59	14	6	16	24	35	65	28
2	3	10	55	98	0	0	70	0	0	3	0	0	6	0
1	12	0	9	11	0	1	0	60	2	1	0	17	0	61
27	0	4	22	1										

이때 통계학 성적의 평균이 30인지를 유의수준 0.05에서 검정하시오.

풀이 검정하고자 하는 가설은 다음과 같다.

$$H_0 : \mu = 30 \quad H_1 : \mu \neq 30$$

[예제 11.5]와 다른 점은 통계학 시험성적이 정규분포를 따른다는 가정이 없다는 것이다. 따라서 자료가 정규분포를 따르는가를 확인할 필요가 있다. 정규 분위수-분위수 그림을 그리면 [그림 11-2]와 같다. 그림에서 왼쪽 꼬리부분의 점이 직선상에 있지 않기 때문에 자료가 정규분포를 따르지 않는 것으로 확인된다.

```
> x=scan() # 자료 입력
1: 1  0 87  0 99 34 84 59 14  6 16 24 35 65 28  2  3 10 55 98  0  0 70
```

```
24: 0  0  3  0  0  6  0  1 12  0  9 11  0  1  0 60  2  1  0 17  0 61 27
47: 0  4 22 1
51:
Read 50 items
> qqnorm(x) # 정규 분위수-분위수 그림
```

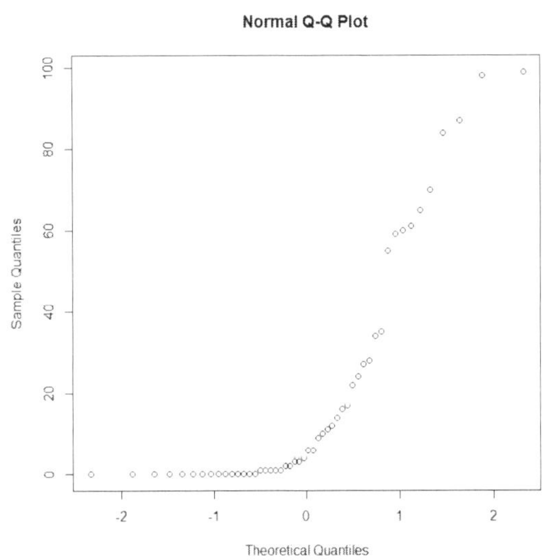

|그림 11-2| 통계학 성적의 정규분위수-분위수 그림

그러나 표본의 크기 $n = 50$으로 중심극한정리를 사용할 수 있다. 기초통계량의 값을 구하면 $\overline{x} = 20.56$, $s = 29.31$이고, $\alpha = 0.05$이므로 검정통계량값은

$$t_0 = \frac{\overline{x} - \mu_0}{s/\sqrt{n}} = \frac{20.56 - 30}{29.31/\sqrt{50}} = -2.277$$

이다. 기각역이

$$R = \{ |t_0| = 2.277 > z_{0.025} = 1.96 \}$$

이므로 유의수준 0.05에서 귀무가설 H_0를 기각한다.

p-값을 이용하여 검정을 실시하기로 한다.

$$p\text{-값} = P(|Z| > |t_0|) = 2P(Z > |t_0|) = 2 \times P(Z > 2.277) = 2 \times 0.011 = 0.022$$

이다. p-값 $< \alpha = 0.05$이므로 유의수준 0.05에서 H_0를 기각한다.

11.4 모비율 검정

모비율 p에 대한 귀무가설 $H_0 : p = p_0$(단, $0 < p_0 < 1$)에 대한 대립가설의 형태는 3가지가 존재한다. 모비율의 추정 방법인 10.5.2절의 결과를 이용한다. 표본비율 $\hat{p}$과 모비율 p에 대해 $n\hat{p} \geq 5$, $n(1-\hat{p}) \geq 5$인 경우에

$$\frac{\hat{p}-p}{\sqrt{p(1-p)/n}} \dot{\sim} N(0,1)$$

이다. 따라서 귀무가설 $p = p_0$에서 검정통계량

$$Z = \frac{\hat{p}-p_0}{\sqrt{p_0(1-p_0)/n}} \dot{\sim} N(0,1)$$

이다. 11.2절에서 모평균의 검정과 마찬가지로 3가지 대립가설에 대하여 기각역이 다음과 같이 결정된다.

$$H_0 : p = p_0 \quad H_1 : \begin{cases} p < p_0 \\ p > p_0 \\ p \neq p_0 \end{cases} \quad R = \begin{cases} z_0 < -z_\alpha \\ z_0 > z_\alpha \\ |z_0| > z_{\alpha/2} \end{cases}, \text{ 단 } z_0 = \frac{\hat{p}-p_0}{\sqrt{p_0(1-p_0)/n}}$$

$H_0 : p = p_0$ $H_1 : p < p_0$인 경우에 p-값을 구하기로 한다. 유의수준 α를 변화시킬 때, 유의수준 α가 $P(Z < \frac{\hat{p}-p_0}{\sqrt{p_0(1-p_0)/n}})$보다 크면 H_0를 기각한다. 따라서 유의수준 α가

$P(Z< \dfrac{\hat{p}-p_0}{\sqrt{p_0(1-p_0)/n}})$일 때 H_0를 기각하는 최소의 유의수준이 되므로 p-값 $= P(Z< \dfrac{\hat{p}-p_0}{\sqrt{p_0(1-p_0)/n}})$이다. 다른 가설에 대해서도 마찬가지 방법을 적용하면 p-값을 구할 수 있다.

모비율의 검정: $n\hat{p} \geq 5,\ n(1-\hat{p}) \geq 5$인 경우

$z_0 = \dfrac{\hat{p}-p_0}{\sqrt{p_0(1-p_0)/n}}$일 때,

귀무가설	대립가설	유의수준 α 기각역	p-값
$H_0: p = p_0$	$H_1: p < p_0$	$\{z_0 < -z_\alpha\}$	$P(Z < z_0)$
	$H_1: p > p_0$	$\{z_0 > z_\alpha\}$	$P(Z > z_0)$
	$H_1: p \neq p_0$	$\{\lvert z_0\rvert > z_{\alpha/2}\}$	$P(\lvert Z\rvert > \lvert z_0\rvert) = 2P(Z > \lvert z_0\rvert)$

예제 11.7 정부의 어떤 법안에 대한 찬성률을 조사하기 위해 우리나라 성인 1,000명을 조사하였더니 635명이 찬성했다. 이 법안 찬성률이 0.6 이상이라고 할 수 있는지를 유의수준 0.05에서 검정하시오.

풀이 표본비율은 $\hat{p} = \dfrac{X}{n} = \dfrac{635}{1000} = 0.635$이고, 귀무가설과 대립가설을 다음과 같이 설정할 수 있다.

$$H_0: p = 0.6 \quad H_1: p > 0.6$$

검정통계량값을 구하면 $z_0 = \dfrac{\hat{p}-p_0}{\sqrt{p_0(1-p_0)/n}} = \dfrac{0.635-0.6}{\sqrt{0.6\times 0.4/1000}} = 2.259$이고, 기각역이

$$R = \{z_0 = 2.259 > z_{0.05} = 1.645\}$$

이므로 유의수준 0.05에서 귀무가설 H_0를 기각한다. 그러므로 이 법안에 대한 찬성률이 0.6 이상이라고 주장할만한 근거가 있다.

p-값을 계산하면

$$p\text{-값} = P(Z > z_0) = P(Z > 2.259) = 0.012 < 0.05$$

이므로 유의수준 0.05에서 H_0를 기각한다.

R에서 모비율의 검정함수는 prop.test(x, n, p, alter="two.sided", conf.level=0.95)이다. 여기서 x는 어떤 성질을 만족하는 수, n은 실험 또는 조사 횟수, p는 p_0를 나타낸다. 함수 prop.test()는 proportional test를 의미한다.

```
> prop.test(635,1000,p=0.6,alter="gr") # 모비율 검정

        1-sample proportions test with continuity correction

data:  635 out of 1000, null probability 0.6
X-squared = 4.9594, df = 1, p-value = 0.01297
alternative hypothesis: true p is greater than 0.6
95 percent confidence interval:
 0.6091195 1.0000000
sample estimates:
    p
0.635
```

R의 결과에서 p-값이 0.01297로 0.05보다 작으므로 유의수준 0.05에서 귀무가설을 기각한다. R에서 prop.test()는 표준정규분포를 이용하여 p-값을 구하는 것이 아니라 다른 확률분포(카이제곱분포)를 이용한다. 따라서 p-값이 우리가 구한 값과 약간의 차이가 발생할 수 있다.

모비율의 검정에서 $n\hat{p} \geq 5,\ n(1-\hat{p}) \geq 5$의 조건을 만족하지 않은 경우는 표본분포가 정규분포를 따르지 않으므로 위에서 기술한 검정절차를 따르지 않는다. 그러나 모비율의 검정의 표본은 일반적으로 $n\hat{p} \geq 5,\ n(1-\hat{p}) \geq 5$의 조건을 만족하는 경우가 대부분이다.

연습문제

11.1 다음 문제에 대하여 귀무가설과 대립가설을 설정하시오.

(1) 새롭게 개발된 비료가 쌀의 수확량을 증가시키는지를 알아보기 위해 실험을 실시하여 확인하고자 한다.

(2) 과자의 평균무게가 제조회사의 목표치인 80g과 차이가 있는지를 알아보기 위해 과자 20개를 추출하여 조사했다.

(3) 다이어트 식단을 만들 때 음식의 단백질 함유량이 중요한 요소이다. 육류의 100g 당 단백질 비율이 20%가 넘는지를 조사하기 위해 육류의 50개 부위를 조사했다.

(4) 어느 대학의 졸업생 취업률이 50%가 넘는지를 조사하기 위해 졸업생 500명을 조사했다.

11.2 표본으로부터 귀무가설을 기각하는 영역인 기각역의 형태는 무엇인가? 연습문제 11.1에 대하여 기각역의 형태를 기술하시오.

11.3 검정 방법 A는 자료를 근거로 검정하는 것이 아니라 주사위를 던져 3의 배수가 나오면 귀무가설을 기각하고, 그렇지 않으면 귀무가설을 기각하지 않는다.

(1) 제1종 오류 확률을 구하시오.

(2) 제2종 오류 확률을 구하시오.

(3) 검정법 A의 문제점을 제1종 오류 확률과 제2종 오류 확률의 합 측면에서 기술하시오.

11.4 검정 방법 B는 H_0가 참이고 H_0를 기각할 확률이 $\frac{2}{5}$이고, H_0가 거짓이고 H_0를 기각할 확률은 $\frac{1}{5}$이다.

(1) H_0를 기각하지 않을 확률을 구하시오.

(2) 제1종 오류 확률의 범위를 구하시오.

(3) 검정법 B의 문제점을 제1종 오류 확률의 최솟값 측면에서 기술하시오.

11.5 정규모집단의 모평균에 대한 검정에서 유의수준 α에 대한 기각역을 구하시오.

(1) 모분산은 4, 표본의 크기는 15, 유의수준은 0.05, H_1 : 모평균이 15보다 크다.

(2) 모분산은 0.0081, 표본의 크기는 20, 유의수준은 0.025, H_1 : 모평균이 15보다 크다.

(3) 모분산은 1.44, 표본의 크기는 57, 유의수준은 0.02, H_1 : 모평균이 15보다 작다.

(4) 모분산은 1.69, 표본의 크기는 35, 유의수준은 0.01, H_1 : 모평균이 15가 아니다.

11.6 연습문제 11.5에서 표본에 대한 기초통계량이 다음과 같다. 유의수준 검정을 시행하고 결론을 쓰시오.

(1) $\overline{x} = 17.5$

(2) $\overline{x} = 17.5$

(3) $\overline{x} = 12.5$

(4) $\overline{x} = 14.5$

11.7 크기가 50인 정규모집단에서 추출한 표본으로부터 모평균이 30보다 크다는 주장을 보이려고 한다. 단 모표준편차는 3.5로 알려져 있다.

(1) 유의수준 α 검정법의 기각역이 $\{\overline{X} > 32\}$일 때, 이 검정의 α를 구하시오.

(2) 유의수준 α 검정법의 기각역을 구하시오.

(3) $\alpha = 0.05$, $\overline{x} = 32$일 때 유의수준 검정법을 수행하시오.

(4) $\overline{x} = 32$일 때 p-값을 계산하시오.

11.8 크기가 50인 표본으로부터 모평균이 30보다 작다는 주장을 보이려고 한다. 단 모표준편차는 3.5로 알려져 있다.

(1) 유의수준 α 검정법의 기각역이 $\{\overline{X} < 29\}$일 때, 이 검정의 α를 구하시오.

(2) 유의수준 α 검정법의 기각역을 구하시오.

(3) $\alpha = 0.05$, $\overline{x} = 29$일 때 유의수준 검정법을 수행하시오.

(4) $\overline{x} = 29$일 때 p-값을 계산하시오.

11.9 다음은 모표준편차가 3.5인 정규모집단에서 추출한 표본이다. 모평균이 60보다 작다는 주장을 검정하려 한다.

40	95	15	85	25	65	45	80	70	75

(1) 유의수준 α 검정법의 기각역이 $\{\overline{X} < 58\}$일 때, 이 검정의 α를 구하시오.

(2) 유의수준 α 검정법의 기각역을 구하시오.

(3) $\alpha = 0.05,\ 0.01$일 때 유의수준 검정법을 수행하시오.

(4) p-값을 계산하시오.

11.10 다음은 정규분포에서 추출한 자료이다. 모평균이 60보다 작다는 주장을 검정하려 한다.

40	95	15	85	25	65	45	80	70	75

(1) 유의수준 α 검정법의 기각역이 $\{\overline{X} < 58\}$일 때, 이 검정의 α를 구하시오.

(2) 유의수준 α 검정법의 기각역을 구하시오.

(3) $\alpha = 0.05,\ 0.01$일 때 유의수준 검정법을 수행하시오.

(4) p-값을 계산하시오.

11.11 어느 과수원에서 수확한 사과의 무게를 알기 위해 사과 100개의 무게를 측정하였더니 $\overline{x} = 104.3,\ s = 15.5$이다. 다음 가설에 대하여 물음에 답하시오.

$$H_0 : \mu = 100 \quad H_1 : \mu \neq 100$$

(1) 유의수준 0.05에서 검정하시오.

(2) p-값을 계산하여 검정하시오.

(3) $H_1 : \mu > 100$일 때, p-값을 계산하시오.

11.12 어느 과수원에서 수확한 사과의 무게를 알기 위해 사과 10개의 무게를 측정하였더니 $\overline{x} = 104.3,\ s = 15.5$이다. 다음 가설에 대해 답하시오.

$$H_0 : \mu = 100 \quad H_1 : \mu \neq 100$$

(1) 유의수준 0.05에서 검정하시오.

(2) p-값을 계산하여 검정하시오.

(3) $H_1 : \mu > 100$일 때, p-값을 계산하시오.

11.13 검정법 A는 유의수준 0.05에서 H_0를 기각하지 않았다. 다음 물음에 '참', '거짓', '모른다'로 답하시오.

(1) 귀무가설 H_0를 유의수준 0.01에서 기각하는가?

(2) 귀무가설 H_0를 유의수준 0.1에서 기각하는가?

(3) p-값은 0.05보다 작은가?

11.14 검정법 B는 유의수준 0.05에서 H_0를 기각했다. 다음 물음에 '참', '거짓', '모른다'로 답하시오.

(1) 귀무가설 H_0를 유의수준 0.01에서 기각하는가?

(2) 귀무가설 H_0를 유의수준 0.1에서 기각하는가?

(3) p-값은 0.05보다 작은가?

11.15 크기가 100인 표본에서

$$H_0 : \mu = 10 \quad H_1 : \mu \neq 10$$

에 대한 유의수준 0.05에서 기각역이 $\{|\overline{X} - 10| > 0.196\}$이다.

(1) 표본의 표준편차를 구하시오.

(2) 모평균 μ에 대한 95% 신뢰구간을 구하시오.

(3) 만약 $\overline{x} = 9.8$일 때, 10이 모평균 μ에 대한 95% 신뢰구간에 포함되는가?

(4) 만약 $\overline{x} = 9.8$일 때, 유의수준 0.05에서 가설을 검정하고, (3)의 결과와 비교하시오.

11.16 크기가 10인 표본에서

$$H_0 : \mu = 10 \quad H_1 : \mu \neq 10$$

에 대한 유의수준 0.05에서 기각역이 $\{|\overline{X} - 10| > 0.452\}$이다.

(1) 표본의 표준편차를 구하시오.

(2) 모평균 μ에 대한 95% 신뢰구간을 구하시오.

(3) 만약 $\overline{x} = 9.8$일 때, 10이 모평균 μ에 대한 95% 신뢰구간에 포함되는가?

(4) 만약 $\overline{x} = 9.8$일 때, 유의수준 0.05에서 가설을 검정하고, (3)의 결과와 비교하시오.

11.17 모비율 p에 대한 검정에서 유의수준 α에 대한 기각역을 구하시오.

(1) 표본의 크기는 81, 유의수준은 0.05, H_1: 모비율이 0.15보다 크다.

(2) 표본의 크기는 96, 유의수준은 0.025, H_1: 모비율이 0.15보다 작다.

(3) 표본의 크기는 124, 유의수준은 0.01, H_1: 모비율이 0.15가 아니다.

11.18 연습문제 11.17에서 표본에 대한 기초통계량이 다음과 같을 때, 검정을 수행하시오.

(1) $\hat{p} = 0.175$

(2) $\hat{p} = 0.135$

(3) $\hat{p} = 0.13$

11.19 어느 농구선수의 자유투 성공률이 75%라고 알려져 있다. 이 선수가 한 시즌에 176개의 자유투를 던져 120개를 성공했다. 이 선수의 자유투 성공률이 75%라는 주장이 타당한지를 유의수준 0.05에서 검정하는 과정인 다음 물음에 답하시오.

(1) 귀무가설과 대립가설을 설정하시오.

(2) 유의수준 α에서 기각역을 구하시오.

(3) $\alpha = 0.05$일 때, 검정통계량을 구하고, 검정통계량이 기각역에 속하는지를 통하여 가설을 검정하시오.

(4) p-값을 구하여 유의수준 0.05에서 검정하시오.

11.20 어느 야구선수의 타율이 0.295라고 알려져 있다. 이 선수가 한 시즌에 514타수에 안타가 154개를 때렸다. 이 선수는 타율이 향상되었다는 주장이 타당한지를 유의수준 0.05에서 검정하는 과정인 다음 물음에 답하시오.

(1) 귀무가설과 대립가설을 설정하시오.

(2) 유의수준 α에서 기각역을 구하시오.

(3) $\alpha = 0.05$일 때 검정통계량을 구하고, 검정통계량이 기각역에 속하는지를 통하여 가설을 검정하시오.

(4) p-값을 구하여 유의수준 0.05에서 검정하시오.

11.21 크기가 100인 표본에서 모비율이 0.3이 아니라는 주장에 대한 검정의 유의수준 α 검정법의 기각역이 $\{|\hat{p} - 0.3| > 0.107\}$이다.

(1) 이 검정의 유의수준 α를 구하시오.

(2) 모비율 p에 대한 98% 신뢰구간을 구하시오.

(3) $\hat{p} = 0.35$일 때 $p_0 = 0.3$가 모비율 p에 대한 98% 신뢰구간에 포함되는가?

(4) $\hat{p} = 0.35$일 때 유의수준 0.02에서 가설을 검정하고, (3)의 결과와 비교하시오.

12장

두 모집단의 검정

11장에서 단일 모집단의 모평균과 모비율에 대한 통계검정절차에 대해 공부했다. 이 장에서는 두 모집단의 모수가 서로 차이가 있는지를 알아본다. 두 모집단을 비교하는데 초점이 있다. 예를 들어 두 가지 농사기법 가운데 어느 방법이 쌀 수확량을 높이는가를 비교한다든지, 어떤 다이어트 프로그램이 체중 감량에 효과적인가를 추론하기 위해 프로그램 수행 전후의 체중을 측정하여 비교한다든지, 어떤 두 생산 공정 가운데 어느 공정이 더 효과적인가를 비교하기 위해 두 공정의 불량률 차이가 있는지를 비교한다.

두 모집단의 차이는 모평균 또는 모비율의 차이를 통하여 검정될 수 있다. 따라서 단일 모집단의 모수가 두 모집단의 모수의 차이로 바뀌었다는 사실 이외에 11장에서 다뤘던 단일 모집단의 모평균 또는 모비율의 검정과 유사한 검정절차를 따른다. 다만 위에서 기술한 두 농사기법의 비교와 다이어트 프로그램의 효과 여부에서 모평균의 차이를 비교하는 것은 자료 수집의 상황이 다르다. 두 가지 농사기법의 비교에서 수집된 자료는 서로 독립인 두 모집단에서 각각 추출된 경우이다. 이러한 가정에서 추출된 표본을 **독립표본**이라 한다. 독립표본의 경우에는 각각의 모집단에서 추출된 자료가 서로 영향을 주지 않고 독립적이다. 그러나 다이어트 프로그램이 체중 감량에 효과적인가를 추론하기 위한 체중 자료는 참여자의 다이어트 프로그램 전후의 체중으로 서로 짝을 이루고 있고, 서로 독립이 아니다. 이러한 자료를 **짝진표본**이라 한다. 쌍으로 이루어진 자료가 서로 영향을 미치고 있다. 두 모비율의 비교는 두 모집단이 서로 독립이라는 가정에서 통계검정절차를 수행한다.

12.1 독립표본의 모평균의 차이에 대한 추론

두 농사기법을 비교하기 위해 10a(아르) 단위의 논 8개에 농사기법 1을, 10a 단위의 논 10개에 농사기법 2를 적용하여 쌀 수확량 조사했다. 이때 조사된 농사기법 1에 의한 쌀 수확량과 농사기법 2에 의한 쌀 수확량은 서로 독립이다. 즉 8개의 표본은 농사기법 1의 모집단에서 추출된 표본이고, 10개의 표본은 농사기법 2의 모집단에서 추출된 표본이라고 할 수 있다. 8개의 자료와 10개의 자료는 서로 독립이다. 이 상황을 다음과 같이 기술할 수 있다.

서로 독립인 두 표본

1. $X_1, \cdots, X_{n_1} \sim (\mu_1, \sigma_1^2)$: 모평균 μ_1, 모분산 σ_1^2의 모집단에서 추출된 n_1개의 확률표본
2. $Y_1, \cdots, Y_{n_2} \sim (\mu_2, \sigma_2^2)$: 모평균 μ_2, 모분산 σ_2^2의 모집단에서 추출된 n_2개의 확률표본
3. X_i, $Y_j (i = 1, \cdots, n_1; j = 1, \cdots, n_2)$는 서로 독립이다

12.1.1 정규모집단

11장의 가설검정에서 모집단의 확률분포가 정규분포를 따르는 경우와 그렇지 않은 경우로 나누어 검정절차를 공부했다. 두 모집단의 비교를 위한 검정절차도 정규모집단과 비정규모집단의 경우에 각각 검정통계량이 다르므로 구분하여 검정절차를 기술한다.

자료가 정규분포의 모집단에서 추출되었다고 가정하면 다음과 같은 확률표본을 대상으로 검정이 이루어진다.

서로 독립인 두 표본: 정규모집단

1. $X_1, \cdots, X_{n_1} \sim N(\mu_1, \sigma_1^2)$: 정규모집단에서 추출된 n_1개의 확률표본
2. $Y_1, \cdots, Y_{n_2} \sim N(\mu_2, \sigma_2^2)$: 정규모집단에서 추출된 n_2개의 확률표본
3. X_i, $Y_j (i = 1, \cdots, n_1; j = 1, \cdots, n_2)$는 서로 독립이다.

두 모집단을 비교하는 데 있어 우리의 관심은 두 모평균의 차이이다. 관심모수는 $\mu_1 - \mu_2$이고, 추정량은 $\widehat{\mu_1 - \mu_2} = \hat{\mu}_1 - \hat{\mu}_2 = \overline{X} - \overline{Y}$이다. $\overline{X} - \overline{Y}$의 확률분포가 표본분포이

다. 그런데 10.2절의 결과로부터 $\overline{X} \sim N(\mu_1, \frac{\sigma_1^2}{n_1})$, $\overline{Y} \sim N(\mu_2, \frac{\sigma_2^2}{n_2})$이다. 정규분포의 선형결합은 정규분포이기 때문에 $\overline{X} - \overline{Y}$는 정규분포를 따르고, 확률변수 X_i와 Y_j는 서로 독립이므로 $\overline{X}$, $\overline{Y}$는 서로 독립이다. 따라서

$$E(\overline{X} - \overline{Y}) = E(\overline{X}) - E(\overline{Y}) = \mu_1 - \mu_2$$

$$Var(\overline{X} - \overline{Y}) = Var(\overline{X}) + Var(\overline{Y}) = \frac{\sigma_1^2}{n_1} + \frac{\sigma_2^2}{n_2}$$

으로부터

$$\overline{X} - \overline{Y} \sim N(\mu_1 - \mu_2, \frac{\sigma_1^2}{n_1} + \frac{\sigma_2^2}{n_2})$$

이다. 다음과 같은 표본분포를 얻는다.

$$\frac{\overline{X} - \overline{Y} - (\mu_1 - \mu_2)}{\sqrt{\frac{\sigma_1^2}{n_1} + \frac{\sigma_2^2}{n_2}}} \sim N(0,1)$$

이제 모분산 σ_1^2, σ_2^2의 정보에 따라 표본분포의 확률분포가 달라진다.

(1) σ_1^2, σ_2^2이 알려진 경우

모평균의 차이 $\mu_1 - \mu_2$에 대한 추정량 $\overline{X} - \overline{Y}$의 확률분포가

$$\frac{\overline{X} - \overline{Y} - (\mu_1 - \mu_2)}{\sqrt{\frac{\sigma_1^2}{n_1} + \frac{\sigma_2^2}{n_2}}} \sim N(0,1)$$

이라는 사실을 이용한다. 첫째, $\mu_{1-}\mu_2$에 대한 $100(1-\alpha)\%$ 신뢰구간을 구하면 10.5.1의 결과와 마찬가지로 다음과 같은 사실을 얻는다.

$$P\left(\overline{X}-\overline{Y}-z_{\alpha/2}\sqrt{\frac{\sigma_1^2}{n_1}+\frac{\sigma_2^2}{n_2}}<\mu_1-\mu_2<\overline{X}-\overline{Y}+z_{\alpha/2}\sqrt{\frac{\sigma_1^2}{n_1}+\frac{\sigma_2^2}{n_2}}\right)=1-\alpha$$

따라서 $\mu_1-\mu_2$에 대한 $100(1-\alpha)\%$ 신뢰구간은 다음과 같다.

✔ $\mu_1-\mu_2$에 대한 $100(1-\alpha)\%$ 신뢰구간 (σ_1^2, σ_2^2이 알려진 경우)

$$\left(\overline{X}-\overline{Y}-z_{\alpha/2}\sqrt{\frac{\sigma_1^2}{n_1}+\frac{\sigma_2^2}{n_2}},\ \overline{X}-\overline{Y}+z_{\alpha/2}\sqrt{\frac{\sigma_1^2}{n_1}+\frac{\sigma_2^2}{n_2}}\right)$$

둘째, 관심모수가 $\mu_1-\mu_2$이고 단일모집단의 가설검정과 마찬가지로 귀무가설과 대립가설의 형태는 다음과 같다.

$$H_0 : \mu_1-\mu_2=\delta_0 \quad H_1 : \begin{cases} \mu_1-\mu_2<\delta_0 \\ \mu_1-\mu_2>\delta_0 \\ \mu_1-\mu_2\neq\delta_0 \end{cases}$$

여기서 δ_0는 상수이고, 주요관심사가 두 모평균의 차이 유무일 때 $\delta_0=0$이다. 따라서 기각역의 형태는 대립가설 H_1의 형태와 같으므로 유의수준 α에서 기각역과 p-값은 다음과 같다.

✔ 정규모집단의 두 모평균의 차이에 대한 검정 (σ_1^2, σ_2^2이 알려진 경우)

$z_0=\dfrac{\overline{x}-\overline{y}-\delta_0}{\sqrt{\dfrac{\sigma_1^2}{n_1}+\dfrac{\sigma_2^2}{n_2}}}$, $Z\sim N(0,1)$일 때,

귀무가설	대립가설	유의수준 α 기각역	p-값
$H_0:\mu_1-\mu_2=\delta_0$	$H_1:\mu_1-\mu_2<\delta_0$	$\{z_0<-z_\alpha\}$	$P(Z<z_0)$
	$H_1:\mu_1-\mu_2>\delta_0$	$\{z_0>z_\alpha\}$	$P(Z>z_0)$
	$H_1:\mu_1-\mu_2\neq\delta_0$	$\{\lvert z_0\rvert>z_{\alpha/2}\}$	$2P(Z>\lvert z_0\rvert)$

예제 12.1 두 농사기법을 비교하기 위해 10a 단위의 논 8개에 농사기법 1을 적용하여 얻은 수확량과 10a 단위의 논 10개에 농사기법 2를 적용하여 쌀 수확량이 다음과 같다. 단위는 kg/10a이다. 단 쌀 수확량은 정규분포를 따르며 표준편차는 모두 15라고 알려져 있다.

기법 1	508	536	506	537	518	530	537	517		
기법 2	565	538	519	573	578	528	537	524	567	547

(1) 두 모평균의 차이 $\mu_1 - \mu_2$의 95% 신뢰구간을 구하시오.

(2) 농사기법 2가 농사기법 1보다 수확량이 차이가 없는지를 유의수준 0.05에서 검정하시오.

(3) 농사기법 2가 농사기법 1보다 수확량이 많은지를 유의수준 0.05에서 검정하시오.

풀이 (1) 주어진 자료에서 기초통계량을 구하면 다음과 같다.

$$n_1 = 8,\ n_2 = 10,\ \bar{x} = 523.625,\ \bar{y} = 547.6,\ \alpha = 0.05$$

따라서 $\mu_1 - \mu_2$에 대한 95% 신뢰구간은

$$\left(\bar{x} - \bar{y} \pm z_{\alpha/2}\sqrt{\frac{\sigma_1^2}{n_1} + \frac{\sigma_2^2}{n_2}}\right) = \left(523.625 - 547.6 \pm 1.96\sqrt{\frac{15^2}{8} + \frac{15^2}{10}}\right) = (-23.975 \pm 13.946)$$

$$= (-37.921,\ -10.029)$$

이다. 95% 신뢰구간이 0을 포함하고 있지 않으므로 유의수준 0.05에서 $\mu_1 = \mu_2$의 귀무가설을 기각한다.

(2) 귀무가설과 대립가설을 설정하면 다음과 같다.

$$H_0 : \mu_1 - \mu_2 = 0 \quad H_1 : \mu_1 - \mu_2 \neq 0$$

따라서 기각역을 구하면

$$z_0 = \frac{\bar{x} - \bar{y} - \delta_0}{\sqrt{\dfrac{\sigma_1^2}{n_1} + \dfrac{\sigma_2^2}{n_2}}} = \frac{523.625 - 547.6 - 0}{\sqrt{\dfrac{15^2}{8} + \dfrac{15^2}{10}}} = -3.37$$

$$R = \{|z_0| > z_{\alpha/2}\} = \{|-3.37| > 1.96\}$$

이므로 유의수준 0.05에서 H_0를 기각한다. 또한 p-값을 구하면

$$p\text{-값} = P(|Z| > |z_0|) = P(|Z| > |-3.37|) = 2P(Z > 3.37) = 0.0008 < 0.05$$

이므로 H_0를 기각한다.

(3) 귀무가설과 대립가설을 설정하면 다음과 같다.

$$H_0 : \mu_1 - \mu_2 = 0 \quad H_1 : \mu_1 - \mu_2 < 0$$

기각역을 구하면

$$R = \{z_0 < -z_\alpha\} = \{-3.37 < -1.645\}$$

이므로 유의수준 0.05에서 H_0를 기각한다. p-값을 구하면

$$p\text{-값} = P(Z < z_0) = P(Z < -3.37) = 0.0004 < 0.05, \quad Z \sim N(0,1)$$

이므로 H_0를 기각한다(H_1을 채택한다). 또한 p-값=0.004이므로 H_0을 기각하고 H_1을 채택하는 결론인 '농사기법 2가 농사기법 1보다 수확량 측면에서 우수하다'가 오류일 확률이 매우 낮으므로 그 결론을 강력히 주장할 수 있다.

(2) σ_1^2, σ_2^2이 알려지지 않은 경우(등분산 가정, $\sigma_1^2 = \sigma_2^2 = \sigma^2$)

서로 독립인 두 확률표본 $X_1, X_2, \cdots, X_{n_1} \sim N(\mu_1, \sigma^2)$; $Y_1, Y_2, \cdots, Y_{n_2} \sim N(\mu_2, \sigma^2)$ 인 경우이다. 검정통계량은 다음과 같다. 단, σ^2은 알려지지 않았다.

$$\frac{\overline{X} - \overline{Y} - (\mu_1 - \mu_2)}{\sigma\sqrt{\dfrac{1}{n_1} + \dfrac{1}{n_2}}} \sim N(0,1)$$

이제 σ^2을 추정하는 과정은 다음과 같다. 공통분산인 σ^2을 두 모집단에서 모두 추정할

수 있으므로 $S_1^2 = \frac{1}{n_1 - 1}\sum_{i=1}^{n_1}(X_i - \overline{X})^2$, $S_2^2 = \frac{1}{n_2 - 1}\sum_{j=1}^{n_2}(Y_j - \overline{Y})^2$이 모두 σ^2의 추정량이 될 수 있다. 이를 통합하여 σ^2의 추정량을 구하는데, 정보의 질적 측면에서 자료의 개수 n_1, n_2의 개수에 따라 S_1^2과 S_2^2의 정보를 배분할 필요가 있다. 이때 사용되는 σ^2의 추정량이 가중평균 개념을 사용한 **합동분산추정량**(pooled variance estimator) S_p^2이다.

$$S_p^2 = \frac{1}{n_1 + n_2 - 2}\left((n_1 - 1)S_1^2 + (n_2 - 1)S_2^2\right)$$

11.2.2절과 마찬가지로 $\dfrac{\overline{X} - \overline{Y} - (\mu_1 - \mu_2)}{\sigma\sqrt{\frac{1}{n_1} + \frac{1}{n_2}}} \sim N(0,1)$에서 σ 대신에 S_p를 대입하면 자유도가 $n_1 + n_2 - 2$인 t분포를 따르게 된다. 다음 표본분포가 추정과 검정에 사용한다.

$$\frac{\overline{X} - \overline{Y} - (\mu_1 - \mu_2)}{S_p\sqrt{\frac{1}{n_1} + \frac{1}{n_2}}} \sim t\,(n_1 + n_2 - 2)$$

첫째, 모평균의 차 $\mu_1 - \mu_2$에 대한 $100(1-\alpha)\%$ 신뢰구간은

$$P\left(\overline{X} - \overline{Y} - t_{\alpha/2}(n_1 + n_2 - 2)S_p\sqrt{\frac{1}{n_1} + \frac{1}{n_2}} < \mu_1 - \mu_2 < \overline{X} - \overline{Y} + t_{\alpha/2}(n_1 + n_2 - 2)S_p\sqrt{\frac{1}{n_1} + \frac{1}{n_2}}\right)$$
$$= 1 - \alpha$$

로부터 다음과 같은 결과를 얻는다.

✔ $\mu_1 - \mu_2$에 대한 $100(1-\alpha)\%$ 신뢰구간 (σ_1^2, σ_2^2 이 알려지지 않은 경우; $\sigma_1^2 = \sigma_2^2 = \sigma^2$)

$$\left(\overline{X} - \overline{Y} - t_{\alpha/2}(n_1 + n_2 - 2)S_p\sqrt{\frac{1}{n_1} + \frac{1}{n_2}}\ ,\ \overline{X} - \overline{Y} + t_{\alpha/2}(n_1 + n_2 - 2)S_p\sqrt{\frac{1}{n_1} + \frac{1}{n_2}}\right)$$

둘째, 모평균의 차에 대한 유의수준 α 검정법은 σ_1^2, σ_2^2이 알려진 경우와 유사한 접근 방법으로 기각역과 p-값을 구할 수 있다. 차이점은 표준정규분포 대신에 자유도가

$n_1 + n_2 - 2$인 t분포를 사용한다는 것이다.

정규모집단의 두 모평균의 차이에 대한 검정 (σ_1^2, σ_2^2이 알려지지 않은 경우; $\sigma_1^2 = \sigma_2^2 = \sigma^2$)

$t_0 = \dfrac{\bar{x} - \bar{y} - \delta_0}{s_p \sqrt{\dfrac{1}{n_1} + \dfrac{1}{n_2}}}$, $T \sim t(n_1 + n_2 - 2)$일 때,

귀무가설	대립가설	유의수준 α 기각역	p-값
$H_0 : \mu_1 - \mu_2 = \delta_0$	$H_1 : \mu_1 - \mu_2 < \delta_0$	$\{t_0 < -t_\alpha(n_1 + n_2 - 2)\}$	$P(T < t_0)$
	$H_1 : \mu_1 - \mu_2 > \delta_0$	$\{t_0 > t_\alpha(n_1 + n_2 - 2)\}$	$P(T > t_0)$
	$H_1 : \mu_1 - \mu_2 \neq \delta_0$	$\{\lvert t_0 \rvert > t_{\alpha/2}(n_1 + n_2 - 2)\}$	$2P(T > \lvert t_0 \rvert)$

여기서 두 모집단의 모분산이 동일하다는 사실을 어떻게 확인할까? 이 문제 또한 가설검정 문제이다. 그러나 기초통계학에서 모분산이 동일하다는 가설 즉, $H_0 : \sigma_1^2 = \sigma_2^2$ $H_1 : \sigma_1^2 = \sigma_2^2$ 을 검정하는 절차를 설명하기 위해서는 우리가 배운 정규분포, t분포 이외에 다른 확률분포를 알아야 한다. 따라서 이 장에서는 간략히 등분산성을 확인할 수 있는 절차에 대해 알아본다. 두 모표준편차의 비에 대한 추정량 $\dfrac{s_1}{s_2}$가 $\dfrac{1}{2} < \dfrac{s_1}{s_2} < 2$를 만족하면 등분산 가정을 만족한다고 할 수 있다. 또한 R을 이용하여 등분산성에 대한 구체적인 가설검정을 통하여 등분산여부를 확인할 수 있다.

예제 12.2 [예제 12.1]의 자료에 대해 물음에 답하시오. 단, 자료가 서로 독립이라는 가정만 있다.

(1) 자료가 정규분포를 따르는지, 두 모집단의 모분산이 동일한지를 확인하시오.

(2) 두 모평균의 차이 $\mu_1 - \mu_2$에 대한 95% 신뢰구간을 구하시오.

(3) 농사기법 2와 농사기법 1의 수확량이 차이가 없는지를 유의수준 0.05에서 검정하시오.

(4) 농사기법 2가 농사기법 1보다 수확량이 많은지를 유의수준 0.05에서 검정하시오.

풀이 (1) 주어진 자료의 기초통계량을 구하면 다음과 같다.

$$n_1 = 8,\ n_2 = 10,\ \bar{x} = 523.625,\ \bar{y} = 547.6,\ s_1 = 12.994,\ s_2 = 21.634,\ \alpha = 0.05$$

따라서 $\dfrac{s_1}{s_2} = 0.601 > \dfrac{1}{2}$ 이므로 두 모집단의 등분산성을 가정할 수 있다. 또한 각 자료가 정규분포를 따르는지는 정규 분위수-분위수 그림을 통하여 확인할 수 있다. [그림 12-1], [그림 12-2]에 의하면 정규 분위수-분위수 그림의 점들이 직선상에 있다.

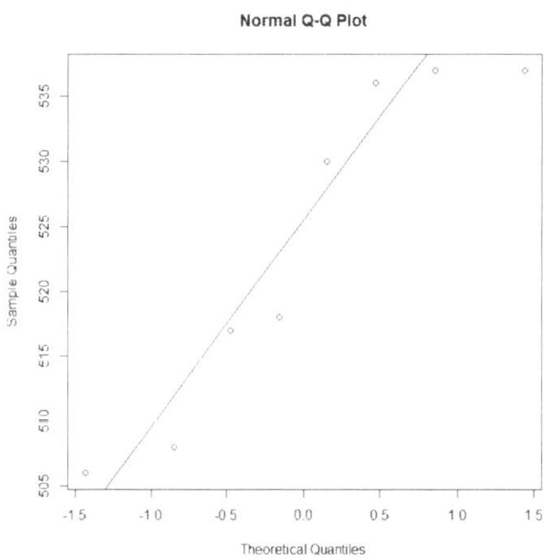

|그림 12-1| 농사기법 1의 정규 분위수-분위수 그림

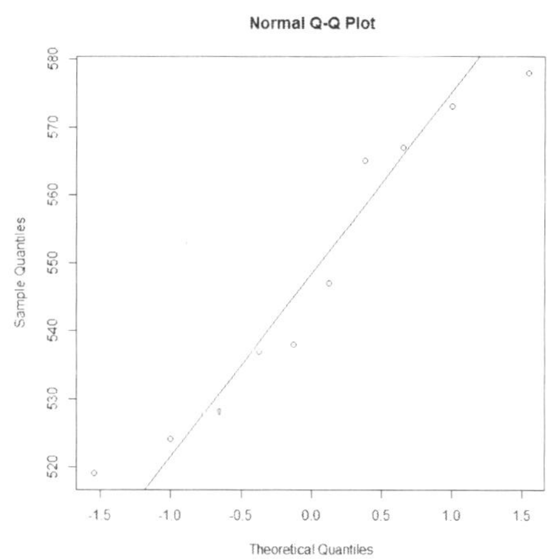

|그림 12-2| 농사기법 2의 정규 분위수-분위수 그림

R에서 [그림 12-1]을 구하는 방법은 다음과 같다.

```
> x=c(508,536,506,537,518,530,537,517) # 자료 입력
> y=c(565,538,519,573,578,528,537,524,567,547) # 자료 입력
> mean(x);sd(x) # 표본평균과 표본표준편차
[1] 523.625
[1] 12.99382
> mean(y);sd(y) # 표본평균과 표본표준편차
[1] 547.6
[1] 21.63433
> sd(x)/sd(y) # 등분산성 확인
[1] 0.6006109
```

```
> qqnorm(x);qqline(x) # [그림 12-1] 정규성 확인
> qqnorm(y);qqline(y) # [그림 12-2] 정규성 확인
```

(2) 합동분산추정량을 구하면

$$s_p^2 = \frac{1}{8+10-2}(7 \times s_1^2 + 9 \times s_2^2) = \frac{1}{16}5394.275 = 18.361^2$$

이고, $t_{0.025}(16) = 2.12$이므로 $\mu_1 - \mu_2$에 대한 95% 신뢰구간은

$$\left(\bar{x} - \bar{y} \pm t_{\alpha/2}(n_1 + n_2 - 2)s_p\sqrt{\frac{1}{n_1} + \frac{1}{n_2}}\right) = (523.625 - 547.6 \pm t_{0.025}(16)\, s_p\sqrt{\frac{1}{8} + \frac{1}{10}})$$

$$= (-23.975 \pm 18.464) = (-42.439, -5.511)$$

이다. 신뢰구간이 0을 포함하지 않으므로 유의수준 0.05에서 귀무가설 $\mu_1 = \mu_2$를 기각한다.

(3) 귀무가설과 대립가설을 설정하면 다음과 같다.

$$H_0 : \mu_1 - \mu_2 = 0 \quad H_1 : \mu_1 - \mu_2 \neq 0$$

따라서 기각역을 구하면

$$t_0 = \frac{\bar{x} - \bar{y} - \delta_0}{s_p\sqrt{\frac{1}{n_1} + \frac{1}{n_2}}} = \frac{523.625 - 547.6 - 0}{18.361\sqrt{\frac{1}{8} + \frac{1}{10}}} = -2.753$$

$$R = \{|t_0| > t_{\alpha/2}(n_1 + n_2 - 2)\} \Leftrightarrow \{\, |-2.753| > 2.12\}$$

이고, 기각역을 만족하므로 H_0를 기각한다. (2)의 결론과 같다.

R에서 t.test(x,y,var.equal=F,conf.level=0.95) 함수를 이용하여 위 결과를 얻을 수 있다. x, y는 자료를 표기하고, var.equal은 입력을 T 또는 F로 하는데 등분산가정인 경우 T(True)라고 설정하고, conf.level은 신뢰도를 나타낸다.

```
> t.test(x,y,var.equal=T) # 문제 (3)
        Two Sample t-test
data:  x and y
t = -2.7527, df = 16, p-value = 0.01415
alternative hypothesis: true difference in means is not equal to 0
95 percent confidence interval:
 -42.43851  -5.51149
sample estimates:
mean of x mean of y
  523.625   547.600
```

R의 결과에서 t=-2.7527이 t_0이고, df는 n_1+n_2-2이고, p-value는 p-값이다. alternative를 변경하여 대립가설 형태를 변경할 수 있으며, 95 percent confidence interval을 통하여 신뢰구간을 구할 수 있다.

(4) 귀무가설과 대립가설을 설정하면 다음과 같다.

$$H_0 : \mu_1 - \mu_2 = 0 \quad H_1 : \mu_1 - \mu_2 < 0$$

따라서 기각역을 구하면

$$R = \{t_0 < -t_\alpha(n_1+n_2-2)\} = \{-2.753 < -1.746\}$$

로 기각역을 만족하므로 유의수준 0.05에서 H_0를 기각한다. p-값을 구하면

$$p\text{-값} = P(T < t_0) = P(T < -2.753) = 0.007 < 0.05, \quad T \sim t(16)$$

이므로 H_0를 기각한다(H_1을 채택한다). 또한 p-값의 결과에서 유의수준을 0.001로 낮추어도 귀무가설 H_0를 기각한다.

```
> t.test(x,y,var.equal=T,alter="less") # 문제 (4)

        Two Sample t-test
```

```
data:  x and y
t = -2.7527, df = 16, p-value = 0.007077
alternative hypothesis: true difference in means is less than 0
```

(3) σ_1^2, σ_2^2이 알려지지 않은 경우(이분산 가정, $\sigma_1^2 \neq \sigma_2^2$)

서로 독립인 두 확률표본 $X_1, X_2, \cdots, X_{n_1} \sim N(\mu_1, \sigma_1^2)$; $Y_1, Y_2, \cdots, Y_{n_2} \sim N(\mu_2, \sigma_2^2)$인 경우이다. $\sigma_1^2 \neq \sigma_2^2$이고 두 모수가 알려지지 않았을 때, 표본분포가 다음과 같다.

$$\frac{\overline{X} - \overline{Y} - (\mu_1 - \mu_2)}{\sqrt{\dfrac{\sigma_1^2}{n_1} + \dfrac{\sigma_2^2}{n_2}}} \sim N(0,1)$$

이제 σ_1^2, σ_2^2이 알려지지 않았으므로 σ_1^2, σ_2^2을 각각 추정하여 S_1^2, S_2^2으로 대체할 때 통계량의 확률분포는 근사적으로 t분포를 따른다.

$$\frac{\overline{X} - \overline{Y} - (\mu_1 - \mu_2)}{\sqrt{\dfrac{S_1^2}{n_1} + \dfrac{S_2^2}{n_2}}} \stackrel{\cdot}{\sim} t(\nu), \text{ 단, } \nu = \frac{\left(\dfrac{S_1^2}{n_1} + \dfrac{S_2^2}{n_2}\right)^2}{\dfrac{1}{n_1 - 1}\left(\dfrac{S_1^2}{n_1}\right)^2 + \dfrac{1}{n_2 - 1}\left(\dfrac{S_2^2}{n_2}\right)^2}$$

여기서 t 분포의 자유도 ν를 웰치-새터스웨이스(Welch-Satterthwaithe)의 자유도라 한다. 통계소프트웨어에서는 자유도 ν를 사용한다. 자유도 ν 대신에 $\min(n_1 - 1, n_2 - 1)$의 자유도를 사용하기도 한다.

첫째, 모평균의 차 $\mu_1 - \mu_2$에 대한 $100(1-\alpha)\%$ 신뢰구간은 다음 확률방정식에서 구할 수 있다.

$$P\left(\overline{X} - \overline{Y} - t_{\alpha/2}(\nu)\sqrt{\frac{S_1^2}{n_1} + \frac{S_2^2}{n_2}} < \mu_1 - \mu_2 < \overline{X} - \overline{Y} + t_{\alpha/2}(\nu)\sqrt{\frac{S_1^2}{n_1} + \frac{S_2^2}{n_2}}\right) = 1 - \alpha$$

✔ $\mu_1 - \mu_2$의 $100(1-\alpha)$% 신뢰구간 (σ_1^2, σ_2^2이 알려지지 않은 경우; $\sigma_1^2 \neq \sigma_2^2$)

$$\left(\overline{X} - \overline{Y} - t_{\alpha/2}(\nu)\sqrt{\frac{S_1^2}{n_1} + \frac{S_2^2}{n_2}},\ \overline{X} - \overline{Y} + t_{\alpha/2}(\nu)\sqrt{\frac{S_1^2}{n_1} + \frac{S_2^2}{n_2}}\right)$$

둘째, 모평균의 차에 대한 유의수준 α 검정법은 자유도가 ν인 t분포를 사용하여 기각역과 p-값을 구할 수 있다.

✔ 정규모집단의 두 모평균의 차이에 대한 검정 (σ_1^2, σ_2^2이 알려지지 않은 경우; $\sigma_1^2 \neq \sigma_2^2$)

$$t_0 = \frac{\overline{x} - \overline{y} - \delta_0}{\sqrt{\frac{s_1^2}{n_1} + \frac{s_2^2}{n_2}}},\ T \sim t(\nu)\text{일 때,}$$

귀무가설	대립가설	유의수준 α 기각역	p-값
$H_0 : \mu_1 - \mu_2 = \delta_0$	$H_1 : \mu_1 - \mu_2 < \delta_0$	$\{t_0 < -t_\alpha(\nu)\}$	$P(T < t_0)$
	$H_1 : \mu_1 - \mu_2 > \delta_0$	$\{t_0 > t_\alpha(\nu)\}$	$P(T > t_0)$
	$H_1 : \mu_1 - \mu_2 \neq \delta_0$	$\{\lvert t_0\rvert > t_{\alpha/2}(\nu)\}$	$2P(T > \lvert t_0\rvert)$

예제 12.3 다음 자료는 어느 대학교의 사회과학대학과 공과대학 졸업생의 월급(단위: 만원) 자료이다. 두 집단의 월급이 같다고 할 수 있는가를 유의수준 0.05에서 검정하시오.

사회대	413	308	131	302	299	254	296					
공대	270	358	297	261	330	300	310	296	321	342	319	304

(1) 자료가 정규분포를 따르는지, 두 모집단의 모분산이 동일한지를 확인하시오.

(2) 두 모평균의 차이 $\mu_1 - \mu_2$에 대한 95% 신뢰구간을 구하시오.

(3) 사회대 졸업생과 공대 졸업생의 월급의 차이가 있는지를 유의수준 0.05에서 검정하시오.

풀이 (1) 주어진 자료가 정규분포를 따르는지는 R에서 qqnorm() 함수를 이용하여 직선이 나오는지를 확인한다. [예제 12.3] 자료의 정규 분위수-분위수 그림은 [그림 12-1]과 유사하므로 자료가 정규분포를 따른다고 할 수 있다.

```
> x=scan() # 자료 입력
1: 413 308 131 302 299 254 296
8:
Read 7 items
> y=scan() # 자료 입력
1: 270 358 297 261 330 300 310 296 321 342 319 304
13:
Read 12 items
> qqnorm(x); qqline(x) # 정규 분위수-분위수 그림, 정규성 확인
> qqnorm(y); qqline(y)
```

두 모집단의 모분산이 동일한 지를 확인하는 절차는 $\frac{1}{2} < \frac{s_1}{s_2} < 2$의 만족 여부이다. 다음 결과에서 윗 부등식을 만족하지 않으므로 이분산성 $\sigma_1 \neq \sigma_2$이 성립한다.

```
> sd(x)/sd(y) # 두 표준편차의 비
[1] 3.030772
```

(2) 각 자료의 기초통계량 및 자유도 ν를 계산하면 다음과 같다.

```
> mean(x);var(x);mean(y);var(y) # 표본평균, 표본분산
[1] 286.1429
[1] 7031.143
[1] 309
[1] 765.4545
> n1=length(x);n2=length(y) # 표본의 크기
> nu= (var(x)/n1 + var(y)/n2)^2 / ( (var(x)/n1)^2/(n1-1) + (var(y)/n2)^2/(n2-1) ) # 자유도
> nu
[1] 6.771366
```

$$n_1 = 7,\ n_2 = 12,\ \overline{x} = 286.143,\ \overline{y} = 309,\ s_1^2 = 7031.143,\ s_2^2 = 765.455,\ \nu = 6.771$$

```
> qt(0.975,nu) # t 분포 분위수
[1] 2.380906
```

또한 $t_{0.025}(6.77)=2.381$이므로 $\mu_1-\mu_2$에 대한 95% 신뢰구간은

$$\left(\bar{x}-\bar{y}\pm t_{\alpha/2}(\nu)\sqrt{\frac{s_1^2}{n_1}+\frac{s_2^2}{n_2}}\right)=\left(286.143-309\pm 2.381\sqrt{\frac{7031.143}{7}+\frac{765.455}{12}}\right)$$
$$=(-100.677,\ 54.963)$$

이다. 95% 신뢰구간이 숫자 0을 포함하고 있으므로 유의수준 0.05에서 $H_0:\mu_1=\mu_2$를 기각하지 않는다.

(3) 귀무가설과 대립가설은 다음과 같다.

$$H_0:\mu_1-\mu_2=0 \quad H_1:\mu_1-\mu_2\neq 0$$

따라서 기각역을 구하면

$$t_0=\frac{\bar{x}-\bar{y}-\delta_0}{\sqrt{\frac{s_1^2}{n_1}+\frac{s_2^2}{n_2}}}=\frac{286.143-309-0}{\sqrt{\frac{7031.143}{7}+\frac{765.455}{12}}}=-0.699$$
$$R:\{|t_0|>t_{\alpha/2}(\nu)\}\Leftrightarrow\{\,|-0.699|\not>2.381\}$$

이므로 유의수준 0.05에서 H_0를 기각하지 않는다. 이는 (2)의 결론과 같다. 만약 $\nu=\min(6,11)=6$을 사용하는 경우 $R=\{\,|-0.699|\not>t_{0.025}(6)=2.447\,\}$으로 같은 검정결과를 얻는다.

또한 p-값을 구하면

$$p\text{-값}=P(|T|>|t_0|)=2P(T>0.699)=0.508,\quad T\sim t(6.771)$$

으로 유의수준 0.05보다 크므로, 유의수준 0.05에서 H_0를 기각하지 않는다.

```
> 2*(1-pt(0.699,6.771)) # 2 P(T > 0.699) 단, T ~ t(6.771)
[1] 0.5078431
```

문제 (2), (3)을 R에서 함수 t.test(x,y,var.equal=F)를 이용하여 검정을 시행한다. 자료가 변수 x, y에 입력되어 있고, var.equal은 등분산 여부에 대한 인수 지정으로 기본값(default)이 F이므로 이분산을 가정하고 있다. 따라서 다음과 같은 R의 결과를 얻는다.

```
> t.test(x,y) # 이분산, 모평균 차이 검정

        Welch Two Sample t-test
data:  x and y
t = -0.69934, df = 6.7714, p-value = 0.5076
alternative hypothesis: true difference in means is not equal to 0
95 percent confidence interval:
 -100.67442   54.96014
sample estimates:
mean of x mean of y
 286.1429  309.0000
```

12.1.2 비정규모집단

11장의 가설검정에서 모집단의 확률분포가 정규분포를 따르지 않은 경우에 표본의 크기가 큰 경우에만 중심극한정리를 적용할 수 있기 때문에 표본의 크기가 큰 경우의 모평균에 대한 검정은 정규검정임을 공부했다. 두 모집단의 비정규모집단의 경우에는 표본의 크기 n_1, n_2가 충분히 큰 경우만 다룬다. 표본의 크기가 작은 경우는 이 책의 범위를 벗어난다.

서로 독립인 두 표본: 비정규모집단 (n_1, n_2가 충분히 크다)

1. $X_1,\cdots,X_{n_1} \sim (\mu_1, \sigma_1^2)$: 모평균 μ_1, 모분산 σ_1^2의 모집단에서 추출된 n_1개의 확률표본
2. $Y_1,\cdots,Y_{n_2} \sim (\mu_2, \sigma_2^2)$: 모평균 μ_2, 모분산 σ_2^2의 모집단에서 추출된 n_2개의 확률표본
3. $X_i, Y_j (i=1,\cdots,n_1; j=1,\cdots,n_2)$는 서로 독립이다.

표본크기 n_1, n_2가 충분히 크므로 중심극한정리에 의해

$$\overline{X} \dot{\sim} N(\mu_1, \frac{\sigma_1^2}{n_1}),\ \overline{Y} \dot{\sim} N(\mu_2, \frac{\sigma_2^2}{n_2})$$

이므로

$$\overline{X} - \overline{Y} \dot{\sim} N(\mu_1 - \mu_2, \frac{\sigma_1^2}{n_1} + \frac{\sigma_2^2}{n_2})$$

에서 다음과 같은 표본분포를 얻는다.

$$\frac{\overline{X} - \overline{Y} - (\mu_1 - \mu_2)}{\sqrt{\frac{\sigma_1^2}{n_1} + \frac{\sigma_2^2}{n_2}}} \dot{\sim} N(0,1)$$

만약 σ_1^2, σ_2^2가 알려지지 않은 경우에 σ_1^2, σ_2^2을 각각 S_1^2, S_2^2으로 대체한 다음 표본분포가 n_1, n_2가 큰 경우에는 근사적으로 정규분포를 따른다.

$$\frac{\overline{X} - \overline{Y} - (\mu_1 - \mu_2)}{\sqrt{\frac{S_1^2}{n_1} + \frac{S_2^2}{n_2}}} \dot{\sim} N(0,1)$$

첫째, $\mu_{1-}\mu_2$에 대한 $100(1-\alpha)\%$ 신뢰구간은

$$P\left(\overline{X} - \overline{Y} - z_{\alpha/2}\sqrt{\frac{S_1^2}{n_1} + \frac{S_2^2}{n_2}} < \mu_1 - \mu_2 < \overline{X} - \overline{Y} + z_{\alpha/2}\sqrt{\frac{S_1^2}{n_1} + \frac{S_2^2}{n_2}}\right) = 1 - \alpha$$

에서 다음과 같은 결과를 얻는다.

✔ $\mu_1 - \mu_2$에 대한 $100(1-\alpha)\%$ 신뢰구간 (n_1, n_2가 충분히 큰 경우): 비정규모집단

$$\left(\overline{X} - \overline{Y} - z_{\alpha/2}\sqrt{\frac{S_1^2}{n_1} + \frac{S_2^2}{n_2}},\ \overline{X} - \overline{Y} + z_{\alpha/2}\sqrt{\frac{S_1^2}{n_1} + \frac{S_2^2}{n_2}}\right)$$

둘째, 모평균의 차이에 대한 귀무가설과 대립가설의 형태는 다음과 같다.

$$H_0 : \mu_1 - \mu_2 = \delta_0 \quad H_1 : \begin{cases} \mu_1 - \mu_2 < \delta_0 \\ \mu_1 - \mu_2 > \delta_0 \\ \mu_1 - \mu_2 \neq \delta_0 \end{cases}$$

기각역의 형태는 대립가설 H_1의 형태와 같고 유의수준 α에서 기각역과 p-값을 다음과 같다.

비정규모집단의 두 모평균의 차이에 대한 검정 (n_1, n_2가 충분히 큰 경우)

$$z_0 = \frac{\overline{x} - \overline{y} - \delta_0}{\sqrt{\dfrac{s_1^2}{n_1} + \dfrac{s_2^2}{n_2}}}, \ Z \sim N(0,1) \text{일 때,}$$

귀무가설	대립가설	유의수준 α 기각역	p-값
$H_0 : \mu_1 - \mu_2 = \delta_0$	$H_1 : \mu_1 - \mu_2 < \delta_0$	$\{z_0 < -z_\alpha\}$	$P(Z < z_0)$
	$H_1 : \mu_1 - \mu_2 > \delta_0$	$\{z_0 > z_\alpha\}$	$P(Z > z_0)$
	$H_1 : \mu_1 - \mu_2 \neq \delta_0$	$\{\lvert z_0 \rvert > z_{\alpha/2}\}$	$2P(Z > \lvert z_0 \rvert)$

예제 12.4 어느 두 지역의 쌀 생산량에 차이가 있는지를 조사한 결과가 다음과 같다. 두 모평균의 차이에 대한 98% 신뢰구간을 구하고, 두 지역의 쌀 생산량의 차이가 있는지를 유의수준 0.02에서 검정하시오. 단위는 kg/10a이다.

지역	표본의 크기	표본평균	표본표준편차
A	55	521.4	24.5
B	62	532.5	19.1

풀이 표본의 크기가 $n_1 = 55$, $n_2 = 62$로 충분히 크므로, 자료가 정규분포임을 확인할 필요가 없다. 따라서 $\mu_1 - \mu_2$에 대한 98% 신뢰구간을 구하면

$$\left(\bar{x}-\bar{y} \pm z_{\alpha/2}\sqrt{\frac{s_1^2}{n_1}+\frac{s_2^2}{n_2}}\right) = \left(521.4-532.5 \pm 2.326\sqrt{\frac{24.5^2}{55}+\frac{19.1^2}{62}}\right)$$
$$= (-20.633,\ -1.567)$$

이고, 이 신뢰구간이 0을 포함하지 않으므로 $\mu_1=\mu_2$의 가설을 유의수준 0.02에서 기각한다.

둘째, 두 지역의 생산량 차이 유무에 대한 귀무가설과 대립가설은 다음과 같다.

$$H_0 : \mu_1 = \mu_2 \quad H_1 : \mu_1 \neq \mu_2$$

검정통계량값은

$$z_0 = \frac{\bar{x}-\bar{y}-0}{\sqrt{\frac{s_1^2}{n_1}+\frac{s_2^2}{n_2}}} = \frac{521.4-532.5}{\sqrt{\frac{24.5^2}{55}+\frac{19.1^2}{62}}} = -2.708$$

이므로 기각역

$$R=\{|z_0| > z_{\alpha/2}\} \Leftrightarrow \{2.708 > 2.326\}$$

이므로 유의수준 0.02에서 H_0를 기각한다. 또한 p-값을 구하면 유의수준 0.02보다 작을 것이다. 실제 p-값은

$$p\text{-값} = 2P(Z > |z_0|) = 2P(Z > 2.708) = 0.007,\ \ Z \sim N(0,1)$$

이므로 유의수준 0.02에서 H_0를 기각한다.

12.2 짝진표본의 모평균의 차이에 대한 추론

만약 다이어트 프로그램이 체중 감량에 효과적인가를 확인하기 위한 자료는 프로그램 참여자의 참여 전후의 체중이 서로 짝을 이루고 있다. 참여 전 체중과 참여 후 체중은 프로그램 참여자의 체중 자료이므로 서로 독립이 아니다. 따라서 서로 독립인 모집단에서 추출한 자

료의 확률표본과는 다른 확률표본을 고려해야 한다.

> **짝진표본:** $(X_1, Y_1), \cdots, (X_n, Y_n)$
> $X_i \sim (\mu_1, \sigma_1^2)$, $Y_i \sim (\mu_2, \sigma_2^2)$이고, X_i, Y_i는 서로 독립 아님 $i = 1, \cdots, n$

12.1절에서 배운 바와 같이 관심 모수는 $\mu_1 - \mu_2$이고, 그 추정량은 $\overline{X} - \overline{Y}$이다. 그런데 짝진표본은 X_i, Y_i가 서로 독립이 아니기 때문에

$$Var(\overline{X} - \overline{Y}) = Var(\overline{X}) + Var(\overline{Y}) - 2Cov(\overline{X}, \overline{Y}) = \frac{\sigma_1^2}{n} + \frac{\sigma_2^2}{n} - 2Cov(\overline{X}, \overline{Y})$$

이다. 따라서 공분산의 정보가 필요하여 통계량의 분포를 구하는데 복잡한 과정이 필요하다. 자료의 구조를 다음과 같이 바꿔 모수 $\mu_1 - \mu_2$의 추정량을 계산하기로 한다.

표 12-1 짝진표본의 자료구조

	자료				표본평균
집단 1	X_1	X_2	$\cdots$	X_n	$\overline{X}$
집단 2	Y_1	Y_2	$\cdots$	Y_n	$\overline{Y}$
차	$D_1 = X_1 - Y_1$	$D_2 = X_2 - Y_2$	$\cdots$	$D_n = X_n - Y_n$	$\overline{D} = \overline{X} - \overline{Y}$

짝진표본 (X_i, Y_i)의 차이를 $D_i = X_i - Y_i \ (i = 1, \cdots, n)$라 할 때, $D_i \sim (\mu_1 - \mu_2, \sigma_D^2)$이다. 단, σ_D^2은 알려지지 않은 경우이다. 모수 $\mu_1 - \mu_2$의 추정량은

$$\hat{\mu}_1 - \hat{\mu}_2 = \overline{X} - \overline{Y} = \overline{D} \sim (\mu_1 - \mu_2, \frac{\sigma_D^2}{n})$$

이므로, 짝진표본에 대한 추론 과정은 짝을 이루는 변수의 차이를 자료로 가지는 모분산이 알려지지 않은 경우에 단일 모집단의 모평균 검정으로 변경된다.

첫째, 짝진표본에서 $\mu_1 - \mu_2$에 대한 $100(1-\alpha)\%$ 신뢰구간은 자료가 D_i일 때, 10.5.1절의 모표준편차가 알려지지 않은 경우의 신뢰구간과 동일하다. 자료가 정규모집단에서 추출

되었을 때, 즉 $D_i \sim N(\mu_1 - \mu_2, \sigma_D^2)$에서 $\overline{D} \sim N(\mu_1 - \mu_2, \frac{\sigma_D^2}{n})$이고, $\frac{\overline{D} - (\mu_1 - \mu_2)}{\sigma_D / \sqrt{n}}$ $\sim N(0,1)$이므로 σ_D를 추정한 S_D로 대체하면 $\frac{\overline{D} - (\mu_1 - \mu_2)}{S_D / \sqrt{n}} \sim t(n-1)$이다. 따라서

$$P\left(\overline{D} - t_{\alpha/2}(n-1)\frac{S_D}{\sqrt{n}} < \mu_1 - \mu_2 < \overline{D} + t_{\alpha/2}(n-1)\frac{S_D}{\sqrt{n}}\right) = 1 - \alpha$$

를 만족한다.

만약 자료가 정규모집단에서 추출되지 않았지만 중심극한정리를 적용할 수 있을 정도로 n이 충분히 크다면 $\overline{D} \stackrel{\cdot}{\sim} N(\mu_1 - \mu_2, \frac{\sigma_D^2}{n})$이고 $\frac{\overline{D} - (\mu_1 - \mu_2)}{S_D / \sqrt{n}} \stackrel{\cdot}{\sim} N(0,1)$으로부터 다음을 만족한다.

$$P\left(\overline{D} - z_{\alpha/2}\frac{S_D}{\sqrt{n}} < \mu_1 - \mu_2 < \overline{D} + z_{\alpha/2}\frac{S_D}{\sqrt{n}}\right) = 1 - \alpha$$

✔ $\mu_1 - \mu_2$에 대한 $100(1-\alpha)\%$ 신뢰구간: 짝진표본

1. 정규모집단: $\left(\overline{D} - t_{\alpha/2}(n-1)\frac{S_D}{\sqrt{n}}, \overline{D} + t_{\alpha/2}(n-1)\frac{S_D}{\sqrt{n}}\right)$
2. 비정규모집단 (n이 충분히 큰 경우): $\left(\overline{D} - z_{\alpha/2}\frac{S_D}{\sqrt{n}}, \overline{D} + z_{\alpha/2}\frac{S_D}{\sqrt{n}}\right)$

둘째, 유의수준 α에서 귀무가설과 대립가설의 검정에 대하여 알아본다. 귀무가설과 대립가설의 형태는 12.1절의 독립표본의 모평균의 차와 동일하다.

$$H_0 : \mu_1 - \mu_2 = \delta_0 \quad H_1 : \begin{cases} \mu_1 - \mu_2 < \delta_0 \\ \mu_1 - \mu_2 > \delta_0 \\ \mu_1 - \mu_2 \neq \delta_0 \end{cases}$$

정규모집단인 경우에는 검정통계량이 자유도가 $n-1$인 t분포를 따르고, 비정규모집단인 경우에는 표본 크기 n인 충분히 큰 경우에 검정통계량이 표준정규분포를 따른다는 사

실을 이용하여 기각역 및 p-값을 구할 수 있다.

짝진표본의 두 모평균의 차이에 대한 검정

1. 정규모집단

$t_0 = \dfrac{\bar{d} - \delta_0}{s_D/\sqrt{n}}$, $T \sim t(n-1)$일 때,

귀무가설	대립가설	유의수준 α 기각역	p-값
$H_0 : \mu_1 - \mu_2 = \delta_0$	$H_1 : \mu_1 - \mu_2 < \delta_0$	$\{t_0 < -t_\alpha(n-1)\}$	$P(T < t_0)$
	$H_1 : \mu_1 - \mu_2 > \delta_0$	$\{t_0 > t_\alpha(n-1)\}$	$P(T > t_0)$
	$H_1 : \mu_1 - \mu_2 \neq \delta_0$	$\{\lvert t_0 \rvert > t_{\alpha/2}(n-1)\}$	$2P(T > \lvert t_0 \rvert)$

2. 비정규모집단 (n이 충분히 큰 경우)

$z_0 = \dfrac{\bar{d} - \delta_0}{s_D/\sqrt{n}}$, $Z \sim N(0,1)$일 때,

귀무가설	대립가설	유의수준 α 기각역	p-값
$H_0 : \mu_1 - \mu_2 = \delta_0$	$H_1 : \mu_1 - \mu_2 < \delta_0$	$\{z_0 < -z_\alpha\}$	$P(Z < z_0)$
	$H_1 : \mu_1 - \mu_2 > \delta_0$	$\{z_0 > z_\alpha\}$	$P(Z > z_0)$
	$H_1 : \mu_1 - \mu_2 \neq \delta_0$	$\{\lvert z_0 \rvert > z_{\alpha/2}\}$	$2P(Z > \lvert z_0 \rvert)$

예제 12.5 다이어트 프로그램이 효과적인가를 검정하기 위해 10명의 프로그램 참여자의 참여 전후의 체중 자료를 조사했다. 각각의 체중은 정규분포를 따른다고 알려져 있다. 이 프로그램이 다이어트에 효과적인가를 유의수준 0.05에서 검정하시오. 또한 체중 차이에 대한 95% 신뢰구간을 구하시오.

참여자	1	2	3	4	5	6	7	8	9	10
참여전 체중	118	112	98	103	105	99	82	89	79	93
참여후 체중	84	86	75	81	84	78	65	71	63	81

풀이 다이어트 프로그램이 효과적인가를 나타내는 가설은 참여 후의 체중의 모평균 μ_2가 참여 전의 체중의 모평균 μ_1보다 작다는 것이다. 따라서 검정하고자 하는 귀무가설과 대립 가설은 다음과 같다.

$$H_0 : \mu_1 = \mu_2 \quad H_1 : \mu_1 > \mu_2$$

참여 전후의 체중 차이를 $D_i(i = 1, \cdots, 10)$에 기초통계량을 계산하면 다음과 같다.

체중 차이	34	26	23	22	21	21	17	18	16	12

$$\overline{d} = 21,\ s_d = 6.055,\ n = 10,\ \alpha = 0.05$$

정규모집단 가정에서 검정통계량과 기각역을 구하면

$$t_0 = \frac{\overline{d} - \delta_0}{s_D / \sqrt{n}} - \frac{21 - 0}{6.055 / \sqrt{10}} = 10.967$$

$$R = \{t_0 > t_\alpha(n-1)\} \Leftrightarrow \{10.967 > t_{0.05}(9) = 1.833\}$$

이므로 유의수준 0.05에서 H_0를 기각한다. 즉 "다이어트 프로그램이 체중 감량에 효과적이다"라고 할 수 있다. 또한 p-값은 다음과 같다.

$$p\text{-값} = P(T > t_0) = P(T > 10.967) \approx 0, \quad T \sim t(9)$$

모평균의 차 $\mu_1 - \mu_2$에 대한 95% 신뢰구간은 다음과 같다.

$$\left(\overline{d} \pm t_{\alpha/2}(n-1)\frac{s_D}{\sqrt{n}}\right) = (21 \pm 2.262 \times \frac{6.055}{\sqrt{10}}) = (16.669, 25.331)$$

R에서 t.test(x,y,paired=F)를 이용하여 짝진표본의 모평균 검정의 결과를 얻을 수 있다. 인수 paired는 짝진표본이면 T, 독립표본이면 F를 입력하면 된다.

```
> x=c(118,112,98,103,105,99,82,89,79,93) # 자료 입력
> y=c(84,86,75,81,84,78,65,71,63,81)
> t.test(x,y,paired=T) # 짝진표본의 모평균의 차에 관한 검정
```

```
        Paired t-test

data:  x and y
t = 10.967, df = 9, p-value = 1.651e-06
alternative hypothesis: true difference in means is not equal to 0
95 percent confidence interval:
 16.6683 25.3317
sample estimates:
mean of the differences
                     21
```

12.3 모비율의 차이에 대한 추론

한 모집단의 모비율에 대한 추론을 10.5.2절과 11.4절에서 다뤘다. 이제 서로 독립인 두 모집단의 모비율 p_1, p_2의 차이 $p_1 - p_2$에 대한 추론에 대하여 알아보자. 어떤 특성을 만족하는 비율이 모비율이므로 단일 모집단과 마찬가지로 각 모집단으로부터 추출된 표본의 크기와 어떤 특성을 만족하는 개수가 주어져 있다. 다음 표와 같은 자료를 고려한다.

표 12-2 두 모비율의 비교 자료

	표본크기	특성의 개수
집단 1	n_1	X
집단 2	n_2	Y

자료의 확률표본 $X \sim B(n_1, p_1)$, $Y \sim B(n_2, p_2)$이고, 관심모수는 $p_1 - p_2$이다. 따라서 추정량은 $\hat{p}_1 - \hat{p}_2 = \dfrac{X}{n_1} - \dfrac{Y}{n_2}$이고, 표본분포는 10.5.2절에서 n_1, n_2가 충분히 클 때 $\hat{p}_1 \dot{\sim} N\left(p_1, \dfrac{p_1(1-p_1)}{n_1}\right)$, $\hat{p}_2 \dot{\sim} N\left(p_2, \dfrac{p_2(1-p_2)}{n_2}\right)$이다. 두 확률변수는 서로 독립이므로

$$\hat{p}_1 - \hat{p}_2 \dot{\sim} N\left(p_1 - p_2, \frac{p_1(1-p_1)}{n_1} + \frac{p_2(1-p_2)}{n_2}\right)$$

이다. 충분히 큰 n_1, n_2에 대해 $\hat{p}_1$, $\hat{p}_2$가 각각 p_1, p_2에 가깝기 때문에 다음 결과를 얻는다.

$$\frac{\hat{p}_1 - \hat{p}_2 - (p_1 - p_2)}{\sqrt{\frac{\hat{p}_1(1-\hat{p}_1)}{n_1} + \frac{\hat{p}_2(1-\hat{p}_2)}{n_2}}} \dot{\sim} N(0,1)$$

첫째, $p_1 - p_2$에 대한 $100(1-\alpha)\%$ 신뢰구간은 다음의 확률방정식

$$P\left(-z_{\alpha/2} < \frac{\hat{p}_1 - \hat{p}_2 - (p_1 - p_2)}{\sqrt{\frac{\hat{p}_1(1-\hat{p}_1)}{n_1} + \frac{\hat{p}_2(1-\hat{p}_2)}{n_2}}} < z_{\alpha/2}\right) = 1 - \alpha$$

으로부터 다음과 같다.

$$\left(\hat{p}_1 - \hat{p}_2 \pm z_{\alpha/2}\sqrt{\frac{\hat{p}_1(1-\hat{p}_1)}{n_1} + \frac{\hat{p}_2(1-\hat{p}_2)}{n_2}}\right)$$

위의 신뢰구간은 $n_1\hat{p}_1 \geq 5$, $n_1(1-\hat{p}_1) \geq 5$, $n_2\hat{p}_2 \geq 5$, $n_2(1-\hat{p}_2) \geq 5$일 때 사용한다.

✔ $p_1 - p_2$에 대한 $100(1-\alpha)\%$ 신뢰구간

$n_1\hat{p}_1 \geq 5, n_1(1-\hat{p}_1) \geq 5, n_2\hat{p}_2 \geq 5, n_2(1-\hat{p}_2) \geq 5$인 경우

$$\left(\hat{p}_1 - \hat{p}_2 - z_{\alpha/2}\sqrt{\frac{\hat{p}_1(1-\hat{p}_1)}{n_1} + \frac{\hat{p}_2(1-\hat{p}_2)}{n_2}},\right.$$

$$\left.\hat{p}_1 - \hat{p}_2 + z_{\alpha/2}\sqrt{\frac{\hat{p}_1(1-\hat{p}_1)}{n_1} + \frac{\hat{p}_2(1-\hat{p}_2)}{n_2}}\right)$$

둘째, 유의수준 α에서 귀무가설과 대립가설의 검정에 대하여 알아본다. 귀무가설과 대립

가설의 형태는 11.4절과 유사하게 다음과 같이 설정할 수 있다.

$$H_0 : p_1 = p_2 \qquad H_1 : \begin{cases} p_1 < p_2 \\ p_1 > p_2 \\ p_1 \neq p_2 \end{cases}$$

각 모집단에서 통계량의 확률분포는 $\hat{p}_1 \dot{\sim} N\left(p_1, \frac{p_1(1-p_1)}{n_1}\right)$, $\hat{p}_2 \dot{\sim} N\left(p_2, \frac{p_2(1-p_2)}{n_2}\right)$ 이기 때문에 귀무가설 $p_1 = p_2 = p$(p는 미지 모수)에서 검정통계량 $\hat{p}_1 - \hat{p}_2$의 확률분포는 다음과 같다.

$$\hat{p}_1 - \hat{p}_2 \dot{\sim} N\left(0, \frac{p(1-p)}{n_1} + \frac{p(1-p)}{n_2}\right)$$

미지의 모수 p는 어떻게 추정할까? p는 두 모집단을 하나의 모집단으로 합쳤을 때 어떤 특성을 만족하는 모비율이므로 p의 추정량으로 $\hat{p} = \frac{X+Y}{n_1+n_2}$을 사용한다. 따라서 귀무가설에서 검정통계량, 기각역과 p-값을 다음과 같이 정리할 수 있다.

$$\frac{\hat{p}_1 - \hat{p}_2}{\sqrt{\hat{p}(1-\hat{p})\left(\frac{1}{n_1} + \frac{1}{n_2}\right)}} \dot{\sim} N(0,1)$$

두 모비율의 차이에 대한 검정

$z_0 = \frac{\hat{p}_1 - \hat{p}_2}{\sqrt{\hat{p}(1-\hat{p})\left(\frac{1}{n_1} + \frac{1}{n_2}\right)}}$, $\hat{p} = \frac{X+Y}{n_1+n_2}$, $Z \sim N(0,1)$일 때,

귀무가설	대립가설	유의수준 α 기각역	p-값
$H_0 : p_1 = p_2$	$H_1 : p_1 < p_2$	$\{z_0 < -z_\alpha\}$	$P(Z < z_0)$
	$H_1 : p_1 > p_2$	$\{z_0 > z_\alpha\}$	$P(Z > z_0)$
	$H_1 : p_1 \neq p_2$	$\{\lvert z_0\rvert < z_{\alpha/2}\}$	$2P(Z > \lvert z_0\rvert)$

예제 12.6 어떤 백신이 효과가 있는지를 측정하기 위해 일반적으로 시행하는 실험 가운데 가짜약(placebo) 실험이 있다. 백신을 처방한 집단을 **처리집단**(treatment group), 가짜약을 처방한 집단을 **대조집단**(control group)이라 하고, 각각 실험을 진행하여 처리집단과 대조집단의 질병 발생률을 비교한다. 어떤 백신의 실험 결과가 다음 표와 같다. 백신이 질병 예방에 효과적인지 유의수준 0.05에서 검정하시오.

	표본크기	질병 발생자 수
처리집단	1,250	31
대조집단	1,325	51

풀이 처리집단과 대조집단의 발병률을 각각 p_1, p_2라 하면, 백신이 효과적인가를 검정하기 위한 귀무가설과 대립가설은 다음과 같다.

$$H_0 : p_1 = p_2 \quad H_1 : p_1 < p_2$$

표본으로부터 기초통계량을 구하면 다음과 같다.

$$\hat{p_1} = \frac{31}{1250} = 0.025,\ \hat{p_2} = \frac{51}{1325} = 0.038,\ n_1 = 1250,\ n_2 = 1325,\ \hat{p} = \frac{31+51}{1250+1325} = 0.032$$

따라서 검정통계량 값과 기각역이

$$z_0 = \frac{\hat{p_1} - \hat{p_2}}{\sqrt{\hat{p}(1-\hat{p})\left(\frac{1}{n_1} + \frac{1}{n_2}\right)}} = \frac{0.025 - 0.038}{\sqrt{0.032(1-0.032)(\frac{1}{1250} + \frac{1}{1325})}} = -1.873$$

$$R = \{z_0 < -z_\alpha\} \Leftrightarrow \{-1.873 < -1.645\}$$

이므로 유의수준 0.05에서 귀무가설 H_0을 기각한다. 즉 백신이 효과적이라고 할 수 있다.

또한 p-값을 계산하면

$$p\text{-값} = P(Z < z_0) = P(Z < -1.873) = 0.031$$

으로 유의수준 0.05보다 작으므로 유의수준 0.05에서 H_0를 기각한다.

R에서 두 모집단의 모비율 차이에 대한 검정은 prop.test(x,n) 함수를 사용한다. 여기서 두 모집단이므로 단일모집단의 [예제 11.7]과 달리 벡터로 인수를 지정해야 한다. 함수 prop.test()는 정규분포를 이용하지 않고 다른 확률분포를 이용하기 때문에 검정통계량 및 p-값이 달라진다. prop.test() 함수의 결과에서 p-값을 참조하여 검정을 수행한다.

```
> prop.test(c(31,51),c(1250,1325),alter="less") # 두 모비율의 차 검정: 카이제곱검정

        2-sample test for equality of proportions with
        continuity correction

data:  c(31, 51) out of c(1250, 1325)
X-squared = 3.4788, df = 1, p-value = 0.03108
alternative hypothesis: less
95 percent confidence interval:
 -1.000000000 -0.001603201
sample estimates:
    prop 1     prop 2
0.02480000 0.03849057
```

연습문제

12.1 다음은 서로 독립인 두 모집단에서 추출한 표본의 통계량이다. 단, 각 모집단은 정규분포를 따르는 것으로 알려져 있다.

	표본크기	평균	분산
집단 1	25	15.5	10.2
집단 2	13	13.3	13.4

(1) 두 모집단의 모평균의 차이에 대한 95% 신뢰구간을 구하시오.

(2) 두 모집단의 모평균의 차이가 있는지를 유의수준 0.05에서 검정하시오.

(3) 집단 1의 모평균이 집단 2의 모평균보다 큰지를 유의수준 0.05에서 검정하시오.

12.2 다음은 서로 독립인 두 모집단에서 추출한 표본의 통계량이다. 단, 각 모집단은 정규분포를 따르는 것으로 알려져 있다.

	표본크기	평균	분산
집단 1	25	25.5	4.2
집단 2	13	23.3	19.4

(1) 두 모집단의 모평균의 차이에 대한 95% 신뢰구간을 구하시오.

(2) 두 모집단의 모평균의 차이가 있는지를 유의수준 0.05에서 검정하시오.

(3) 집단1의 모평균이 집단2의 모평균보다 큰지를 유의수준 0.05에서 검정하시오.

12.3 다음은 서로 독립인 두 모집단에서 추출한 표본의 통계량이다.

	표본크기	평균	분산
집단 1	75	25.5	14.2
집단 2	103	23.3	15.4

(1) 두 모집단의 모평균의 차이에 대한 95% 신뢰구간을 구하시오.

(2) 두 모집단의 모평균의 차이가 있는지를 유의수준 0.05에서 검정하시오.

(3) 집단1의 모평균이 집단2의 모평균보다 큰지를 유의수준 0.05에서 검정하시오.

12.4 다음은 짝진표본에서 두 자료의 차이(집단 1의 자료에서 집단 2의 자료를 뺀 값)로부터 구한 통계량이다. 단, 각 집단의 자료는 정규분포를 따른다.

	표본크기	평균	분산
집단 1 − 집단 2	15	5.5	7.2

(1) 두 모집단의 모평균의 차이에 대한 95% 신뢰구간을 구하시오.

(2) 두 모집단의 모평균의 차이가 있는지를 유의수준 0.05에서 검정하시오.

(3) 집단 1의 모평균이 집단 2의 모평균보다 큰지를 유의수준 0.05에서 검정하시오.

12.5 다음은 두 가지 새로운 치료제 A, B의 효과를 검증하기 위한 실험 결과이다.

	치유됨	치유 안됨
치료제 A	175	38
치료제 B	193	26

(1) 두 치료제의 치유율의 차이에 대한 95% 신뢰구간을 구하시오.

(2) 두 치료제의 치유율의 차이가 있는지를 유의수준 0.05에서 검정하시오.

(3) 치료제 A의 치유율이 치료제 B의 치유율보다 큰지를 유의수준 0.01에서 검정하시오.

12.6 다음은 A, B의 고등학교 학력을 비교하기 위해 실시한 시험 결과이다. 단, 각 모집단의 성적은 정규분포를 따른다.

A 고교	66	53	79	53	66	91	52	74
B 고교	74	82	74	65	74	84	67	60

(1) A 고교, B 고교의 표본평균을 각각 $\overline{X}$, $\overline{Y}$라 할 때 유의수준 검정법의 기각역이 $\{|\overline{X} - \overline{Y}| > 15.125\}$이다. 이 검정의 유의수준을 구하시오.

(2) 귀무가설과 대립가설을 설정하시오.

(3) 유의수준 0.05에서 기각역을 구하고, 검정을 수행하시오.

(4) p-값을 계산하시오.

12.7 다음은 A, B의 고등학교 학력을 비교하기 위해 실시한 시험 결과이다. 단, 각 모집단의 성적은 정규분포를 따른다.

A 고교	87	68	77	11	90	48	87	64
B 고교	94	64	72	70	60	80	63	64

(1) A 고교, B 고교의 표본평균을 각각 $\overline{X}$, $\overline{Y}$라 할 때 유의수준 검정법의 기각역이 $\{|\overline{X} - \overline{Y}| > 14.058\}$이다. 이 검정의 유의수준을 구하시오.

(2) 귀무가설과 대립가설을 설정하시오.

(3) 유의수준 0.05에서 기각역을 구하고, 검정을 수행하시오.

(4) p-값을 계산하시오.

12.8 새로 개발된 자동차 A에 대한 선호도 조사에서 18세 이상 30세 이하의 청년 543명을 조사한 결과 315명이 A 자동차를 선호하였고, 31세 이상 49세 이하의 장년 455명을 조사한 결과 214명이 A 자동차를 선호했다. 세대에 따라 새로 개발된 자동차의 선호도를 비교하려 한다.

(1) 새로 개발된 자동차의 선호도의 추정값은 얼마인가?

(2) 세대별 선호도 차이에 대한 95% 신뢰구간을 구하시오.

(3) 귀무가설과 대립가설을 설정하시오.

(4) 유의수준 0.05에서 기각역을 구하고, 검정을 수행하시오.

(5) p-값을 계산하시오.

12.9 새로 개발된 혈압약이 효과적인가를 확인하기 위해 신약을 환자에게 복용하기 전후에 측정한 혈압이 다음과 같다. 단, 각 모집단의 자료는 정규분포를 따른다.

환자	1	2	3	4	5	6	7	8
복용전	157	163	171	195	178	164	190	182
복용후	151	169	154	162	167	144	178	169

(1) 신약이 효과가 있는지 가설을 설정하고, 유의수준 0.05에서 검정하시오.

(2) p-값을 계산하시오.

제4부

응용 통계

13장

범주형 자료분석

범주형 자료는 변수가 1개일 때는 도수분포표, 2개일 때는 이원분할표로 요약된다. 이러한 요약표는 변수의 범주와 도수가 있는 표이다. 범주형 자료는 사회과학 분야 또는 의학 분야에서 자주 사용된다. 예를 들어 세대별 유권자의 정치성향이라든가 측정된 혈압에 따라 질병의 의심단계를 분류하는 등이다. 사회 분야에서 자주 사용되는 설문이 대부분 범주형 변수로 설정되어 있으며, 의학 분야에서는 어떤 측정값을 구간으로 나누어 범주형 자료로 표현하는 경우도 있다. 즉 설문에서 '매우 만족', '만족', '보통', '불만족', '매우 불만족' 등의 5개 범주를 사용하는 경우는 직접 범주형 변수를 사용하는 경우이고, 혈압을 측정하여 수축기 혈압(단위 mmHg)이 120 미만은 '정상', 120 이상 140 미만은 '고혈압 전단계', 140 이상은 '고혈압 단계'로 설정하는 방법은 연속형 자료를 범주형으로 변환하는 경우이다.

범주형 자료분석의 주요 분석 목적은 다음과 같다. 첫째, 자료가 어떤 확률분포를 따르고 있는가를 확인하고자 한다. 예를 들어 주사위가 공정한가를 확인하려면 주사위의 눈이 나온 수가 비슷해야 할 것이다. 이는 12장에서 배웠던 두 모집단의 모비율이 동일한가를 검정하는 통계 방법을 6개의 모집단으로 확장한 것이라고 할 수 있다. 이처럼 각 범주가 어떤 확률을 가지는가를 확인하는 통계절차를 **적합도 검정**(goodness of test)이라 한다.

둘째, 이원분할표에서 부집단(subgroup)이 서로 같은 성질을 가지고 있는가를 확인하고자 한다. 예를 들어 유권자 20대와 50대의 정치성향('진보', '중도', '보수')의 비교연구에서 설문조사로 자료를 수집했다. 수집된 결과는 2×3 이원분할표로 요약되고, 각 행(20대, 50대)에 대해 각 열('진보', '중도', '보수')의 비율이 같은가를 관찰함으로써 세대별(부집단) 정치성향의 동일 여부를 확인할 수 있다. 이처럼 20대와 50대가 정치에 대해 동질적 성질을 가지고 있는가를 확인하는 절차를 **동질성 검정**(homogeneity test)이라 한다.

셋째, 이원분할표에서 두 변수가 서로 독립인가를 확인하고자 한다. 예를 들어 성별('남',

'여')과 직업만족도('만족', '보통', '불만족')의 연관성을 확인하기 위해 설문조사 결과를 2×3 이원분할표로 정리했다. 성별과 직업만족도가 서로 독립성 여부를 확인하는 절차를 **독립성 검정**(independence test)이라 한다.

이 장에서 다루는 범주형 자료분석은 명목형 자료로 국한하고자 한다. 순서형 자료에 대한 자료분석은 좀 더 세심한 주의를 요구한다. 또한 이 장에서는 서로 독립표본에 대한 범주형 자료분석방법만을 기술하고, 12장에 다룬 연속형 자료의 짝진표본에 대응하는 범주형 자료분석은 다루지 않는다.

13.1 카이제곱분포

이 장에서는 카이제곱분포라는 확률분포를 사용한다. 자유도가 $k(>0)$인 카이제곱분포(chi-square distribution)는 다음과 같은 확률밀도함수를 가지는 확률분포이다.

$$f(x)=\frac{1}{\Gamma(k/2)2^{k/2}}x^{k/2-1}e^{-x/2},\ x>0$$

여기서 $\Gamma(r)=\int_0^\infty x^{r-1}e^{-x}dx,\ r>0$이며, 표기로 $X\sim\chi^2(k)$를 사용한다. 확률변수 $X\sim\chi^2(k)$의 기댓값과 분산은 $E(X)=k,\ Var(X)=2k$이다. 자유도가 5, 15인 카이제곱분포의 확률밀도함수의 그림이 [그림 13-1]에 있다. 그림에서 알 수 있듯이 카이제곱분포의

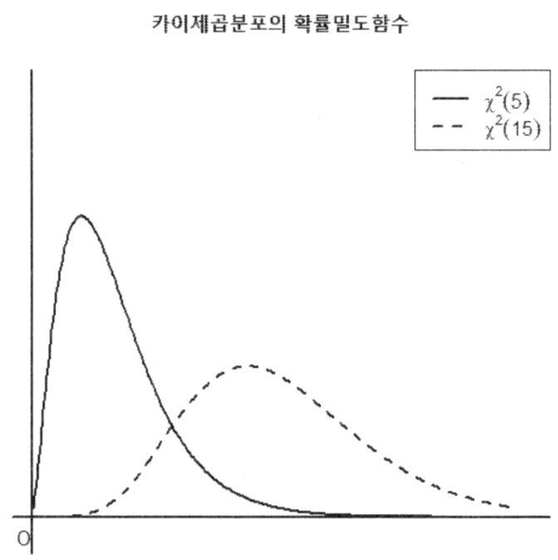

|그림 13-1| 카이제곱분포의 확률밀도함수

확률밀도함수는 대칭이 아니다. 그러나 자유도가 커질수록 대칭에 가까운 확률밀도함수를 가진다. 카이제곱확률분포는 정규분포와 밀접한 연관이 있다. 다음 성질을 증명 없이 사용하기로 한다.

카이제곱분포의 성질

$X_1,\cdots,X_n \sim N(\mu,\sigma^2)$인 확률표본

1. $Z_i^2 = \left(\dfrac{X_i-\mu}{\sigma}\right)^2 \sim \chi^2(1)$, 서로 독립

2. $\sum_{i=1}^{n} Z_i^2 = \dfrac{1}{\sigma^2}\sum_{i=1}^{n}(X_i-\mu)^2 \sim \chi^2(n)$

3. $\dfrac{(n-1)S^2}{\sigma^2} = \dfrac{1}{\sigma^2}\sum_{i=1}^{n}(X_i-\overline{X})^2 \sim \chi^2(n-1)$

카이제곱분포는 자유도를 모수로 가지므로 10.3절의 t분포와 비슷하다. 따라서 카이제곱분포의 확률계산 역시 t분포와 비슷하다. 부록의 카이제곱 확률표에서 자유도가 k인 카이제곱분포의 상위 α의 확률을 주는 값을 $\chi_\alpha^2(k)$로 표기한다. 즉 확률변수 $X \sim \chi^2(k)$일 때, $P(X > \chi_\alpha^2(k)) = \alpha$를 만족한다. 그러나 표준정규분포 또는 t분포의 확률밀도함수는 0에 관해 대칭이므로 $0 < \alpha < 1$에 대하여 $z_{1-\alpha} = -z_\alpha$ 또는 $t_{1-\alpha}(k) = -t_\alpha(k)$이지만, 카이제곱분포의 확률밀도함수는 0에 관해 대칭이 아니므로 $\chi_{1-\alpha}^2(k) \neq -\chi_\alpha^2(k)$이다. 따라서 부록의 표에서 $\alpha = 0.995, 0.99, 0.975, 0.95, 0.05, 0.025, 0.01, 0.005$일 때 카이제곱분포의 상위 α의 확률을 주는 값을 수록했다. [그림 13-2]는 $\chi_{0.95}^2(5) = 1.145 \neq -11.071 =$

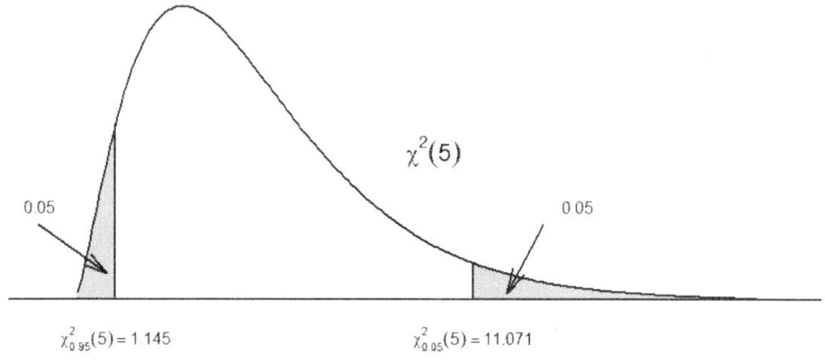

[그림 13-2] 카이제곱분포와 분위수 그림

$-\chi^2_{0.05}(5)$를 보여준다.

R에서 자유도가 k인 카이제곱분포를 따르는 확률변수 X의 확률 $P(X < x)$는 pchisq(x,k)를 이용하고, $p = P(X < q)$를 만족하는 분위수 q는 qchisq(p,k)를 이용하여 구할 수 있다. 예를 들어 $X \sim \chi^2(5)$일 때, $P(X > 11.071) = 0.05$, $P(X < 1.145) = 0.05$의 등식을 다음의 명령어에서 확인할 수 있다.

```
> pchisq(11.071,5) # X ~ chisq(5), P(X < 11.071)
[1] 0.9500097
> pchisq(1.145,5) # X ~ chisq(5), P(X < 1.145)
[1] 0.04995622
> qchisq(0.95,5)  # X ~ chisq(5)일 때, 0.05=P(X > x)를 만족하는 x
[1] 11.0705
> qchisq(0.05,5)  # X ~ chisq(5)일 때, 0.05=P(X < x)를 만족하는 x
[1] 1.145476
```

13.2 적합도 검정

이 절에서는 자료가 몇 개의 범주에 대한 관측도수로 주어진 경우에 각 범주의 모비율이 주어진 값과 같은지를 검정하는 방법을 소개한다. 이러한 형태의 검정을 적합도 검정이라 한다. 적합도 검정의 자료는 <표 13-1>과 같다. 표에서 범주의 수 k에 대해 각 범주의 도수는 $n_i(i=1,\cdots,k)$이고 총도수는 n이다.

각 범주에 대한 비율, 즉 모비율 $p_i(i=1,\cdots,k)$가 주어진 값 p_{i0}인가를 확인하는 귀무가설과 대립가설은 다음과 같다.

$$H_0 : p_1 = p_{10},\cdots,p_k = p_{k0} \qquad H_1 : H_0\text{가 아니다.}$$

표 13-1 범주형 자료의 관측도수

범주	범주 1	범주 2	$\cdots$	범주 k	합계
관측도수	n_1	n_2	$\cdots$	n_k	n

표 13-2 범주형 자료의 관측도수와 기대도수

범주	범주 1	범주 2	$\cdots$	범주 k	합계
관측도수	n_1	n_2	$\cdots$	n_k	n
기대도수	np_{10}	np_{20}	$\cdots$	np_{k0}	n

H_0 가정에서 각 범주의 기대도수는 np_{i0}이므로 <표 13-2>의 관측도수와 기대도수를 구할 수 있다. 귀무가설을 기각하기 위한 기각역의 형태는 관측도수 n_i와 기대도수 np_{i0}의 차이가 큰 형태로 $R=\{|n_i-np_{i0}|>c\}$이다. 여기서 중요한 것은 $|n_i-np_{i0}|$의 함수인 통계량의 표본분포를 구하여 유의수준 α에서 기각역의 임계값 c를 구하는 것이다. 이러한 작업은 매우 힘든 일이고, 일반적으로 통계검정에서 검정통계량의 값이 크면 귀무가설을 기각하게 된다. 만약 검정통계량의 값이 작으면 귀무가설을 기각하는 경우는 검정통계량의 역수를 취하거나 음수를 곱하여 그 문제를 해결한다.

관측도수(observed frequency)를 O_i, 기대도수(expected frequency)를 E_i라 표기하면, 칼 피어슨(Karl Pearson)은 다음과 같은 검정통계량을 구하고 표본분포를 제안했다.

$$\chi^2=\sum_i \frac{(O_i-E_i)^2}{E_i}\sim\chi^2(df)$$

여기서 df는 자유도를 나타내며, χ^2을 피어슨의 카이제곱 검정통계량이라 한다.

<표 13-2>의 자료에 대한 적합도 검정은 다음의 검정절차를 따른다.

적합도 검정

$\chi_0^2=\sum_{i=1}^{k}\frac{(n_i-np_{i0})^2}{np_{i0}}$, $X\sim\chi^2(k-1)$일 때, k는 범주의 개수

귀무가설	$H_0: p_i=p_{i0}$ (모든 $i=1,\cdots,k$)
대립가설	H_1 : H_0가 아니다
기각역	$\{\chi_0^2>\chi_\alpha^2(k-1)\}$
p-값	$P(X>\chi_0^2)$

예제 13.1 어떤 주사위가 공정한가를 검증하기 위해 100번의 실험을 하였더니 각 주사위의 눈이 나온 수가 다음 표와 같다. 이 주사위는 공정한가를 유의수준 0.05에서 검정하시오.

주사위 눈	1	2	3	4	5	6	합계
관측횟수	18	10	13	14	20	25	100

풀이 p_i를 주사위의 눈의 수가 i $(i=1,\cdots,6)$일 확률이라면, 주사위가 공정한가를 나타내는 귀무가설과 대립가설은 다음과 같이 설정할 수 있다.

$$H_0 : p_1 = p_2 = p_3 = p_4 = p_5 = p_6 = \frac{1}{6} \qquad H_1 : H_0\text{가 아니다.}$$

귀무가설 H_0에서 각 범주의 기대도수는 $100 \times \frac{1}{6} = 16.67$이므로 검정통계량은 다음과 같다.

$$\chi_0^2 = \frac{(18-16.67)^2}{16.67} + \frac{(10-16.67)^2}{16.67} + \frac{(13-16.67)^2}{16.67} + \frac{(14-16.67)^2}{16.67} + \frac{(20-16.67)^2}{16.67} + \frac{(25-16.67)^2}{16.67} = 8.84$$

범주의 수 $k=6$, 유의수준 $\alpha = 0.05$이므로 임계값은 $\chi^2_{0.05}(5) = 11.071$이다. 따라서

$$R = \{\chi_0^2 > \chi_\alpha^2(k-1)\} \Leftrightarrow \{8.84 \not> 11.071\}$$

이므로 유의수준 0.05에서 H_0를 기각하지 않는다. 따라서 주사위가 공정하다고 할 수 있다.

또한 p-값을 구하면, $X \sim \chi^2(5)$일 때

$$p\text{-값} = P(X > \chi_0^2) = P(X > 8.84) = 0.116 \not< 0.05$$

이므로 유의수준 0.05에서 H_0를 기각하지 않는다.

R에서 적합도 검정을 수행하는 함수는 chisq.test(x,p)이다. 여기서 인수 x는 관측도수를 나타내는 벡터이고, 인수 p는 각 범주의 확률 p_{i0}를 나타낸다. 인수 p의 기본값(default)으

로 $p_{i0} = 1/k$일 때는 생략 가능하다. [예제 13.1]에서 $k = 6$이고 $p_{i0} = 1/6$이므로 인수가 생략가능하다. 함수 chisq.test()에서 적합도 검정의 모든 결과를 얻을 수 있다.

```
> x=c(18,10,13,14,20,25) # 관측도수
> chisq.test(x) # 적합도 검정
        Chi-squared test for given probabilities
data:  x
X-squared = 8.84, df = 5, p-value = 0.1156
```

위의 결과에서 χ_0^2은 X-squared, $k-1$은 df, p-값은 p-value임을 확인할 수 있다. 또한 각 범주에 대한 기대도수를 구할 수 있는데, 이는 함수 chisq.test()의 결과에서 expected 값이다. 이를 구하기 위해 다음의 명령어를 이용한다.

```
> chisq.test(x)$exp # 각 범주에 대한 기대도수
[1] 16.66667 16.66667 16.66667 16.66667 16.66667 16.66667
```

예제 13.2 멘델의 유전법칙은 둥글고 노란색(RRYY) 완두콩 종자와 주름지고 초록색(rryy)의 완두콩 종자를 교배하여 제1대 잡종에서 둥글고 노란색(RrYy)의 완두콩이 열렸다. 제1대 잡종을 자가수분했을 때 양성잡종의 제2대 잡종에서는 둥글고 노란색(RY), 둥글고 초록색(Ry), 주름지고 노란색(rY), 주름지고 초록색(ry)의 비율이 9:3:3:1로 나타난다. 실제 교배실험을 통하여 나온 제2대 잡종의 완두콩 가운데 둥글고 노란색이 271개, 둥글고 초록색이 96개, 주름지고 노란색이 99개, 주름지고 초록색이 42개이다. 이 실험 결과가 멘델의 유전법칙에서 벗어난 것이라고 할 수 있는지를 유의수준 0.05에서 검정하시오.

완두콩	둥글고 노란색	둥글고 초록색	주름지고 노란색	주름지고 초록색	합계
관측횟수	271	96	99	42	508

풀이 완두콩의 비율이 9:3:3:1이므로 각 범주에 대한 모비율은 $\frac{9}{16}, \frac{3}{16}, \frac{3}{16}, \frac{1}{16}$이다. 즉

$$H_0 : p_1 = \frac{9}{16},\ p_2 = \frac{3}{16},\ p_3 = \frac{3}{16},\ p_4 = \frac{1}{16} \qquad H_1 : H_0\text{가 아니다}$$

이고, R에서 적합도 검정을 수행하는 함수 chisq.test(x,p)를 이용하면 다음과 같다.

```
> chisq.test(c(271,96,99,42),p=c(9/16,3/16,3/16,1/16)) # 적합도 검정
        Chi-squared test for given probabilities
data:  c(271, 96, 99, 42)
X-squared = 4.224, df = 3, p-value = 0.2383
```

p-값$= 0.2383 \not< 0.05$이므로 유의수준 0.05에서 귀무가설 H_0를 기각하지 않는다. 따라서 이 실험 결과는 멘델의 법칙을 따른다고 할 수 있다.

피어슨의 카이제곱검정은 자료의 크기가 큰 경우에 사용되는 근사적인 방법이다. 일반적으로 각 범주의 기대도수가 5보다 큰 경우에 피어슨의 카이제곱검정이 사용된다. 만약 기대도수가 5보다 작은 경우가 발생하면, 작은 도수를 가지는 범주를 합쳐서 모든 범주의 기대도수가 5보다 큰 범주가 되도록 자료의 형태를 변경한다. 한편 자료의 크기가 작은 경우에 피셔(Fisher)의 정확 검정을 사용한다.

13.3 동질성 검정

유권자 20대와 50대의 정치성향('진보', '중도', '보수')을 비교하는 연구에서 수집된 자료를 <표 13-3>과 같은 이원분할표로 표현할 수 있다.

표 13-3 세대별 정치성향의 관측도수

세대\정치성향	진보	중도	보수	계
20대	98	105	33	236
50대	37	142	105	284
합	135	247	138	520

20대와 50대의 정치성향이 동질하다는 것은 20대에서 '진보', '중도', '보수'의 모비율이 50대의 '진보', '중도', '보수'의 모비율과 동일하다는 것을 의미하므로 다음 수식을 만족한다.

$$p_{11} = p_{21},\ p_{12} = p_{22},\ p_{13} = p_{23}$$

동질성은 정치성향의 비율이 일정하다는 것을 나타낸다. 여기서 $p_{ij}(i=1,2;j=1,2,3)$는 어떤 사람이 해당 셀의 정치성향일 확률이다. 만약 '진보', '중도', '보수'의 비율을 각각 $p_{01},\ p_{02},\ p_{03}$라 하면 세대별 정치성향이 동질하다는 귀무가설을 다음과 같이 설정할 수 있다.

$$H_0 : p_{11} = p_{21} = p_{01},\ p_{12} = p_{22} = p_{02},\ p_{13} = p_{23} = p_{03}$$

귀무가설에서 20대의 기대도수는 '진보', '중도', '보수'가 $236 \times p_{01},\ 236 \times p_{02},\ 236 \times p_{03}$이고, 50대의 기대도수는 $284 \times p_{01},\ 284 \times p_{02},\ 284 \times p_{03}$이다. $p_{01},\ p_{02},\ p_{03}$은 어떻게 추정할 수 있을까? 이것은 전체 520명 가운데 '진보', '중도', '보수'를 나타내는 비율인 $\frac{135}{520},\ \frac{247}{520},\ \frac{138}{520}$이다. 따라서 각 셀의 기대도수는 다음과 같이 계산된다.

표 13-4 세대별 정치성향의 관측도수와 기대도수(괄호 안)

세대\정치성향	진보	중도	보수	계
20대	98 $(236 \times \frac{135}{520})$	105 $(236 \times \frac{247}{520})$	33 $(236 \times \frac{138}{520})$	236
50대	37 $(284 \times \frac{135}{520})$	142 $(284 \times \frac{247}{520})$	105 $(284 \times \frac{138}{520})$	284
합	135	247	138	520

각 셀의 기대도수는 (행의 합 × 열의 합/총합) 형태이다. 이제 관측도수와 기대도수를 이용한 피어슨 카이제곱 검정통계량을 이용하여 가설검정을 수행할 수 있다. 카이제곱 분포의 자유도를 계산하기로 한다. 이원분할표에서 행의 개수를 r, 열의 개수를 c라 할 때, 자유도는 각 부집단이 서로 독립이므로 $r \times (c-1)$이다. 왜냐하면 고정된 행에 대해 모든

열에 대한 확률의 합이 1이기 때문이다. 또한 미지수가 p_{01}, p_{02}, p_{03}으로 c개이고 제한조건이 $p_{01}+p_{02}+p_{03}=1$로 1개 있어서 $c-1$개의 미지수만 추정하면 충분하므로 자유도는 $r\times(c-1)-(c-1)=(r-1)(c-1)$이다. <표 13-4>의 자료에 대한 검정통계량의 자유도는 $(2-1)\times(3-1)=2$이다.

<표 13-3>를 일반화하면 <표 13-5>와 같은 이원분할표를 얻는다. 동질성 검정은 다음과 같은 귀무가설을 설정할 수 있다.

$$H_0 : p_{i1}=p_{01},\ p_{i2}=p_{02}\ \cdots\ p_{ic}=p_{0c}\ (\text{모든 } i=1,\cdots,r)$$

각 셀에 대한 관측도수는 $n_{ij}(i=1,\cdots,r;j=1,\cdots,c)$이고, 기대도수는 $\hat{n}_{ij}=n_{i.}\times\frac{n_{.j}}{n}$이다. 단, $n_{i.}=\sum_{j=1}^{c}n_{ij}$, $n_{.j}=\sum_{i=1}^{r}n_{ij}$이다. 따라서 피어슨 카이제곱 검정통계량

$$\chi_0^2=\sum_{i=1}^{r}\sum_{j=1}^{c}\frac{(n_{ij}-\hat{n}_{ij})^2}{\hat{n}_{ij}}$$

이고, 기각역의 임계값은 $\chi_\alpha^2((r-1)(c-1))$이다.

표 13-5 이원분할표 자료의 관측도수

$A\backslash B$	범주 B_1	범주 B_2	$\cdots$	범주 B_c	계
범주 A_1	n_{11}	n_{12}	$\cdots$	n_{1c}	$n_{1.}$
범주 A_2	n_{21}	n_{22}	$\cdots$	n_{2c}	$n_{2.}$
$\vdots$	$\vdots$	$\vdots$	$\cdots$	$\vdots$	$\vdots$
범주 A_r	n_{r1}	n_{r2}	$\cdots$	n_{rc}	$n_{r.}$
합	$n_{.1}$	$n_{.2}$	$\cdots$	$n_{.c}$	n

동질성 검정

$$\chi_0^2 = \sum_{i=1}^{r}\sum_{j=1}^{c}\frac{(n_{ij}-\hat{n}_{ij})^2}{\hat{n}_{ij}},\ \hat{n}_{ij} = \frac{n_{i.}\times n_{.j}}{n},\ X \sim \chi^2((r-1)(c-1))\text{일 때,}$$

귀무가설	$H_0 : p_{i1} = p_{01},\ p_{i2} = p_{02},\ \cdots,\ p_{ic} = p_{0c}$(모든 $i = 1,\cdots,r$)
대립가설	H_1 : H_0가 아니다
기각역	$\{\chi_0^2 > \chi_\alpha^2((r-1)(c-1))\}$
p-값	$P(X > \chi_0^2)$

예제 13.3 <표 13-3>의 자료에서 20대와 50대의 정치성향은 동질하다고 할 수 있는지 유의수준 0.05에서 검정하시오.

풀이 R에서 함수 chisq.test(x)에서 인수 x를 이원분할표의 자료로 입력하면 카이제곱검정의 모든 결과를 구할 수 있다. 이원분할표로 입력하는 데이터 형식은 matrix로 설정하면 된다. 여기서 주의해야 할 점은 행렬을 지정하는 함수는 matrix(x,nr,nc)인데 x는 행렬의 원소를 입력하는 순서가 R에서 열기반(column based)이라는 것이다. 열기반은 하나의 열을 고정하고 모든 행을 입력하고 다음 열의 원소를 입력하는 순서를 사용한다는 것이다. nr은 number of rows로 행의 수, nc는 number of columns로 열의 수를 나타낸다.

```
> x=matrix(c(98,37,105,142,33,105),2,3) # 행렬 입력
> chisq.test(x) # 이원분할표에서 각 부집단의 동질성 검정
        Pearson's Chi-squared test
data:  x
X-squared = 66.809, df = 2, p-value = 3.109e-15
```

즉 $\chi_0^2 = 66.809$으로 값이 크므로 H_0를 기각할 것으로 예상된다. 자유도는 2, p-값≈ 0이므로 "20대와 50대의 정치성향은 동질하다"라는 귀무가설을 강력히 기각한다.

13.4 독립성 검정

<표 13-6>은 100명의 직장인에게 직업만족도를 조사한 결과이다. 이 조사에서 주요관심사는 두 변수 성별과 직업만족도가 서로 독립인지를 검정하는 것이다. 이처럼 두 범주형 변수의 독립 여부를 검정하는 것을 독립성 검정이라 한다.

두 변수 성별과 직업만족도가 서로 독립일 때, 가설은 어떻게 설정할까? 각 셀의 모비율을 p_{ij}라 하고, 성별을 나타내는 모비율을 $p_{1.}, p_{2.}$, 만족도를 나타내는 모비율을 $p_{.1}, p_{.2}, p_{.3}$이라 하면 서로 독립에 대한 가설은

$$H_0 : p_{ij} = p_{i.} \times p_{.j} \ (\forall i, j)$$

이다. 따라서 각 셀의 기대도수는

$$\hat{n}_{ij} = n\hat{p}_{ij} = n\hat{p}_{i.} \times \hat{p}_{.j} = n \times \frac{n_{i.}}{n} \times \frac{n_{.j}}{n} = \frac{n_{i.} \times n_{.j}}{n}$$

이다. 독립성 검정과 동질성 검정의 기대도수가 같으므로 검정통계량 χ_0^2의 값도 같다. 또한 검정통계량인 카이제곱분포의 자유도는 전체 셀의 개수가 rc개이고 제한조건은 모든 확률의 합은 1이라는 조건 1개이고, 추정한 모수의 개수가 $(r-1)+(c-1)$이므로

$$\text{자유도} = (rc-1) - (r-1+c-1) = (r-1)(c-1)$$

로 동질성 검정통계량의 자유도와 일치한다. 독립성 검정과 동질성 검정의 차이점은 귀무가설이 다르다는 것이다.

표 13-6 성별과 직업만족도의 관측도수

성별\만족도	만족	보통	불만족	계
남	13	18	19	50
여	8	19	23	50
합	21	37	42	100

독립성 검정

$$\chi_0^2 = \sum_{i=1}^{r}\sum_{j=1}^{c}\frac{(n_{ij}-\hat{n}_{ij})^2}{\hat{n}_{ij}},\ \hat{n}_{ij}=\frac{n_{i.}\times n_{.j}}{n},\ X\sim\chi^2((r-1)(c-1))$$ 일 때,

귀무가설	$H_0: p_{ij}=p_{i.}\times p_{.j}\quad i=1,\cdots,r;j=1,\cdots,c$
대립가설	H_1 : H_0가 아니다
기각역	$\{\chi_0^2 > \chi_\alpha^2((r-1)(c-1))\}$
p-값	$P(X > \chi_0^2)$

예제 13.4 <표 13-6>의 자료에서 성별과 직업만족도는 서로 독립이라고 할 수 있는지 유의수준 0.05에서 검정하시오.

풀이 독립성 검정과 동질성 검정은 같은 검정통계량을 사용하므로 R에서 함수 chisq.test(x)를 이용한다.

```
> x=matrix(c(13,8,18,19,19,23),2,3) # 자료 입력
> chisq.test(x) # 이원분할표에서 두 변수의 독립성 검정

        Pearson's Chi-squared test

data:  x
X-squared = 1.5985, df = 2, p-value = 0.4497
```

즉 $\chi_0^2 = 1.5985$로 검정통계량값이 작으므로 "H_0: 두 변수는 서로 독립이다" 가설을 기각하지 않을 가능성이 높다. 자유도는 2, p-값$= 0.4497$이므로 유의수준 0.1에서 "성별과 직업만족도는 무관하다"라는 귀무가설을 기각하지 않는다.

연습문제

13.1 다음 표는 58명에 대한 혈액형을 조사한 결과이다. 혈액형의 비율이 모두 같은지를 유의수준 0.05에서 검정하시오.

혈액형	A	B	AB	O	합계
관측도수	20	14	5	19	58

13.2 한국인의 혈액형의 비율은 A:B:O:AB = 6 : 5 : 5 : 2이다. 문제 13.1에서 조사한 58명의 혈액형의 분포로 이 집단이 한국인이 아닌지를 유의수준 0.05에서 검정하시오.

13.3 다음은 자동차 외장색에 대한 선호도 조사이다. 자동차 외장색의 선호도 차이가 없다는 가설을 유의수준 0.05에서 검정하시오.

색상	검정색	흰색	회색	자주색	파란색
관측도수	205	158	105	85	128

13.4 다음은 2018년에 1,000명의 표본에 대한 연령 조사결과이다. 경제활동인구(15~64세)의 비율이 다른 연령층의 두 배라는 가설을 유의수준 0.05에서 검정하시오.

연령	15세 미만	15~64세	65세 이상
관측도수	127	728	144

13.5 χ^2분포표에서 다음 값을 구하시오

(1) 자유도가 8일 때 상위 0.05의 확률을 주는 값

(2) 자유도가 10일 때 하위 0.05의 확률을 주는 값

(3) 자유도가 13일 때 하위 0.01의 확률을 주는 값

(4) 자유도가 15일 때 상위 0.01의 확률을 주는 값

13.6 R에서 $X_i \sim N(10, 5^2)$, $i = 1, \cdots, 10$ 일 때, 다음 값을 구하시오. 단, S^2은 표본분산이다.

(1) $P(S^2 < 47)$

(2) $P(S^2 < c) = 0.99$를 만족시키는 c

(3) $P(S^2 > 3.33)$

(4) $P(S^2 > c) = 0.95$를 만족시키는 c

13.7 다음 표는 지역별로 좋아하는 음식이 같은지를 조사한 결과이다. 좋아하는 음식이 지역에 따라 같은지를 유의수준 0.01에서 검정하시오. 또한 좋아하는 음식이 지역별로 동일하다는 가정에서 기대되는 도수를 구하시오.

지역\음식	가	나	다	라
A	115	100	43	30
B	147	128	55	38
C	84	82	58	63

13.8 다음은 1, 2, 3, 4학년에 대하여 어떤 교과목의 강의평가를 실시한 결과이다. "각 학년별로 강의평가가 동일하다"는 가설을 유의수준 0.05에서 검정하시오.

학년\평가	만족	보통	불만족
1학년	25	19	5
2학년	27	14	6
3학년	28	14	4
4학년	30	11	3

13.9 비만이 유전인가를 연구하기 위해 비만인 남자 어린이 50명과 체중이 보통인 남자 어린이 50명을 대상으로 어린이의 아버지를 대상으로 조사한 결과가 다음과 같다. 아버지의 비만과 어린이의 비만이 서로 관계가 있는가를 유의수준 0.05에서 검정하시오.

어린이\아버지	비만	보통
비만	27	23
보통	32	18

13.10 다음은 4가지 공법에 대한 불량품과 우량품의 개수를 조사한 결과이다. 공법이 불량률에 영향을 미치는지를 유의수준 0.05에서 검정하시오.

공법\상품	불량	우량
공법 A	25	75
공법 B	27	73
공법 C	2	98
공법 D	30	70

14장

분산분석

12장의 주요관심사는 서로 독립인 두 모집단의 모평균을 비교하는 방법이었다. 3개 이상의 모집단의 모평균은 어떻게 비교할까? 예를 들어 어느 도시의 5개 고등학교 1학년 수학 성적 결과가 모두 같은지를 확인하려 한다. 자료는 각 학교에서 20명의 성적이다. 5개 학교의 표본평균을 비교하여 모두 비슷하면 5개 고등학교의 1학년 수학 성적의 모평균이 같다고 할 수 있다. 5개 학교의 표본평균을 비교하는 방법은 무엇일까? 첫째, 12장에서 배운 결과를 이용하여 5개 학교 가운데 2개 학교를 뽑아, 2개 학교의 표본평균을 비교한다. 이 경우 2개 학교씩 비교하는 방법을 $\binom{5}{2} = 10$번의 평균 검정을 수행해야 한다. 만약 모집단의 수가 a개이면, 2개씩 비교하는 검정 횟수는 $\binom{a}{2} = \frac{1}{2}a(a-1)$이다. 둘째, 어떤 값 c와 5개 학교의 표본평균을 비교하는 것이다. 이 경우 비교하는 경우의 수는 5이다. 기준이 되는 값 c는 무엇일까? 아마도 5개 학교의 전체 표본평균이어야 한다. 만약 모집단의 수가 a이면, 표본평균을 비교하는 경우의 수도 a이다. 위의 두 방법 가운데 어느 방법이 더 효율적인가?

3개 이상의 모집단의 모평균을 비교할 때 많이 사용하는 방법으로 **분산분석**(analysis of variance, ANOVA)이라는 통계분석기법이 있다. 위에서 설명한 두 번째 비교 방법의 원리를 이용한다. 분산분석은 어떤 속성이 여러 가지 조건에서 차이가 나는지를 확인하는 통계적 방법이다. 속성은 관측값으로 표현되고, 조건은 이산적이라고 가정한다. 예를 들어 어떤 화학 공정에서 온도에 따라 불량률이 차이가 있다는 가설을 검정하려 한다. 이 검정에서 관측값은 불량률로 연속형 측정치이고, 온도는 조건인데 분산분석에서는 온도가 이산적 형태(예를 들어, 섭씨 300도, 350도, 400도)이다. 온도와 같은 조건을 **요인**(factor)이라 하고, 요인은 몇 개의 **수준**(level)으로 구성되어 있다. 분산분석은 어떤 실험에서 주어지는 각 요인의 수준에 따라서 반응에 차이가 있는가를 분석하는 것이다. 요인의 개수가 1개인 경우 일원배치법, 2개인 경우 이원배치법이라 한다. 요인들의 수준 조합을 처리(treatment)라 한다. 요인이 1개인 경우에 처리가 곧 수준이다. 그러나 요인이 2개 이상인 경우에 수준 조합이 처리가 되고, 처리의 개수는 각 요인의 수준의 곱과 같다. 예를 들어 화학 반응의 불량률이 온도(수준 3), 습도(수준 4)인 이원배치법을 고려할 때, 처리는 총 $3\times4=12$가지가 있다. 12가지에 따라 불량률이 달라지는가를 검정하는 절차가 분산분석이다.

이 장에서는 첫째, 분산분석에서 꼭 필요한 확률분포인 F-분포에 대한 성질을 알아보고, 둘째, 요인이 1개인 일원배치법의 분석방법에 대해 구체적으로 살펴본다. 마지막으로 이원배치법을 이용하여 R에서 자료를 어떻게 분석하는지 알아본다.

14.1 F 분포

자유도가 m, n인 F 분포의 확률밀도함수는 다음과 같이 정의되고

$$f(x)=\frac{\Gamma((m+n)/2)}{\Gamma(m/2)\Gamma(n/2)}\left(\frac{m}{n}\right)^{m/2}\frac{x^{(m-2)/2}}{(1+mx/n)^{(m+n)/2}},\ x>0,$$

표기로 $X\sim F(m,n)$을 사용한다. 확률변수 $X\sim F(m,n)$의 기댓값과 분산은

$$E(X)=\frac{n}{n-2},\ n>2,\quad Var(X)=\frac{2n^2(n+m-2)}{m(n-2)^2(n-4)},\ n>4$$

이다. 자유도가 5, 3인 확률밀도함수의 그림이 [그림 14-1]이다. 그림에서 알 수 있듯이 확률밀도함수가 카이제곱과 비슷하게 비대칭이며, 자유도가 커질수록 대칭성이 커진다.

F 분포는 서로 독립인 정규모집단에서 추출된 확률표본의 표본분산의 비와 밀접한 관련이 있다. 다음 성질을 증명 없이 사용하기로 한다.

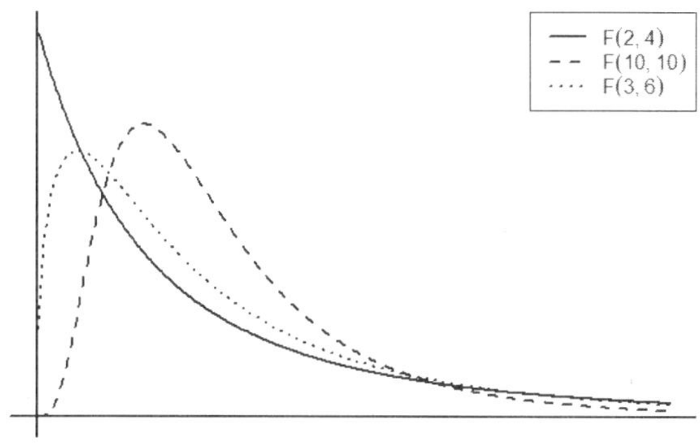

|그림 14-1| F 분포의 확률밀도함수

F 분포의 성질

1. $U \sim F(m,n)$이면, $1/U \sim F(n,m)$이다.
2. $U \sim \chi^2(m)$, $V \sim \chi^2(n)$ 서로 독립이면, $\dfrac{U/m}{V/n} \sim F(m,n)$이다.
3. $X_1, \cdots, X_n \sim N(\mu_1, \sigma_1^2)$; $Y_1, \cdots, Y_m \sim N(\mu_2, \sigma_2^2)$이고 서로 독립인 확률표본일 때,
$$\frac{S_1^2/\sigma_1^2}{S_2^2/\sigma_2^2} \sim F(n-1, m-1)$$
4. $T \sim t(n)$이면, $T^2 \sim F(1,n)$이다.

F 분포는 서로 독립인 카이제곱분포의 비에 대한 확률분포이다. 정규모집단에서 표본분산이 카이제곱분포이므로, 서로 독립인 두 정규모집단에서 추출된 확률표본에서 표본분산의 비에 대한 분포가 F 분포이다.

F 분포의 상위 분위수도 t분포, 카이제곱분포와 마찬가지로 정의한다. 부록의 F 분포의 확률표에서 자유도가 m, n인 F 분포의 상위 α의 확률을 주는 값을 $F_\alpha(m,n)$로 표기한다. 즉 확률변수 $X \sim F(m,n)$일 때, $P(X > F_\alpha(m,n)) = \alpha$를 만족한다.

만약 확률변수 $X \sim F(m,n)$이면 그 역수는 $\dfrac{1}{X} \sim F(n,m)$이다. $P(X > F_\alpha(m,n)) = \alpha$를 만족한다면 $P(\dfrac{1}{X} < \dfrac{1}{F_\alpha(m,n)}) = \alpha$이므로 $\dfrac{1}{F_\alpha(m,n)} = F_{1-\alpha}(n,m)$이다. 부록의 F

누적분포표에서 $\alpha = 0.1, 0.05, 0.01$인 경우에 한하여 상위확률분위수를 수록하였는데, 그 이유는 $\alpha = 0.9, 0.95, 0.99$인 경우에는 부록의 표에서 해당 값을 계산할 수 있다. 예를 들어 $\alpha = 0.05$일 때, $F_{0.05}(2,3) = 9.55$로부터 $\alpha = 0.95$에서 $F_{0.95}(3,2) = \frac{1}{F_{0.05}(2,3)} = \frac{1}{9.55} = 0.105$이다.

R에서 자유도가 m, n인 F분포를 따르는 X의 확률 $P(X < x)$는 pf(x,m,n)을 이용하고, $p = P(X < q)$를 만족하는 q는 qf(p,m,n)을 이용하여 구한다. 예를 들어 $X \sim F(3,2)$일 때, $P(X > 19.164) = 0.05, P(X < 0.105) = 0.05$와 $F_{\alpha}(m,n) = \frac{1}{F_{1-\alpha}(n,m)}$의 등식을 다음의 명령어를 통하여 확인할 수 있다.

```
> 1-pf(19.164,3,2) # X ~ F(3,2), P(X>19.164)
[1] 0.05000073
> pf(0.105,3,2) # X ~ F(3,2), P(X<0.105)
[1] 0.05019256
> qf(0.95,3,2) # X ~ F(3,2)일 때, 0.05=P(X>x)를 만족하는 x
[1] 19.16429
> qf(0.05,3,2) # X ~ F(3,2)일 때, 0.05=P(X<x)를 만족하는 x
[1] 0.1046891

> qf(0.95,3,2) # F_0.95 (3,2) = 1/F_0.05 (2,3)
[1] 19.16429
> 1/qf(0.05,2,3)
[1] 19.16429
```

14.2 일원배치법

일원배치법(one-way model)은 요인이 1개이고, 수준이 a인 경우에 연속형 반응값이 요인의 처리에 따라 모평균이 같은지를 검정하는 분산분석방법이다.

다섯 가지 재배법에 따른 쌀 수확량(단위: kg/10a)을 비교하기 위한 자료가 <표 14-1>과 같다.

표 14-1 재배법에 따른 수확량

재배법 1	재배법 2	재배법 3	재배법 4	재배법 5
531	528	516	525	531
541	534	525	530	529
534	529	525	525	528
519	525	523	521	510
536	528	530	531	525
537		521	527	534
		523		529

다섯 가지 재배법이 동일하다는 것은 각 재배법에 의한 수확량의 모평균이 같다는 것을 나타내므로 검정하고자 하는 귀무가설은 다음과 같다.

$$H_0 : \mu_1 = \mu_2 = \mu_3 = \mu_4 = \mu_5 \qquad H_1 : H_0\text{가 아니다.}$$

귀무가설 H_0가 참이라는 것은 각 수준의 표본평균이 같은가를 확인하여 판단할 수 있다. 5개의 집단이 있으므로 12장에서 배운 서로 독립인 두 모집단의 모평균 비교에서 사용했던 방법을 사용하려면,

$$H_0 : \mu_1 = \mu_2, \quad H_0 : \mu_1 = \mu_3, \quad H_0 : \mu_1 = \mu_4, \ \cdots$$

등의 귀무가설이 $\binom{5}{2} = 10$가지이므로 검정을 10번 시행해야 한다. 5가지 재배법에서 2가지 재배법의 모평균이 같은지를 검정하는 절차를 10번 시행한다.

비교 횟수를 줄이기 위해 두 개 모집단의 모평균을 비교하는 것이 아니라 전체 모평균을 μ라 할 때,

$$H_0 : \mu_1 = \mu, \mu_2 = \mu, \ \cdots \ , \mu_5 = \mu$$

라 할 때, 표본평균의 비교를 5번이면 충분하다. 각 재배법의 표본평균이 전체 모평균과 일치하는가를 검정하여 각 재배법의 수확량이 차이가 있는가를 검정한다.

표 14-2 일원배치법의 자료구조

	처리 1	처리 2	$\cdots$	처리 a
관측자료	y_{11}	y_{21}	$\cdots$	y_{a1}
	y_{12}	y_{22}	$\cdots$	y_{a2}
	$\vdots$	$\vdots$	$\vdots$	$\vdots$
	y_{1n_1}	y_{2n_2}	$\cdots$	y_{an_a}
평균	$\overline{y}_{1.}$	$\overline{y}_{2.}$	$\cdots$	$\overline{y}_{a.}$
제곱합	$\sum_{j=1}^{n_1}(y_{1j}-\overline{y}_{1.})^2$	$\sum_{j=1}^{n_2}(y_{2j}-\overline{y}_{2.})^2$	$\cdots$	$\sum_{j=1}^{n_a}(y_{aj}-\overline{y}_{a.})^2$

일반적인 자료 모형인 <표 14-2>와 같은 자료가 주어져 있다. 자료는 $y_{ij}\ (i=1, \cdots, a; j=1, \cdots, n_i)$이고, $\overline{y}_{i.} = \frac{1}{n_{i.}}\sum_{j=1}^{n_i} y_{ij}$은 i번째 처리의 표본평균을 나타낸다. 제곱합은 i번째 처리의 자료 y_{ij}와 표본평균 $\overline{y}_{i.}$의 편차제곱합이다. 전체 표본평균 $\overline{y}_{..} = \frac{1}{N}\sum_{i=1}^{a}\sum_{j=1}^{n_i} y_{ij}$, $N = \sum_{i=1}^{a} n_i$이다.

편차$(y_{ij} - \overline{y}_{..})$ 제곱합인 **총제곱합**(total sum of squares, SST)은 다음과 같이 분해됨을 알 수 있다.

$$\sum_{i=1}^{a}\sum_{j=1}^{n_i}(y_{ij}-\overline{y}_{..})^2 = \sum_{i=1}^{a}\sum_{j=1}^{n_i}(y_{ij}-\overline{y}_{i.}+\overline{y}_{i.}-\overline{y}_{..})^2$$

$$= \sum_{i=1}^{a} n_i(\overline{y}_{i.}-\overline{y}_{..})^2 + \sum_{i=1}^{a}\sum_{j=1}^{n_i}(y_{ij}-\overline{y}_{i.})^2$$

$$SST = SStr + SSE$$

여기서 $SStr$은 **처리제곱합**(treatment sum of squares, SStr), SSE는 **오차제곱합**(error sum of squares, SSE)이라 한다. SST는 일정하기 때문에 $SStr$이 작아지면 각 처리의 표본평균$(\overline{y}_{i.})$과 전체 표본평균$(\overline{y}_{..})$의 차이가 작아짐을 나타낸다. 즉 처리의 모평균이 차이가 없음을 나타낸다고 할 수 있다. $SStr$이 클수록 귀무가설 $H_0 : \mu_1 = \cdots = \mu_a$를 기각하게 된다.

다시 말하면 H_0의 기각역 형태가 $R=\{SStr>c\}$이다. 이러한 접근 방법은 앞에서 설명한 a개의 모집단의 모평균이 같은가를 비교하는데, 2개의 표본평균씩 비교하는 것이 아니라 각 표본평균과 전체 표본평균을 비교하는 방법으로부터 개발된 방법이다. 이제 유의수준 α에서 기각역 $R=\{SStr>c\}$의 임계값 c를 결정하면 된다.

확률표본 $Y_{ij} \sim N(\mu_i, \sigma^2)$이면 카이제곱분포의 가산성에 의해 H_0가 참이라면

$$\frac{SStr}{\sigma^2}=\frac{1}{\sigma^2}\sum_{i=1}^{a} n_i(\overline{Y}_{i.}-\overline{Y}_{..})^2 \sim \chi^2(a-1)$$

$$\frac{SSE}{\sigma^2}=\frac{1}{\sigma^2}\sum_{i=1}^{a}\sum_{j=1}^{n_i}(Y_{ij}-\overline{Y}_{i.})^2 \sim \chi^2(N-a)$$

이고, 서로 독립이다. F 분포의 성질에 의해

$$\frac{(SStr/\sigma^2)/(a-1)}{(SSE/\sigma^2)/(N-a)}=\frac{SStr/(a-1)}{SSE/(N-a)} \sim F(a-1, N-a)$$

이므로 유의수준 α에서 기각역은

$$R=\left\{\frac{SStr/(a-1)}{SSE/(N-a)}>F_\alpha(a-1, N-a)\right\}$$

이다. 여기서 평균처리제곱합을 $MStr=\dfrac{SStr}{a-1}$, 평균오차제곱합을 $MSE=\dfrac{SSE}{N-a}$이라 한다. 이와 같은 통계분석 절차를 표로 정리한 것을 **분산분석표(ANOVA table)**라 하고, <표 14-3>과 같은 분산분석표를 작성할 수 있다. 여기서 자유도 계산은 자료의 수에서 제약조

표 14-3 일원배치법의 분산분석표

요인	제곱합	자유도	평균제곱합	F 값
처리	$SStr=\sum_{i=1}^{a} n_i(\overline{y}_{i.}-\overline{y}_{..})^2$	$a-1$	$MStr=\dfrac{SStr}{a-1}$	$f_0=\dfrac{MStr}{MSE}$
오차	$SSE=\sum_{i=1}^{a}\sum_{j=1}^{n_i}(y_{ij}-\overline{y}_{i.})^2$	$N-a$	$MSE=\dfrac{SSE}{N-a}$	
합계	$SST=SStr+SSE$	$N-1$		

건의 수를 뺀 값이다. 분산분석표를 이용하여 일원배치법의 가설을 검정한다.

<표 14-3>에서 계산한 f_0값이 클수록 귀무가설 $H_0 : \mu_1 = \mu_2 = \cdots = \mu_a$를 기각한다. 검정통계량 값 $f_0 > F_\alpha(a-1, N-a)$이면 H_0를 기각한다. 즉 유의수준 α에서 각 처리수준의 반응값의 모평균이 같다는 귀무가설을 기각한다. 일원배치법의 검정절차를 정리하면 다음과 같다.

일원배치법: 반응값이 정규분포를 따를 때

$f_0 = \dfrac{SStr/(a-1)}{SSE/(N-a)}$, $F \sim F(a-1, N-a)$일 때,

귀무가설	$H_0 : \mu_1 = \mu_2 = \cdots = \mu_a$
대립가설	$H_1 : H_0$가 아니다
기각역	$\{f_0 > F_\alpha(a-1, N-a)\}$
p-값	$P(F > f_0)$

예제 14.1 <표 14-1>과 같이 재배법에 따른 수확량이 주어져 있을 때, 재배법에 따라 수확량이 다른지를 유의수준 0.05에서 검정하라. 단, 각 재배법에 따른 수확량은 정규분포를 따른다고 알려져 있다.

풀이 검정하고자 하는 가설은 '다섯 가지 재배법의 모평균이 같다'이므로 귀무가설과 대립가설을 다음과 같이 설정할 수 있다.

$$H_0 : \mu_1 = \mu_2 = \mu_3 = \mu_4 = \mu_5 \qquad H_1 : H_0\text{가 아니다.}$$

<표 14-3>의 분산분석표를 작성하면 다음과 같다.

요인	제곱합	자유도	평균제곱합	F 값
처리	$SStr = 326.1$	4	$MStr = 81.53$	$f_0 = \dfrac{MStr}{MSE} = \dfrac{81.53}{33.67} = 2.421$
오차	$SSE = 875.4$	26	$MSE = 33.67$	
합계	$SST = 1201.5$	30		

검정통계량 값 $2.421 \ngtr F_{0.05}(4,26) = 2.743$이므로 유의수준 0.05에서 H_0를 기각하지 않는다. 또한 p-값을 구하면 $P(F > f_0) = P(F > 2.421) = 0.074 \nless 0.05$이므로 유의수준 0.05에서 H_0를 기각하지 않는다. H_0를 기각하기 위해 유의수준을 0.074 정도로 높여야 한다. 유의수준을 높이면 우리가 내린 결론이 H_0가 참인데도 불구하고 H_0를 기각하는 오류를 범할 확률이 높아지는 위험성이 있다.

R에서 분산분석표를 작성하는 함수는 anova(lm(x~factor()))를 사용한다. 여기서 lm()은 linear model로 선형모형을 뜻한다. 자료의 크기가 작은 경우에는 자료를 직접 입력하는 방법을 사용한다.

```
> y1=c(531,541,534,519,536,537) # 자료 입력
> y2=c(528,534,529,525,528)
> y3=c(516,525,525,523,530,521,523)
> y4=c(525,530,525,521,531,527)
> y5=c(531,529,528,510,525,534,529)
> tr=factor(rep(1:5,c(6,5,7,6,7))) # 처리수준
> anova(lm(c(y1,y2,y3,y4,y5)~tr)) # 분산분석표
Analysis of Variance Table

Response: c(x1, x2, x3, x4, x5)
          Df Sum Sq Mean Sq F value  Pr(>F)
tr         4 326.11  81.526  2.4213 0.07383 .
Residuals 26 875.44  33.671
---
Signif. codes:  0 '***' 0.001 '**' 0.01 '*' 0.05 '.' 0.1 '
```

자료의 입력 방법으로 '메모장'을 이용하여 [그림 14-2]처럼 작성할 수 있다. [그림 14-2]가 "example14-1.txt"에 저장되었다고 하자.

example14-1 - Windows 메모장
파일(F) 편집(E) 서식(O) 보기(V) 도움말
y tr
531 A
541 A
534 A
519 A
536 A
537 A
528 B
534 B
529 B
525 B
528 B
516 C
525 C

|그림 14-2| R에서 일원배치법 자료 파일

read.table() 함수로 파일에서 자료를 읽고 anova() 함수를 수행하여 분산분석표를 얻는다.

```
> Y=read.table("example14-1.txt",header=T) # 파일에서 자료 읽기
> anova(lm(y~factor(tr),data=Y)) # 분산분석 수행
Analysis of Variance Table

Response: y
            Df  Sum Sq  Mean Sq  F value     Pr(>F)
factor(tr)   4  326.11   81.526   2.4213   0.07383 .
Residuals   26  875.44   33.671
```

예제 14.2 다음 표는 처리가 3인 일원배치법의 자료이다. 분산분석표를 작성하고, 처리효과에 차이가 있는지를 유의수준 0.05에서 검정하시오. 단, 자료는 정규분포를 따른다.

처리 1	처리 2	처리 3
78	66	76
71	67	78
75	73	84
79	68	75
77	64	76
72	68	73

풀이 자료를 파일 "example14-2.txt"에 입력하고 R의 anova() 함수에서 다음과 같은 분산분석표를 얻었다.

```
> Y=read.table("example14-2.txt",header=T) # 자료 읽기
> anova(lm(y~factor(tr),data=Y)) # 분산분석 수행
Analysis of Variance Table

Response: y
           Df Sum Sq Mean Sq F value    Pr(>F)
factor(tr)  2 297.33 148.667  13.066 0.0005179 ***
Residuals  15 170.67  11.378
```

요인	제곱합	자유도	평균제곱합	F 값	p-값
처리	297.33	2	148.667	13.066	0.0005
오차	170.67	15	11.378		

p-값이 0.0005<0.001이므로 $H_0 : \mu_1 = \mu_2 = \mu_3$를 강력히 기각한다. H_0를 기각하는 이유는 무엇인가? $\mu_1 = \mu_2$, $\mu_1 = \mu_3, \mu_2 = \mu_3$의 3가지 가설에서 어느 가설을 기각하여 $\mu_1 = \mu_2 = \mu_3$를 기각하게 되었는가에 대한 확인 절차를 **사후검정**(post hoc analysis)이라 한다. 사후검정은 여러 가지 검정 방법이 제안되었는데, 그 가운데 R의 기본함수로 내장된 방법인 Tukey's HSD(honest significant difference) 검정을 소개한다.

```
> TukeyHSD(aov(y~factor(tr),data=Y)) # 사후검정
  Tukey multiple comparisons of means
    95% family-wise confidence level

Fit: aov(formula = y ~ factor(tr), data = Y)

$`factor(tr)`
          diff        lwr        upr     p adj
2-1 -7.666667 -12.725131  -2.608203 0.0035478
```

```
3-1  1.666667   -3.391797   6.725131  0.6752455
3-2  9.333333   4.274869  14.391797  0.0006539
```

위의 결과에서 2-1, 3-1, 3-2는 처리수준의 비교를 나타낸다. 처리 2와 처리 1, 처리 3과 처리 1, 처리 3과 처리 2의 비교를 나타내며, diff(차이), lwr(하한), upr(상한), p adj(p-값)이다. diff가 클수록 '모평균이 같지 않음', lwr과 upr사이에 0을 포함하면 '모평균이 같지 않음', p adj가 0에 가까울수록 '모평균이 같음'을 기각하게 된다. 예제에서는 처리 3-1에서 lwr과 upr 사이에 0을 포함하고 있어 '모평균이 같음'을 기각하지 않고, p adj가 값이 0.675로 '모평균을 같음'을 기각하지 않다. 처리 2-1, 3-2는 lwr과 upr사이에 0을 포함하고 있지 않고, p adj가 0에 가까워서 '모평균이 같음'을 기각한다. 결론적으로 $\mu_1 = \mu_3$, $\mu_1 \neq \mu_2$, $\mu_2 \neq \mu_3$이기 때문에$\mu_1 = \mu_2 = \mu_3$를 기각했다.

위의 결과를 [그림 14-3]의 상자그림으로 확인할 수 있는데, 그 명령어는 boxplot()을 이용한다.

```
> boxplot(y~factor(tr),data=Y)
```

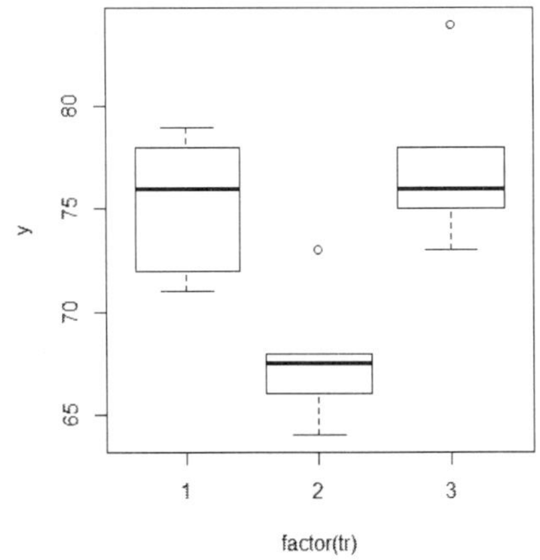

|그림 14-3| 세 집단의 상자그림을 통한 비교

14.3 이원배치법

어느 화학공정의 불량률이 온도(섭씨 300도, 350도, 400도)와 습도(40%, 60%, 80%)에 의해 달라지는 상황을 고려하자. 이 경우 관심사는 불량률에 영향을 주는 2개의 요인인 온도와 습도의 수준 조합에 따라 불량률의 평균이 변화하는지에 있다. 요인의 조합은 온도 3수준, 습도 3수준이므로 9가지 조합이 가능하다. 구체적으로 온도의 수준에 따라 불량률의 평균이 변화하는가, 습도의 수준에 따라 불량률의 평균이 변화하는가, 온도와 습도의 **교호효과**(interaction effect)에 의해 불량률의 평균이 변화하는가를 자료를 통해 확인하고자 한다. 불량률에 대한 온도 및 습도의 영향을 **주효과**(main effect), 온도와 습도의 조합(셀(cell)이라 부른다)에 의한 영향을 교호효과라 한다. 그런데 교호효과는 온도와 습도의 조합 조건의 관측치가 2회 이상일 때만 측정할 수 있다.

관측치 y_{ijk}, $i=1,\cdots,a; j=1,\cdots,b; k=1,\cdots,n$이고, 여기서 a는 첫 번째 요인의 수준 수, b는 두 번째 요인의 수준 수, n은 두 요인의 조합 조건에서 시행된 반복횟수를 나타내고, 전체 관측치는 $N=abn$이다. 이원배치법의 자료구조는 <표 14-4>와 같다. 첫째, 주효과를 비교하기 위해 요인 A에 따른 표본평균 $\overline{y}_{i..} = \frac{1}{bn}\sum_{j=1}^{b}\sum_{k=1}^{n} y_{ijk}$, 요인 B에 따른 표본평균 $\overline{y}_{.j.} = \frac{1}{an}\sum_{i=1}^{a}\sum_{k=1}^{n} y_{ijk}$을 이용한다. 둘째, 교호효과를 비교하기 위해 각 셀에서의 표본

표 14-4 이원배치법의 자료구조

	처리 B_1	$\cdots$	처리 B_j	$\cdots$	처리 B_b	평균
처리 A_1	$y_{111},\cdots,y_{11n}$ $(\overline{y}_{11.})$	$\cdots$	$y_{1j1},\cdots,y_{1jn}$ $(\overline{y}_{1j.})$	$\cdots$	$y_{1b1},\cdots,y_{1bn}$ $(\overline{y}_{1b.})$	$\overline{y}_{1..}$
$\vdots$	$\vdots$	$\cdots$	$\vdots$	$\cdots$	$\vdots$	$\vdots$
처리 A_i	$\vdots$	$\vdots$	$y_{ij1},\cdots,y_{ijn}$ $(\overline{y}_{ij.})$	$\vdots$	$\vdots$	$\overline{y}_{i..}$
$\vdots$	$\vdots$	$\cdots$	$\vdots$	$\cdots$	$\vdots$	$\vdots$
처리 A_a	$\vdots$	$\vdots$	$\vdots$	$\vdots$	$\vdots$	$\overline{y}_{a..}$
평균	$\overline{y}_{.1.}$	$\cdots$	$\overline{y}_{.j.}$	$\cdots$	$\overline{y}_{.b.}$	$\overline{y}_{...}$

평균 $\bar{y}_{ij.} = \frac{1}{n}\sum_{k=1}^{n} y_{ijk}$을 이용한다.

일원배치법과 마찬가지로 이원배치법(two-way model)에서 전체 변동을 다음과 같이 분해할 수 있다. 여기서 $\bar{y}_{...} = \frac{1}{abn}\sum_{i,j,k} y_{ijk}$이다.

$$\sum_{i=1}^{a}\sum_{j=1}^{b}\sum_{k=1}^{n}(y_{ikj}-\bar{y}_{...})^2 = bn\sum_{i=1}^{a}(\bar{y}_{i..}-\bar{y}_{...})^2 + an\sum_{j=1}^{b}(\bar{y}_{.j.}-\bar{y}_{...})^2$$
$$+ n\sum_{i=1}^{a}\sum_{j=1}^{b}(\bar{y}_{ij.}-\bar{y}_{i.}-\bar{y}_{.j.}+\bar{y}_{...})^2 + \sum_{i=1}^{a}\sum_{j=1}^{b}\sum_{k=1}^{n}(y_{ijk}-\bar{y}_{ij.})^2$$

$$SST = SS_A + SS_B + SS_{A\times B} + SSE$$

요인 A, B의 수준에 따라 반응값의 평균이 차이가 있는지, A와 B의 교호효과에 대한 검정통계량은 각각 다음을 사용한다.

$$F_A = \frac{SS_A/(a-1)}{SSE/(ab(n-1))},\ F_B = \frac{SS_B/(b-1)}{SSE/(ab(n-1))},\ F_{A\times B} = \frac{SS_{A\times B}/(a-1)(b-1)}{SSE/(ab(n-1))}$$

또한 반응값의 평균에 차이가 없다면 반응값이 정규분포를 따른다는 가정에서 각 검정통계량이 다음의 확률분포를 따른다.

$$F_A \sim F(a-1, ab(n-1)),\ F_B \sim F(b-1, ab(n-1)),\ F_{A\times B} \sim F((a-1)(b-1), ab(n-1))$$

따라서 이원배치법의 검정 방법은 다음과 같다.

이원배치법: 반응값이 정규분포를 따를 때

1. $f_{A0} = \frac{SS_A/(a-1)}{SSE/ab(n-1)}$, $F_A \sim F(a-1, ab(n-1))$일 때,

귀무가설	H_0 : 요인 A의 각 수준에 따른 반응값 차이가 없다.
대립가설	H_1 : H_0가 아니다
기각역	$\{f_{A0} > F_{A,\alpha}(a-1, ab(n-1))\}$
p-값	$P(F_A > f_{A0})$

2. $f_{B0} = \dfrac{SS_B/(b-1)}{SSE/ab(n-1)}$, $F_B \sim F(b-1, ab(n-1))$일 때,

귀무가설	H_0 : 요인 B의 각 수준에 따른 반응값 차이가 없다.
대립가설	H_1 : H_0가 아니다
기각역	$\{f_{B0} > F_{B,\alpha}(b-1, ab(n-1))\}$
p-값	$P(F_B > f_{B0})$

3. $f_{A \times B,0} = \dfrac{SS_{A \times B}/(a-1)(b-1)}{SSE/ab(n-1)}$, $F_{A \times B} \sim F((a-1)(b-1), ab(n-1))$일 때,

귀무가설	H_0 : 요인 A, B의 조합 수준에 따른 반응값 차이가 없다.
대립가설	H_1 : H_0가 아니다
기각역	$\{f_{A \times B,0} > F_{A \times B,\alpha}((a-1)(b-1), ab(n-1))\}$
p-값	$P(F_{A \times B} > f_{A \times B,0})$

$SS_A = bn\sum_{i=1}^{a}(\overline{y}_{i..} - \overline{y}_{...})^2$, $SS_B = an\sum_{j=1}^{b}(\overline{y}_{.j.} - \overline{y}_{...})^2$, $SS_{A \times B} = n\sum_{i=1}^{a}\sum_{j=1}^{b}(\overline{y}_{ij.} - \overline{y}_{i..} - \overline{y}_{.j.} + \overline{y}_{...})^2$ $SSE = \sum_{i=1}^{a}\sum_{j=1}^{b}\sum_{k=1}^{n}(y_{ijk} - \overline{y}_{ij.})^2$일 때, 이원배치법의 분산분석표는 다음과 같다.

표 14-5 이원배치법의 분산분석표

요인	제곱합	자유도	평균제곱합	F 값
A	SS_A	$a-1$	$MS_A = \dfrac{SS_A}{a-1}$	$f_{A0} = \dfrac{MS_A}{MSE}$
B	SS_B	$b-1$	$MS_B = \dfrac{SS_B}{b-1}$	$f_{B0} = \dfrac{MS_B}{MSE}$
$A \times B$	$SS_{A \times B}$	$(a-1)(b-1)$	$MS_{A \times B} = \dfrac{SS_{A \times B}}{(a-1)(b-1)}$	$f_{A \times B,0} = \dfrac{MS_{A \times B}}{MSE}$
오차	SSE	$ab(n-1)$	$MSE = \dfrac{SSE}{ab(n-1)}$	

예제 14.3 <표 14-6>은 공기청정기의 필터 성능을 비교하기 위해 세 종류의 필터와 네 종류의 공기청정기를 실험한 결과이다. 공기청정의 성능은 $0.3\mu m$의 먼지를 걸러내는 비율로 측정한다. 필터 및 공기청정기에 따라 공기청정의 정도가 달라지는가를 유의수준 0.05에서 검정하시오. 단, 자료는 정규분포를 따른다.

표 14-6 필터의 성능 이원배치법 자료(반복이 없는 경우)

필터\공기청정기	청정기 1	청정기 2	청정기 3	청정기 4
필터 1	93	94	96	99
필터 2	96	97	98	98
필터 3	92	90	92	93

풀이 R에서 이원배치법을 이용하는 자료가 [그림 14-2]와 비슷하게 [그림 14-4]와 같이 입력되어 "example14-3.txt"에 저장되었다고 가정한다.

```
> Y=read.table("example14-3.txt",header=T) # 자료 읽기
> anova(lm(y~factor(A)+factor(B),data=Y)) # 반복이 없는 이원배치법
Analysis of Variance Table

Response: y
           Df Sum Sq   Mean Sq  F value   Pr(>F)
factor(A)   2  63.167  31.5833   19.947  0.002234 **
factor(B)   3  19.000   6.3333    4.000  0.070101 .
Residuals   6   9.500   1.5833
```

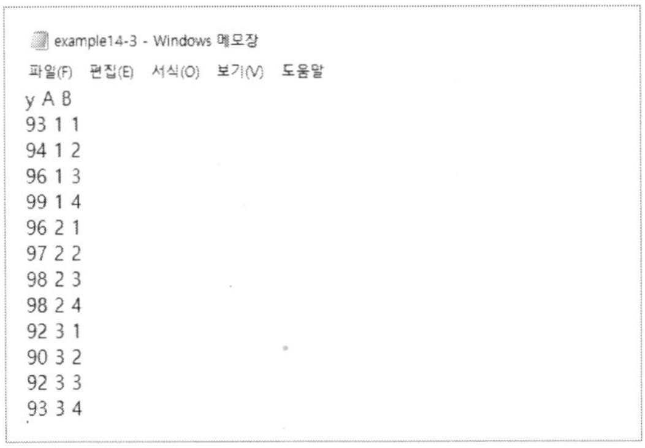
example14-3 - Windows 메모장
파일(F) 편집(E) 서식(O) 보기(V) 도움말
```
y A B
93 1 1
94 1 2
96 1 3
99 1 4
96 2 1
97 2 2
98 2 3
98 2 4
92 3 1
90 3 2
92 3 3
93 3 4
```

|그림 14-4| R에서 이원배치법의 자료 파일

R의 결과로부터 분산분석표를 만들면 다음과 같다.

요인	제곱합	자유도	평균제곱합	F 값	p–값
A	63.167	2	31.583	19.947	0.0022
B	19.000	3	6.333	4.000	0.0701
오차	9.5000	6	1.583		

p-값이 유의수준 0.05보다 작으면, 유의수준 0.05에서 귀무가설을 기각한다. 유의수준 0.05에서 요인 A의 수준(필터의 종류)에 따라 성능의 차이 없다는 귀무가설을 기각한다. 그러나 유의수준 0.05에서 요인 B의 수준(공기청정기의 종류)에 따라 성능의 차이 없다는 귀무가설을 기각하지 않는다. 즉 두 번째 필터는 공기청정기의 종류에 따라 다른 필터보다 우수함을 나타낸다. 여기서 주의해야 할 점은 <표 14-6>의 자료와 같이 각 셀에서 반복횟수가 1인 경우에는 두 요인의 교호작용에 대한 비교를 수행할 수 없다는 것이다.

각 요인의 수준별 표본평균은 구하는 방법에 대하여 살펴본다. R에서 with()는 데이터프레임 Y에 대하여 사용한다는 것을 나타내며, tapply(X, INDEX, FUN=NULL)는 X에 대해 INDEX별로 함수 FUN을 계산하는 것을 나타낸다. 예제에서 필터별 또는 공기청정기별로 표본평균 mean을 구하는 것이 목적이므로 다음과 같은 명령어를 사용한다.

```
> with(Y,tapply(y,factor(A),mean)) # 필터별 먼지 집진 비율
    1     2     3
95.50 97.25 91.75
> with(Y,tapply(y,factor(B),mean)) # 공기청정기별 먼지 집진 비율
       1        2        3        4
93.66667 93.66667 95.33333 96.66667
```

위의 결과에서 두 번째 필터의 성능이 다른 필터와 다르게 성능이 우수함을 보인다.

예제 14.4 <표 14-7>은 공기청정기의 필터 성능을 비교하기 위해 세 종류의 필터와 네 종류의 공기청정기를 실험한 결과이다. 필터 종류, 공기청정기 종류, 필터와 공기청정기의

표 14-7 필터의 성능 이원배치법 자료(반복이 있는 경우)

필터\공기청정기	청정기 1	청정기 2	청정기 3	청정기 4
필터 1	93	94	96	99
	95	95	97	98
	94	96	95	99
필터 2	96	97	98	98
	97	96	97	99
	97	99	98	99
필터 3	92	90	92	93
	92	90	92	94
	93	91	92	94

교호작용에 따라 공기청정의 정도가 달라지는가를 유의수준 0.05에서 검정하시오. 단, 자료는 정규분포를 따른다.

풀이 R에서 이원배치법을 이용하는 자료가 [그림 14-4]와 비슷하게 입력된 자료 파일을 "example14-4.txt"라 하자. 교호작용을 나타내는 명령어는 factor(A):factor(B)이다.

```
> Y=read.table("example14-4.txt",header=T) # 자료 읽기
> anova(lm(y~factor(A)+factor(B)+factor(A):factor(B),data=Y)) # 교호작용을 포함 이원배치법
Analysis of Variance Table

Response: y
                    Df  Sum Sq  Mean Sq   F value     Pr(>F)
factor(A)            2 190.889   95.444  149.3913  2.855e-14 ***
factor(B)            3  44.528   14.843   23.2319  2.809e-07 ***
factor(A):factor(B)  6  14.889    2.481    3.8841   0.007517 **
Residuals           24  15.333    0.639
```

분산분석표의 결과에서 p-값이 모두 0.05보다 작으므로, 요인 A, B, $A \times B$에 따라 공기청정 성능의 차이가 있다고 할 수 있다. 특정 필터에 특정 공기청정기를 사용할 때 공기청정의 성능이 달라진다는 것을 의미한다.

연습문제

14.1 F 분포표에서 다음 값을 구하시오

(1) 자유도가 5, 8일 때 상위 0.05의 확률을 주는 값

(2) 자유도가 8, 5일 때 상위 0.95의 확률을 주는 값

(3) 자유도가 8, 8일 때 상위 0.05의 확률을 주는 값

(4) 자유도가 8, 8일 때 상위 0.95의 확률을 주는 값

14.2 R에서 $X_i \sim N(10,5^2),\ i=1,\cdots,10;\ \ Y_j \sim N(15,7^2), j=1,\cdots,20$이고, $X_{i,} Y_j$는 서로 독립일 때, 다음 값을 구하시오. 단, $S_X^2 = \frac{1}{9}\sum_{i=1}^{10}(X_i - \overline{X})^2,\ S_Y^2 = \frac{1}{19}\sum_{j=1}^{20}(Y_j - \overline{Y})^2$이다.

(1) $P\left(\frac{S_X^2}{S_Y^2} < 1.235\right)$

(2) $P\left(\frac{S_X^2}{S_Y^2} < c\right) = 0.95$를 만족시키는 c

(3) $P\left(\frac{S_Y^2}{S_X^2} > 4.518\right)$

(4) $P\left(\frac{S_Y^2}{S_X^2} < c\right) = 0.95$를 만족시키는 c

14.3 다음 자료는 고등학교 1학년 학생 400명 중에서 각 교과목별로 임의로 뽑은 10명의 학생에 대한 국어, 수학, 영어 점수이다. 단, 각 교과목 점수는 정규분포를 따른다.

국어	수학	영어
78 91	78 66	71 75
71 87	67 89	58 95
55 69	72 71	83 72
86 95	68 74	65 88
73 69	38 68	69 73

(1) 국어, 수학, 영어 점수의 평균이 같은지를 유의수준 0.05에서 분산분석표를 작성하고 검정을 수행하시오.

(2) 두 모집단의 모평균차이 $\mu_i - \mu_j (i \neq j; i, j = 1, 2, 3)$의 95% 신뢰구간을 구하시오.

(3) 상자그림을 그려 국어, 수학, 영어의 표본평균을 비교하시오.

14.4 다음 자료는 다섯 집단의 모평균의 차이가 있는가를 비교하기 위한 자료이다. 각 집단에서 추출된 자료는 정규분포를 따른다고 알려져 있다.

집단 1	집단 2	집단 3	집단 4	집단 5
3.8	4.6	3.9	4.0	3.3
4.1	4.7	3.6	4.0	3.1
3.7	4.6	3.7	3.9	3.2
4.2	4.5	3.9	3.9	3.1
4.1	4.1	4.1		3.3
3.9		3.8		

(1) 각 집단의 모평균이 같은지를 유의수준 0.05에서 분산분석표를 작성하고 검정을 수행하시오.

(2) 비슷한 성질을 가지는 집단끼리 묶는다고 할 때, 최적의 묶음을 구하시오.

(3) 집단 1과 집단 2의 모평균은 같다고 할 수 있는지 유의수준 0.05에서 검정하시오.

(4) 상자그림을 그려 표본평균이 차이가 있는지를 확인하시오.

14.5 다음은 어느 고등학교에서 실시한 국어, 수학, 영어 점수의 학년별 성적이다. 단, 시험문제는 학년에 상관없이 동일하고, 각 성적은 정규분포를 따른다고 알려져 있다.

학년\교과목	국어	수학	영어
1학년	72 68 81 65 95 56 71 78 74	67 58 82 64 85 57 70 73 64	69 70 70 63 83 91 69 76 71
2학년	73 75 83 67 94 67 75 84 72	72 74 69 73 71 67 97 82 67	72 73 81 95 64 71 73 81 70
3학년	72 79 85 71 84 71 68 84 97	70 74 88 95 79 71 73 81 77	70 81 80 68 81 72 65 85 95

(1) 학년별로 모평균이 같은지를 유의수준 0.05에서 검정하시오.

(2) 과목별로 모평균이 같은지를 유의수준 0.05에서 검정하시오.

(3) 학년과 과목의 교호작용이 있는지를 유의수준 0.05에서 검정하시오.

(4) (1)-(3)을 분석하기 위한 분산분석표를 작성하시오.

14.6 다음 자료가 요인 A, B의 수준에 의해 영향을 받는지를 유의수준 0.05에서 검정하시오.

$A\backslash B$	B_1	B_2	B_3
A_1	7 6 5 6 5 5	7 6 5 6 5	5 6
A_2	5 6 5 7 6 5	7 6 5 5	7 6
A_3	8 7 5	7 6 5	6 5

15장

회귀분석

5장에서 두 변수 사이의 관계를 나타내는 그래프와 숫자 요약으로 산점도와 상관계수를 배웠다. 많은 경우에 변수 사이의 관계를 원인과 결과로 분류할 수 있다. 예를 들어 화학공정의 온도와 불량률, 흡연과 암 발생률, 아버지의 키와 아들의 키 등이다. 화학공정에서 온도를 입력으로 그에 따른 출력으로 불량률의 자료를 분석하는 목적은 어떤 온도에서 불량률을 예측하는 것이다. 흡연이 원인이 되어 암 발생이라는 결과에 대한 분석을 통하여 흡연자의 암 발생률을 예측할 수 있다. 아버지 키는 아들의 키에 영향을 받지 않아 독립적이지만, 아들의 키는 아버지의 키에 종속되어 있을 수 있다. 여기서 입력, 원인, 독립변수와 같이 다른 변수에 영향을 주는 변수를 **설명변수**(explanatory variable)라고 하고, 출력, 결과, 종속변수와 같이 다른 변수로부터 영향을 받는 변수를 **반응변수**(response variable)라 한다. 이 장에서는 이처럼 설명변수와 반응변수 사이의 관계를 그래프와 상관계수의 숫자 요약이 아닌 좀 더 정확한 추론을 통하여 자료를 분석하고자 한다.

두 변수 사이에 관계가 있느냐 없느냐를 따지는 분석방법을 **상관분석**(correlation analysis)이라 한다. 표본상관계수를 통하여 분석하는데, 상관계수는 두 변수 사이에 선형관계의 강도를 나타내는 척도이다. 11장부터 14장에서 많은 검정 문제를 다뤘다. 검정은 검정통계량을 표본분포에서 기각역 또는 p-값을 계산하여 유의수준 α에서 귀무가설을 '기각함' 또는 '기각하지 않음'이라는 결론을 내린다. 상관분석에서 표본상관계수에 대응하는 검정통계량을 제시하고 기각역 또는 p-값을 이용하여 검정을 실시한다.

설명변수와 반응변수 사이의 관계를 함수로 나타내는 통계분석방법을 **회귀분석**(regression analysis)이라 한다. 함수 가운데 가장 간단한 형태는 일차함수이다. 두 변수를 일차함수 관계 모형으로 설정하고 분석하는 방법이 **단순선형회귀모형**(simple linear regression model)이다. 설명변수가 2개 이상이고, 반응변수의 개수가 1개 일 때의 선형회귀모형이 **다중선형회귀모형**(multiple linear regression)이다. 한편 반응변수의 개수가 2개 이상인 모형이 다변량회귀모형(multivariate regression model)이다. 회귀분석의 관심사는 주어진 자료로부터 구축된 함수가 새로운 자료에 얼마나 잘 적응하는가에 있다. 회귀분석의 핵심은 주어진 설명변수의 값에 대한 반응변수의 값을 설정한 회귀모형의 함수값으로 얼마나 정확하게 예측하는가에 있다. 이 장에서는 단순선형회귀모형을 자세하게 소개하고, 다중선형회귀모형은 R을 이용하여 실제 자료를 분석하는 방법에 집중하고자 한다.

회귀분석이라는 통계분석모형은 갈톤(Francis Galton, 1822-1911)이 아버지와 아들의 키에 대한 연구에서 비롯되었다.

15.1 상관분석

5.3절에서 다룬 표본상관계수는 두 수치형 자료 $\{(x_i, y_i), i=1,\cdots,n\}$에 대한 선형관계를 나타내는 척도이다. 표본에 대한 선형관계를 나타내는 표본상관계수 r은 다음과 같다.

$$r = \frac{\sum_{i=1}^{n}(x_i-\overline{x})(y_i-\overline{y})}{\sqrt{\sum_{i=1}^{n}(x_i-\overline{x})^2\sum_{i=1}^{n}(y_i-\overline{y})^2}} = \frac{s_{xy}}{\sqrt{s_{xx}s_{yy}}}$$

우리의 관심사는 표본 자체의 관계가 아니라 표본이 추출된 두 모집단 사이의 관계성이다. 확률변수 X, Y의 관계성에 관한 모수인 모상관계수

$$\rho = Corr(X, Y) = \frac{Cov(X, Y)}{\sqrt{Var(X)\,Var(Y)}}$$

에 대하여 귀무가설과 대립가설

$$H_0 : \rho = 0 \quad H_1 : \rho \neq 0$$

에 대한 검정법이 상관분석이다.

상관계수의 검정통계량은 특별한 경우에만 다룬다. 두 확률변수 X, Y가 모두 정규분포를 따르는 경우에만 검정통계량이 t분포를 따른다는 사실을 이용한다. 그 이외의 경우에는 이 책의 범위를 벗어난다.

상관계수의 검정

$(X_i, Y_i), i = 1, \cdots, n,\ X_i, Y_i$가 정규분포를 따를 때,

$t_0 = \sqrt{n-2}\dfrac{r}{\sqrt{1-r^2}},\ T \sim t(n-2)$일 때,

귀무가설	대립가설	유의수준 α 기각역	p-값
$H_0 : \rho = 0$	$H_1 : \rho < 0$	$\{t_0 < -t_\alpha(n-2)\}$	$P(T < t_0)$
	$H_1 : \rho > 0$	$\{t_0 > t_\alpha(n-2)\}$	$P(T > t_0)$
	$H_1 : \rho \neq 0$	$\{\lvert t_0\rvert > t_{\alpha/2}(n-2)\}$	$2P(T > \lvert t_0\rvert)$

예제 15.1 <표 5-6>은 결석횟수와 시험성적의 자료이다. 결석횟수와 시험성적 사이에 상관계수가 0인가를 유의수준 0.05에서 검정하시오.

풀이 귀무가설과 대립가설을 다음과 같이 설정할 수 있다.

$$H_0 : \rho = 0 \quad H_1 : \rho \neq 0$$

R에서 검정통계량을 계산하면 다음과 같다.

```
> x=c(3,2,0,0,1,0,2,2,1,3,0,4,0,5,1) # 자료 입력
> y=c(82,85,83,91,89,88,86,80,87,84,95,82,87,76,83)
> cor(x,y) # r: 표본상관계수
[1] -0.7498315
> r=cor(x,y)
> n=length(x) # n: 자료의 개수
> sqrt(n-2)*r/sqrt(1-r^2) # 상관계수에 대한 검정통계량
[1] -4.086213
```

검정통계량값은 $t_0 = -4.086$이고 임계값은 $t_{\alpha/2}(n-2) = t_{0.025}(13) = 2.16$이므로 기각역 $R = \{|t_0| > t_{\alpha/2}(n-2)\} = \{|-4.086| > 2.16\}$을 만족한다. 따라서 유의수준 0.05에서 귀무가설 H_0를 기각한다. 또한 p-값을 구하면 0.0013으로, 유의수준 0.05보다 작으므로 유의수준 0.05에서 H_0를 기각한다.

```
> 2*(1-pt(4.086,13)) # p-값
[1] 0.00128646
```

이상의 계산 결과는 R에서 함수 cor.test(x,y)로 구할 수 있다.

```
> cor.test(x,y) # 상관분석의 내장함수
        Pearson's product-moment correlation
data:  x and y
t = -4.0862, df = 13, p-value = 0.001286
alternative hypothesis: true correlation is not equal to 0
95 percent confidence interval:
 -0.9118449 -0.3857329
sample estimates:
        cor
-0.7498315
```

15.2 단순선형회귀모형

이 절에서는 설명변수가 1개이고 반응변수가 1개일 때, 두 변수 사이의 관계를 직선관계로 설정하여 자료를 분석하는 방법인 단순선형회귀모형에 대하여 자세히 살펴본다.

<표 15-1>은 모의 토익 점수(x)와 정규 토익 점수(y)에 대한 자료이다. 이 자료의 분석 목적은 모의고사 점수를 알면 정규 토익에서 점수를 예측하는 데 있다. <표 15-1> 자료에 대한 산점도는 [그림 15-1]이다. 그림에서 점으로 표시된 두 변수 x,y가 직선관계임을 알 수 있다. 점이 나타내는 직선관계를 어떤 직선으로 나타내야 하는가?

표 15-1 모의 토익과 정규 토익 점수

모의 토익 점수	710	805	830	730	765	820	865	950	730	810	690
정규 토익 점수	670	610	805	715	720	820	970	930	320	755	570

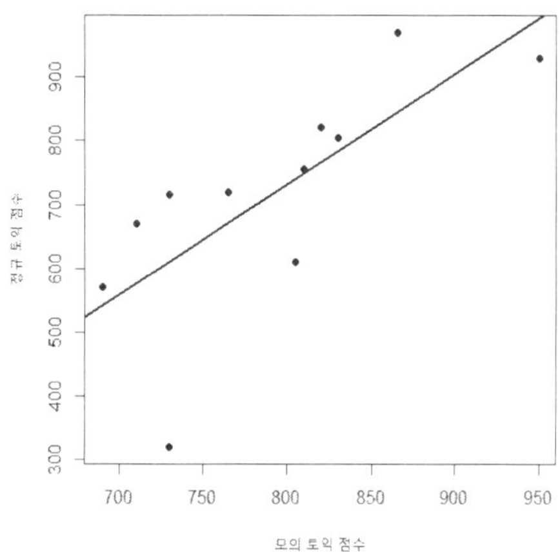

|그림 15-1| 모의 토익과 정규 토익의 선형관계

단순선형회귀모형은 다음과 같이 설정한다.

$$Y_i = \beta_0 + \beta_1 x_i + \epsilon_i,\ \ \epsilon_i \sim N(0, \sigma^2), i = 1, \cdots, n$$

여기서 오차항 ϵ_i은 완벽한 직선 위에 나타나지 않은 자료와 직선과의 오차로 관측되지 않으며, 서로 독립이다. 또한 β_0, β_1은 직선식을 결정하는 미지의 **회귀모수**(regression parameters)이다. 대문자 Y_i를 사용하는 이유는 ϵ_i가 확률변수이므로 Y_i도 확률변수이기 때문이다. 설명변수 x_i는 확률변수가 아니고 고정되어 있다고 가정하기 때문에 $Y_i \sim N(\beta_0 + \beta_1 x_i, \sigma^2)$이고 서로 독립이다.

15.2.1 최소제곱법

[그림 15-1]에서 나타난 직선은 변수 x, y의 선형관계로 $y = \beta_0 + \beta_1 x$이다. 어떻게 직선의 y축 절편 β_0와 직선의 기울기 β_1을 구할까?

직선을 구하는 방법은 여러 가지가 있을 수 있다. 전체 자료에 대한 오차를 어떻게 정의

하느냐에 따라 β_0, β_1을 구하는 방법이 달라진다. 전체 자료에 대한 오차를 오차제곱합으로 표현할 수 있다. 오차제곱합은 자료 (x_i, y_i)에 대하여 $\sum_{i=1}^{n}\epsilon_i^2 = \sum_{i=1}^{n}(y_i - \beta_0 - \beta_1 x_i)^2$이다. 그러나 ϵ_i는 관측이 불가능하기 때문에 ϵ_i의 추정값을 $e_i = y_i - \hat{y}_i$로 정의한다. 여기서 $\hat{y}_i$는 추정된 $\hat{y}_i = \hat{\beta}_0 + \hat{\beta}_1 x_i$이다. 종합하면 **오차제곱합**(error sum of squares, SSE)

$$SSE = \sum_{i=1}^{n}(y_i - \hat{y}_i)^2 = \sum_{i=1}^{n}(y_i - \hat{\beta}_0 - \hat{\beta}_1 x_i)^2$$

을 최소로 하는 회귀모수 $\hat{\beta}_0, \hat{\beta}_1$을 구하면 된다. 이러한 회귀모수 추정 방법이 **최소제곱법**(least squares method)이다. 이를 기호로 다음과 같이 표기한다.

$$\hat{\beta}_0, \hat{\beta}_1 = argmin_{\beta_0, \beta_1}\sum_{i=1}^{n}(y_i - \beta_0 - \beta_1 x_i)^2$$

오차제곱합 SSE를 최소로 하는 $\hat{\beta}_0$, $\hat{\beta}_1$는 다음 연립방정식을 만족한다.

$$\frac{\partial SSE}{\partial \beta_0} = -2\sum_{i=1}^{n}(y_i - \beta_0 - \beta_1 x_i) = 0$$

$$\frac{\partial SSE}{\partial \beta_1} = -2\sum_{i=1}^{n}(y_i - \beta_0 - \beta_1 x_i)x_i = 0$$

이를 정리하면

$$\sum_{i=1}^{n} y_i = n\hat{\beta}_0 + \hat{\beta}_1 \sum_{i=1}^{n} x_i$$

$$\sum_{i=1}^{n} x_i y_i = \hat{\beta}_0 \sum_{i=1}^{n} + \hat{\beta}_1 \sum_{i=1}^{n} x_i^2$$

인데, 이를 **정규방정식**(normal equation)이라 하고, 이 정규방정식으로부터 다음과 같은 회귀추정량을 얻는다.

$$\hat{\beta}_1 = \frac{\sum_{i=1}^{n}(x_i - \overline{x})(y_i - \overline{y})}{\sum_{i=1}^{n}(x_i - \overline{x})^2} = \frac{s_{xy}}{s_{xx}},$$

$$\hat{\beta}_0 = \overline{y} - \hat{\beta}_1 \overline{x}$$

여기서 $s_{xy} = \sum_{i=1}^{n} (x_i - \overline{x})(y_i - \overline{y})$, $s_{xx} = \sum_{i=1}^{n} (x_i - \overline{x})^2$ 이다.

예제 15.2 <표 15-1>의 자료에 대하여 선형회귀모형에서 회귀모수를 최소제곱법으로 구하시오.

풀이 자료 x_i, y_i가 주어졌으므로, 기초통계량을 구하면 다음과 같다.

$$\overline{x} = 791.364,\ \overline{y} = 716.818,\ s_{xx} = 58544.55,\ s_{xy} = 101147.7$$

따라서 추정된 회귀계수는 다음과 같다.

$$\hat{\beta}_1 = \frac{s_{xy}}{s_{xx}} = \frac{101147.7}{58544.55} = 1.728,$$

$$\hat{\beta}_0 = 716.818 - 1.728 \times 791.364 = -650.659$$

R에서 단순선형회귀모형은 lm(y~x)를 이용하여 계산한다. 여기서 x, y는 각각 설명변수와 반응변수를 나타내는 벡터이다.

```
> x=c(710,805,830,730,765,820,865,950,730,810,690) # 자료 입력
> y=c(670,610,805,715,720,820,970,930,320,755,570)
          Pearson's product-moment correlation
> lm(y~x) # 선형회귀모형
Call:
lm(formula = y ~ x)
Coefficients:
(Intercept)              x
-650.192           1.727
```

lm(y~x)의 결과에서 intercept와 x는 각각 $\hat{\beta}_0$, $\hat{\beta}_1$ 이다. [그림 15-1]를 그리는 방법은 다음 명령어와 같다. 먼저 자료 x_i, y_i를 그리고, lm(y~x)의 직선을 그려진 그림 위에 덮어쓰

기하면 된다. 직선을 그리는 함수가 abline()이다.

```
> plot(x,y,pch=16) # [그림 15-1]의 점
> abline(lm(y~x)) # 회귀직선 추가
```

최소제곱법으로 구한 추정회귀직선은 $y=\hat{\beta}_0+\hat{\beta}_1 x$이고, 주어진 자료 x_i에 대응하는 추정회귀식의 값 $\hat{y}_i$를 **적합값**(fitted value)이라 하고, 주어진 자료가 아닌 x의 추정값을 **예측값**(predicted value)이라 한다. 잔차 $e_i=y_i-\hat{y}_i$는 오차 ϵ_i의 추정값으로 ϵ_i의 가정, 즉 서로 독립이고, 평균이 0이고 분산이 σ^2인 정규분포를 따른다는 가정이 적합한지를 확인하는 절차에 사용된다.

예제 15.3 <표 15-1>의 자료에서 최소제곱법에 따른 추정회귀직선의 기울기와 두 변수의 표본상관계수의 관계를 수식으로 나타내시오. 또한 모의 토익 점수가 800점, 850점, 900점일 때 정규 토익 점수를 예측하시오.

풀이 추정회귀직선의 기울기와 표본상관계수를 수식으로 나타내면 다음과 같다.

$$\hat{\beta}_1=\frac{s_{xy}}{s_{xx}}, \quad r=\frac{s_{xy}}{\sqrt{s_{xx}s_{yy}}}$$

따라서 $\hat{\beta}_1$과 r의 관계는 다음과 같다.

$$\hat{\beta}_1=r\sqrt{\frac{s_{yy}}{s_{xx}}}$$

즉 $\hat{\beta}_1 \propto r$인데, 그 이유는 변수 x, y의 선형관계를 직선으로 나타낼 때의 값이 직선의 기울기가 $\hat{\beta}_1$이고, 선형관계 여부를 나타내는 척도가 r이기 때문에 $\hat{\beta}_1$과 r은 비례관계에 있다.

R에서 $\hat{\beta}_1$과 r의 관계를 다음과 같이 확인할 수 있다. lm()의 결과를 rts에 지정하고, rts는 여러 가지 결과를 가운데 coef, res, fit 등은 회귀계수, 잔차, 적합값을 나타낸다. 또한 r은 cor(x,y)로 구할 수 있고, $\frac{s_{yy}}{s_{xx}}$는 var(y)/var(x)로 구할 수 있다.

```
> rts=lm(y~x) # lm의 결과를 rts에 지정
> rts$coef # lm의 결과 가운데 coef: 회귀계수
(Intercept)           x
 -650.19155     1.72741
> rts$res # lm의 결과 가운데 res: 잔차
          1           2          3          4          5          6
  93.730205 -130.373777  21.440964 104.181998  48.722636  53.715068
          7           8          9         10         11
 125.981602  -60.848277 -290.818002  5.989171  28.278412
> rts$fit # lm의 결과 가운데 fit: 적합값
       1        2        3        4        5        6        7        8
576.2698 740.3738 783.5590 610.8180 671.2774 766.2849 844.0184 990.8483
       9       10       11
610.8180 749.0108 541.7216

> cor(x,y)*sqrt(var(y)/var(x)) # 표본상관계수에서 회귀계수 beta_1  구하기
[1] 1.72741
> rts$coef[2] # beta_1
      x
1.72741
```

회귀추정식이 $\hat{y}=-650.192+1.727x$이므로 모의 토익 점수가 800일 때, 예측값은 $\hat{y}=-650.192+1.727\times 800=731.408$이다. 즉 모의 토익 점수가 800점일 때 정규 토익 점수가 730점으로 예측한다. 예측값은 적합값이 아니기 때문에, 설명변수의 값을 지정해야 한다. 예측은 predict()함수를 이용하고, lm()의 결과를 바탕으로, 설명변수의 값을 인수 new로 받는다. 그런데 인수 new가 항상 데이터프레임이어야 하므로 data.frame을 사용하고, x는 설명변수의 이름이다. 만약 800, 850, 900점의 예측값을 구하려면 x=c(800, 850, 900)을 입력한다.

```
> predict(rts,new=data.frame(x=c(800))) # 모의 토익 800점에 대한 예측값
       1
731.7367
> predict(rts,new=data.frame(x=c(800,850,900))) # 모의 토익 800, 850, 900점에 대한 예측값
```

```
         1          2          3
731.7367 818.1072 904.4778
```

여기서 토익 점수는 5단위로 결과가 나오므로 5단위로 반올림하는 명령어를 다음과 같이 사용할 수 있다.

```
> round(2*predict(rts,new=data.frame(x=c(800,850,900))),-1)/2 # 5단위로 반올림
  1   2   3
730 820 905
```

15.2.2 회귀직선의 유의성 검정

회귀모형은 유의한가? 즉 선형회귀모형이 의미가 있는가? 이 질문을 모수로 표현하면 회귀계수인 β_1에 관련된다. 단순선형회귀모형에서 설명변수와 반응변수의 관계가 선형으로 표현될 수 있는가를 결정짓는 것은 상관계수이고, 상관계수와 비례관계에 있는 회귀직선의 기울기 β_1이 0인가를 묻는 말과 같다. 회귀모형의 유의성에 대한 귀무가설은

$$H_0 : \beta_1 = 0$$

을 검정하는 문제와 동일하다.

귀무가설 $H_0 : \beta_1 = 0$을 검정하기 위해 추정량 $\hat{\beta}_1$의 확률분포를 알아야 한다. 모형 $Y_i = \beta_0 + \beta_1 x_i + \epsilon_i$, $\epsilon_i \sim N(0, \sigma^2)$에서 최소제곱추정량 $\hat{\beta}_1 = \sum_{i=1}^{n} s_i Y_i$, $s_i = \dfrac{x_i - \bar{x}}{s_{xx}}$은 정규분포를 따른다. 왜냐하면 s_i는 상수이고 $Y_i \sim N(\beta_0 + \beta_1 x_i, \sigma^2)$이므로, $\hat{\beta}_1$은 정규분포의 선형결합이기 때문이다. $\hat{\beta}_1$의 기댓값과 분산을 구하면

$$E(\hat{\beta}_1) = \sum_{i=1}^{n} s_i E(Y_i) = \beta_0 \sum_{i=1}^{n} s_i + \beta_1 \sum_{i=1}^{n} s_i x_i = \beta_1,$$

$$Var(\hat{\beta}_1) = \sum_{i=1}^{n} s_i^2 Var(Y_i) = \frac{\sigma^2}{s_{xx}}$$

이므로, $\hat{\beta}_1$의 확률분포는 다음과 같다.

$$\hat{\beta}_1 \sim N(\beta_1, \frac{\sigma^2}{s_{xx}}),\ \text{즉,}\ \frac{\hat{\beta}_1 - \beta_1}{\sqrt{\sigma^2/s_{xx}}} \sim N(0,1)$$

모수 σ^2은 어떻게 추정할까? 모수 σ^2은 오차항 ϵ_i의 분산인데, 오차항 ϵ_i는 관측이 불가능하다. 잔차 $e_i = y_i - \hat{y}_i$는 오차항 ϵ_i의 추정량이므로 잔차 e_i의 표본분산이 σ^2의 추정량이다. 잔차 e_i의 개수는 n개인데, 우리가 추정해야 할 모수의 개수는 2개이므로 $\hat{\sigma}^2 = \frac{1}{n-2}\sum_{i=1}^{n} e_i^2$을 σ^2의 추정량으로 사용하며, $(n-2)\hat{\sigma}^2/\sigma^2 \sim \chi^2(n-2)$이라는 사실을 이용하면

$$\frac{\hat{\beta}_1 - \beta_1}{\sqrt{\hat{\sigma}^2/s_{xx}}} \sim t(n-2)$$

이다. 따라서 귀무가설과 대립가설

$$H_0 : \beta_1 = 0 \quad H_1 : \beta_1 \neq 0$$

에 대한 유의수준 α 검정법은 다음과 같다.

회귀모형의 유의성 검정: 단순선형회귀모형

$$H_0 : \beta_1 = 0 \quad H_1 : \beta_1 \neq 0$$

$t_0 = \frac{\hat{\beta}_1}{\hat{\sigma}/\sqrt{s_{xx}}}$, $T \sim t(n-2)$일 때,

귀무가설	대립가설	유의수준 α 기각역	p-값
$H_0 : \beta_1 = 0$	$H_1 : \beta_1 \neq 0$	$\{\lvert t_0\rvert > t_{\alpha/2}(n-2)\}$	$2P(T > \lvert t_0\rvert)$

회귀계수 β_1에 대한 $100(1-\alpha)\%$ 신뢰구간은

$$1-\alpha = P\left(-t_{\alpha/2}(n-2) \leq \frac{\hat{\beta}_1 - \beta_1}{\hat{\sigma}/\sqrt{s_{xx}}} \leq t_{\alpha/2}(n-2)\right)$$

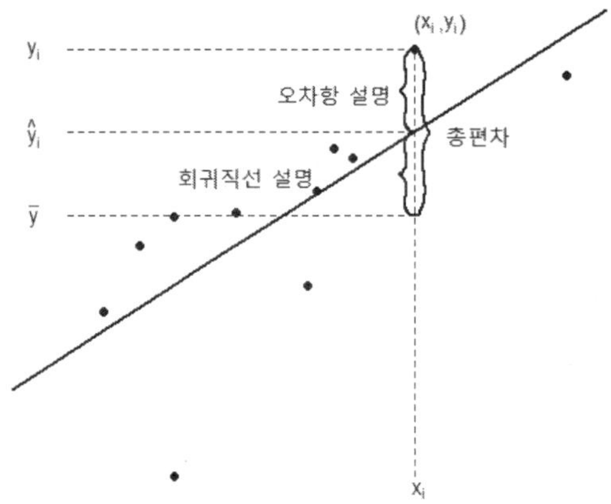

|그림 15-2| 변동의 분해

의 관계로부터 다음과 같다.

$$\left(\hat{\beta}_1 \pm t_{\alpha/2}(n-2)\frac{\hat{\sigma}}{\sqrt{s_{xx}}}\right)$$

회귀모형의 유의성검정을 다른 측면에서 살펴본다. 선형회귀모형에서 반응변수의 **전체 변동**(total sum of squares, SST) $\sum_{i=1}^{n}(y_i-\overline{y})^2$은 회귀모형이 적용하지 않았을 때 나타나는 변동이다. 그런데 전체 변동은 다음과 같이 분해되고, [그림 15-2]로 설명된다.

$$\sum_{i=1}^{n}(y_i-\overline{y})^2=\sum_{i=1}^{n}(y_i-\hat{y}_i)^2+\sum_{i=1}^{n}(\hat{y}_i-\overline{y})^2$$

$$SST=SSE+SSR$$

여기서 SSE는 **오차제곱합**(sum of squares for error, SSE), SSR은 **회귀제곱합**(sum of squares for regression, SSR)이다. SSE는 회귀모형을 적용하여도 설명될 수 없는 변동 부분이고, SSR은 회귀모형을 적용하여 설명되는 변동이다. 14장의 분산분석과 마찬가지로 통계모형인 회귀모형을 가정했을 때 <표 15-2>와 같은 분산분석표에서 F 값이 커지면 통계모형이 유의하지 않음을 나타낸다.

표 15-2 단순선형회귀모형의 적합도 검정

요인	제곱합	자유도	평균제곱합	F 값	p-값
회귀	SSR	1	$MSR = \dfrac{SSR}{1}$	$f_0 = \dfrac{MSR}{MSE}$	$P(F \ge f_0)$
오차	SSE	$n-2$	$MSE = \dfrac{SSE}{n-2}$		
합계	$SST = SSR + SSE$	$n-1$			

예제 15.4 <표 15-1>의 자료에서 회귀모형이 유의한가를 유의수준 0.05에서 검정하고, β_1에 대한 95% 신뢰구간을 구하시오.

풀이 단순선형회귀모형 $Y_i = \beta_0 + \beta_1 x_i + \epsilon_i,\ \epsilon_i \sim N(0, \sigma^2),\ i = 1, \cdots, 11$에 대하여 귀무가설 $H_0 : \beta_1 = 0$을 검정하기 위한 검정통계량 t_0를 R로 계산하면 다음과 같다.

```
> rts=lm(y~x) # 단순선형회귀모형을 적용한 결과가 rts에 지정
> n=length(x) # n
> sigma2.hat=sum(rts$res^2)/(n-2) # rts$res = 잔차, {hat sigma}^2
> t0= rts$coef[2]/sqrt( sigma2.hat / ( (n-1)*var(x) ) ) # t0 값
> t0
       x
3.266907
> 2*(1-pt(abs(t0),n-2)) # p-값
           x
0.009730704
```

따라서 p-값이 0.0097이므로 유의수준 0.05에서 $H_0 : \beta_1 = 0,\ H_1 : \beta_1 \neq 0$를 기각한다.

이제 분산분석표에 의한 검정을 R로 수행하면 다음과 같다.

```
> anova(lm(y~x)) # <표 15-2>의 분산분석표 생성
Analysis of Variance Table
```

```
Response: y
           Df  Sum Sq  Mean Sq  F value   Pr(>F)
x           1  174724   174724   10.673  0.009731 **
Residuals   9  147340    16371
```

$f_0 = 10.673$이고, p-값이 0.009731이므로 t_0를 이용한 검정과 같은 결과를 얻는다. 특히 두 검정의 p-값이 동일함을 알 수 있다. 그 이유는

$$MSR = SSR = \sum_{i=1}^{n}(\hat{y}_i - \overline{y})^2 = \sum_{i=1}^{n}(\hat{\beta}_0 + \hat{\beta}_1 x_i - \overline{y})^2 = \sum_{i=1}^{n}(\overline{y} - \hat{\beta}_1\overline{x} + \hat{\beta}_1 x_i - \overline{y})^2 = \hat{\beta}_1^2 s_{xx}$$

$$t_0^2 = \frac{\hat{\beta}_1^2}{\hat{\sigma}^2 / s_{xx}} = \frac{\hat{\beta}_1^2 s_{xx}}{\hat{\sigma}^2} = \frac{MSR}{MSE} = f_0$$

이고, F 분포의 성질에서 $t(n-2)$ 분포의 제곱은 $F(1, n-2)$ 분포를 따르기 때문이다. 일반적으로 R에서 anova(lm(y~x))를 이용하여 회귀모형의 유의성을 검정한다.

각 회귀계수에 대한 신뢰구간은 R에서 confint()를 이용한다. 여기서 confint는 confidence interval을 의미한다. 다음의 결과로부터 β_1에 대한 95% 신뢰구간은 (0.531, 2.924)이고, 0을 포함하고 있지 않으므로 유의수준 0.05에서 $H_0 : \beta_1 = 0 \;\; H_1 : \beta_1 \neq 0$을 기각한다.

```
> confint(lm(y~x)) # 회귀계수에 대한 신뢰구간
                    2.5 %       97.5 %
(Intercept)  -1600.7866715  300.403579
x                0.5312716    2.923549
```

15.2.3 회귀모형의 적합도

선형회귀모형은 모든 자료에 유용한가? 물론, 대답은 '아니다' 이다. 그렇다면 어느 자료에 선형회귀모형이 유용한가를 측정하는 척도가 필요하다. 자료에 대한 회귀모형의 유용성은 회귀모형이 변동을 어느 정도 설명하는가에 의존한다. $SST = SSR + SSE$의 분해에서

SST는 회귀모형 적용과 관계없이 일정하므로, SSR이 커질수록 SSE가 작아진다. 반대로 SSR이 작아질수록 SSE는 커진다. 회귀모형을 적용하여 전체변동에서 회귀모형에 의해 설명되어지는 변동이 커질수록, 자료에 대한 회귀모형의 결과가 유용하다. 따라서

$$R^2 = \frac{SSR}{SST} = 1 - \frac{SSE}{SST}$$

이 커질수록 회귀모형은 유용하다. R^2(R 제곱, R squared)을 **결정계수**(coefficient of determination)이라 한다. R^2이 커지면 회귀모형이 적합함을 의미한다. 여기서 적합함이란 반응변수를 예측하는 측면에서 적합하다는 것을 의미한다. 그러나 회귀모형이 변수 사이의 관계를 결정할 때는 결정계수가 1에 가깝지 않아도 된다. 즉 결정계수는 회귀모형 적합도에 관한 참고값일 뿐이다.

단순선형회귀모형인 경우 $R^2 = r^2$이다. 결정계수는 표본상관계수의 제곱이다. 또한 관측치의 개수 n이 커질수록, 설명변수의 개수 p가 커질수록 결정계수가 커지는 경향이 있다. 이와 같은 단점을 해결하기 위해 **수정결정계수**(adjusted coefficient of determination)를 다음과 같이 정의한다.

$$R_a^2 = 1 - \frac{SSE/(n-p-1)}{SST/(n-1)} = 1 - \frac{MSE}{MST}$$

예제 15.5 <표 15-1>의 자료가 회귀모형에 적합한지를 확인하기 위한 결정계수와 수정된 결정계수를 구하시오.

풀이 R에서 회귀모형을 적용하기 위한 함수는 lm(y~x), 분산분석표를 구하기 위한 함수는 anova(lm(y~x)), 회귀모형분석을 위한 다양한 통계값은 summary(lm(y~x))를 이용한다.

```
> summary(lm(y~x)) # 회귀모형의 다양한 결과

Call:
lm(formula = y ~ x)

Residuals:
```

```
   Min       1Q   Median       3        Max
-290.82  -27.43   28.28   73.72  125.98

Coefficients:
              Estimate  Std. Error  t value    Pr(>|t|)
(Intercept)-650.1915   420.2162   -1.547   0.15620
x              1.7274     0.5288    3.267   0.00973   **
---
Signif. codes:  0 '***' 0.001 '**' 0.01 '*' 0.05 '.' 0.1 ' ' 1

Residual standard error: 127.9 on 9 degrees of freedom
Multiple R-squared:  0.5425,     Adjusted R-squared:  0.4917
F-statistic: 10.67 on 1 and 9 DF,  p-value: 0.009731
```

summary(lm(y~x))의 결과에서 Coefficients는 회귀계수 β_0(Intercept), β_1(x)에 관한 추정값(Estimate), 추정값의 표준오차(Std. Error), t 값(t value), p-값 (Pr(>|t|)) 이다. 위의 결과에서 $\hat{\beta}_1 = 1.7274$, $sd(\hat{\beta}_1) = \hat{\sigma}/\sqrt{s_{xx}} = 0.5288$, $t_0 = 3.267$, $2P(T > |t_0|) = 0.00973$ 임을 알 수 있다. 또한 **는 p-값이 0.001과 0.01 사이에 있으므로 유의수준 0.01에서 $H_0 : \beta_1 = 0$을 기각한다. 선형회귀모형의 여러 통계량 값을 다음과 같이 구할 수 있다.

$$\hat{\sigma} = 127.9,\ n-2 = 9,\ R^2 = 0.5425, R_a^2 = 0.4917, f_0 = 10.67, P(F > f_0) = 0.009731$$

또한 $R^2 = r^2$임을 확인할 수 있다.

```
> cor(x,y)^2
[1] 0.5425128
```

15.3 다중선형회귀모형

많은 경우에 반응변수는 여러 개의 설명변수에 영향을 받는다. 다중선형회귀모형은 설명변수의 개수가 2 이상인 경우의 선형회귀모형으로 다음과 같이 기술할 수 있다.

$$Y_i = \beta_0 + \beta_1 x_{1i} + \beta_2 x_{2i} + \cdots + \beta_p x_{\pi} + \epsilon_i,\ \ \epsilon_i \sim NID(0, \sigma^2),\ i = 1, \cdots, n$$

여기서 p는 설명변수의 개수이다. 다중선형회귀모형에서 모수는 $\beta_0, \beta_1, \cdots, \beta_p, \sigma^2$이다. 단순선형회귀모형에서 회귀계수에 대한 최소제곱법을 적용하면, 다중선형회귀모형의 회귀계수의 점추정량은 행렬을 이용하면 간단하게 표현된다. 이 절에서는 구체적인 수식 유도과정을 생략하고, 자료분석을 통하여 다중선형회귀모형의 적용과정을 살펴본다.

예제 15.6 <표 15-3>은 암모니아(NH_3)를 산화하여 질산(HNO_3)을 만드는 화학공정 자료로 냉기의 흐름(x_1), 냉각수 온도(x_2), 질산 농축도(x_3), 암모니아 손실분(y)을 21일에 걸쳐 측정되었다. 손실분을 반응변수, 다른 변수를 설명변수로 하는 다중선형회귀모형을

표 15-3 암모니아 손실분 자료

x_1	x_2	x_3	y	x_1	x_2	x_3	y
80	27	89	42	58	17	88	13
80	27	88	37	58	18	82	11
75	25	90	37	58	19	93	12
62	24	87	28	50	18	89	8
62	22	87	18	50	18	86	7
62	23	87	18	50	19	72	8
62	24	93	19	50	19	79	8
62	24	93	20	50	20	80	9
58	23	87	15	56	20	82	15
58	18	80	14	70	20	91	15
58	18	89	14				

구축하시오.

풀이 R에서 <표 15-3>의 자료는 stackloss에 내장되어 있으므로 stackloss를 입력하면 자료를 볼 수 있다. str(stackloss)의 명령어는 stackloss 자료의 구조(structure)를 알려준다. 즉 stackloss 자료는 21개의 관측치와 4개의 변수로 구성되어 있으며, 변수 이름은 Air.Flow(x_1), Water.Temp(x_2), Acid.Conc.(x_3), stack.loss(y)이다. 다중선형회귀모형의 분석은 단순선형회귀모형과 마찬가지로 명령어 lm(y~x)를 이용한다. 단순선형회귀모형과 달리 이 경우 설명변수가 3개이므로, x 대신에 x1+x2+x3 형태로 입력되어야 한다.

```
> str(stackloss) # 자료의 구조
'data.frame':   21 obs. of  4 variables:
 $ Air.Flow: num  80 80 75 62 62 62 62 62 58 58 ...
 $ Water.Temp: num  27 27 25 24 22 23 24 24 23 18 ...
 $ Acid.Conc.: num  89 88 90 87 87 87 93 93 87 80 ...
 $ stack.loss: num  42 37 37 28 18 18 19 20 15 14 ...
> lm(stack.loss ~ Air.Flow + Water.Temp + Acid.Conc.,data=stackloss) # 다중선형회귀모형

Call:
lm(formula = stack.loss ~ Air.Flow + Water.Temp + Acid.Conc.,
    data = stackloss)

Coefficients:
 (Intercept)     Air.Flow   Water.Temp    Acid.Conc.
 -39.9197       0.7156       1.2953      -0.1521
```

결과로부터 다음과 같은 회귀식을 구한다.

$$\hat{y} = -39.9197 + 0.7156x_1 + 1.2953x_2 - 0.1521x_3$$

이 식에서 설명변수 가운데 냉각수 온도(x_2)가 암모니아 손실분(y)에 가장 크게 영향을 미친다는 것을 알 수 있다. 이제 다중선형회귀모형이 적합한지를 검정하는 절차는 F 검정, 각 회귀계수가 0인가를 검정하는 절차는 t 검정을 통하여 이루어진다. 그 결과는 R에서 명령어 summary(lm(stack.loss~.))로부터 구할 수 있다. 여기서 stackloss는 4개의 변수로

이루어져 있으므로, stack.loss를 제외한 3개가 설명변수로 설정된다는 것을 설명변수의 위치에 점(.)으로 표현한다. 점은 자료에서 stack.loss를 제외한 변수를 지정한다.

```
> summary(lm(stack.loss~.,data=stackloss)) # 다중선형회귀모형의 결과

Call:
lm(formula = stack.loss ~ ., data = stackloss)

Residuals:
    Min      1Q  Median      3Q     Max
-7.2377 -1.7117 -0.4551  2.3614  5.6978

Coefficients:
             Estimate Std. Error t value  Pr(>|t|)
(Intercept) -39.9197    11.8960  -3.356  0.00375 **
Air.Flow      0.7156     0.1349   5.307  5.8e-05 ***
Water.Temp    1.2953     0.3680   3.520  0.00263 **
Acid.Conc.   -0.1521     0.1563  -0.973  0.34405
---
Signif. codes:  0 '***' 0.001 '**' 0.01 '*' 0.05 '.' 0.1 ' ' 1

Residual standard error: 3.243 on 17 degrees of freedom
Multiple R-squared:  0.9136,    Adjusted R-squared:  0.8983
F-statistic:  59.9 on 3 and 17 DF,  p-value: 3.016e-09
```

위 결과에서 F-statistic을 통하여 검정하고자 하는 귀무가설과 대립가설은 다음과 같다.

$$H_0 : \beta_1 = \beta_2 = \beta_3 = 0 \qquad H_1 : \ H_0\text{가 아니다.}$$

귀무가설은 '다중회귀모형에서 설명변수 가운데 어느 하나도 반응변수에 영향을 미치지 않는다'이고, p-값이 0에 매우 가까우므로 H_0를 절대적으로 기각한다. 다시 말하면 3개의 설명변수 가운데 1개 이상이 반응변수에 영향을 미친다는 것이다. 각 회귀계수가 0인가를 검정하는 t 검정에서 Air.Flow와 Water.Temp는 p-값이 유의수준 0.05보다 작으므로 $H_0 : \beta_1 = 0$, $H_0 : \beta_2 = 0$을 각각 기각한다. 그러나 Acid.Conc.는 p-값이 0.34405로 유의

수준 0.05보다 크므로 $H_0 : \beta_3 = 0$을 기각하지 않으므로 Acid.Conc.는 반응변수 stack.loss에 영향을 미친다고 할 수 없다.

또한 결정계수 $R^2 = 0.9136$, $R_a^2 = 0.8983$으로 회귀모형에서 반응변수의 예측 정도가 우수하다고 할 수 있으며, $\hat{\sigma} = 3.243$으로 큰 값은 아니다. 결론적으로 stackloss 자료는 다중회귀모형을 이용한 자료분석이 효과적이라 할 수 있다.

연습문제

15.1 다음 자료에 대하여 물음에 답하시오.

x	34	35	38	37	40	41	41	42	44
y	28	30	32	35	38	40	42	45	46

(1) 산점도를 그리시오.

(2) 표본상관계수를 구하시오.

(3) 모상관계수가 0인가를 유의수준 0.01에서 검정하시오. 이 검정을 수행할 때 필요한 가정은 무엇인가?

15.2 다음 자료에 대하여 물음에 답하시오.

x	34	35	38	37	40	41	41	42	44
y	40	38	42	39	41	37	43	38	42

(1) 산점도를 그리시오.

(2) 표본상관계수를 구하시오.

(3) 모상관계수가 0인가를 유의수준 0.01에서 검정하시오. 이 검정을 수행할 때 필요한 가정은 무엇인가?

15.3 문제 15.1의 자료에 대하여 x를 설명변수, y를 반응변수로 설정하는 단순선형회귀모형 $Y_i = \beta_0 + \beta_1 x_i + \epsilon_i$, $\epsilon_i \sim NID(0, \sigma^2)$을 적용할 때 다음 물음에 답하시오.

(1) 표본상관계수로부터 β_1의 최소제곱추정량을 구하시오.

(2) s_{xx}, s_{xy}를 구하고, β_0, β_1의 최소제곱추정량을 구하시오.

(3) 산점도를 그리고, 회귀직선을 산점도 위에 그리시오.

(4) SSE를 구하시오.

(5) s_{xx}, s_{xy}, s_{yy}를 구하고, $SSE = s_{yy} - \dfrac{s_{xy}^2}{s_{xx}}$ 임을 확인하시오.

(6) $SSE = s_{yy} - \hat{\beta}_1 s_{xy}$ 임을 증명하시오

(7) 회귀모형이 적합한지를 유의수준 0.05에서 검정하시오.

(8) 회귀계수 β_1에 대한 95% 신뢰구간을 구하시오.

(9) 다중결정계수 R^2, R_a^2을 구하시오.

15.4 다음 자료를 이용하여 물음에 답하시오.

x	1	2	3	4	5	6	7	8	9	10
y	294	317	342	359	383	400	435	460	465	490

단순선형회귀모형 $Y_i = \beta_0 + \beta_1 x_i + \epsilon_i,\ \epsilon_i \sim NID(0, \sigma^2)$을 적용한다.

(1) 회귀직선식을 구하고, 회귀직선을 산점도 위에 그리시오.

(2) $H_0 : \beta_1 = 0 \quad H_1 : \beta_1 \neq 0$을 유의수준 0.05에서 검정하시오.

(3) $x = -1,\ 0,\ 5.5,\ 6.5,\ 11,\ 12$에서 예측값을 구하시오.

(4) SSE를 구하시오.

(5) $r,\ s_{yy}$를 구하고, $SSE = (1 - r^2) s_{yy}$ 임을 확인하시오.

(6) $SSR = \hat{\beta}_1^2 s_{xx}$ 임을 확인하시오

(7) 오차항의 표준편차를 추정하시오.

(8) 총변동에서 선형회귀모형에 의해 설명되는 비율을 구하시오.

(9) 다중결정계수 R^2, R_a^2을 구하시오.

15.5 <표 5-7>의 아버지(x_1), 어머니(x_2), 아들의 키(y) 자료에 대하여 다음 물음에 답하시오.

(1) 자료를 $y = \beta_0 + \beta_1 x_1 + \epsilon$의 단순선형회귀모형에 적용하고, 유의수준 0.05에서 $H_0 : \beta_1 = 0$을 검정하시오.

(2) 자료를 $y = \beta_0 + \beta_2 x_2 + \epsilon$의 단순선형회귀모형에 적용하고, 유의수준 0.05에서

$H_0 : \beta_2 = 0$을 검정하시오.

(3) 자료를 $y = \beta_0 + \beta_1 x_1 + \beta_2 x_2 + \epsilon$의 다중선형회귀모형에 적용하고, 유의수준 0.05에서 $H_0 : \beta_1 = \beta_2 = 0$을 검정하시오. 유의수준 0.05에서 $H_0 : \beta_1 = 0$을 검정하시오. 또한 유의수준 0.05에서 $H_0 : \beta_2 = 0$을 검정하시오.

(4) (3)의 결과로부터 추정되는 최종 회귀모형을 구하시오. 최종모형에서 주어진 반응변수(y_i)와 추정된 반응변수($\hat{y}_i$)를 그림으로 표시하시오.

(5) (3)에서 다중결정계수 R^2 및 수정된 다중결정계수 R_a^2을 구하시오.

15.6 다음 자료에 대하여 물음에 답하시오.

x_1	1	2	3	4	5	6	7	8	9	10
x_2	1	4	9	16	25	36	49	64	81	100
y	294	317	342	359	383	400	435	460	465	490

(1) 자료를 $y = \beta_0 + \beta_1 x_1 + \beta_2 x_2 + \epsilon$의 다중선형회귀모형에 적용하고, 유의수준 0.05에서$H_0 : \beta_1 = \beta_2 = 0$을 검정하시오. 유의수준 0.05에서 $H_0 : \beta_1 = 0$을 검정하시오. 또한 유의수준 0.05에서 $H_0 : \beta_2 = 0$을 검정하시오.

(2) 자료를 $y = \beta_0 + \beta_1 x_1 + \epsilon$의 단순선형회귀모형에 적용하고, 유의수준 0.05에서 $H_0 : \beta_1 = 0$을 검정하시오.

(3) 자료를 $y = \beta_0 + \beta_2 x_2 + \epsilon$의 단순선형회귀모형에 적용하고, 유의수준 0.05에서 $H_0 : \beta_2 = 0$을 검정하시오.

(4) (3)의 결과로부터 추정되는 최종 회귀모형을 구하시오.

참고문헌

- 김진경, 박진호, 박헌진, 이우주, 이재준, 황진수, "통계학 - 엑셀을 이용한 분석", 개정증보판, 자유아카데미, 2015.
- 김우철, 김재주, 박병욱, 박성현, 송문섭, 이영조, 전종우, 조신섭, "일반통계학", 영지문화사, 1996.
- 정강모, "수리통계학 원리", 자유아카데미, 2015.
- 정강모, 김명근, "R 기반 다변량 분석", 교우사, 2007.
- D. Moore, G. McCabe, B. Craig "Introduction to the practice of statistics", 7th ed., Freeman, 2012.
- W. Venables, D. Smith and the R Core Team "An introduction to R", Version 3.6.1, 2019.

부록

부록 1 분포표

부록 2 연습문제풀이

부록 1 분포표

부록 1.1 누적이항분포표

$X \sim B(n,p)$일 때 $P(X \le c) = \sum_{x=0}^{c} \binom{n}{x} p^x (1-p)^{n-x}$의 값을 표시한다.

		p										
	c	.05	.10	.20	.30	.40	.50	.60	.70	.80	.90	.95
$n=1$	0	.950	.900	.800	.700	.600	.500	.400	.300	.200	.100	.050
	1	1.000	1.000	1.000	1.000	1.000	1.000	1.000	1.000	1.000	1.000	1.000
$n=2$	0	.902	.810	.640	.490	.360	.250	.160	.090	.040	.010	.002
	1	.997	.990	.960	.910	.840	.750	.640	.510	.360	.190	.097
	2	1.000	1.000	1.000	1.000	1.000	1.000	1.000	1.000	1.000	1.000	1.000
$n=3$	0	.857	.729	.512	.343	.216	.125	.064	.027	.008	.001	.000
	1	.993	.972	.896	.784	.648	.500	.352	.216	.104	.028	.007
	2	1.000	.999	.992	.973	.936	.875	.784	.657	.448	.271	.143
	3	1.000	1.000	1.000	1.000	1.000	1.000	1.000	1.000	1.000	1.000	1.000
$n=4$	0	.815	.656	.410	.240	.130	.063	.026	.008	.002	.000	.000
	1	.986	.948	.819	.652	.475	.313	.179	.084	.027	.004	.000
	2	1.000	.996	.973	.916	.821	.688	.525	.348	.181	.052	.014
	3	1.000	1.000	.998	.992	.974	.938	.870	.760	.590	.344	.185
	4	1.000	1.000	1.000	1.000	1.000	1.000	1.000	1.000	1.000	1.000	1.000
$n=5$	0	.774	.590	.328	.168	.078	.031	.010	.002	.000	.000	.000
	1	.977	.919	.737	.528	.337	.188	.087	.031	.007	.000	.000
	2	.999	.991	.942	.837	.683	.500	.317	.163	.058	.009	.001
	3	1.000	1.000	.993	.969	.913	.813	.663	.472	.263	.081	.023
	4	1.000	1.000	1.000	.998	.990	.969	.922	.832	.672	.410	.226
	5	1.000	1.000	1.000	1.000	1.000	1.000	1.000	1.000	1.000	1.000	1.000
$n=6$	0	.735	.531	.262	.118	.047	.016	.004	.001	.000	.000	.000
	1	.967	.886	.665	.420	.233	.109	.041	.011	.002	.000	.000
	2	.998	.984	.901	.744	.544	.344	.179	.070	.017	.001	.000
	3	1.000	.999	.983	.930	.821	.656	.456	.256	.099	.016	.002
	4	1.000	1.000	.998	.989	.959	.891	.767	.580	.345	.114	.033
	5	1.000	1.000	1.000	.999	.996	.984	.953	.882	.738	.469	.265
	6	1.000	1.000	1.000	1.000	1.000	1.000	1.000	1.000	1.000	1.000	1.000

		p										
	c	.05	.10	.20	.30	.40	.50	.60	.70	.80	.90	.95
$n=7$	0	.689	.478	.210	.082	.028	.008	.002	.000	.000	.000	.000
	1	.956	.850	.577	.329	.159	.063	.019	.004	.000	.000	.000
	2	.996	.974	.852	.647	.420	.227	.096	.029	.005	.000	.000
	3	1.000	.997	.967	.874	.710	.500	.290	.126	.033	.003	.000
	4	1.000	1.000	.995	.971	.904	.773	.580	.353	.148	.026	.004
	5	1.000	1.000	1.000	.996	.981	.938	.841	.671	.423	.150	.044
	6	1.000	1.000	1.000	1.000	.998	.992	.972	.918	.790	.522	.302
	7	1.000	1.000	1.000	1.000	1.000	1.000	1.000	1.000	1.000	1.000	1.000
$n=8$	0	.663	.430	.168	.058	.017	.004	.001	.000	.000	.000	.000
	1	.943	.813	.503	.255	.106	.035	.009	.001	.000	.000	.000
	2	.994	.962	.797	.552	.315	.145	.050	.011	.001	.000	.000
	3	1.000	.995	.944	.806	.594	.363	.174	.058	.010	.000	.000
	4	1.000	1.000	.990	.942	.826	.637	.406	.194	.056	.005	.000
	5	1.000	1.000	.999	.989	.950	.855	.685	.448	.203	.038	.006
	6	1.000	1.000	1.000	.999	.991	.965	.894	.745	.497	.187	.057
	7	1.000	1.000	1.000	1.000	.999	.996	.983	.942	.832	.570	.337
	8	1.000	1.000	1.000	1.000	1.000	1.000	1.000	1.000	1.000	1.000	1.000
$n=9$	0	.630	.387	.134	.040	.010	.002	.000	.000	.000	.000	.000
	1	.929	.775	.436	.196	.071	.020	.004	.000	.000	.000	.000
	2	.992	.947	.738	.463	.232	.090	.025	.004	.000	.000	.000
	3	.999	.992	.914	.730	.483	.254	.099	.025	.003	.000	.000
	4	1.000	.999	.980	.901	.733	.500	.267	.099	.020	.001	.000
	5	1.000	1.000	.997	.975	.901	.746	.517	.270	.086	.008	.001
	6	1.000	1.000	1.000	.996	.975	.910	.768	.537	.262	.053	.008
	7	1.000	1.000	1.000	1.000	.996	.980	.929	.804	.564	.225	.071
	8	1.000	1.000	1.000	1.000	1.000	.998	.990	.960	.866	.613	.370
	9	1.000	1.000	1.000	1.000	1.000	1.000	1.000	1.000	1.000	1.000	1.000
$n=10$	0	.599	.349	.107	.028	.006	.001	.000	.000	.000	.000	.000
	1	.914	.736	.376	.149	.046	.011	.002	.000	.000	.000	.000
	2	.988	.930	.678	.383	.167	.055	.012	.002	.000	.000	.000
	3	.999	.987	.879	.650	.382	.172	.055	.011	.001	.000	.000
	4	1.000	.998	.967	.850	.633	.377	.166	.047	.006	.000	.000
	5	1.000	1.000	.994	.953	.834	.623	.367	.150	.033	.002	.000
	6	1.000	1.000	.999	.989	.945	.828	.618	.350	.121	.013	.001
	7	1.000	1.000	1.000	.998	.988	.945	.833	.617	.322	.070	.012
	8	1.000	1.000	1.000	1.000	.998	.989	.954	.851	.624	.264	.086
	9	1.000	1.000	1.000	1.000	1.000	.999	.994	.972	.893	.651	.401
	10	1.000	1.000	1.000	1.000	1.000	1.000	1.000	1.000	1.000	1.000	1.000

						p						
	c	.05	.10	.20	.30	.40	.50	.60	.70	.80	.90	.95
$n=15$	0	.463	.206	.035	0.005	.000	.000	.000	.000	.000	.000	.000
	1	.829	.549	.167	.035	.005	.000	.000	.000	.000	.000	.000
	2	.964	.816	.398	.127	.027	.004	.000	.000	.000	.000	.000
	3	.995	.944	.648	.297	.091	.018	.002	.000	.000	.000	.000
	4	.999	.987	.836	.515	.217	.059	.009	.001	.000	.000	.000
	5	1.000	.998	.939	.722	.403	.151	.034	.004	.000	.000	.000
	6	1.000	1.000	.982	.869	.610	.304	.095	.015	.001	.000	.000
	7	1.000	1.000	.996	.950	.787	.500	.213	.050	.004	.000	.000
	8	1.000	1.000	.999	.985	.905	.696	.390	.131	.018	.000	.000
	9	1.000	1.000	1.000	.996	.966	.849	.597	.278	.016	.002	.000
	10	1.000	1.000	1.000	.999	.991	.941	.783	.485	.164	.013	.001
	11	1.000	1.000	1.000	1.000	.998	.982	.909	.703	.352	.056	.005
	12	1.000	1.000	1.000	1.000	1.000	.996	.973	.873	.602	.184	.036
	13	1.000	1.000	1.000	1.000	1.000	1.000	.995	.965	.833	.451	.171
	14	1.000	1.000	1.000	1.000	1.000	1.000	1.000	.995	.965	0.794	.537
	15	1.000	1.000	1.000	1.000	1.000	1.000	1.000	1.000	1.000	1.000	1.000
$n=20$	0	.358	.122	.012	.001	.000	.000	.000	.000	.000	.000	.000
	1	.736	.392	.069	.008	.001	.000	.000	.000	.000	.000	.000
	2	.925	.677	.206	.035	.004	.000	.000	.000	.000	.000	.000
	3	.984	.867	.411	.107	.016	.001	.000	.000	.000	.000	.000
	4	.997	.957	.630	.238	.051	.006	.000	.000	.000	.000	.000
	5	1.000	.989	.804	.416	.126	.021	.002	.000	.000	.000	.000
	6	1.000	.998	.913	.608	.250	.058	.006	.000	.000	.000	.000
	7	1.000	1.000	.968	.772	.416	.132	.021	.001	.000	.000	.000
	8	1.000	1.000	.990	.887	.596	.252	.057	.005	.000	.000	.000
	9	1.000	1.000	.997	.952	.755	.412	.128	.017	.001	.000	.000
	10	1.000	1.000	.999	.983	.872	.588	.245	.048	.003	.000	.000
	11	1.000	1.000	1.000	.995	.943	.748	.404	.113	.010	.000	.000
	12	1.000	1.000	1.000	.999	.979	.868	.584	.228	.032	.000	.000
	13	1.000	1.000	1.000	1.000	.994	.942	.750	.392	.087	.002	.000
	14	1.000	1.000	1.000	1.000	.998	.979	.874	.584	.196	.011	.000
	15	1.000	1.000	1.000	1.000	1.000	.994	.949	.762	.370	.043	.003
	16	1.000	1.000	1.000	1.000	1.000	.999	.984	.893	.589	.133	.016
	17	1.000	1.000	1.000	1.000	1.000	1.000	.996	.965	.794	.323	.075
	18	1.000	1.000	1.000	1.000	1.000	1.000	.999	.992	.931	.608	.264
	19	1.000	1.000	1.000	1.000	1.000	1.000	1.000	.999	.988	.878	.642
	20	1.000	1.000	1.000	1.000	1.000	1.000	1.000	1.000	1.000	1.000	1.000
$n=25$	0	.277	.072	.004	.000	.000	.000	.000	.000	.000	.000	.000
	1	.642	.271	.027	.002	.000	.000	.000	.000	.000	.000	.000
	2	.873	.537	.098	.009	.000	.000	.000	.000	.000	.000	.000
	3	.966	.764	.234	.033	.002	.000	.000	.000	.000	.000	.000

	p										
c	.05	.10	.20	.30	.40	.50	.60	.70	.80	.90	.95
4	.993	.902	.421	.090	.009	.000	.000	.000	.000	.000	.000
5	.999	.967	.617	.193	.029	.002	.000	.000	.000	.000	.000
6	1.000	.991	.780	.341	.074	.007	.000	.000	.000	.000	.000
7	1.000	.998	.891	.512	.154	.022	.001	.000	.000	.000	.000
8	1.000	1.000	.953	.677	.274	.054	.004	.000	.000	.000	.000
9	1.000	1.000	.983	.811	.425	.115	.013	.000	.000	.000	.000
10	1.000	1.000	.994	.902	.586	.212	.034	.002	.000	.000	.000
11	1.000	1.000	.998	.956	.732	.345	.078	.006	.000	.000	.000
12	1.000	1.000	1.000	.983	.846	.500	.154	.017	.000	.000	.000
13	1.000	1.000	1.000	.994	.922	.655	.268	.044	.002	.000	.000
14	1.000	1.000	1.000	.998	.966	.788	.414	.098	.006	.000	.000
15	1.000	1.000	1.000	1.000	.987	.885	.575	.189	.017	.000	.000
16	1.000	1.000	1.000	1.000	.996	.946	.726	.323	.047	.000	.000
17	1.000	1.000	1.000	1.000	.999	.978	.846	.488	.109	.002	.000
18	1.000	1.000	1.000	1.000	1.000	.993	.926	.659	.220	.009	.000
19	1.000	1.000	1.000	1.000	1.000	.998	.971	.807	.383	.033	.001
20	1.000	1.000	1.000	1.000	1.000	1.000	.991	.910	.579	.098	.007
21	1.000	1.000	1.000	1.000	1.000	1.000	.998	.967	.766	.236	.034
22	1.000	1.000	1.000	1.000	1.000	1.000	1.000	.991	.902	.463	.127
23	1.000	1.000	1.000	1.000	1.000	1.000	1.000	.998	.973	.729	.358
24	1.000	1.000	1.000	1.000	1.000	1.000	1.000	1.000	.996	.928	.723
25	1.000	1.000	1.000	1.000	1.000	1.000	1.000	1.000	1.000	1.000	1.000

부록 1.2 누적포아송분포표

$X \sim Poisson(\lambda)$일 때 $P(X \le c) = \sum_{x=0}^{c} \frac{e^{-\lambda}\lambda^x}{x!}$의 값을 표시한다.

	λ									
c	.1	.2	.3	.4	.5	.6	.7	.8	.9	1.0
0	.905	.819	.741	.670	.607	.549	.497	.449	.407	.368
1	.995	.982	.963	.938	.910	.878	.844	.809	.772	.736
2	1.000	.999	.996	.992	.986	.977	.966	.953	.937	.920
3	1.000	1.000	1.000	.999	.998	.997	.994	.991	.987	.981
4	1.000	1.000	1.000	1.000	1.000	1.000	.999	.999	.998	.996
5	1.000	1.000	1.000	1.000	1.000	1.000	1.000	1.000	1.000	.999
6	1.000	1.000	1.000	1.000	1.000	1.000	1.000	1.000	1.000	1.000

c	1.1	1.2	1.3	1.4	1.5	1.6	1.7	1.8	1.9	2.0
0	.333	.301	.273	.247	.223	.202	.183	.165	.150	.135
1	.699	.663	.627	.592	.558	.525	.493	.463	.434	.406
2	.900	.879	.857	.833	.809	.783	.757	.731	.704	.677
3	.974	.966	.957	.946	.934	.921	.907	.891	.875	.857
4	.995	.992	.989	.986	.981	.976	.970	.964	.954	.947
5	.999	.998	.998	.997	.996	.994	.992	.990	.987	.983
6	1.000	1.000	1.000	.999	.999	.999	.998	.997	.997	.995
7	1.000	1.000	1.000	1.000	1.000	1.000	1.000	.999	.999	.999
8	1.000	1.000	1.000	1.000	1.000	1.000	1.000	1.000	1.000	1.000

c	2.1	2.2	2.3	2.4	2.5	2.6	2.7	2.8	2.9	3.0
0	.122	.111	.100	.091	.082	.074	.067	.061	.055	.050
1	.380	.355	.331	.308	.287	.267	.249	.231	.215	.199
2	.650	.623	.596	.570	.544	.518	.494	.469	.446	.423
3	.839	.819	.799	.779	.758	.736	.714	.692	.670	.647
4	.938	.928	.916	.904	.891	.877	.863	.848	.832	.815
5	.980	.975	.970	.964	.958	.951	.943	.935	.926	.916
6	.994	.993	.991	.988	.986	.983	.979	.976	.971	.966
7	.999	.998	.997	.997	.996	.995	.993	.992	.990	.988
8	1.000	1.000	.999	.999	.999	.999	.998	.998	.997	.996
9	1.000	1.000	1.000	1.000	1.000	1.000	.999	.999	.999	.999
10	1.000	1.000	1.000	1.000	1.000	1.000	1.000	1.000	1.000	1.000

					λ					
c	3.1	3.2	3.3	3.4	3.5	3.6	3.7	3.8	3.9	4.0
0	.045	.041	.037	.033	.030	.027	.025	.022	.020	.018
1	.185	.171	.159	.147	.136	.126	.116	.107	.099	.092
2	.401	.380	.359	.340	.321	.303	.285	.269	.253	.238
3	.625	.603	.580	.558	.537	.515	.494	.473	.453	.433
4	.798	.781	.763	.744	.725	.706	.687	.668	.648	.629
5	.906	.895	.883	.871	.858	.844	.830	.816	.801	.785
6	.961	.955	.949	.942	.935	.927	.918	.909	.899	.889
7	.986	.983	.980	.977	.973	.969	.965	.960	.955	.949
8	.995	.994	.993	.992	.990	.988	.986	.984	.981	.979
9	.999	.998	.998	.997	.997	.996	.995	.994	.993	.992
10	1.000	1.000	.999	.999	.999	.999	.998	.998	.998	.997
11	1.000	1.000	1.000	1.000	1.000	1.000	1.000	.999	.999	.999
12	1.000	1.000	1.000	1.000	1.000	1.000	1.000	1.000	1.000	1.000

c	4.5	5.0	5.5	6.0	6.5	7.0	7.5	8.0	8.5	9.0
0	.011	.007	.004	.002	.002	.001	.001	.000	.000	.000
1	.061	.040	.027	.017	.011	.007	.005	.003	.002	.001
2	.174	.125	.008	.062	.043	.030	.020	.014	.009	.006
3	.342	.265	.202	.151	.112	.082	.059	.042	.030	.021
4	.532	.440	.358	.285	.224	.173	.132	.100	.074	.055
5	.703	.616	.529	.446	.369	.301	.241	.191	.150	.116
6	.831	.762	.686	.606	.527	.450	.378	.313	.256	.207
7	.913	.867	.809	.744	.673	.599	.525	.453	.386	.324
8	.960	.932	.894	.847	.792	.729	.662	.593	.523	.456
9	.983	.968	.946	.916	.877	.830	.776	.717	.653	.587
10	.993	.986	.975	.957	.933	.901	.862	.816	.763	.706
11	.998	.995	.989	.980	.966	.947	.921	.888	.849	.803
12	.999	.998	.966	.991	.984	.973	.957	.936	.909	.876
13	1.000	.999	.998	.996	.993	.987	.978	.966	.949	.926
14	1.000	1.000	.999	.999	.997	.994	.990	.983	.973	.959
15	1.000	1.000	1.000	.999	.999	.998	.995	.992	.986	.978
16	1.000	1.000	1.000	1.000	1.000	.999	.998	.996	.993	.989
17	1.000	1.000	1.000	1.000	1.000	1.000	.999	.998	.997	.995
18	1.000	1.000	1.000	1.000	1.000	1.000	1.000	.999	.999	.998
19	1.000	1.000	1.000	1.000	1.000	1.000	1.000	1.000	.999	.999
20	1.000	1.000	1.000	1.000	1.000	1.000	1.000	1.000	1.000	1.000

부록 1.3 표준정규분포표

$Z \sim N(0,1)$일 때 $P(Z \leq z) = \int_{-\infty}^{z} \frac{1}{\sqrt{2\pi}} e^{-t^2/2} dt$의 값을 표시한다.

z	.00	.01	.02	.03	.04	.05	.06	.07	.08	.09
.0	.5000	.5040	.5080	.5120	.5160	.5199	.5239	.5279	.5319	.5359
.1	.5398	.5438	.5478	.5517	.5557	.5596	.5636	.5675	.5714	.5753
.2	.5793	.5832	.5871	.5910	.5948	.5987	.6026	.6064	.6103	.6141
.3	.6179	.6217	.6255	.6293	.6331	.6368	.6406	.6443	.6480	.6517
.4	.6554	.6591	.6628	.6664	.6700	.6536	.6772	.6808	.6844	.6879
.5	.6915	.6950	.6985	.7019	.7054	.7088	.7123	.7157	.7190	.7224
.6	.7257	.7291	.7324	.7357	.7389	.7422	.7454	.7486	.7517	.7549
.7	.7580	.7611	.7642	.7673	.7703	.7734	.7764	.7794	.7823	.7852
.8	.7881	.7910	.7939	.7967	.7995	.8023	.8051	.8078	.8106	.8133
.9	.8159	.8186	.8212	.8238	.8264	.8289	.8315	.8340	.8365	.8389
1.0	.8413	.8438	.8461	.8485	.8508	.8531	.8554	.8577	.8599	.8621
1.1	.8643	.8665	.8686	.8708	.8729	.8749	.8770	.8790	.8810	.8830
1.2	.8849	.8869	.8888	.8907	.8925	.8944	.8962	.8980	.8997	.9015
1.3	.9032	.9049	.9066	.9082	.9099	.9115	.9131	.9147	.9162	.9177
1.4	.9192	.9207	.9222	.9236	.9251	.9265	.9279	.9292	.9306	.9319
1.5	.9332	.9345	.9357	.9370	.9382	.9394	.9406	.9418	.9429	.9441
1.6	.9452	.9463	.9474	.9484	.9495	.9505	.9515	.9525	.9535	.9545
1.7	.9554	.9564	.9573	.9582	.9591	.9599	.9608	.9616	.9625	.9633
1.8	.9641	.9649	.9656	.9664	.9671	.9678	.9686	.9693	.9699	.9706
1.9	.9713	.9719	.9726	.9732	.9738	.9744	.9750	.9756	.9761	.9767
2.0	.9772	.9778	.9783	.9788	.9793	.9798	.9803	.9808	.9812	.9817
2.1	.9821	.9826	.9830	.9834	.9838	.9842	.9846	.9850	.9854	.9857
2.2	.9861	.9864	.9868	.9871	.9875	.9878	.9881	.9884	.9887	.9890
2.3	.9893	.9896	.9898	.9901	.9904	.9906	.9909	.9911	.9913	.9916
2.4	.9918	.9920	.9922	.9925	.9927	.9929	.9931	.9932	.9934	.9936
2.5	.9938	.9940	.9941	.9943	.9945	.9946	.9948	.9949	.9951	.9952
2.6	.9953	.9955	.9956	.9957	.9959	.9960	.9961	.9962	.9963	.9964
2.7	.9965	.9966	.9967	.9968	.9969	.9970	.9971	.9972	.9973	.9974
2.8	.9974	.9975	.9976	.9977	.9977	.9978	.9979	.9979	.9980	.9981
2.9	.9981	.9982	.9982	.9983	.9984	.9984	.9985	.9985	.9986	.9986
3.0	.9987	.9987	.9987	.9988	.9988	.9989	.9989	.9989	.9990	.9990
3.1	.9990	.9991	.9991	.9991	.9992	.9992	.9992	.9992	.9993	.9993
3.2	.9993	.9993	.9994	.9994	.9994	.9994	.9994	.9995	.9995	.9995
3.3	.9995	.9995	.9995	.9996	.9996	.9996	.9996	.9996	.9996	.9997
3.4	.9997	.9997	.9997	.9997	.9997	.9997	.9997	.9997	.9997	.9998

부록 1.4 t 분포표

$T \sim t(n)$일 때 $P(T > t_\alpha(n)) = \alpha$을 만족하는 $t_\alpha(n)$을 표시한다.

	α					
n	.25	.10	.05	.025	.01	.005
1	1.000	3.078	6.314	12.706	31.821	63.657
2	.817	1.886	2.920	4.303	6.965	9.925
3	.765	1.638	2.353	3.182	4.541	5.841
4	.741	1.533	2.132	2.776	3.747	4.604
5	.727	1.476	2.015	2.571	3.365	4.032
6	.718	1.440	1.943	2.447	3.143	3.707
7	.711	1.415	1.895	2.365	2.998	3.499
8	.706	1.397	1.860	2.306	2.896	3.355
9	.703	1.383	1.833	2.262	2.821	3.250
10	.700	1.372	1.812	2.228	2.764	3.169
11	.697	1.363	1.796	2.201	2.718	3.106
12	.696	1.356	1.782	2.179	2.681	3.055
13	.694	1.350	1.771	2.160	2.650	3.012
14	.692	1.345	1.761	2.145	2.624	2.977
15	.691	1.341	1.753	2.131	2.602	2.947
16	.690	1.337	1.746	2.120	2.583	2.921
17	.689	1.333	1.740	2.110	2.567	2.898
18	.688	1.330	1.734	2.101	2.552	2.878
19	.687	1.328	1.729	2.093	2.539	2.861
20	.687	1.325	1.725	2.086	2.528	2.845
21	.686	1.323	1.721	2.080	2.518	2.831
22	.686	1.321	1.717	2.074	2.508	2.819
23	.685	1.319	1.714	2.069	2.500	2.807
24	.685	1.318	1.711	2.064	2.492	2.797
25	.684	1.316	1.708	2.060	2.485	2.787
26	.684	1.315	1.706	2.056	2.479	2.779
27	.684	1.314	1.703	2.052	2.473	2.771
28	.683	1.313	1.701	2.048	2.467	2.763
29	.683	1.311	1.699	2.045	2.462	2.756
30	.683	1.310	1.697	2.042	2.457	2.750
40	.681	1.303	1.684	2.021	2.423	2.704
60	.679	1.296	1.671	2.000	2.390	2.660
120	.677	1.289	1.658	1.980	2.358	2.617
∞	.677	1.282	1.645	1.960	2.326	2.576

부록 1.5 카이제곱분포표

$X \sim \chi^2(n)$일 때 $P(X > \chi^2_\alpha(n)) = \alpha$을 만족하는 $\chi^2_\alpha(n)$을 표시한다.

n	α							
	.995	.990	.975	.950	.050	.025	.01	.005
1	.000093	.0001	.001	.004	3.842	5.024	6.635	7.879
2	.010	.020	.051	.103	5.992	7.378	9.210	10.597
3	.072	.115	.216	.352	7.815	9.348	11.345	12.838
4	.207	.297	.484	.711	9.488	11.143	13.277	14.860
5	.412	.554	.831	1.145	11.071	12.833	15.086	16.750
6	.676	.872	1.237	1.635	12.592	14.449	16.812	18.548
7	.989	1.239	1.690	2.167	14.067	16.013	18.475	20.278
8	1.344	1.646	2.180	2.733	15.507	17.535	20.090	21.955
9	1.735	2.088	2.700	3.325	16.919	19.023	21.666	23.589
10	2.156	2.558	3.247	3.940	18.307	20.483	23.209	25.188
11	2.603	3.053	3.816	4.575	19.675	21.920	24.725	26.757
12	3.074	3.571	4.404	5.226	21.026	23.337	26.217	28.300
13	3.565	4.107	5.009	5.892	22.362	24.736	27.688	29.820
14	4.075	4.660	5.629	6.571	23.685	26.119	29.141	31.319
15	4.601	5.229	6.262	7.261	24.996	27.488	30.578	32.801
16	5.142	5.812	6.908	7.962	26.296	28.845	32.000	34.267
17	5.697	6.408	7.564	8.672	27.587	30.191	33.409	35.719
18	6.265	7.015	8.231	9.390	28.869	31.526	34.805	37.157
19	6.844	7.633	8.907	10.117	30.144	32.852	36.191	38.582
20	7.434	8.260	9.591	10.851	31.410	34.170	37.566	39.997
21	8.034	8.897	10.283	11.591	32.671	35.479	38.932	41.401
22	8.643	9.542	10.982	12.338	33.924	36.781	40.289	42.796
23	9.260	10.196	11.689	13.091	35.173	38.076	41.638	44.181
24	9.886	10.856	12.401	13.848	36.415	39.364	42.980	45.559
25	10.520	11.524	13.120	14.611	37.653	40.647	44.314	46.928
26	11.160	12.198	13.844	15.379	38.885	41.923	45.642	48.290
27	11.808	12.879	14.573	16.151	40.113	43.195	46.963	49.645
28	12.461	13.565	15.308	16.928	41.337	44.461	48.278	50.993
29	13.121	14.256	16.047	17.708	42.557	45.722	49.588	52.336
30	13.787	14.953	16.791	18.493	43.773	46.979	50.892	53.672
50	27.991	29.707	32.357	34.764	67.505	71.420	76.154	79.490

부록 1.6 F 분포표

$F \sim F(n, m)$일 때 $P(F > F_\alpha(n, m)) = \alpha$를 만족하는 $F_\alpha(n, m)$을 표시한다.

$\alpha = 0.1$

m \ n	1	2	3	4	5	6	7	8	9	10	11	12	15	20	24	30	40	60	∞
1	39.86	49.50	53.59	55.83	57.24	58.20	58.91	59.44	59.86	60.19	60.47	60.71	61.22	61.74	62.00	62.26	62.53	62.79	63.33
2	8.53	9.00	9.16	9.24	9.29	9.33	9.35	9.37	9.38	9.39	9.40	9.41	9.42	9.44	9.45	9.46	9.47	9.47	9.49
3	5.54	5.46	5.39	5.34	5.31	5.28	5.27	5.25	5.24	5.23	5.22	5.22	5.20	5.18	5.18	5.17	5.16	5.15	5.13
4	4.54	4.32	4.19	4.11	4.05	4.01	3.98	3.95	3.94	3.92	3.91	3.90	3.87	3.84	3.83	3.82	3.80	3.79	3.76
5	4.06	3.78	3.62	3.52	3.45	3.40	3.37	3.34	3.32	3.30	3.28	3.27	3.24	3.21	3.19	3.17	3.16	3.14	3.10
6	3.78	3.46	3.29	3.18	3.11	3.05	3.01	2.98	2.96	2.94	2.92	2.90	2.87	2.84	2.82	2.80	2.78	2.76	2.72
7	3.59	3.26	3.07	2.96	2.88	2.83	2.78	2.75	2.72	2.70	2.68	2.67	2.63	2.59	2.58	2.56	2.54	2.51	2.47
8	3.46	3.11	2.92	2.81	2.73	2.67	2.62	2.59	2.56	2.54	2.52	2.50	2.46	2.42	2.40	2.38	2.36	2.34	2.29
9	3.36	3.01	2.81	2.69	2.61	2.55	2.51	2.47	2.44	2.42	2.40	2.38	2.34	2.30	2.28	2.25	2.23	2.21	2.16
10	3.29	2.92	2.73	2.61	2.52	2.46	2.41	2.38	2.35	2.32	2.30	2.28	2.24	2.20	2.18	2.16	2.13	2.11	2.06
11	3.23	2.86	2.66	2.54	2.45	2.39	2.34	2.30	2.27	2.25	2.23	2.21	2.17	2.12	2.10	2.08	2.05	2.03	1.97
12	3.18	2.81	2.61	2.48	2.39	2.33	2.28	2.24	2.21	2.19	2.17	2.15	2.10	2.06	2.04	2.01	1.99	1.96	1.90
13	3.14	2.76	2.56	2.43	2.35	2.28	2.23	2.20	2.16	2.14	2.12	2.10	2.05	2.01	1.98	1.96	1.93	1.90	1.85
14	3.10	2.73	2.52	2.39	2.31	2.24	2.19	2.15	2.12	2.10	2.07	2.05	2.01	1.96	1.94	1.91	1.89	1.86	1.80
15	3.07	2.70	2.49	2.36	2.27	2.21	2.16	2.12	2.09	2.06	2.04	2.02	1.97	1.92	1.90	1.87	1.85	1.82	1.76
20	2.97	2.59	2.38	2.25	2.16	2.09	2.04	2.00	1.96	1.94	1.91	1.89	1.84	1.79	1.77	1.74	1.71	1.68	1.61
30	2.88	2.49	2.28	2.14	2.05	1.98	1.93	1.88	1.85	1.82	1.79	1.77	1.72	1.67	1.64	1.61	1.57	1.54	1.46
40	2.84	2.44	2.23	2.09	2.00	1.93	1.87	1.83	1.79	1.76	1.74	1.71	1.66	1.61	1.57	1.54	1.51	1.47	1.38
60	2.79	2.39	2.18	2.04	1.95	1.87	1.82	1.77	1.74	1.71	1.68	1.66	1.60	1.54	1.51	1.48	1.44	1.40	1.29
∞	2.71	2.30	2.08	1.94	1.85	1.77	1.72	1.67	1.63	1.60	1.57	1.55	1.49	1.42	1.38	1.34	1.30	1.24	1.00

$\alpha = 0.05$

m \ n	1	2	3	4	5	6	7	8	9	10	11	12	15	20	24	30	40	60	∞
1	161.5	199.5	215.7	224.6	230.2	234.0	236.8	238.9	240.5	241.9	243.0	243.9	244.7	245.4	249.1	250.1	251.1	252.2	254.3
2	18.51	19.00	19.16	19.25	19.30	19.33	19.35	19.37	19.38	19.40	19.40	19.41	19.43	19.45	9.45	19.46	19.47	19.48	19.50
3	10.13	9.55	9.28	9.12	9.01	8.94	8.89	8.85	8.81	8.79	8.76	8.74	8.70	8.66	8.64	8.62	8.59	8.57	8.53
4	7.71	6.94	6.59	6.39	6.26	6.16	6.09	6.04	6.00	5.96	5.94	5.91	5.86	5.80	5.77	5.75	5.72	5.69	5.63
5	6.61	5.79	5.41	5.19	5.05	4.95	4.88	4.82	4.77	4.74	4.70	4.68	4.62	4.56	4.53	4.50	4.46	4.43	4.36
6	5.99	5.14	4.76	4.53	4.39	4.28	4.21	4.15	4.10	4.06	4.03	4.00	3.94	3.87	3.84	3.81	3.77	3.74	3.67
7	5.59	4.74	4.35	4.12	3.97	3.87	3.79	3.73	3.68	3.64	3.60	3.57	3.51	3.44	3.41	3.38	3.34	3.30	3.23
8	5.32	4.46	4.07	3.84	3.69	3.58	3.50	3.44	3.39	3.35	3.31	3.28	3.22	3.15	3.12	3.08	3.04	3.01	2.93
9	5.12	4.26	3.86	3.63	3.48	3.37	3.29	3.23	3.18	3.14	3.10	3.07	3.01	2.94	2.90	2.86	2.83	2.79	2.71
10	4.96	4.10	3.71	3.48	3.33	3.22	3.14	3.07	3.02	2.98	2.94	2.91	2.85	2.77	2.74	2.70	2.66	2.62	2.54
11	4.84	3.98	3.59	3.36	3.20	3.09	3.01	2.95	2.90	2.85	2.82	2.79	2.72	2.65	2.61	2.57	2.53	2.49	2.40
12	4.75	3.89	3.49	3.26	3.11	3.00	2.91	2.85	2.80	2.75	2.72	2.69	2.62	2.54	2.51	2.47	2.43	2.38	2.30
13	4.67	3.81	3.41	3.18	3.03	2.92	2.83	2.77	2.71	2.67	2.63	2.60	2.53	2.46	2.42	2.38	2.34	2.30	2.21
14	4.60	3.74	3.34	3.11	2.96	2.85	2.76	2.70	2.65	2.60	2.57	2.53	2.46	2.39	2.35	2.31	2.27	2.22	2.13
15	4.54	3.68	3.29	3.06	2.90	2.79	2.71	2.64	2.59	2.54	2.51	2.48	2.40	2.33	2.29	2.25	2.20	2.16	2.07
20	4.35	3.49	3.10	2.87	2.71	2.60	2.51	2.45	2.39	2.35	2.31	2.28	2.20	2.12	2.08	2.04	1.99	1.95	1.84
30	4.17	3.32	2.92	2.69	2.53	2.42	2.33	2.27	2.21	2.16	2.13	2.09	2.01	1.93	1.89	1.84	1.79	1.74	1.62
40	4.08	3.23	2.84	2.61	2.45	2.34	2.25	2.18	2.12	2.08	2.04	2.00	1.92	1.84	1.79	1.74	1.69	1.64	1.51
60	4.00	3.15	2.76	2.53	2.37	2.25	2.17	2.10	2.04	1.99	1.95	1.92	1.84	1.75	1.70	1.65	1.59	1.53	1.39
∞	3.84	3.00	2.60	2.37	2.21	2.10	2.01	1.94	1.88	1.83	1.79	1.75	1.67	1.57	1.52	1.46	1.40	1.32	1.00

$\alpha = 0.025$

m \ n	1	2	3	4	5	6	7	8	9	10	11	12	15	20	24	30	40	60	∞
1	647.8	799.5	864.2	899.6	921.9	937.1	948.2	956.7	963.3	968.6	973.0	976.7	984.9	993.1	997.3	1001	1006	1010	1018
2	38.51	39.00	39.17	39.25	39.30	39.33	39.36	39.37	39.39	39.40	39.41	39.41	39.43	39.45	39.46	39.46	39.47	39.48	39.50
3	17.44	16.04	15.44	15.10	14.88	14.73	14.62	14.54	14.47	14.42	14.37	14.34	14.25	14.17	14.12	14.08	14.04	13.99	13.90
4	12.22	10.65	9.98	9.60	9.36	9.20	9.07	8.98	8.90	8.84	8.79	8.75	8.66	8.56	8.51	8.46	8.41	8.36	8.26
5	10.01	8.43	7.76	7.39	7.15	6.98	6.85	6.76	6.68	6.62	6.57	6.52	6.43	6.33	6.28	6.23	6.18	6.12	6.02
6	8.81	7.26	6.60	6.23	5.99	5.82	5.70	5.60	5.52	5.46	5.41	5.37	5.27	5.17	5.12	5.07	5.01	4.96	4.85
7	8.07	6.54	5.89	5.52	5.29	5.12	4.99	4.90	4.82	4.76	4.71	4.67	4.57	4.47	4.41	4.36	4.31	4.25	4.14
8	7.57	6.06	5.42	5.05	4.82	4.65	4.53	4.43	4.36	4.30	4.24	4.20	4.10	4.00	3.95	3.89	3.84	3.78	3.67
9	7.21	5.71	5.08	4.72	4.48	4.32	4.20	4.10	4.03	3.96	3.91	3.87	3.77	3.67	3.61	3.56	3.51	3.45	3.33
10	6.94	5.46	4.83	4.47	4.24	4.07	3.95	3.85	3.78	3.72	3.66	3.62	3.52	3.42	3.37	3.31	3.26	3.20	3.08
11	6.72	5.26	4.63	4.28	4.04	3.88	3.76	3.66	3.59	3.53	3.47	3.43	3.33	3.23	3.17	3.12	3.06	3.00	2.88
12	6.55	5.10	4.47	4.12	3.89	3.73	3.61	3.51	3.44	3.37	3.32	3.28	3.18	3.07	3.02	2.96	2.91	2.85	2.72
13	6.41	4.97	4.35	4.00	3.77	3.60	3.48	3.39	3.31	3.25	3.20	3.15	3.05	2.95	2.89	2.84	2.78	2.72	2.60
14	6.30	4.86	4.24	3.89	3.66	3.50	3.38	3.29	3.21	3.15	3.09	3.05	2.95	2.84	2.79	2.73	2.67	2.61	2.49
15	6.20	4.77	4.15	3.80	3.58	3.41	3.29	3.20	3.12	3.06	3.01	2.96	2.86	2.76	2.70	2.64	2.59	2.52	2.40
20	5.87	4.46	3.86	3.51	3.29	3.13	3.01	2.91	2.84	2.77	2.72	2.68	2.57	2.46	2.41	2.35	2.29	2.22	2.09
30	5.57	4.18	3.59	3.25	3.03	2.87	2.75	2.65	2.57	2.51	2.46	2.41	2.31	2.20	2.14	2.07	2.01	1.94	1.79
40	5.42	4.05	3.46	3.13	2.90	2.74	2.62	2.53	2.45	2.39	2.33	2.29	2.18	2.07	2.01	1.94	1.88	1.80	1.64
60	5.29	3.93	3.34	3.01	2.79	2.63	2.51	2.41	2.33	2.27	2.22	2.17	2.06	1.94	1.88	1.82	1.74	1.67	1.48
∞	5.02	3.69	3.12	2.79	2.57	2.41	2.29	2.19	2.11	2.05	2.00	1.94	1.83	1.71	1.64	1.57	1.48	1.39	1.00

부록 2 연습문제풀이

3장 연습문제

3.1

자동차	A	B	C	D
도수	12	18	15	5

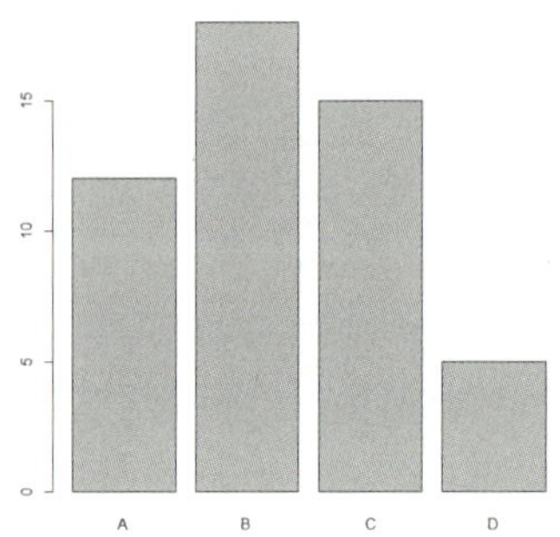

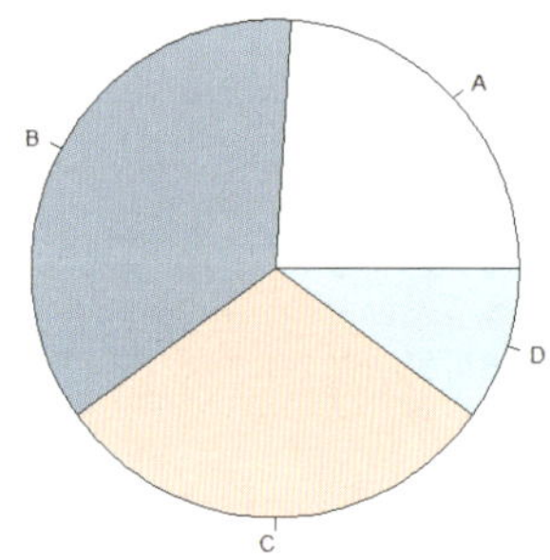

3.3

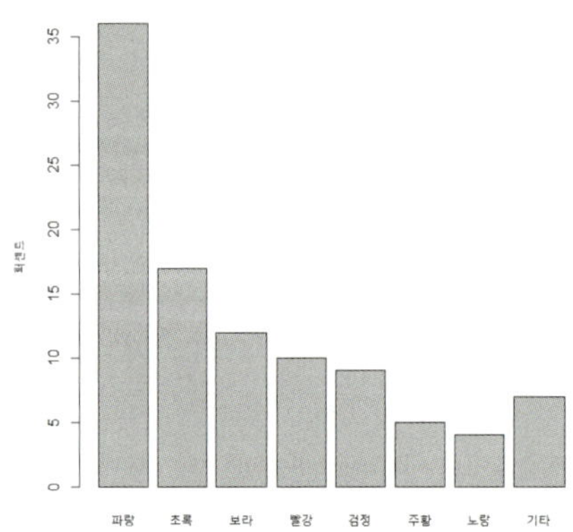

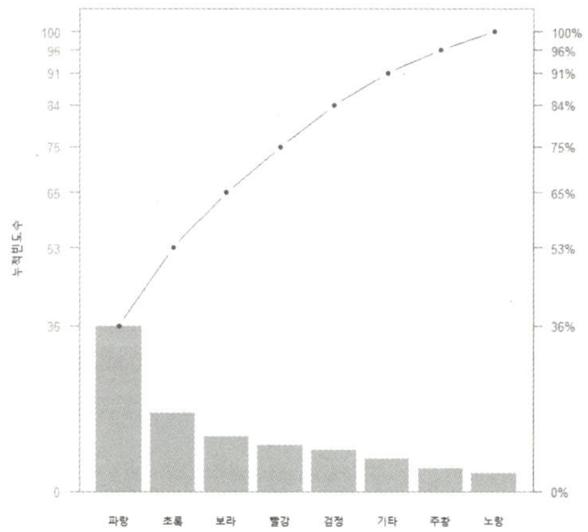

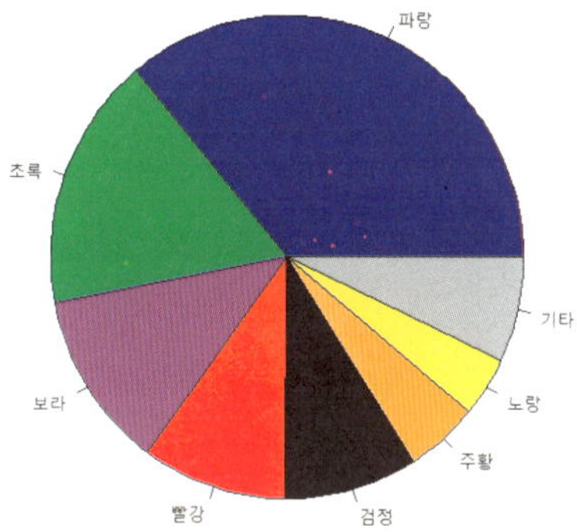

3.5

계급	도수	상대도수	누적도수
10~19	31	25.8	31
20~29	50	41.6	81
30~39	21	17.5	102
40~49	12	10.0	114
50~59	5	4.2	119
60~	1	0.8	120

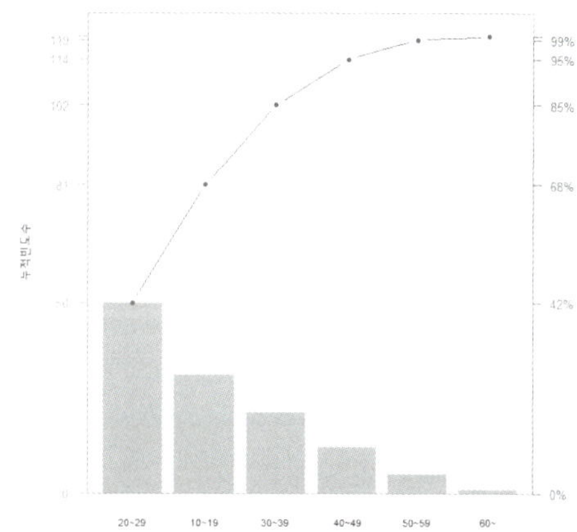

3.7 (1)

계급	도수
50~54	2
55~59	0
60~64	4
65~69	7
70~74	1
75~80	1

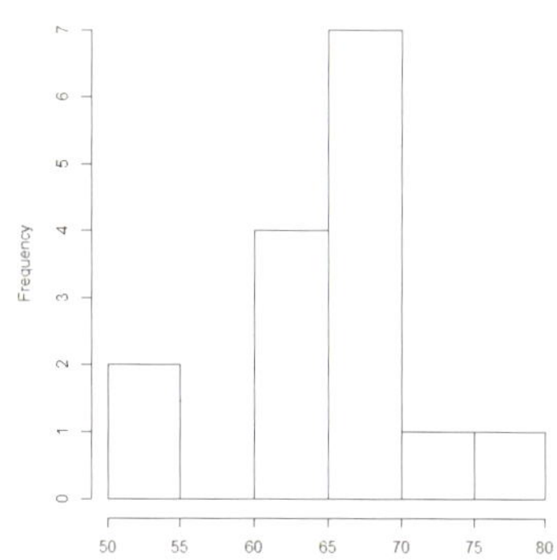

(2)

계급	도수
40~44	1
45~49	2
50~54	5
55~59	4
60~64	2
65~70	1

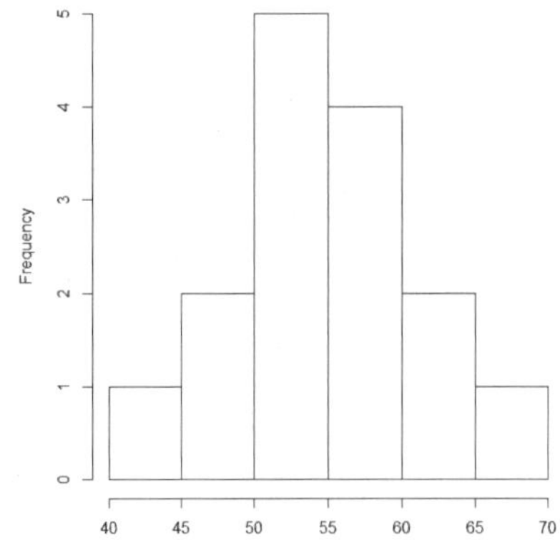

(3) 히스토그램의 봉우리가 2개임을 알 수 있다. 즉 자료가 이질적인 두 집단이 혼합된 형태이다. 여기서는 몸무게 자료는 남녀의 차이가 뚜렷한 이질적인 두 집단이 섞여 있다.

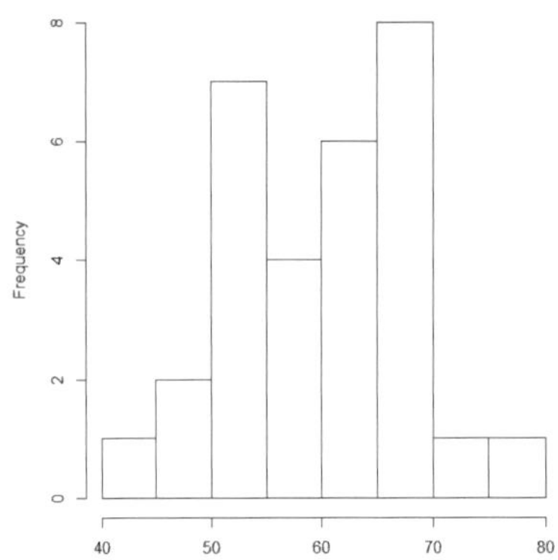

3.9

```
> x=c(462,560,514,609,472,556,588,567,410,682,553)
> stem(x)

  The decimal point is 2 digit(s) to the right of the |

  4 | 167
  5 | 156679
  6 | 18
```

위의 줄기-잎그림에서는 원자료를 구할 수 없다. stem(x,scale=6)를 이용하여 원자료를 구할 수 있다.

3.11 (1) b (2) c (3) a

4장 연습문제

4.1 $\bar{x} = 153.6$, $s = 7.183$

4.3 $\bar{x} = 69$, $s = 13.859$, $\tilde{x} = 71$, $IQR = 21$, 24.14%

4.5 (1) $y = x/100$, $\bar{y} = 1.536 = \bar{x}/100$, $s_y = 0.0718 = s_x/100$

(2) $y = x + 3$, $\bar{y} = 156.6 = \bar{x} + 3$, $s_y = 7.183 = s_x$

(3) $y = (x - 153.6)/7.183$, $\bar{y} = 0$, $s_y = 1$

4.7 (1) $\bar{x} = 67.679$, $s^2 = 25.131$, $IQR = 4$

(2) 자료의 중앙값은 67, $Q_1 = 65, Q_3 = 69$로 자료가 중심위치에 집중되어 있고, 극단값 이 3개 있다. 또한 자료가 아래쪽으로 집중되어 있고, 위쪽으로 꼬리가 긴 분포를 가진다.

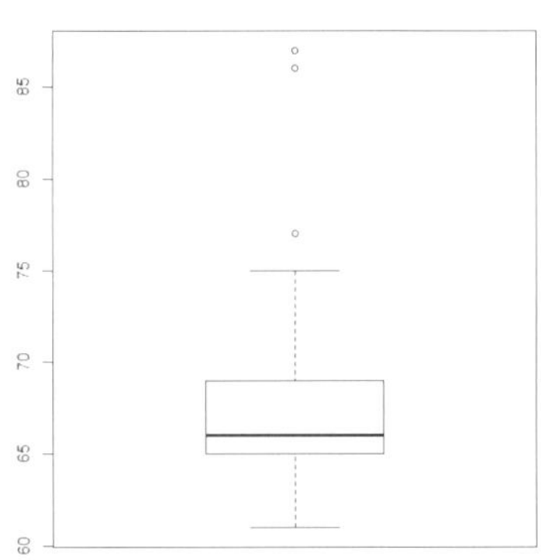

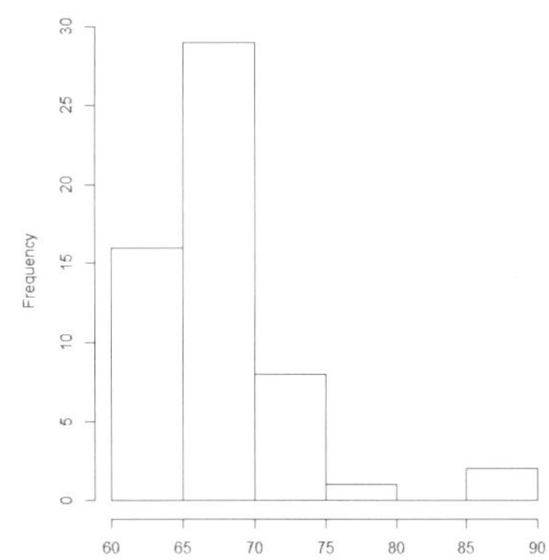

(3) 위의 히스토그램에서 자료가 67점 근처에 집중되어 있고, 오른쪽으로 긴 꼬리가 있는 분포로 (2)의 결과와 같음을 확인할 수 있다.

(4) 86

(5) 0점이 추가되기 전 평균과 중앙값은 67.679, 66이고, 0점이 추가된 후의 평균과 중앙값은 66.491, 66이다. 0점이 추가전후 중앙값은 변화가 없고, 평균은 1.188의 변화가 생겼다.

4.9 (1)

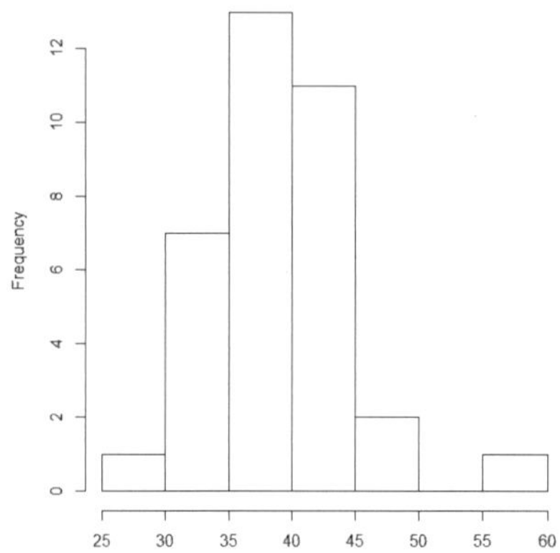

(2) $\bar{x}=39.171$, $s^2=31.499$, $IQR=7$

(3) $\tilde{x}=39$, 제10백분위수$=32$

(4) $[36,43]$

(5) $[32,47]$

4.11 (1) $\bar{x}=60$, $s=5.669$

(2) $[54.331, 65.669]$, 68.33%

(3) $[48.662, 71.338]$, 95.0%

(4) $[42.994, 77.006]$, 98.33%

5장 연습문제

5.1 (1)

성별\찬반	찬성	반대	계
남자	26	4	30
여자	20	5	25
합	46	9	55

(2) $\frac{46}{55}=0.836$

(3) 다음 그림에서 찬성비율에서 남자가 여자보다 높다고 할 수 있다.

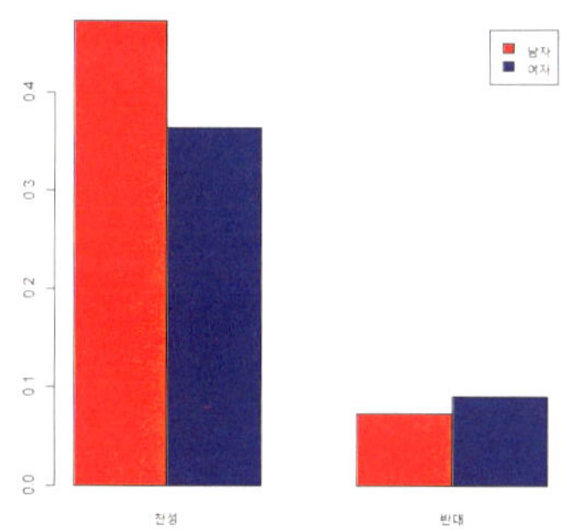

5.3

	남학생	여학생	계
B 학점 이상	9	7	16
C 학점 이하	11	7	18
합	20	14	34

(1)

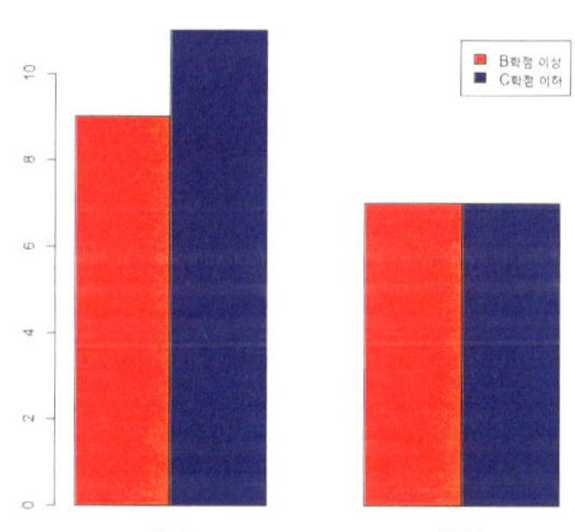

(2)

	남학생	여학생	계
B 학점 이상	0.265	0.206	0.471
C 학점 이하	0.323	0.206	0.529
합	0.588	0.412	1.000

5.5 (1) -0.96

(2) 0.96

(3) 0.99. 자료 (100,100)이 추가됨으로써 $\overline{x}=15$, $\overline{y}=7.75$로 변했다. $(x_i-\overline{x})(y_i-\overline{y})$값이 자료 (100,100)에 의해 크게 좌우되고 그 값이 매우 크므로, 자료 (100,100)에 의해 상관계수가 왜곡됐다.

6장 연습문제

6.1 (1) $S=\{HHH, HHT, HTH, HTT, THH, THT, TTH, TTT\}$ 단, H는 앞면, T는 뒷

면이다.

(2) $\{HHT, HTH, THH\}$

(3) $\{HHH, HHT, HTH, HTT, THH, THT, TTH\}$

(4) $\{HHH, HHT, HTH, HTT, THH, THT, TTH\}$

(5) $\{HTT, THT, TTH, TTT\}$

6.3 (1) $S=\{WWW, LLL,$
$WWLW, LLWL, WLWW, LWLL, LWWW, WLLL,$
$WWLLW, LLWWL, WLWLW, LWLWL, WLLWW, LWWLL,$
$LWWLW, WLLWL, LWLWW, WLWLL, LLWWW, WWLLL\}$

(2) $\{WWLW, LLWL, WLWW, LWLL, LWWW, WLLL\}$

(3) 경기의 승패가 서로 독립이라면 해당 사건의 확률은 $\frac{3}{8}$이다.

6.5 (1)

$\cap$	B	B^c	계
A	0.3	0.1	0.4
A^c	0.2	0.4	0.6
합	0.5	0.5	1.0

(2) $P(A^c \cap B^c)=0.4$

(3) $P(A^c \cup B)=P(A^c)+P(B)-P(A^c \cap B)=0.6+0.5-0.2=0.9$

(4) $P(A \cap B)=0.3$

(5) $P((A \cap B)^c)=1-P(A \cap B)=1-0.3=0.7$

6.7 거짓. 사건 A, B가 서로 독립이므로 $P(A)>0, P(B)>0$이면 $P(A \cap B)=P(A)P(B)>0$ 이므로 사건 A, B는 서로 배반이 아니다.

6.9 $1-\frac{5^3}{6^3}=\frac{91}{216}$

6.11 (1) $\frac{1}{6}$

(2) B_i: i번째 사람이 파란 공을 꺼내는 사건, R_i: i번째 사람이 빨간 공을 꺼내는 사건

$$\begin{aligned} P(B_2) &= P(B_2 \cap S) = P(B_2 \cap (B_1 \cup R_1)) = P((B_2 \cap B_1) \cup (B_2 \cap R_1)) \\ &= P(B_2 \cap B_1) + (B_2 \cap R_1) = P(B_2 | R_1) P(R_1) + P(B_2 | B_1) P(B_1) \\ &= \frac{1}{5} \times \frac{5}{6} + 0 \times \frac{1}{6} = \frac{1}{6} \end{aligned}$$

(3) 6번째 사람이 파란 공을 꺼내려면 1번째부터 5번째까지 모두 빨간 공을 꺼내야 한다.

$$\begin{aligned} P(B_6) &= P(B_6 | R_1 \cap R_2 \cdots \cap R_5) P(R_1 \cap R_2 \cap \cdots \cap R_5) \\ &= 1 \times \frac{5}{6} \times \frac{4}{5} \times \frac{3}{4} \times \frac{2}{3} \times \frac{1}{2} = \frac{1}{6} \end{aligned}$$

6.13 (1) $\frac{1}{100}$

(2) B_k: k번째 사람이 파란 공을 꺼내는 사건, R_k: k번째 사람이 빨간 공을 꺼내는 사건

k번째 사람이 파란 공을 꺼내려면 1번째부터 $(k-1)$번째까지 모두 빨간 공을 꺼내야 한다.

$$\begin{aligned} P(B_k) &= P(B_k | R_1 \cap R_2 \cdots \cap R_{k-1}) P(R_1 \cap R_2 \cap \cdots \cap R_{k-1}) \\ &= 1 \times \frac{99}{100} \times \frac{98}{99} \times \cdots \times \frac{1}{100-k} = \frac{1}{100} \end{aligned}$$

6.15 양성반응을 +, 음성반응을 −로 표기하고, 질병에 걸리는 사건을 A라 하자. 주어진 정보는 $P(+|A) = 0.9$, $P(+|A^c) = 0.05$, $P(A) = 0.0005$이다.

(1) $P(+) = P(+|A)P(A) + P(+|A^c)P(A^c) = 0.9 \times 0.0005 + 0.05 \times 0.9995$
$= 0.050425$

(2) $P(A|+) = \dfrac{P(+|A)P(A)}{P(+)} = \dfrac{0.9 \times 0.0005}{0.050425} = 0.008924145$

(3) $P(-) = 1 - P(+) = 0.949575$

(4) $P(-|A^c) = 1 - P(+|A^c) = 1 - 0.05 = 0.95$

$$P(A^c|-) = \frac{P(-|A^c)P(A^c)}{P(-)} = \frac{0.95 \times 0.9995}{0.949575} = 0.9999473$$

6.17 (1) $P(A \cap B \cap C) = 0.05$

(2) $P(A \cap B \cap C^c) = 0.1$

(3) $P(A \cup B \cup C) = P((A^c \cap B^c \cap C^c)^c) = 1 - P(A^c \cap B^c \cap C^c) = 1 - 0.3 = 0.7$

(4) $P(A \cap B) = P(A \cap B \cap (C \cup C^c)) = P(A \cap B \cap C) + P(A \cap B \cap C^c)$
$= 0.05 + 0.1 = 0.15$

$P(A \cap B^c) = P(A \cap B^c \cap C) + P(A \cap B^c \cap C^c) = 0.1 + 0.1 = 0.2$

(5) $P(A) = 0.05 + 0.1 + 0.1 + 0.1 = 0.35$

6.19 (1) $P(A \cap B \cap C) \leq P(B \cap C) = 0$ 이므로 $P(A \cap B \cap C) = 0$ 이다.

(2) $P(A \cap B^c \cap C^c) = P(A) - P(A \cap B) - P(A \cap C) = \frac{1}{3} - P(B|A)P(A) - \frac{1}{6}$
$= \frac{1}{3} - \frac{1}{3} \times \frac{1}{3} - \frac{1}{6} = \frac{1}{18}$

(3) A, C가 서로 독립이므로 $\frac{1}{6} = P(A \cap C) = P(A)P(C) = \frac{1}{3} \times P(C)$에서

$P(C) = \frac{1}{2}$이다. $P(A^c \cap C) = P(A^c)P(C) = \frac{2}{3} \times \frac{1}{2} = \frac{1}{3}$

(4) 사건 A, B, C가 서로 독립이기 위해 $0 = P(A \cap B \cap C) = P(A)P(B)P(C)$ 에서 $P(B) = 0$ 또는 $P(C) = 0$이다. 그런데 $P(B|A) = \frac{1}{3}$에서 $P(A \cap B) = \frac{1}{9}$ 이므로 $P(B) \neq 0$이다. 또한 $P(A \cap C) = \frac{1}{6}$에서 $P(C) \neq 0$이다. 모순. 따라서 사건 A, B, C는 서로 독립이 아니다.

(5) 사건 A, B가 서로 독립이므로 $P(B) = \frac{1}{3}$, 사건 A, C가 서로 독립이므로 $P(C) = \frac{1}{2}$이다.

$$P(A \cup B \cup C) = P(A) + P(B) + P(C) - P(A \cap B) - P(A \cap C) - P(B \cap C) + P(A \cap B \cap C)$$
$$= \frac{1}{3} + \frac{1}{3} + \frac{1}{2} - \frac{1}{3} \times \frac{1}{3} - \frac{1}{3} \times \frac{1}{2} - 0 + 0 = \frac{8}{9}$$

6.21 $P(A_1 \cup \cdots \cup A_{10}) = P(A_1^c \cap A_2^c \cap \cdots \cap A_{10}^c)^c$
$= 1 - P(A_1^c)P(A_2^c) \times \cdots \times P(A_{10}^c) = 1 - (1 - 0.1)^{10}$

7장 연습문제

7.1 (1) $S = \{HHH, HHT, HTH, HTT, THH, THT, TTH, TTT\}$

(2)

S	TTT	HTT, THT, TTH	HHT, THH, HTH	HHH	계
x	0	1	2	3	
$P(X=x)$	$\frac{1}{8}$	$\frac{3}{8}$	$\frac{3}{8}$	$\frac{1}{8}$	1

7.3 (1) $S=\{\ WWW, LLL,$
$WWLW, LLWL, WLWW, LWLL, LWWW, WLLL,$
$WWLLW, LLWWL, WLWLW, LWLWL, WLLWW, LWWLL,$
$LWWLW, WLLWL, LWLWW, WLWLL, LLWWW, WWLLL\}$

(2) $\{3,4,5\}$

(3) $\{\ WWW, LLL\}$

(4)

S	WWW, LLL	$WWLW$, $LLWL$, …	$WWLLW$, $LLWWL$, …	계
x	3	4	5	
$P(X=x)$	$\frac{1}{4}$	$\frac{3}{8}$	$\frac{3}{8}$	1

7.5 (1) $1=\sum_{x=1}^{n} cx = c\sum_{x=1}^{n} x = c\times \frac{1}{2}n(n+1)$ 에서 $c=\frac{2}{n(n+1)}$ 이다.

(2) $P(X=4)=\frac{8}{n(n+1)}$ 이고, $n=5$일 때 $P(X=4)=\frac{4}{15}$ 이다.

(3) $P(X\ge 2)=1-P(X=1)=1-\frac{2}{n(n+1)}$, $n=5$일 때

$P(X\ge 2)=1-\frac{1}{15}=\frac{14}{15}$

(4) $E(X)=\sum_{x=1}^{n} xf_X(x) = c\sum_{x=1}^{n} x^2 = \frac{2n+1}{3}$

(5) $E(X^2)=c\sum_{x=1}^{n} x^3 = c\frac{1}{4}n^2(n+1)^2=\frac{1}{2}n(n+1)$

(6) $Var(X)=E(X^2)-E^2(X)=\frac{(n+2)(n-1)}{18}$

7.7 (1) $P(Y=3)=\frac{1}{10}$

(2)

y	-5	-3	-1	1	3	계
$P(Y=y)$	$\frac{1}{10}$	$\frac{1}{5}$	$\frac{2}{5}$	$\frac{1}{5}$	$\frac{1}{10}$	1

(3)

y^2	25	9	1	1	9	
y	-5	-3	-1	1	3	계
$P(Y=y)$	$\frac{1}{10}$	$\frac{1}{5}$	$\frac{2}{5}$	$\frac{1}{5}$	$\frac{1}{10}$	1
$yP(Y=y)$	$-\frac{1}{2}$	$-\frac{3}{5}$	$-\frac{2}{5}$	$\frac{1}{5}$	$\frac{3}{10}$	-1
$y^2P(Y=y)$	$\frac{5}{2}$	$\frac{9}{5}$	$\frac{2}{5}$	$\frac{1}{5}$	$\frac{9}{10}$	$\frac{29}{5}$

$E(Y)=-1$

(4) $Var(Y)=E(Y^2)-E^2(Y)=\frac{29}{5}-(-1)^2=\frac{24}{5},\ sd(Y)=\sqrt{\frac{24}{5}}$

7.9

$X\backslash Y$	-1	0	1	합
-1	$\frac{1}{4}$	$\frac{1}{8}$	$\frac{1}{8}$	$\frac{1}{2}$
1	$\frac{1}{4}$	$\frac{1}{8}$	$\frac{1}{8}$	$\frac{1}{2}$
합	$\frac{1}{2}$	$\frac{1}{4}$	$\frac{1}{4}$	1

(1) $P(X=-1, Y=-1)=\frac{1}{4}$

(2) $P(X=Y)=P(X=-1, Y=-1)+P(X=1, Y=1)=\frac{1}{4}+\frac{1}{8}=\frac{3}{8}$

$P(X<Y)=P(X=-1, Y=0)+P(X=-1, Y=1)=\frac{1}{8}+\frac{1}{8}=\frac{1}{4}$

(3) $f_{X,Y}(x,y)=f_X(x)f_Y(y)\ \forall\, x,y$ 이므로 X, Y는 서로 독립이다.

(4) 확률변수 $X-Y$의 값 (확률), 괄호 안은 확률을 표시

$X\backslash Y$	-1	0	1
-1	$0(\frac{1}{4})$	$-1(\frac{1}{8})$	$-2(\frac{1}{8})$
1	$2(\frac{1}{4})$	$1(\frac{1}{8})$	$0(\frac{1}{8})$

확률변수 $X-Y$의 확률분포표

$x-y$	-2	-1	0	1	2	계
$P(x-y)$	$\frac{1}{8}$	$\frac{1}{8}$	$\frac{3}{8}$	$\frac{1}{8}$	$\frac{1}{4}$	1

(5)

x^2	1	1	
x	-1	1	계
$f_X(x)$	$\frac{1}{2}$	$\frac{1}{2}$	1
$xf_X(x)$	$-\frac{1}{2}$	$\frac{1}{2}$	$0=\mu_X$
$x^2f_X(x)$	$\frac{1}{2}$	$\frac{1}{2}$	$1=E(X^2)$

y^2	1	0	1	
y	-1	0	1	계
$f_Y(y)$	$\frac{1}{2}$	$\frac{1}{4}$	$\frac{1}{4}$	1
$yf_Y(y)$	$-\frac{1}{2}$	0	$\frac{1}{4}$	$-\frac{1}{4}=\mu_Y$
$y^2f_Y(y)$	$\frac{1}{2}$	0	$\frac{1}{4}$	$\frac{3}{4}=E(Y^2)$

$E(X)=0, E(Y)=-\frac{1}{4},$

$Var(X)=E(X^2)-E^2(X)=1-0^2=1,\ Var(Y)=\frac{3}{4}-(-\frac{1}{4})^2=\frac{11}{16}$

$E(XY)=0$

(6) (4)에서 X, Y가 서로 독립이므로 $Corr(X, Y)=0$이다.

(7) X, Y가 서로 독립이므로 $Var(X-Y)=Var(X)+Var(Y)$이다. 따라서

$Var(X-Y)=1+\frac{11}{16}=\frac{27}{16}$이다.

7.11 $Var(X\pm Y)=Cov(X\pm Y, X\pm Y)=Cov(X,X)+Cov(Y,Y)\pm 2Cov(X,Y)$

$=Var(X)+Var(Y)\pm 2Cov(X,Y)$

8장 연습문제

8.1 (1) o (2) x (3) x (4) x

8.3 X를 두 사람이 맞힌 문제의 개수라 한다면 $X\sim B(2,1/5)$이다.

(1) $P(X\geq 1)=1-P(X=0)=1-\left(\frac{4}{5}\right)^2=\frac{9}{25}$

(2) Y를 문제를 맞히는 사람의 수라 하면 $Y=X$이므로 $E(Y)=2\times\frac{1}{5}=\frac{2}{5}$이다.

8.5 X를 20문제 가운데 맞힌 문제의 개수라 한다면 $X \sim B(20, 1/2)$이다.

(1) $P(X=0) = \binom{20}{0}\frac{1}{2^0}(1-\frac{1}{2})^{20} = \frac{1}{2^{20}}$

(2) 50점은 10개를 맞추는 경우이므로 $P(X=10) = \binom{20}{10}\frac{1}{2^{10}}(1-\frac{1}{2})^{10} = 0.176$

(3) $P(5 \le X < 10) = P(X \le 9) - P(X \le 4)$는 R에서 pbinom(9,20,1/2)-pbinom(4,20,1/2)를 사용하면 0.406이다.

(4) 문제의 개수에 대한 평균 $E(X) = np = 10$개이므로 점수의 평균은 50점이다. 문제의 개수에 대한 표준편차 $sd(X) = \sqrt{np(1-p)} = 2.236$이므로 점수의 표준편차는 11.18이다.

8.7 (1)
```
> dbinom(4,15,0.25)
[1] 0.2251991
```
(2)
```
> 1-pbinom(1,15,0.25)
[1] 0.9198192
```
(3)
```
> pbinom(9,15,0.25)-pbinom(4,15,0.25)
[1] 0.3127191
```
(4)
```
> pbinom(9,15,0.25)-pbinom(4,15,0.25) + 1 - pbinom(13,15,0.25)
[1] 0.3127192
```

8.9 (1)
```
> dpois(1,1.05)
[1] 0.3674346
```
(2)
```
> ppois(2,1.05)
[1] 0.9102756
```
(3)
```
> ppois(3,1.05)-ppois(1,1.05)
[1] 2604193
```

8.11 (1) $\sum_{x=0}^{n} f(x) = \sum_{x=0}^{n}\binom{n}{x}p^x(1-p)^{n-x} = (p+(1-p))^n = 1^n = 1$

(2) $\sum_{x=0}^{n} xf(x) = \sum_{x=0}^{n} x\binom{n}{x}p^x(1-p)^{n-x} = \sum_{x=0}^{n} x\frac{n!}{x!(n-x)!}p^x(1-p)^{n-x}$

$$= np\sum_{x=1}^{n}\frac{(n-1)!}{(x-1)!(n-x)!}p^{x-1}(1-p)^{n-x}$$
$$= np\sum_{x=0}^{n-1}\frac{(n-1)!}{x!(n-1-x)!}p^{x}(1-p)^{n-1-x}$$
$$= np$$

$$\sum_{x=0}^{n} x(x-1)f(x) = \sum_{x=0}^{n}\frac{n!}{(x-2)!(n-x)!}p^x(1-p)^{n-x}$$
$$= n(n-1)p^2\sum_{x=0}^{n-2}\frac{(n-2)!}{x!(n-2-x)!}p^x(1-p)^{n-2-x}$$
$$= n(n-1)p^2$$

$$\therefore \sum_{x=0}^{n} x^2f(x) = \sum_{x=0}^{n} x(x-1)f(x) + \sum_{x=0}^{n} xf(x) = n(n-1)p^2 + np$$
$$= np(np+1-p)$$

8.13 X를 25개의 표본 가운데 정상품의 개수라 하면 $X \sim HYP(1000, 1000\times 0.8, 25)$이다.

(1) $P(X \geq 22) = 1 - P(X \leq 21)$을 R에서 구하면 phyper(21,800,200,25)의 값은 0.769이다.

(2) $25 \times 0.8 = 20$

8.15 (1) 1시간에 평균 60명이면, 10분에 평균 10명인 고객 수이므로 $X \sim Poisson(10)$이고, $P(X=2)$의 값은 R에서 구하면 dpois(2,10)의 값은 0.00227이다.

(2) 1시간에 평균 60명이면, 5분에 평균 5명인 고객 수이므로 $X \sim Poisson(5)$이고, $P(X=2)$의 값은 R에서 구하면 dpois(2,5)의 값은 0.0842이다.

(3) $X \sim Poisson(5)$이고, $P(X \geq 2)$의 값은 R에서 구하면 1-ppois(1,5)의 값은 0.956이다.

9장 연습문제

9.1 (1) $f(x) = \begin{cases} \frac{1}{2}, & -1 < x < 1 \\ 0, & \text{그 이외} \end{cases}$

(2) $P(X \leq \frac{1}{3}) = \int_{-\infty}^{1/3} f(x)dx = \int_{-1}^{1/3}\frac{1}{2}dx = \frac{2}{3}$

(3) $P(-\frac{2}{3}< X < \frac{2}{3}) = \int_{-2/3}^{2/3} \frac{1}{2} dx = \frac{2}{3}$

(4) $E(X) = \int_{-\infty}^{\infty} xf(x)dx = \int_{-1}^{1} x\frac{1}{2}dx = 0$

$E(X^2) = \int_{-\infty}^{\infty} x^2 f(x)dx = \int_{-1}^{1} x^2 \frac{1}{2}dx = \frac{1}{3}$

9.3 (1) $P(Z \geq 2) = 1 - P(Z \leq 2) = 1 - 0.9772 = 0.0228$

(2) $P(Z \leq -1.5) = 1 - P(Z \leq 1.5) = 1 - 0.9332 = 0.0668$

(3) $P(-1 < Z < 3) = P(Z < 3) - P(Z < -1) = P(Z < 3) - (1 - P(Z < 1))$
$= P(Z < 3) + P(Z < 1) - 1 = 0.9987 + 0.8413 - 1 = 0.84$

(4) $P(|Z| < 2) = 2P(0 < Z < 2) = 2 \times (P(Z < 2) - P(Z < 0))$
$= 2 \times (0.9772 - 0.5) = 0.9544$

9.5 $X \sim N(60, 5^2)$

(1) $P(X \geq 70) = P(\frac{X-60}{5} \geq \frac{70-60}{5}) = P(Z \geq 2) = 0.0228$

(2) $P(X \leq 52.5) = P(\frac{X-60}{5} \leq \frac{52.5-60}{5}) = P(Z \leq -1.5) = 0.0668$

(3) $P(55 < X < 75) = P(\frac{55-60}{5} < \frac{X-60}{5} < \frac{75-60}{5})$
$= P(-1 < Z < 3) = 0.84$

(4) $P(|X-60| < 10) = P(|\frac{X-60}{5}| < \frac{10}{5}) = P(|Z| < 2) = 0.9544$

9.7 R에서 다음과 같은 명령어를 사용한다.

(1)
```
> 1-pnorm(70,60,5)
[1] 0.02275013
```

(2)
```
> pnorm(52.5,60,5)
[1] 0.0668072
```

(3)
```
> pnorm(75,60,5)-pnorm(55,60,5)
[1] 0.8399948
```

(4)
```
> pnorm(10,0,5)-pnorm(-10,0,5)
[1] 0.9544997
```

9.9 $X \sim N(1000, 50^2)$

(1) $P(X > 1050) = P(\frac{X-1000}{50} > \frac{1050-1000}{50}) = P(Z > 1) = 0.159$

(2) $P(X < 900) = P(\frac{X-1000}{50} < \frac{900-1000}{50}) = P(Z < -2) = 0.0228$

(3) $P(X < x) = 0.9$를 만족하는 x는 1064.078이다.

9.11 (1) $P(\mu - \sigma < X < \mu + \sigma) = P(-1 < Z < 1) = 0.683$

(2) $P(\mu - 2\sigma < X < \mu + 2\sigma) = P(-2 < Z < 2) = 0.954$

(3) $P(\mu - 3\sigma < X < \mu + 3\sigma) = P(-3 < Z < 3) = 0.997$

9.13 $X \sim B(100, 0.3)$, $100 \times 0.3 = 30$, $100 \times 0.3 \times 0.7 = 21$

(1) $P(X < 40) = P(\frac{X-30}{\sqrt{21}} < \frac{40-30}{\sqrt{21}}) \approx P(Z < 2.182) = 0.985$

(2) $$\begin{aligned} P(30 \le X \le 50) &= P(\frac{30-30}{\sqrt{21}} \le \frac{X-30}{\sqrt{21}} \le \frac{50-30}{\sqrt{21}}) \\ &\approx P(0 \le Z < 4.364) \\ &= 0.5 \end{aligned}$$

(3) $P(X \ge 40) = 1 - P(X < 40) = 1 - 0.985 = 0.015$

9.15
```
>x=c(0.20,-1.56,0.08,-1.46,0.61,-0.75,-1.13,-1.77,0.32,-2.63)
>qqnorm(x)
```

자료가 직선 위에 있으므로 자료가 정규분포를 따른다고 할 수 있다.

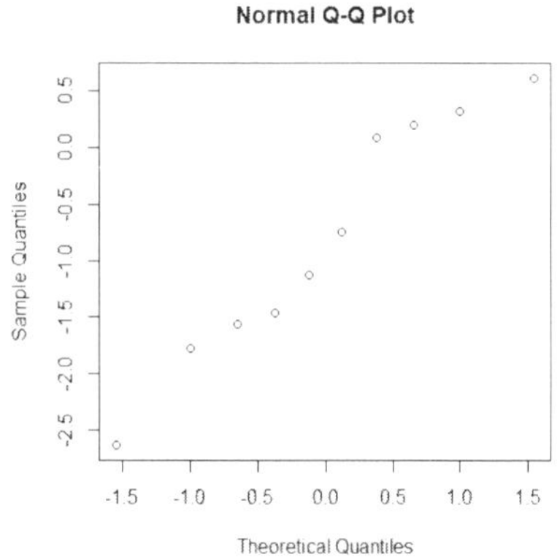

10장 연습문제

10.1 (1)

표본	{1, 1}	{1, 2}	{1,3}	{2,1}	{2,2}	{2,3}	{3,1}	{3,2}	{3,3}
$\bar{x}$	1	1.5	2	1.5	2	2.5	2	2.5	3

(2)

$\bar{x}$	1	1.5	2	2.5	3
$P(\bar{x})$	$\frac{1}{9}$	$\frac{2}{9}$	$\frac{1}{3}$	$\frac{2}{9}$	$\frac{1}{9}$

(3) $E(\overline{X}) = 1\times\frac{1}{9} + 1.5\times\frac{2}{9} + 2\times\frac{1}{3} + 2.5\times\frac{2}{9} + 3\times\frac{1}{9} = 2$

$$E(\overline{X}^2) = 1^2\times\frac{1}{9} + 1.5^2\times\frac{2}{9} + 2^2\times\frac{1}{3} + 2.5^2\times\frac{2}{9} + 3^2\times\frac{1}{9} = \frac{13}{3}$$

$$Var(\overline{X}) = E(\overline{X}^2) - E^2(\overline{X}) = \frac{13}{3} - 2^2 = \frac{1}{3}$$

10.3 (1)

표본	{1,1,1}	{1,1,2}	{1,1,3}	{1,2,1}	{1,2,2}	{1,2,3}	{1,3,1}	{1,3,2}	{1,3,3}
$\bar{x}$	1	4/3	5/3	4/3	5/3	2	5/3	2	7/3

표본	{2,1,1}	{2,1,2}	{2,1,3}	{2,2,1}	{2,2,2}	{2,2,3}	{2,3,1}	{2,3,2}	{2,3,3}
$\bar{x}$	4/3	5/3	2	5/3	2	7/3	2	7/3	8/3

표본	{3,1,1}	{3,1,2}	{3,1,3}	{3,2,1}	{3,2,2}	{3,2,3}	{3,3,1}	{3,3,2}	{3,3,3}
$\bar{x}$	5/3	2	7/3	2	7/3	8/3	7/3	8/3	3

(2)

$\bar{x}$	1	4/3	5/3	2	7/3	8/3	3
$P(\bar{x})$	$\frac{1}{27}$	$\frac{1}{9}$	$\frac{2}{9}$	$\frac{7}{27}$	$\frac{2}{9}$	$\frac{1}{9}$	$\frac{1}{27}$

대칭인 확률분포를 가지고, 가운데 부분의 확률이 크고 꼬리로 갈수록 확률이 작아진다.

(3) 모집단 1, 2, 3으로 되어있으므로 모평균은 (1+2+3)/3=2이다.

(4) 모평균의 추정은 표본평균인데, 연습문제 10.1에서는 표본평균이 2 근처에 있을 확률을 계산하면, $P(\overline{X} = 2) = 0.333$, $P(1.7 \le \overline{X} < 2.3) = 0.333$, $P(1.2 \le \overline{X} \le 2.8) = 0.78$이다. 연습문제 10.3에서 표본평균이 2 근처에 있을 확률은 다음과 같다.

$$P(\overline{X} = 2) = 0.26,\ P(1.7 \le \overline{X} < 2.3) = 0.704,\ P(1.2 \le \overline{X} \le 2.8) = 0.926$$

모평균의 추정관점에서 표본을 3개 뽑는 것이 표본을 2개 뽑는 것보다 표본평균이 2에 가까워질 확률이 커진다.

10.5 (1)

표본	xxx	xxo	xox	xoo	oxx	oxo	oox	ooo
o의 개수 평균	0	1/3	1/3	2/3	1/3	2/3	2/3	1

(2)

$\overline{x}$	0	1/3	2/3	1
$P(\overline{x})$	0.216	0.432	0.288	0.064

$$P(0) = P(\text{xxx}) = \frac{3}{5}^{3} = 0.216,\ P(1) = 3P(\text{oxx}) = 3 \times \frac{2}{5} \times \frac{3}{5}^{2} = 0.432,$$

$$P(2) = 3P(\text{oox}) = 3 \times \frac{2}{5}^{2} \times \frac{3}{5} = 0.288,\ P(3) = P(\text{ooo}) = \frac{2}{5^3} = 0.064$$

(3) 모비율은 모집단 5개 가운데 o는 2개이므로 2/5이다. 모비율 2/5에 가까운 값인 1/3에 더 큰 확률이 나오고 있으므로 $\overline{X}$의 확률분포가 오른쪽으로 긴 꼬리를 가지는 확률분포이다. 모비율을 추정하는 $\overline{X}$의 확률분포로 매우 타당하다.

10.7 (1) $\overline{X} \dot{\sim} N(125, \frac{25^2}{100})$

(2) $P(\overline{X} > 120) = P(\frac{\overline{X} - 125}{5/2} > \frac{120 - 125}{5/2}) = P(Z > -2) = 0.977$

(3) $P(\overline{X} > 130) = P(\frac{\overline{X} - 125}{5/2} > \frac{130 - 125}{5/2}) = P(Z > 2) = 0.023$

10.9 (1) 표본의 크기가 49로 충분히 크므로 $\overline{X} \dot{\sim} N(50, \frac{100}{49})$ 이다.

(2) $P(49 < \overline{X} < 52.5) = P(\frac{49 - 50}{10/7} < \frac{\overline{X} - 50}{10/7} < \frac{52.5 - 50}{10/7})$
$= P(-0.7 < Z < 1.75) = 0.718$

10.11 (1)
```
> pt(2.160,13)
[1] 0.9749831
```
(2)
```
> pt(-2.178,11)
[1] 0.02602317
```
(3)
```
> pt(2.228,10)-pt(-1.812,10)
[1] 0.9249565
```

10.13 (1)

```
> x=c(540,795,815,585,625,565,845,580,700,675)
> mean(x)
[1] 672.5
> sd(x)
[1] 112.2559
```

(2) $E(\overline{X}) = \mu,\ sd(\overline{X}) = \dfrac{\sigma}{\sqrt{n}} = \dfrac{70}{\sqrt{10}} = 22.13$

(3) $\hat{\mu} = \overline{x} = 672.5$

(4) $(\overline{x} \pm 1.96\dfrac{\sigma}{\sqrt{n}}) = (672.5 \pm 1.96 \times \dfrac{70}{\sqrt{10}}) = (629.1, 715.9)$

10.15 (1) $\overline{x} = 705.5,\ s = 97.31$

(2) $n = 30$으로 충분히 크므로 $\overline{X} \dot{\sim} N(\mu, \dfrac{\sigma^2}{n})$이고, $E(\overline{X}) = \mu,\ sd(\overline{X}) = \dfrac{\sigma}{\sqrt{n}}$이다. 그 추정량을 구하면 $\hat{\mu} = \overline{x} = 705.5,\ \dfrac{\hat{\sigma}}{\sqrt{n}} = \dfrac{s}{\sqrt{n}} = \dfrac{97.31}{\sqrt{30}} = 17.77$이다.

(3) $(\overline{x} \pm z_{0.005}\dfrac{s}{\sqrt{n}}) = (705.5 \pm 2.576 \times \dfrac{97.31}{\sqrt{30}}) = (659.7, 751.3)$

10.17 표본의 크기가 49로 충분히 크므로 신뢰구간의 길이는 $2 \times z_{\alpha/2} \times \dfrac{s}{\sqrt{n}}$이다. 따라서 $2 \times z_{\alpha/2} \times \dfrac{1}{\sqrt{49}} = 0.56$이므로 $z_{\alpha/2} = 1.96$이고, $\alpha/2 = 0.025$에서 신뢰수준은 95%이다.

10.19 $n \geq \left(\dfrac{z_{\alpha/2}\sigma}{d}\right)^2$에서 $\sigma = 1.45, d = 0.3, \alpha = 0.05$이므로 $n \geq 89.74$에서 최소의 표본크기는 90이다.

10.21 (1) $\hat{p} = \dfrac{65}{500} = 0.13$이고 표준오차의 추정값은 $\sqrt{\hat{p}(1-\hat{p})/n} = \sqrt{0.13 \times 0.87/500}$ $= 0.015$이다.

(2) $(\hat{p} \pm 1.96\sqrt{\hat{p}(1-\hat{p})/n}) = (0.101, 0.159)$

10.23 (1) $n \geq \frac{1}{4}\left(\frac{z_{\alpha/2}}{d}\right)^2$에서 $d=0.1,\ \alpha=0.1$이므로 $n \geq 67.7$에서 68명 조사

(2) $\alpha=0.05$ 일 때, $n \geq 96.04$

$\alpha=0.01$ 일 때, $n \geq 163.84$

신뢰도가 커질수록 표본의 크기 n은 커진다. 신뢰도와 표본의 크기는 비례관계이다.

(3) $\alpha=0.1\ \ d=0.05$ 일 때 $n \geq 270.6$

$\alpha=0.1\ \ d=0.01$ 일 때 $n \geq 6765.1$

오차한계가 작을수록 표본의 크기 n은 커진다. 오차한계와 표본의 크기는 반비례관계이다.

(4) $n \geq p^*(1-p^*)\left(\frac{z_{\alpha/2}}{d}\right)^2$ 에서 $p^*=0.15,\ d=0.1,\ \alpha=0.1$이므로 $n \geq 34.5$에서 35명 조사

11장 연습문제

11.1 (1) $H_0 : \mu=\mu_0 \quad H_1 : \mu > \mu_0$ 단, μ_0는 기존 쌀의 수확량

(2) $H_0 : \mu=80 \quad H_1 : \mu \neq 80$

과자 20개의 제품의 무게 자료가 있다.

(3) $H_0 : p=0.2 \quad H_1 : p > 0.2$

육류의 단백질 비율이 20%가 넘으면 1, 그렇지 않으면 0인 50개의 자료가 있다.

(4) $H_0 : p=0.5 \quad H_1 : p > 0.5$

500명 가운데 취업한 학생의 수가 자료로 주어져 있다.

11.3 H_0를 기각할 확률=$\frac{1}{3}$, H_0를 기각하지 않을 확률=$\frac{2}{3}$

(1) 제1종 오류 확률= $P(R|H_0)=P(R)=\frac{1}{3}$

(2) 제2종 오류 확률= $P(R^c|H_0^c)=P(R^c)=\frac{2}{3}$

(3) 제1종 오류 확률과 제2종 오류 확률의 합을 구하면 1이므로 자료에 무관하게 항상 큰 오류가 발생한다.

11.5 (1) $R = \{z_0 > z_{0.05}\},\ z_0 = \dfrac{\overline{x} - 15}{2/\sqrt{15}}$

(2) $R = \{z_0 > z_{0.025}\},\ z_0 = \dfrac{\overline{x} - 15}{0.09/\sqrt{20}}$

(3) $R = \{z_0 < -z_{0.02}\},\ z_0 = \dfrac{\overline{x} - 15}{1.2/\sqrt{57}}$

(4) $R = \{|z_0| > z_{0.005}\},\ z_0 = \dfrac{\overline{x} - 15}{1.3/\sqrt{35}}$

11.7 $n = 50, \sigma = 3.5$

$H_0 : \mu = 30 \quad H_1 : \mu > 30$

(1) $R = \{\overline{X} > 32\}$,

$$\begin{aligned}\text{제1종 오류 확률} &= P(R|H_0) = P(\overline{X} > 32 | \mu = 30) \\ &= P\left(\frac{\overline{X} - 30}{\sigma/\sqrt{n}} > \frac{32 - 30}{3.5/\sqrt{50}}\right) \\ &= P(Z > 4.04) \approx 0\end{aligned}$$

따라서 이 검정법의 제1종 오류 확률의 최대허용한계인 유의수준은 0.0이다.

(2) $R = \{z_0 > z_\alpha\},\ z_0 = \dfrac{\overline{x} - 30}{3.5/\sqrt{50}}$

(3) $\alpha = 0.05,\ \overline{x} = 32$일 때 $R = \{z_0 > z_{0.05}\},\ z_0 = \dfrac{\overline{x} - 30}{3.5/\sqrt{50}} = 4.04,\ z_{0.05} =$ 1.645으로 표본이 기각역에 속하므로 유의수준 0.05에서 H_0를 기각한다.

(4) p-값$= P(Z > 4.04) \approx 0$으로 유의수준 0.001에서도 H_0를 기각한다. 따라서 자료는 모평균이 30보다 크다는 강력한 증거가 된다.

11.9 $n = 10, \sigma = 3.5, \overline{x} = 59.5$

$H_0 : \mu = 60 \quad H_1 : \mu < 60$

(1) $R = \{\overline{X} < 58\}$,

$$\begin{aligned}\text{제1종 오류 확률} &= P(R|H_0) = P(\overline{X} < 58 | \mu = 60) \\ &= P\left(\frac{\overline{X} - 60}{\sigma/\sqrt{n}} < \frac{58 - 60}{3.5/\sqrt{10}}\right) \\ &= P(Z < -1.807) = 0.035\end{aligned}$$

따라서 유의수준은 0.035이다.

(2) $R = \{z_0 < -z_\alpha\},\ z_0 = \dfrac{\overline{x} - \mu_0}{\sigma/\sqrt{n}}$

(3) $R = \{z_0 < -z_\alpha\},\ z_0 = \dfrac{\overline{x} - \mu_0}{\sigma/\sqrt{n}} = \dfrac{59.5 - 60}{3.5/\sqrt{10}} = -0.452,\ z_{0.05} = 1.645,$

$z_{0.01} = 2.33$으로 $\alpha = 0.05$, 0.01에서 표본이 기각역에 속하지 않으므로 모두 H_0를 기각하지 않는다.

(4) p-값$= P(Z < -0.452) \approx 0.326$으로 유의수준 0.1에서도 H_0를 기각하지 않는다. 따라서 자료는 H_0가 거짓이라는 충분한 근거가 되지 못한다.

11.11 $n = 100,\ \overline{x} = 104.3,\ s = 15.5$

$H_0 : \mu = 100 \quad H_1 : \mu \neq 100$

(1) $R = \{|t_0| > z_{\alpha/2}\},\ t_0 = \dfrac{\overline{x} - \mu_0}{s/\sqrt{n}}$에서 $t_0 = \dfrac{104.3 - 100}{15.5/\sqrt{100}} = 2.774,\ z_{0.05/2} = 1.96$으로 기각역에 속하므로 유의수준 0.05에서 H_0를 기각한다.

(2) p-값$= 2P(Z > 2.774) = 0.006$으로 유의수준 0.05에서도 H_0를 기각한다.

(3) p-값$= P(Z > 2.774) = 0.0027$으로 (2)의 p-값의 $\dfrac{1}{2}$배이다.

11.13 H_0를 기각하지 않았다는 것은 제1종 오류 확률이 유의수준보다 크다는 것을 나타낸다. 즉 $P(R|H_0) > 0.05$ 이다. 따라서 유의수준은 0.05보다 커야 기각할 가능성이 있고, 유의수준이 0.05보다 작으면 H_0를 기각하지 않는다.

(1) 기각하지 않으므로 '거짓'

(2) '모른다'.

(3) 유의수준 0.05에서 H_0를 기각하지 않았으므로 p-값 > 0.05이다. '거짓'

11.15 (1) 유의수준 0.05에서 기각역은 $\left\{\dfrac{|\overline{X} - 10|}{s/\sqrt{100}} > z_{0.025}\right\} = \{|\overline{X} - 10| > 0.196s\}$이므로 $s = 1$이다.

(2) $\left[\overline{x} \pm 1.96 \times \dfrac{s}{\sqrt{n}}\right] = [\overline{x} \pm 0.196]$

(3) $\overline{x} = 9.8$일 때 95% 신뢰구간은 $[9.604, 9.996] \not\ni 10$이다.

(4) $\overline{x} = 9.8 \in \{|\overline{x} - 10| > 0.196\}$으로 기각역에 속하므로 H_0를 기각한다. 유의

수준 0.05에서 가설 검정의 결과는 (3)에서 신뢰구간에 10이 포함되지 않으므로 H_0를 기각한다.

11.17 (1) $R=\{z_0 > z_{0.05}\}$, $z_0 = \dfrac{\hat{p}-0.15}{\sqrt{0.15\times 0.85/81}}$

(2) $R=\{z_0 < -z_{0.025}\}$, $z_0 = \dfrac{\hat{p}-0.15}{\sqrt{0.15\times 0.85/96}}$

(3) $R=\{|z_0| > z_{0.005}\}$, $z_0 = \dfrac{\hat{p}-0.15}{\sqrt{0.15\times 0.85/124}}$

11.19 (1) $H_0 : p = 0.75 \quad H_1 : p \neq 0.75$

(2) $R=\{|z_0| > z_{\alpha/2}\}$, $z_0 = \dfrac{\hat{p}-p_0}{\sqrt{p_0\times(1-p_0)/n}} = \dfrac{0.682-0.75}{\sqrt{0.75\times 0.25/176}} = -2.083$

에서 $R=\{2.083 > z_{\alpha/2}\}$이다.

(3) $\alpha=0.05$를 (2)의 결과에 대입하면 $z_{0.025} = 1.96$ 이므로 표본이 R에 속하기 때문에 유의수준 0.05에서 H_0를 기각한다.

(4) p-값 $= 2P(Z > |z_0|) = 2P(Z > 2.083) = 0.037$이다. p-값 < 0.05이므로 유의수준 0.05에서 H_0를 기각한다.

11.21 $n=100$, $p_0=0.3$

$H_0 : p=0.3 \quad H_1 : p\neq 0.3$

(1) 기각역 $R=\left\{ \dfrac{|\hat{p}-0.3|}{\sqrt{0.3\times 0.7/100}} > z_{\alpha/2}\right\} = \{|\hat{p}-0.3| > 0.0458 z_{\alpha/2}\}$에서 $z_{\alpha/2} = 2.336$이므로 $\alpha=0.02$이다.

(2) $[\hat{p}\pm z_{\alpha/2}\sqrt{\hat{p}(1-\hat{p})/n}]$

(3) $\hat{p}=0.35$일 때, $[0.35\pm 2.33\sqrt{0.35\times 0.65/100}] = [0.239, 0.461] \ni 0.3$

(4) (1)에서 $\{|0.35-0.3| \not> 0.107\}$으로 기각역에 속하지 않으므로 H_0를 기각하지 않는다. (3)에서 p_0가 $100(1-\alpha)\%$ 신뢰구간에 포함되므로 유의수준 α에서 H_0를 기각하지 않는다.

12장 연습문제

12.1 $\frac{1}{2} < \frac{s_1}{s_2} = 1.15 < 2$ 이므로 모표준편차가 $\sigma_1 = \sigma_2$라고 가정한다. $s_p = 3.357$

(1) $(15.5 - 13.3 \pm t_{0.025}(36) s_p \sqrt{1/25 + 1/13}) = (-0.128, 4.528)$

(2) $H_0 : \mu_1 = \mu_2 \quad H_1 : \mu_1 \neq \mu_2$

$$R = \{|t_0| = \frac{15.5 - 13.3}{3.357\sqrt{1/25 + 1/13}} = 1.917 \not> t_{0.025}(36) = 2.028\}$$

유의수준 0.05에서 H_0를 기각하지 않는다.

(3) $H_0 : \mu_1 = \mu_2 \quad H_1 : \mu_1 < \mu_2$

$$R = \{t_0 = \frac{15.5 - 13.3}{3.357\sqrt{1/25 + 1/13}} = 1.917 > t_{0.05}(36) = 1.688\}$$

유의수준 0.05에서 H_0를 기각한다.

12.3 n_1, n_2가 충분히 큰 경우이므로 표본평균이 근사적으로 정규분포를 따른다.

(1) $$(\bar{x} - \bar{y} \pm z_{\alpha/2}\sqrt{s_1^2/n_1 + s_2^2/n_2}) = (25.5 - 23.3 \pm 1.96\sqrt{14.2/75 + 15.4/103}) = (1.059, 3.341)$$

(2) $H_0 : \mu_1 = \mu_2 \quad H_1 : \mu_1 \neq \mu_2$

$$R = \{|z_0| = \frac{25.5 - 23.3}{\sqrt{14.2/75 + 15.4/103}} = 3.779 > z_{0.025} = 1.96\}$$

유의수준 0.05에서 H_0를 기각한다.

(3) $H_0 : \mu_1 = \mu_2 \quad H_1 : \mu_1 > \mu_2$

$$R = \{z_0 = \frac{25.5 - 23.3}{\sqrt{14.2/75 + 15.4/103}} = 3.779 > z_{0.05} = 1.645\}$$

유의수준 0.05에서 H_0를 기각한다.

12.5 (1) $(\hat{p}_1 - \hat{p}_2 \pm z_{\alpha/2}\sqrt{\hat{p}_1(1-\hat{p}_1)/n_1 + \hat{p}_2(1-\hat{p}_2)/n_2}) = (0.0046, 0.1602)$

(2) $H_0 : p_1 = p_2 \quad H_1 : p_1 \neq p_2$

$$R = \{|z_0| = \frac{0.217 - 0.135}{\sqrt{0.174 \times 0.826(1/175 + 1/193)}} = 2.072 > z_{0.025} = 1.96\}$$

유의수준 0.05에서 H_0를 기각한다.

(3) $H_0 : p_1 = p_2 \quad H_1 : p_1 > p_2$

$$R = \{ z_0 = \frac{0.217 - 0.135}{\sqrt{0.174 \times 0.826(1/175 + 1/193)}} = 2.072 \not> z_{0.01} = 2.326 \}$$

유의수준 0.05에서 H_0를 기각하지 않는다.

12.7 $s_1 / s_2 = 2.35 > 2$ 이므로 서로 독립인 두 모집단의 모분산이 동일하지 않은 경우이다.

(1) 유의수준 α 검정법의 기각역은 $\{ |\overline{X} - \overline{Y}| > t_{\alpha/2}(\nu) \sqrt{s_1^2/n_1 + s_2^2/n_2} \}$ 이다.

자료로부터 $\sqrt{s_1^2/n_1 + s^2/n_2} = 10.202$이므로 $t_{\alpha/2}(9.458) = \frac{14.058}{10.202} = 1.378$에서 $\alpha/2 = 0.1$이다. 그러므로 $\alpha = 0.2$이다.

(2) $H_0 : \mu_1 = \mu_2 \quad H_1 : \mu_1 \neq \mu_2$

(3) $R = \{ t_0 = \frac{|\overline{X} - \overline{Y}|}{\sqrt{s_1^2/n_1 + s_2^2/n_2}} > t_{0.025}(9.458) = 2.246 \}$, 유의수준 0.05에서 H_0를 기각하지 않는다.

(4) p-값$= 2P(T > |t_0|) = 2P(T > 0.429) = 0.678$

```
> x=c(87,68,77,11,90,48,87,64)
> y=c(94,64,72,70,60,80,63,64)
> t.test(x,y)

        Welch Two Sample t-test

data:  x and y
t = -0.42882, df = 9.4583, p-value = 0.6777
alternative hypothesis: true difference in means is not equal to 0
95 percent confidence interval:
 -27.28487  18.53487
sample estimates:
mean of x mean of y
   66.500    70.875
```

12.9 (1) $H_0 : \mu_1 = \mu_2 \quad H_1 : \mu_1 > \mu_2$

```
> x=c(157,163,171,195,178,164,190,182)
```

```
> y=c(151,169,154,162,167,144,178,169)
> t.test(x,y,paired=T,alter="greater")

        Paired t-test

data:  x and y
t = 3.3434, df = 7, p-value = 0.006181
```

위의 결과에서 p-값이 $0.006 < 0.05$이므로 유의수준 0.05에서 귀무가설을 기각한다.

(2) p-값=0.006

13장 연습문제

13.1 $H_0 : p_1 = p_2 = p_3 = p_4 = \frac{1}{4}$ $H_1 :$ H_0가 아니다.

```
> x=c(20,14,5,19)
> chisq.test(x)

        Chi-squared test for given probabilities

data:  x
X-squared = 9.7241, df = 3, p-value = 0.02106
```

p-값 < 0.05이므로 유의수준 0.05에서 귀무가설 H_0를 기각한다. 즉 혈액형의 비율이 같다고 할 수 없다.

13.3 $H_0 : p_1 = p_2 = p_3 = p_4 = p_5 = \frac{1}{5}$ $H_1 :$ H_0가 아니다.

```
> x=c(205,158,105,85,128)
> chisq.test(x)

        Chi-squared test for given probabilities
```

```
data:  x
X-squared = 65.131, df = 4, p-value = 2.415e-13
```

p-값 < 0.05이므로 유의수준 0.05에서 귀무가설 H_0를 기각한다. 즉 색상 선호도가 같다고 할 수 없다.

13.5 (1) $\chi^2_{0.05}(8) = 15.507$

(2) $\chi^2_{0.95}(10) = 3.940$

(3) $\chi^2_{0.99}(13) = 4.107$

(4) $\chi^2_{0.01}(15) = 30.578$

13.7 동질성 검정 문제이다.

```
> x=matrix(c(115,147,84,100,128,82,43,55,58,30,38,63),3,4)
> chisq.test(x)

        Pearson's Chi-squared test

data:  x
X-squared = 31.162, df = 6, p-value = 2.361e-05

> chisq.test(x)$exp
          [,1]      [,2]     [,3]     [,4]
[1,] 105.6713  94.67656 47.64369 40.00848
[2,] 135.0244 120.97561 60.87805 51.12195
[3,] 105.3043  94.34783 47.47826 39.86957
```

H_0 : 지역에 따라 좋아하는 음식의 종류가 같다. H_1: H_0가 아니다.

검정통계량 값은 31.162이고 p-값 ≈ 0이므로 유의수준 0.001에서 H_0를 기각한다.

H_0 가정에서 기대도수는 위의 > chisq.test(x)$exp이다.

13.9 독립성 검정 문제이다.

```
> x=matrix(c(27,32,23,18),2,2)
> chisq.test(x)

        Pearson's Chi-squared test with Yates' continuity correction

data:  x
X-squared = 0.66143, df = 1, p-value = 0.4161
```

H_0 : 비만인 아버지와 비만인 어린이는 서로 독립이다. H_1: H_0가 아니다.
검정통계량 값은 0.66143, p-값=0.4161이므로 유의수준 0.05에서 H_0를 기각하지 않는다. 즉 서로 독립이라고 할 수 있다.

14장 연습문제

14.1 (1) $F_{0.05}(5,8)=3.69$

(2) $F_{0.95}(8,5)=\dfrac{1}{F_{0.05}(5,8)}=\dfrac{1}{3.69}=0.271$

(3) $F_{0.05}(8,8)=3.44$

(4) $F_{0.95}(8,8)=\dfrac{1}{F_{0.05}(8,8)}=\dfrac{1}{3.44}=0.29$

14.3

```
> y1=c(78,91,71,87,55,69,85,96,73,69) # 자료입력
> y2=c(78,66,67,89,72,71,68,74,38,68)
> y3=c(71,75,58,95,83,72,65,88,69,73)
> anova(lm(c(y1,y2,y3)~factor(rep(1:3,10)))) # 분산분석표
Analysis of Variance Table

Response: c(y1, y2, y3)
                      Df  Sum Sq  Mean Sq  F value  Pr(>F)
factor(rep(1:3, 10))   2    12.6     6.30   0.0394  0.9614
Residuals             27  4316.2   159.86
```

(1) 분산분석표는 다음과 같다.

요인	제곱합	자유도	평균제곱합	F 값	p-값
처리	12.6	2	6.30	0.0394	0.9614
오차	4316.2	27	159.86		

p-값이 0.9614 > 0.05이므로 유의수준 0.05에서 $H_0 : \mu_1 = \mu_2 = \mu_3$를 기각하지 않는다.

(2) > TukeyHSD(aov(c(y1,y2,y3)~factor(rep(1:3,10))))

```
  Tukey multiple comparisons of means
    95% family-wise confidence level

Fit: aov(formula = c(y1, y2, y3) ~ factor(rep(1:3, 10)))

$`factor(rep(1:3, 10))`
     diff       lwr      upr     p adj
2-1  0.3 -13.71953 14.31953 0.9984493
3-1 -1.2 -15.21953 12.81953 0.9754988
3-2 -1.5 -15.51953 12.51953 0.9620031
```

$\mu_2 - \mu_1$, $\mu_3 - \mu_1$, $\mu_3 - \mu_2$에 대한 95% 신뢰구간은 각각 (−13.7,14.3), (−15.2, 12.8), (−15.5, 12.5)로 모두 0을 포함하고 있으므로 유의수준 0.05에서 $H_0 : \mu_1 = \mu_2 = \mu_3$를 기각하지 않는다.

(3) > boxplot(c(y1,y2,y3)~factor(rep(1:3,10)))

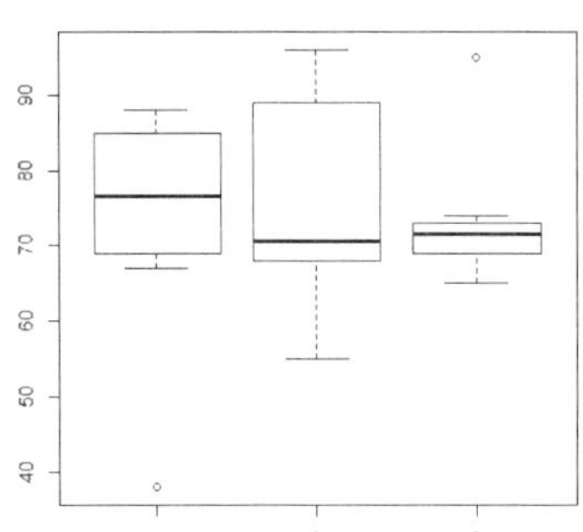

그림에서 국어, 수학, 영어의 중위수가 비슷한 위치에 있다는 것을 알 수 있다.

14.5 [그림 14-4]와 비슷한 형태로 자료가 "exercise14-5.txt"에 저장되어 있다고 가정한다.

```
> Y=read.table("exercise14-5.txt",header=T)
> anova(lm(y~factor(A)*factor(B),data=Y))
Analysis of Variance Table

Response: y
                    Df Sum Sq Mean Sq F value  Pr(>F)
factor(A)            2  564.8 282.420  3.2371 0.04506 *
factor(B)            2   70.7  35.346  0.4051 0.66840
factor(A):factor(B)  4   84.2  21.049  0.2413 0.91403
Residuals           72 6281.6  87.244
```

(1) 학년에 대한 요인은 A로 지정되어 있으므로 factor(A)의 p-값=0.045 < 0.05이다. 유의수준 0.05에서 귀무가설 "학년별 평균이 같다"를 기각한다.

(2) 과목에 대한 요인은 B로 지정되어 있으므로 factor(B)의 p-값=0.668 > 0.05이다. 유의수준 0.05에서 귀무가설 "과목별별 평균이 같다"를 기각하지 않는다.

(3) 교호작용은 factor(A):factor(B)의 p-값=0.914 > 0.05이다. 유의수준 0.05에서 귀무가설 "학년별 과목별에 따른 차이가 없다"를 기각하지 않는다. 교호작용이 없다.

(4)

요인	제곱합	자유도	평균제곱합	F 값	p-값
A	564.8	2	282.420	3.237	0.045
B	70.7	2	35.346	0.405	0.668
$A \times B$	84.2	4	21.049	0.241	0.914
오차	6281.6	72	87.244		

15장 연습문제

15.1

```
> x=c(34,35,38,37,40,41,41,42,44)
> y=c(28,30,32,35,38,40,42,45,46)
> plot(x,y) # (1) 산점도
> cor(x,y) # (2) 표본상관계수
[1] 0.9673077
> cor.test(x,y) # (3) 상관계수 검정
```

```
Pearson's product-moment correlation

data:  x and y
t = 10.091, df = 7, p-value = 2.015e-05
alternative hypothesis: true correlation is not equal to 0
95 percent confidence interval:
 0.8478593 0.9933143
sample estimates:
      cor
0.9673077
```

(1)

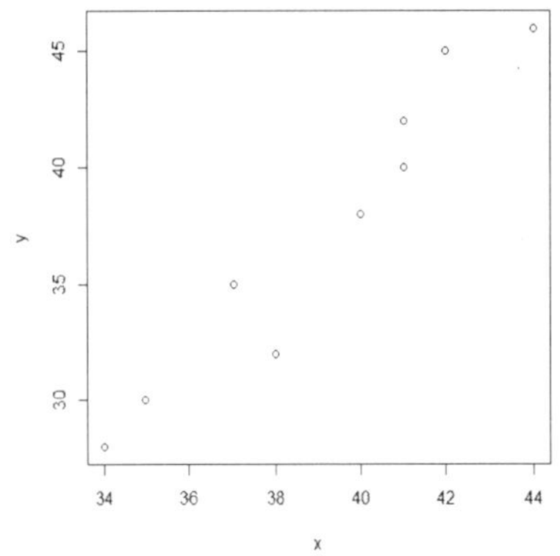

(2) 0.967

(3) 각각의 자료 x, y가 정규분포를 따른다.

유의수준 0.001에서 $H_0 : \rho = 0 \quad H_1 : \rho \neq 0$의 귀무가설 H_0를 기각한다. x와 y는 서로 상관성이 있다.

15.3 (1) $\hat{\beta}_1 = r_{xy}\sqrt{\dfrac{s_{yy}}{s_{xx}}}$ 이므로 R에서 다음의 명령어를 실행한다.

```
> cor(x,y)*sqrt(var(y)/var(x)) # 우변
[1] 1.88625
> lm(y~x) # 좌변

Call:
lm(formula = y ~ x)
```

```
Coefficients:
(Intercept)            x
    -36.440        1.886
```

(2) $\hat{\beta}_1 = \dfrac{s_{xy}}{s_{xx}},\ \hat{\beta}_0 = \overline{y} - \hat{\beta}_1 \overline{x}$

```
> s.xx=sum((x-mean(x))^2)
> s.xy=sum((x-mean(x))*(y-mean(y)))
> s.xy/s.xx # beta_1의 우변
[1] 1.88625
> mean(y)-s.xy/s.xx*mean(x) # beta_0의 우변
[1] -36.44
```

(3)

```
> plot(x,y,pch=16) # 산점도
> abline(lm(y~x)) # 회귀직선 추가
```

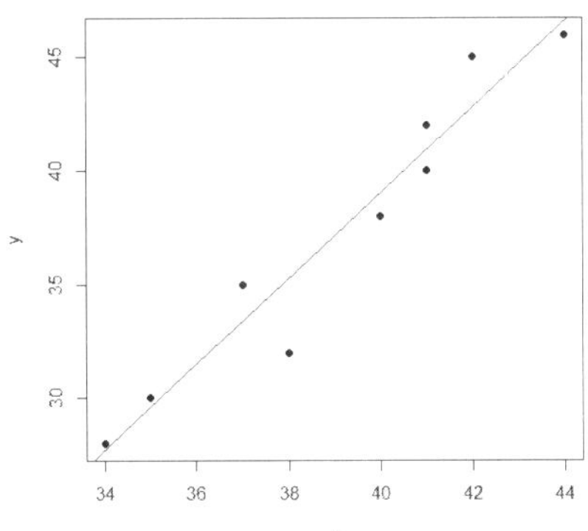

(4)

```
> summary(lm(y~x))

Call:
lm(formula = y ~ x)

Residuals:
    Min      1Q  Median      3Q     Max
-3.2375 -0.8963  0.3075  1.1037  2.2175

Coefficients:
            Estimate Std. Error t value Pr(>|t|)
```

```
(Intercept) -36.4400      7.3340  -4.969  0.00162 **
x             1.8862      0.1869  10.091  2.01e-05 ***
---
Signif. codes:  0 '***' 0.001 '**' 0.01 '*' 0.05 '.' 0.1 ' ' 1

Residual standard error: 1.762 on 7 degrees of freedom
Multiple R-squared:  0.9357,    Adjusted R-squared:  0.9265
F-statistic: 101.8 on 1 and 7 DF,  p-value: 2.015e-05
```

위의 결과에서 Residual standard error는 $\sqrt{MSE}$ 이므로 $MSE = 1.762^2$이다. 또한 $MSE = SSE/(n-2)$ 이므로 $SSE = 1.762^2 \times (9-2) = 21.733$이다.

(5) $s_{xx} = 88.88,\ s_{xy} = 167.67,\ s_{yy} = 338$이므로 $SSE = 338 - \dfrac{167.67^2}{88.87} = 21.739$이다.

(6) $s_{xy} = 167.67,\ s_{yy} = 338,\ \hat{\beta}_1 = 1.8862$이므로

$SSE = s_{yy} - \hat{\beta}_1 s_{xy} = 338 - 1.8862 \times 167.67 = 21.741$이다.

(5)의 식에서 $\hat{\beta}_1 = \dfrac{s_{xy}}{s_{xx}}$를 대입한다.

(7) (4)의 결과에서 F-statistic의 p-value가 0에 매우 가까우므로 유의수준 0.05에서 $H_0 : \beta_1 = 0 \quad H_1 : \beta_1 \neq 0$의 귀무가설 H_0를 기각한다.

(8) β_1에 대한 95% 신뢰구간은 $(1.444,\ 2.328)$이다.

```
> confint(lm(y~x))
                   2.5%      97.5%
(Intercept) -53.782206  -19.097794
x             1.444266    2.328234
```

(9) (4)의 결과에서 $R^2 = 0.9357,\ R_a^2 = 0.9265$이다.

15.5 (1) 아버지 키(x), 아들의 키(z)

```
> summary(lm(z~x))

Call:
```

```
lm(formula = z ~ x)

Residuals:
    Min       1Q   Median       3Q      Max
-5.0143 -0.7483   0.5667   1.3648   2.7196

Coefficients:
            Estimate Std. Error t value  Pr(>|t|)
(Intercept) -10.6190    22.9466  -0.463     0.653
x             1.0887     0.1363   7.989  6.62e-06 ***
---
Signif. codes:  0 '***' 0.001 '**' 0.01 '*' 0.05 '.' 0.1 ' ' 1

Residual standard error: 2.659 on 11 degrees of freedom
Multiple R-squared:  0.853,     Adjusted R-squared:  0.8396
F-statistic: 63.83 on 1 and 11 DF,  p-value: 6.615e-06
```

$H_0 : \beta_1 = 0$에 대한 검정통계량값이 7.989이고 p-값은 0이다. 따라서 유의수준 0.05에서 H_0를 기각한다. 즉 아버지의 키가 아들의 키에 영향을 미친다.

(2) 어머니 키(y), 아들의 키(z)

```
> summary(lm(z~y))
            y          0.08868     0.32833    0.270    0.7921
```

$H_0 : \beta_2 = 0$에 대한 검정통계량값이 0.270이고 p-값은 0.7291이다. 따라서 유의수준 0.05에서 H_0를 기각하지 않는다. 즉 어머니의 키가 아들의 키에 영향을 미친다고 할 수 없다.

(3) 아버지의 키(x), 어머니 키(y), 아들의 키(z)

```
> summary(lm(z~x+y))
Coefficients:
            Estimate Std. Error t value Pr(>|t|)
(Intercept) -6.50290   30.15576  -0.216    0.834
x            1.09248    0.14355   7.611 1.82e-05 ***
```

```
y            -0.03001     0.13305  -0.226     0.826
---
Signif. codes:  0 '***' 0.001 '**' 0.01 '*' 0.05 '.' 0.1 ' ' 1

Residual standard error: 2.782 on 10 degrees of freedom
Multiple R-squared:  0.8537,     Adjusted R-squared:  0.8245
F-statistic: 29.19 on 2 and 10 DF,  p-value: 6.692e-05
```

(a) $H_0 : \beta_1 = \beta_2 = 0$에 대한 검정통계량값이 29.19이고 p-값은 6.69e-05이다. 따라서 유의수준 0.05에서 H_0를 기각한다. 아들의 키에 아버지 또는 어머니의 키가 영향을 미친다.

(b) $H_0 : \beta_1 = 0$에 대한 검정통계량 값 7.611이고 p-값은 1.82e-05이다. 따라서 유의수준 0.05에서 H_0를 기각한다. 아들의 키에 아버지 키가 영향을 미친다.

(c) $H_0 : \beta_2 = 0$에 대한 검정통계량 값 -0.226이고 p-값은 0.826이다. 따라서 유의수준 0.05에서 H_0를 기각하지 않는다. 아들의 키에 어머니 키가 영향을 미치지 않는다.

(4) 최종모형은 $y = \beta_0 + \beta_1 x_1 + \epsilon$ 이다. 즉, $\hat{y} = -10.6190 + 1.0887x$ 이다.

```
> plot(z, lm(z~x)$fit)
```

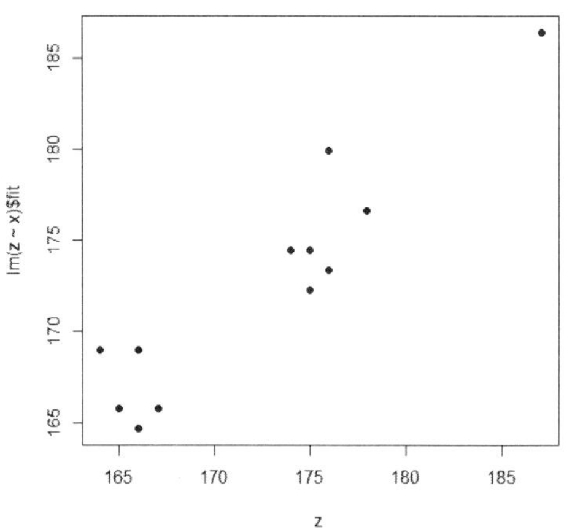

(5) (3)의 결과에서 $R^2 = 0.8537$, $R_a^2 = 0.8245$이다.

찾아보기

ㄷ

ㄹ

ㅁ

ㅂ

ㅅ

ㅇ

ㅈ

ㅊ

ㅋ

ㅌ

ㅍ

ㅎ

저자 소개

정강모
서울대학교 수학과 (이학사)
KAIST 응용수학과 통계학전공 (이학석사)
KAIST 수학과 통계학전공 (이학박사)
현) 군산대학교 통계컴퓨터과학과 교수
E-mail: kmjung@kunsan.ac.kr

R 활용 통계학개론

저 자 정강모
발 행 인 김지영
발 행 처 자유아카데미
주 소 경기도 파주시 회동길 37-42
파주출판도시
전 화 031-955-1321
팩 스 031-955-1322
홈페이지 www.freeaca.com
전자우편 main@freeaca.com (대표)
editor@freeaca.com (편집)
crm@freeaca.com (영업)
등 록 제406-2003-017호, 1980. 7. 12
제1판1쇄 2020년 3월 30일 발행
제1판2쇄 2022년 6월 25일 발행
정 가 34,000원

저자와의
협의하에
인지생략

ISBN 979-11-5808-261-1 93310